최 신

내연기관공학(I)

조진호 편저

學研社

머·리·말

1994년 엔진기술자를 위한 잡지「내연기관」의 후속으로「엔진 테크놀로지」지가 창간되었다. 이 분야에서 가장 제1선에서 활약을 계속하고 있는 선배여러분에 의해 엔진의 뿌리(근본)를 끊으면 안 된다는 숭고한 정신과 열의를 실현하게 되었다. 이후 격월간으로 2005년 호수 38호까지 마칠 수 있었다.

매호에서 주목할 만한 기술을 테마로 선정하여 최신동향을 독자에게 제공할 수 있는 특집을 마련하였으며 엔진요소 기술강좌의 타이틀로 엔진을 구성하는 요소부품, 제어시스템에 대하여 해설을 곁들인 기사를 연재하였다. 이것은 엔진을 공부하는 사람뿐 아니라 실제로 엔진의 설계, 개발, 생산에 종사하는 기술자 여러분을 대상으로 그 분야에 있어서 톱 레벨의 기술을 갖고 있는 기업에도 집필을 의뢰한 것이나 기초지식부터 시작하여 최신동향에 이루기까지 압축된 내용을 수록한 것이다.

이에 따른 기술자 또한 경우에 따라서는 베테랑에도 유용한 정보를 묻혀지지 않도록 수록한 것이다. 그것으로 단행본으로 편집, 출판함으로써, 이 잡지의 독자 이외 기술자에게도 폭넓게 전달할 수 있었다. 이 기획은「엔진테크놀로지」창시자의 생각에도 적절하다고 믿어 의심치 않는다. 이러한 취지에 맞추어 단행본으로 창간함에 쾌히 승낙한 집필자 여러분에게 감사의 말씀을 드린다.

편집함에 있어서 가능한 한 잡지에 기재된 원문에 충실토록 하였다. 기재시에는 테마마다의 하나의 호로 완결된 구성을 하기 위하여 내용은 머리말을 시작으로 하여 논문형식으로 게재된 것이 많고, 통상의 전문서

적에 비하여 chapter의 구성에 위화감을 갖지 않도록 한다고 생각을 하였다.

이러한 「요소기술강좌」에서 요소가 끝난 후 더욱이 별도로 저자에게 집필을 하여 연재를 계속하고 있다. 즉, 1테마에 2회분씩 게재를 하고 있다. 본 단행본에서는 각각 기초로부터 배우도록 기사를 편집자 독단으로 선택하였다.

본서는 2권으로 구성되어 있으며, 당초계획으로는 구성부품관계와 제어시스템 관계로 나눌 예정이었으나 엔진기술은 대단히 많은 가지치기가 많아서 단순히 구분함을 어려워서 이렇게 2권으로만 구성을 하였다. 최신동향을 다양한 엔진기술전반의 이해함에 참고서로서 본서를 활용해주기를 바란다.

본 학습서는 자동차에 대한 기본적인 것을 알려주고 있다.

저자는 자동차에 관한 종사만 근 30년 이상 하였으나 본서만큼 세세히 가려움을 긁어주는 책을 만들지는 못하였으나, 앞으로 향후 자동차산업의 무궁한 발전을 위한 초석으로 삼았으면 좋겠다.

이를 바탕으로 좀더 훌륭한 한국의 자동차 산업의 발전을 꾀하고 앞으로 세계시장에서의 자동차산업의 위상을 높일 것을 바란다.

앞으로 한국의 자동차산업에 대한 발전가능성은 무궁무진하다. 여기서는 소위 차체에 대한 소성변형은 크게 언급하지 않았으나 모든 기본모델에서 차체에 대한 소성변형에서부터 출발하므로 다음에 출간되는 책에서는 소성변형 및 그에 미치는 모든 조건에 대하여 연구검토하기로 하고 이번에는 엔진과 그 요소기술에 대하여 논의한 것으로 일단 만족키로 하고 본 책을 출간케 되었으며, 미흡하나마 자동차 종사자, 학생, 앞으로 자동차에 관심이 많은 사람들이 읽어보시고 좋은 조언을 부탁드립니다. 물론 책에서 틀린 부분이 있을 수도 있으나 그때는 주저 없이 조언을 부탁드리며 아울러 이 책의 내용은 일본의 격월지 「내연기관」을 참조하여 작성되었으나 향후 우리나라에서도 자동차산업에 대한 활발한 발전을 거듭하여 독자적인 이론으로 새로운 자동차산업에 도전할 수 있도록 함이 바람직하겠다. 이상으로 본 책의 내용에 대한 간략한 소개를 마치며 향후 우리가 나아갈 방향에 대해 많은 조언을 부탁드린다.

편저자 씀

차례

머리말 … 3

제1장 실린더블록(Cylinder Block) / 19

1. 머리말 …… 19
2. 실린더블록의 각부 기능 …… 19
3. 실린더블록의 구조 …… 21
   3.1 보어 형식에 의한 분류 / 22
   3.2 크랭크 케이스 형상에 의한 분류 / 22
4. 실린더블록 재료 …… 23
5. 실린더블록의 강도 …… 25
   5.1 재료강도 / 25
   5.2 발생 변형과 평가 / 25
6. 블록이 안고 있는 문제점과 대책 기술 …… 27
   6.1 실린더블록의 변형 / 27
   6.2 실린더 보어 마멸 / 30
   6.3 보어면 끝마무리 / 32
   6.4 실린더블록의 저소음화 기술 / 34
   6.5 헤드개스킷 면압의 확보 / 40
7. 앞으로의 기술동향 …… 42
   7.1 중 량 / 42
   7.2 사이즈 / 43

제2장 가솔린엔진의 실린더헤드 / 44

1. 머리말 …… 44

2. 기본구조와 구성부품 ······ 44
2.1 기본구조 / 44
2.2 연소실 / 45
2.3 흡·배기포트 / 47
2.4 밸브시트 / 50
2.5 밸브가이드 / 52
2.6 워터재킷 / 53
3. 실린더헤드의 강성 ······ 58
3.1 연소실 둘레 / 58
3.2 밸브 주변 / 60
3.3 밸브작동계의 보존지지부 / 62
4. 실린더헤드의 제작법 ······ 63
4.1. 실린더헤드의 주조법 / 63
4.2 오일재킷 샌드코어의 폐지 예 / 66
4.3 4련포트 / 68

제3장 실린더헤드개스킷 / 70

1. 머리말 ······ 70
2. 헤드개스킷의 역사적 변천 ······ 70
2.1 엔진고성능시대의 개스킷(스틸래머네이트 : Steel laminate) / 71
3. 헤드개스킷의 특성 ······ 73
3.1 압축성 / 74
3.2 복원성 / 75
3.3 내압성 / 76
3.4 내액체성 / 76
3.5 내열성 / 77
3.6 내크립(clip)성 / 78
3.7 밀착성 / 78

4. 헤드개스킷의 실(seal) 구축과 기능 ······ 79
4.1 실(SEAL)의 구축 / 79
4.2 실(seal) 기능 / 80
4.3 실 구축에 필요한 조건 / 81
5. 개스킷의 평가 ······ 86
5.1 매칭평가 / 87
5.2 기능평가 / 87
6. 헤드개스킷 실링의 위크포인트 ······ 91
7. 헤드개스킷의 개발 ······ 92
8. 헤드개스킷 실링의 장래 ······ 94

제4장 피스톤 / 96

1. 머리말 ······ 96
2. 피스톤 사용환경 ······ 96
2.1 온도환경 / 96
2.2 기계적 부하 / 98
3. 피스톤 재료 ······ 98
4. 피스톤의 냉각 ······ 102
4.1 피스톤 냉각의 필요성과 그 종류 / 102
4.2 오일제트 냉각 / 103
4.3 쿨링채널붙이 피스톤 / 103
5. 피스톤의 변형과 응력 ······ 106
5.1 열변형과 열응력 / 106
5.2 기계적 부하 상태의 응력 / 107
5.3 피스톤의 부하와 구조 / 109
5.4 엔진의 비출력과 피스톤구조 / 111
5.5 피스톤 주요치수의 추이 / 112

6. 피스톤 운동 ········· 113
6.1 피스톤의 횡(옆)운동과 소음 / 112
6.2 피스톤의 횡(옆)운동과 열적 문제 / 114
6.3 피스톤의 마찰손실 / 115

제5장 피스톤링 / 118

1. 머리말 ········· 118
2. 장래 엔진의 요구와 링 주위의 과제 ········· 119
2.1 2륜~4륜승용차(가솔린엔진) / 119
2.2 소형 디젤엔진 / 121
2.3 중형 디젤엔진[승합차(버스), 트럭] / 122
3. 피스톤링의 소개 ········· 124
3.1 표준적인 링의 배열 / 125
3.2 피스톤링의 설계 / 126
3.3 표면처리, 재료 / 127
3.4 해석기술 / 128

제6장 커넥팅 로드 / 133

1. 머리말 ········· 133
2. 커넥팅 로드 ········· 133
3. 커넥팅 로드의 구성 및 명칭 ········· 133
3.1 소단부 / 134
3.2 몸체(축부) / 135
3.3 대단부 / 135
3.4 중량 조정 / 137
3.5 제약조건 / 137
3.6 응력해석 / 137

4. 재 료 ········ 138
4.1 강 / 138
4.2 소결단조 / 139
4.3 티타늄합금 / 139
4.4 복합재료 / 141
5. 강 도 ········ 141
5.1 피로강도 / 141
5.2 정적강도 / 143
5.3 강 성 / 145
5.4 커넥팅 로드 볼트 / 146
6. 최근의 동향 ········ 146
6.1 저비용 / 146
6.2 고강도 / 150
6.3 고정확도 / 150

제7장 크랭크샤프트와 엔진의 진동 (Crankshaft and Engine Vibration) / 152
1. 머리말 ········ 152
2. 엔진 기진력의 종류 ········ 152
2.1 토크 변동 / 153
2.2 관성력 / 155
2.3 언밸런스 우력 / 157
2.4 엔진의 기진력 / 158
3. V형 10실린더 엔진의 개발 경과 ········ 163
3.1 1차 밸런서 / 166
3.2 신 V10 엔진의 최종 모습 / 168

제8장 크랭크축계의 비틀림 굽힘진동
(Crank Shaft System의 Bending Vibration) / 169

1. 머리말 ········· 169
2. 크랭크축계 진동의 해석 ········· 170
2.1 크랭크축계 모델 / 170
2.2 회전체의 해석 / 171
2.3 진동해석사례 / 171
3. 크랭크축계의 3차원 진동거동 ········· 174
3.1 평면구조 크랭크축 / 175
3.2 입체구조 크랭크축 / 175
3.3 회전에 의한 진동연성 / 176
4. 동흡진기에 의한 진동저감 ········· 177
4.1 TVD와 굽힘댐퍼 / 177
4.2 축방향 댐퍼 / 178
4.3 동흡진기 설계 / 179

제9장 베어링 / 183

1. 머리말 ········· 183
2. 엔진의 동향과 베어링의 과제 ········· 184
2.1 가솔린엔진 / 185
2.2 자동차용 디젤엔진 / 185
2.3 육상용, 박용엔진 / 186
3. 베어링 재료에 대하여 ········· 187
3.1 베어링 재료에 요구되는 특성 / 187
3.2 엔진용 베어링 재료 / 188
3.3 베어링 재료의 과제와 그 대응동향 / 191
4. 베어링 설계에 대하여 ········· 196
4.1 기본 치수와 베어링 재질의 선정 / 196

4.2 베어링 죔새와 클리어런스의 설정 / 198
4.3 관련부품에 대한 주의사항 / 200
5. 이론해석 ····· 201
5.1 해석수법 / 202
5.2 이론해석의 적용 / 203

제10장 밸브작동계 / 207

1. 머리말 ····· 207
2. 기본구조와 구성부품의 개요 ····· 207
2.1 기본구조 / 207
2.2 캠샤프트 / 209
2.3 로커암, 리프터 / 210
2.4 밸 브 / 210
2.5 밸브스프링 / 211
3. 가변밸브타이밍 기구 ····· 211
3.1 캠프로필 변환기구 / 211
3.2 캠샤프트 위상 제어기구 / 213
3.3 실린더 휴지기구 / 214
4. 각부 기능과 설계요령 ····· 215
4.1 요구되는 기능 / 215
4.2 가변밸브타이밍 기구에서의 설계요령 / 226
4.3 프릭션 / 229
5. 앞으로의 기술동향 ····· 230
5.1 저프릭션 기술 / 231
5.2 밸브리프트 커브의 가능성 / 231

제11장 가변밸브작동계시스템 / 233

1. 머리말 ········· 233

2. 밸브작동기구와 밸브리프트 특성 ········· 233

3. 각 성능에 미치는 가변밸브작동의 효과 ········· 235

3.1 출력에의 효과 / 235
3.2 연비에 미치는 효과 / 236
3.3 배기에의 효과 / 240

4. 가변기구의 실제 ········· 243

4.1 가변위상 / 243
4.2 캠전환 / 246
4.3 가변작동각(연속) / 247
4.4 가변리프트(연속) / 248
4.5 캠리스방식 / 250

5. 금후의 기술동향 ········· 251

6. 종 료 ········· 252

제12장 타이밍 드라이브 시스템 / 253

1. 머리말 ········· 253

2. 타이밍 드라이브 시스템의 역사 ········· 253

3. 타이밍 벨트 시스템 ········· 254

3.1 타이밍 벨트의 구조 / 254
3.2 타이밍 벨트의 고장 모드 / 254
3.3 타이밍 벨트의 재료 / 255
3.4 타이밍 벨트의 치형 / 258
3.5 타이밍 벨트 시스템의 레이아웃 / 259

4. 타이밍 체인 시스템 ········· 261

4.1 타이밍 체인의 종류와 구조 / 261
4.2 타이밍 체인 시스템의 레이아웃 / 263

4.3 타이밍 체인과 레이아웃의 변천 / 265
4.4 타이밍 체인의 고장 모드와 대책 / 266
5. 타이밍 체인 시스템과 타이밍 벨트 시스템의 비교 ······ 268
5.1 소 음 / 268
5.2 프릭션 로스 / 271
5.3 단체평가 / 273
6. 맺음말 ······ 275

제13장 흡기시스템(Air intake system) / 276
1. 머리말 ······ 276
2. 흡기시스템의 변천 ······ 277
3. 흡기시스템의 개요 ······ 279
4. 흡기시스템의 성능과 기능 ······ 280
4.1 여과성능(흡입공기 중의 분진제거) / 280
4.2 통기저항 / 282
4.3 소음성능 / 283
4.4 내구 · 신뢰성 / 285
4.5 메인터넌스성 / 286
5. 흡기시스템 구성 부품 구조 ······ 286
5.1 에어 클리너 / 287
5.2 에어 덕트 / 289
5.3 공진기(레조네이터 : resonator) / 290
5.4 인테이크 매니폴드 / 292
6. 금후의 동향 ······ 295

제14장 흡기계의 출력향상기술 – 가변흡기 시스템 / 297
1. 머리말 ······ 297

2. 출력향상기술 ········ 298
2.1 충전효율/체적효율 / 298
2.2 충전효율/체적효율 향상 방법 / 299
2.3 열적효과 / 300
2.4 정적효과 / 301
2.5 동적효과 / 302
3. 가변흡기시스템 ········ 312
3.1 관성효과 / 312
3.2 공명효과 / 318
4. 마감글 ········ 320

제15장 배기시스템 / 321

1. 머리말 ········ 321
2. 배기시스템의 변천 ········ 321
2.1 소음규제강화에 대응하는 배기계의 변천 / 322
2.2 배기가스 규제에 의한 배기계 구성의 변천 / 323
2.3 배기시스템 재료의 변천 / 323
3. 배기시스템의 개요 ········ 324
4. 각 부품의 기능과 설계의 포인트 ········ 327
4.1 익죠스트 매니폴드 / 327
4.2 컨버터(매니폴드, 언더플로워) / 330
4.3 진동흡수장치 / 334
4.4 배압감응형 제어 머플러 / 338
5. 배기시스템 성능평가 ········ 341
6. 앞으로의 동향 ········ 344

제16장 과급기(Supercharging and Turbocharger)(1) / 346

1. 머리말 ··· 346
2. 과급기의 종류 ··· 346
   2.1 배기터빈식 / 347
   2.2 기계식 / 347
   2.3 배기맥동식 / 349
3. 과급기의 역사 ··· 349
   3.1 초창기 / 349
   3.2 제1차 붐 / 352
   3.3 제2차 붐 / 354
4. 과급기의 역할 ··· 357
5. 과급방식 ··· 362
   5.1 정압과급 / 362
   5.2 동압과급 / 363
6. 엔진과 터보차저와의 매칭 ··· 364

제17장 과급기(2) / 368

1. 머리말 ··· 368
2. 구 조 ··· 368
   2.1 원심식압축기 / 369
   2.2 터 빈 / 370
   2.3 베어링 / 371
   2.4 기 타 / 373
3. 요소기술 ··· 374
   3.1 원심압축기 / 374
   3.2 터 빈 / 383
   3.3 베어링 / 388

4. 그 밖의 과급기 ········· 390
4.1 EGR 포트가 있는 터보차저 / 390
4.2 기계식 과급기의 최근동향 / 390
5. 맺음말 ········· 392

제18장 윤활계 / 393

1. 머리말 ········· 393
2. 윤활계 ········· 393
2.1 윤활계의 역할 / 393
2.2 윤활계의 구성 / 395
2.3 특 징 / 397
3. 엔진오일 공급/회수 시스템 ········· 397
3.1 오일팬과 스트레이너, 석션 / 397
3.2 오일펌프와 릴리프 밸브 / 401
3.3 오일필터 / 405
3.4 오일쿨러 / 406
3.5 엔진오일의 분배유로 / 407
3.6 엔진오일의 리턴 경로 / 408
4. 부품에의 급유 ········· 408
4.1 크랭크샤프트의 베어링 / 408
4.2 피스턴, 피스턴링, 실린더보어, 피스턴 핀 / 411
4.3 밸브작동계 / 413
5. 엔진오일 ········· 415
5.1 SAE 점도 분류 / 415
5.2 극저온 점도 / 416
5.3 고온 점도 / 416
6. 메인터넌스성 ········· 417

7. 윤활계의 과제와 최근의 동향 ······ 417
7.1 연비향상에 대한 대응 / 418
7.2 유압확보의 어려움 / 418
7.3 설계, 재료의 동향 / 418

제19장 엔진 냉각시스템 / 420

1. 머리말 ······ 420
2. 냉각시스템의 개요 ······ 420
2.1 냉각계 부품의 발달 / 420
2.2 차와 냉각시스템 성능 / 422
2.3 엔진 냉각시스템의 구성 / 423
3. 냉각시스템의 성능 ······ 432
3.1 엔진의 냉각손실열량 / 432
3.2 엔진으로부터의 냉각액의 출구온도 / 433
3.3 라디에이터의 방열량 / 434
3.4 라디에이터 통과 풍속 / 435
4. 새로운 엔진에의 대응 ······ 443
4.1 연료전지자동차(FCEV)에 있어서 엔진 냉각시스템 / 443

Chapter 01 실린더블록(Cylinder Block)

1. 머리말

실린더블록은 연소압력을 크랭크계 부품에 전달하고 그 반력을 지지한다. 엔진을 구성하는 부품 중에서 가장 기본적 골격이 되는 강도 및 강성을 가진 부품이다. 그리고 그 내부에는 실린더 냉각을 위한 냉각수의 통로와 각 부품의 윤활을 하기 위한 오일의 통로가 마련되어 있으며, 또한 그 외부에는 각종 보조기능 부품, 구동계 부품을 장착하기 위하여 복잡한 구조로 되어 있다.

실린더블록의 기본적인 구조는 엔진의 치수, 중량, 소음이나 진동에 관련되는 소음진동성능, 원가 등에 미치는 영향이 지대하고, 이것들을 어떤 방법으로 밸런스시킬 것인가 하는 것이 설계의 포인트이다. 또한 실린더블록은 오랜 세월 동안 보통 주철을 사용하는 것이 주류이었으나, 근년에는 경량화와 소형화를 목적으로 알루미늄으로의 이행이 활발히 이루어지고 있다.

2. 실린더블록의 각부 기능

실린더블록의 기본구조와 각부 명칭을 그림 1-1에 나타낸다.

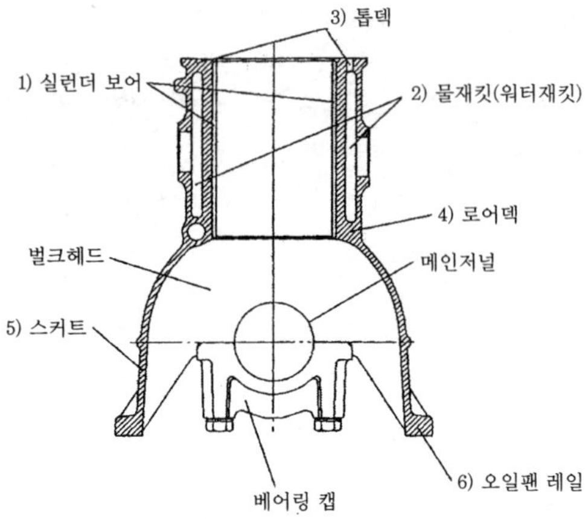

그림 1-1. 실린더블록의 주요 각부 명칭

1) 실린더보어부는 실린더헤드, 피스톤 크라운부와 함께 연소실을 형성하고, 피스톤 접동의 가이드 역할을 하는 부분이다. 내열성, 내융착성, 내마멸성을 만족시키는 재료로서 일반적으로 주철이 사용되고 있다.

실린더블록이 주철인 경우에는, 실린더 보어부에 직접 보링가공과 호닝가공을 실시하는 예가 많다. 한편, 알루미늄블록인 경우는 별개의 주철 라이너를 삽입한다. 즉 라이너를 압입시키는 경우가 대부분이다.

2) 물재킷부는 실린더 보어의 냉각을 하기 위하여 보어 주위에 설정되어 있다. 냉각수 순환방식으로는 실린더 방향으로 냉각수를 흐르게 하는 종류방식이나, 각각의 실린더에 독립적으로 냉각수가 흐르게 하는 횡류방식이 사용되고 있다.

인접된 실린더 사이에 충분한 거리를 취하지 못하여 물재킷이 형성되지 못하는 사이어미즈(siamese) 보어는 슬릿가공, 드릴가공, 보어와 보어 사이의 살두께 저감 등을 시행하여 보어와 보어 사이에 냉각이 이루어지도록 하는 경우가 있다.

물재킷의 깊이는 종래는 실린더 보어의 전장에 걸쳐서 마련되어 있었으나, 현재는 그 반 정도로 하여 중량의 경감, 워밍업 시간의 단축 등을 위하여 냉각수 용량의 저감이 진척되고 있다.

3) 톱덱부는 실린더 보어 상단과 물재킷 외벽 상단을 이어주는 부위이고, 실린더헤드 부착면의 강성 향상에 의해 헤드 개스킷면압의 균등화를 도모하는 기능을 가지고 있다.

4) 로어덱부는 물재킷 하단과 크랭크 케이스 상단을 연결시켜 주는 부위이고 블록 전체의 휨, 비틀림 강성에 큰 영향을 준다.

5) 스커트부는 크랭크 케이스의 벌크 사이를 이어주는 외벽부이고, 크랭크축 센터부 부근까지의 것은 하프스커트, 크랭크 오일실의 하단까지 도달된 것은 딥스커트라 한다. 이 부위는 엔진 방사음에 크게 기여하고 스커트 표면 형상의 곡면화 및 표면에의 리브 배치 등에 의하여 유막강성을 향상시킴으로써 방사음 레벨을 떨어뜨리는 연구가 이루어지고 있다.

6) 오일팬 레일부는 오일팬을 부착하는 플랜지 부분으로 단지 오일팬을 부착하는 것뿐 아니라 실린더블록 전체의 굽음, 비틀림 강성에 기여하는 중요한 부분이다. 따라서 그 폭, 두께를 결정할 때에는 충분한 고려가 필요하다.

3. 실린더블록의 구조

실린더블록은 보어 형식, 크랭크 케이스 형상 등에 의하여 여러 가지로 분류된다.

3.1 보어 형식에 의한 분류

표 1-1에 나타내는 것과 같이 실린더블록의 보어 형식은 따로 마련된 별도 라이너의 유무에 의하여 대별된다. 일반적으로 사용되고 있는 형식은 라이너를 사용하지 않는 주철 모노블록이다. 한편, 라이너의 형식에는 냉각수가 직접 라이너 외벽과 직접 접촉하는 웨트방식과 직접 라이너와는 접촉하지 않는 드라이방식이 있다. 웨트방식에는 라이너를 실린더블록의 톱덱부에 위치를 결정하는 톱플랜지 형식과 로어덱부 또는 중앙부에서 위치를 결정하는 미드스톱 형식이 있다. 드라이 방식에는 라이너가 죄어 끼워 맞추어지는 압입방식과 틈새에 끼워 맞추어지는 루즈피트(Loose fit) 방식이 있다.

표 1-1. 실린더 보어 형식에 의한 분류

모노블록	라이너붙이블록				
	웨트라이너		드라이라이너		
	톱라운지	미드스톱	톱덱	압입	루즈피트
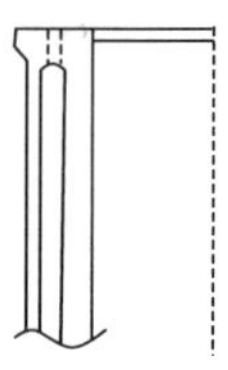	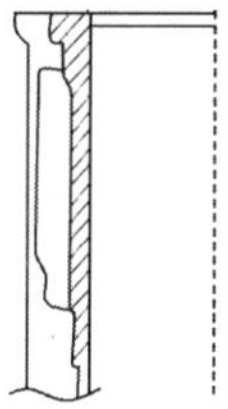	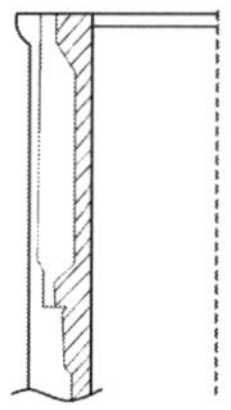	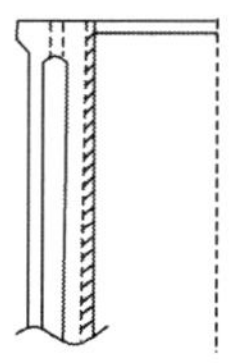	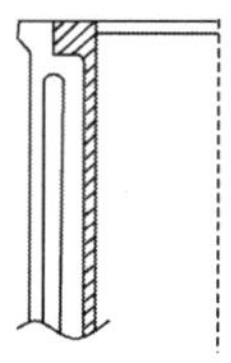	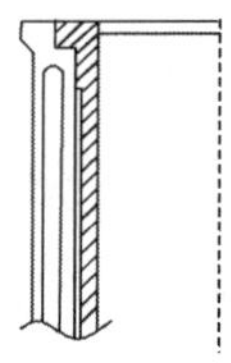

3.2 크랭크 케이스 형상에 의한 분류

앞에서 기술한 바와 같이 크랭크 케이스 형상은 딥스커트 구조와 헤드스커트 구조로 나누어진다.

딥스커트 구조는 트랜스미션과의 결합강성이 높고, 일반적으로 채용되고 있는 구조이다. 이 구조의 경우는 베어링 캡의 지지강성을 보다 강화하기 위하여 베어링 빔 혹은 사이드 볼트를 채용하고 있는 예도 있다.

한편, 하프스커트 구조의 경우는 블록 본체의 경량화는 가능하나, 저널 둘레의 강성이 낮고, 연소입력에 의한 해당부의 진동이 커진다. 또 트랜스미션 결합강성도 딥스커트 구조에 비하여 저하되므로, 파워트레인으로서의 강성도 저하된다. 따라서 하프스커트 구조를 채용하는 경우에는 베어링 빔의 채용이나 트랜스미션 결합강성을 확보하기 위한 연구가 필요하다.

다만 근년에는 강성의 향상을 목적으로 하는 하프스커트+래더프레임 구조의 채용 예도 증가되고 있다. 이 구조는 비틀림이나 굽은 강성, 트랜스미션 결합강성 및 크랭크 지지강성도 높으므로 보다 정숙성을 요구하는 엔진에 채용되고 있다. 다만, 부품점수의 증가에 의한 비용이 높아지거나 저널구멍의 정밀도 및 크랭크 케이스에 의한 벤틸레이션 등의 문제가 발생하는 경우가 있다.

4. 실린더블록 재료

실린더블록은 강도, 접동특성 및 성형성의 용이함으로 보통 주철이 널리 채용되어 왔다. 그러면서, 근년에 이르러 경량화 및 소형화 요구로부터 본체 재질의 알루미늄화나 라이너 재질의 알루미늄화, FRM화라고 하는 재료를 사용하는 것이 보편적으로 널리 사용되고 있다.

표 1-2에 실린더블록 본체에 사용되는 주요재료의 물성치를 나타낸다. 보통 주철은 열팽창계수가 작고, 영률이 높기 때문에 실린더블록으로서는, 적합한 재료라 할 수 있으나 비중이 커서 중량적으로는 불리하다.

표 1-2. 실린더블록용 재료의 특성

블록재료	열팽창계수 (10^{-6}/℃, 20℃)	영률 (kN/mm^2)	열전도율 (W/km)	비열 (J/g · ℃)	비중 (g/cm^2)
보통 주철	9.2~11.8	~110	44.0~58.6	0.54~0.57	7.2
파미큘러 주철	11~13	140~160	42~50	0.5	7~7.2
AC2A	21.5	73.5	121	0.963	2.7
ACD12	21	.72	100	0.963	2.71
A390	18.8	82.3	109	0.963	2.75

그러면서 근년에는 주조방안의 변경 등에 의한 주물살을 얇게 하는 박육화기술이 진전, 경량화를 도모하고 있다. 그리고 주철 블록의 중에서 영률이 높은 파미큘러 주철제를 사용, 보다 얇고 가벼운 실린더블록을 채용하는 예도 나오고 있다.

한편 알루미늄합금은 표 1-2에 나타내는 것과 같이 주철에 비하여 비중이 약 1/3이고, 경량화에 기여하기 위한 채용이 증가하고 있다. 다만, 알루미늄합금을 사용하는 경우 실린더 보어의 강도, 강성향상과 함께 피스턴, 피스턴링과의 접동특성을 확보하기 위하여, 일반적으로 주철제로 만든 별도의 라이너를 채용하고 있다.

또한, 경량화의 목적으로 별도 라이너를 사용하지 않는 라이너리스 알루미늄블록으로서는 과공정(過共晶) Al-Si 합금을 사용한 예가 있으나, 이 합금은 실린더블록 전체의 주조, 가공성의 악화에 의한 비용 증가를 초래하는 것이 걸림돌이 되어 신규로 채용되는 예는 감소되고 있다. 그것에 대신하여 실린더 보어부의 알루미늄화를 실현하기 위하여, 하이 실리콘 알루미늄 라이너 또는 알루미늄+탄소섬유 등의 프리폼을 사용한

FRM(Fiber Reinforced Metal) 등의 개발이 활발하게 이루어지고 있다. 알루미늄 보어화는, 경량화에는 물론, 피스턴・보어 사이의 클리어런스 축소에 의한 소음이나 배기 저감 및 실제 가동시에 보어 변형의 저감에 의한 프릭션 저감 효과가 기대된다.

5. 실린더블록의 강도

경량화, 소형화 요구에 상응하기 위하여 강도해석, 실험에 의한 살두께의 저감, 형상이 최적화가 왕성하게 이루어지고 있다. 여기서는 재료의 강도 평가에 대하여 기본적으로 생각하는 방법에 대하여 기술한다.

5.1 재료강도

실린더블록의 재료강도는 KS 등의 재료시험편을 사용하여, 측정되나 실체의 강도를 얻기 위하여는 실린더블록 본체로부터 시험용 테스트 피스를 절취하여 측정하는 경우도 있다. 주조작업시 시험용 테스트 피스를 같이 주조하는 방법도 있다.

5.2 발생 변형과 평가

발생 변형은 3종류로 분류된다. 각 발생 변형과 평가법의 개요는 다음과 같다.

1) 잔류뒤틀림

주조시에 발생하여, 가공완성시에도 잔류하고 있는 변형을 잔류변형이라 한다. 최근에는 실린더블록의 설계에 있어서, 사전의 응고시뮬레이션의 결과에 의하여, 잔류뒤틀림 발생부위를 예측, 스트레인게이지법에 의해 뒤틀림량의 측정이 이루어진다. 이것은 스트레인게이지를 측정부위에 부착시켜 그 주위를 절단해 나감으로써 내부뒤틀림을 해방시켜서 발생된 뒤틀림을 측정하는 방법이다.

2) 정적 뒤틀림

실린더헤드 조립시 혹은 트랜스미션이나 보기류를 부착하는 데 따라 발생하는 뒤틀림을 정적 뒤틀림이라 한다. 잔류뒤틀림의 측정 방법과 같은 방식으로 스트레인게이지법으로 측정된다.

3) 동적 뒤틀림

엔진의 실제 작동시 발생되는 뒤틀림으로, 열입력에 의한 열뒤틀림 및 연소압에 의한 변동뒤틀림으로 분류되고, 이 변동뒤틀림 역시 스트레인게이지법으로 측정한다. 이 측정에 있어서는, 측정위치의 결정이 중요하다. 근년에는 적외선 응력측정장치 등을 사용하여 사전에 응력분포와 응력집중부위를 확인하고, 그 후 변형량을 측정하는 방법이 채택되고 있다.

4) 응력 피로한도선도

위에서 기술한 각각의 발생뒤틀림은 아래와 같이 정의된다.

평균응력 $\propto f$(잔류뒤틀림 + 정적뒤틀림 + 열뒤틀림)

변동응력 $\propto f$(변동뒤틀림)

여기서 뒤틀림량은 사용하는 재료의 응력 - 뒤틀림선도로부터 응력을 환산하고 응력 피로한도선도상에서 판정이 이루어진다.

6. 블록이 안고 있는 문제점과 대책 기술

6.1 실린더블록의 변형

피스턴 접동의 가이드 역할을 하는 실린더 보어부의 변형은 피스턴, 피스턴링의 내융착성, 내마멸성에 직접 영향을 준다. 실린더헤드의 조립 시 실런더 보어는 일반적으로 그림 1-2와 같은 각각의 관계치수가 조합된 변형을 낳게 된다. 이 가운데에서 특히 실린더헤드 볼트 죄어붙임에 의해 발생하는 4차 변형이라고 하는 변형이 피스턴링의 기밀성에 큰 영향을 주어서, 그림 1-3에 나타내는 것과 같이 그 변형량의 증대와 더불어 오일의 소비량도 증가한다.

기본적인 보어 변형의 발생 메커니즘에 대하여는 죄어붙임변형, 열변형, 영구변형으로 나누어서 설명한다.

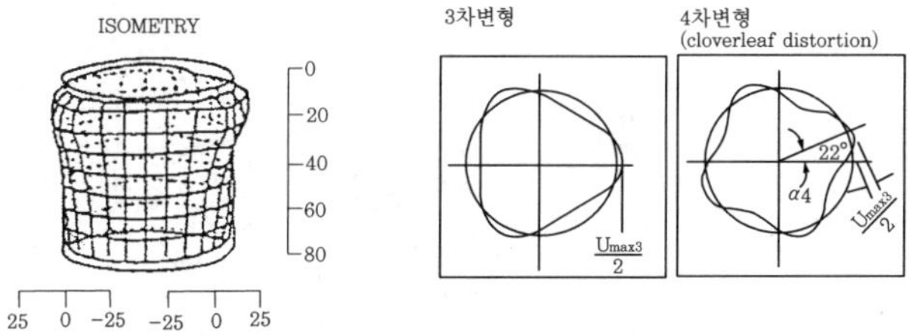

그림 1-2. 보어 변형 예와 차수해석에 상응하는 보어의 변형 형상

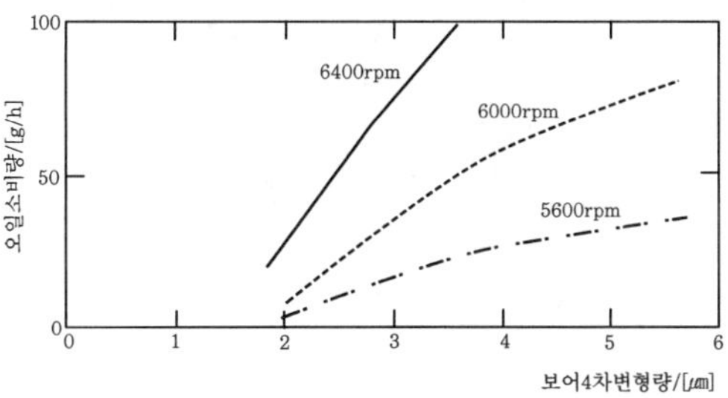

그림 1-3. 보어 4차 변형량과 오일 소비의 관계

1) 실린더 보어의 체결변형

그림 1-2에 실린더헤드 체결시의 보어 변형 측정 예를 나타낸다. 일반적인 경향으로 실린더헤드의 체결시에는 톱덱상면은 보어 안쪽으로 들어가는 것처럼 변형하고 그 바로 아래(직하)는 반대로 바깥쪽으로 팽대된다. 다시 아래쪽에 있어서는 다시 보어 안쪽으로 들어가는 듯한 변형이 생긴다.

그림 1-4는 변형모델을 나타낸 것이다. 이들 변형은 개스킷의 찌그러짐량에 기인하고 외벽이 들어올려지기 때문에, 보어부에 그림과 같은 굽힘모멘트가 발생하여 변형에 이르는 것으로 추정된다. 이 대책으로서는 보어 강성향상, 적정한 헤드볼트 체결위치의 결정 및 헤드 개스킷의 선정이 필요하게 된다.

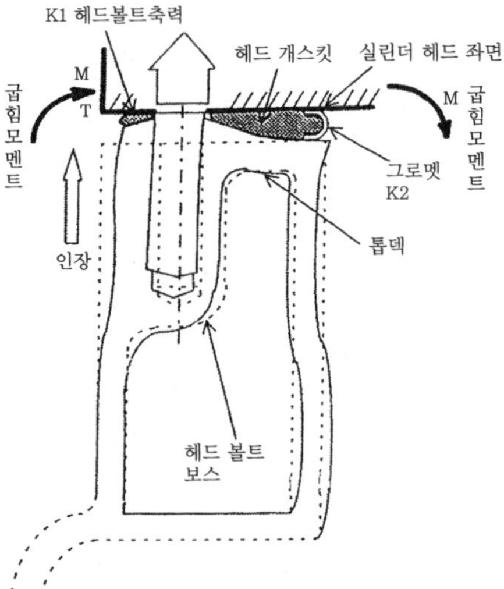

그림 1-4. 보어 변형 모델

2) 실린더 보어의 열변형

일반적으로 열변형은 라이너 주입방식의 알루미늄블록에서 문제가 현저하게 나타난다. 주철라이너가 알루미늄의 외피에 열박음되어 있는 상태에 있기 때문에, 열입력에 의해 알루미늄블록과 라이너 사이의 열박음 압력이 변화되어, 보어 변형을 불러일으킨다. 이 변형량을 저감하기 위해서 라이너의 살두께나 알루미늄외피 살두께의 선정 및 열처리조건 등의 검토가 필요하다.

3) 실린더 보어의 영구변형

영구변형은 지금까지 기술한 체결, 열 및 연소압력에 의해, 소성 혹은 그립으로서 블록에 잔존하는 변형이다. 일반적으로 동일입력의 조건하에서는 주철블록에 비하여 알루미늄블록의 변형량이 크기 때문에 영구변형량도 커진다.

또한 알루미늄은 어느 온도 조건하에서 사용시간과 더불어 치수가 증가하는 현상이 발생한다. 이것을 알루미늄의 성장이라 부르며, 재료에 포함되어 있는 Cu, Mg, Si에 열이 부가되는 데 따라 Al_2Cu, Mg_2Si가 석출되어, 체적증가로 되는 것이 원인인 것으로 일컬어지고 있다. 따라서 알루미늄블록의 설계시는 이들을 고려한 재료 및 열처리방법의 선정이 필요하게 된다.

4) 저널 변형

크랭크계를 지지하고 있는 저널부의 변형을 유발하는 요인과 대책에 대하여 기술한다.

일반적으로 베어링에는 크래시하이트(crash height)가 설정되어 있기 때문에, 조립시에는 뒷면에 배면압이 발생하고, 항상 저널부가 확대된다. 따라서, 이 배면압에 의한 저널 확대량을 고려하여 저널 둘레의 형상을 결정할 필요가 있다. 또한, 한계좌면압이 낮은 재료에 있어서는 위에서 기술한 것 외에 베어링 캡 부착면에 함몰이 발생하는 경우도 있다. 이와 같은 경우에는, 블록 가공시에 진원이었던 것이라도, 다시 죄어 붙일 때에는 진원도가 악화된다. 따라서 한계좌면압을 고려한 캡볼트 축력의 설정이 필요하게 된다.

또한, 알루미늄블록인 경우는 주철캡과의 조합이 많기 때문에, 그 열팽창계수차에 의한 진원도 변화가 발생하는 경우가 있다. 상온시에 진원이었던 저널이, 고온시에는 열팽창계수가 큰 블록쪽이 확대되어, 캡과의 맞춤면에 어긋나는 현상이 발생하는 예가 생긴다(저온시에는 반대로 어긋나는 현상이 생긴다).

이와 같은 현상을 억제하기 위하여 캡볼트 축력의 증가나 저널 근방에 캡의 위치결정핀 등을 마련하는 대책이 이루어지고 있다.

6.2 실린더 보어 마멸

실린더 보어에 이물질이 침입하거나, 보어마멸을 촉진시키는 요인으로서는 피해야 한다. 그림 1-5에 엔진 내부에 존재하는 이물질과 그것에 의해 발생되는 트러블의 예를 나타낸다.

이물질의 종류에는 외부로부터 침입하는 더스트, 세정불량으로 인한 절삭이물이나 불완전연소에 의한 연소생성물, 마멸분 및 그것의 변질된 이물질 등 많은 것이 있다. 그리고 디젤엔진의 경우는 연소에 의해 발생하는 경질의 그을음이 문제로 된다.

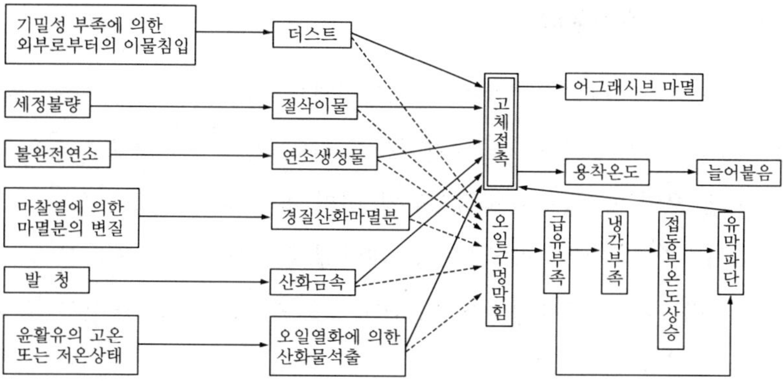

그림 1-5. 내연기관에 존재하는 이물질과 발생 트러블

이들의 이물질이 실린더 보어 내에 혼입되는 경우, 피스턴, 피스턴링과의 고체접촉에 의한 늘어붙음이나 어그래시브 마멸이 발생한다.

그림 1-6에 여러 가지 이물질에 의한 실린더 보어 마멸의 종류를 나타낸다. 보어의 피스턴상사점, 하사점에 있어서 특징적인 마멸을 나타낸다. 이와 같은 보어 마멸을 저감시키기 위해서는, 가공완성시에 절삭분이나 거스러미가 존재하지 않도록 철저한 세정을 하는 것이 필요하다.

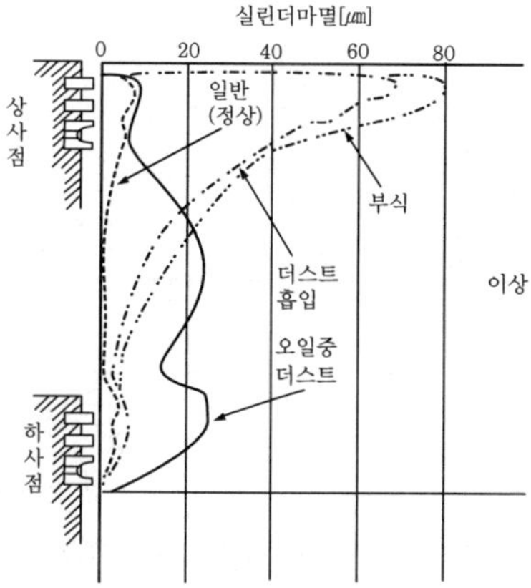

그림 1-6. 실린더 마멸 분포

6.3 보어면 끝마무리

일반적으로 보어면(벽면)에는 피스턴링과의 윤활성을 확보하기 위하여 호닝가공이 이루어진다. 이 호닝가공에 의하여 만들어진 크로스 해치(cross hatch)홈에 오일이 보존 유지됨으로써 링의 윤활성을 확보하고 있다.

이 보어면의 성상은 내스커프성, 내마멸성, 오일소비, 프릭션 등에 큰 영향을 준다. 따라서 보어면에 대하여는 표면거칠기 및 표면의 소성 유동 등의 관리를 할 필요가 있다.

1) 표면거칠기

표면거칠기에 대하여는 R_a, R_z, R_{max} 등 여러 가지 거칠기 파라미터를 사용하는 관리를 하고 있다.

그림 1-7은 근년 사용되고 있는 아포트 부하곡선에 대한 개요를 나타낸다. 측정면의 표면거칠기 현상에 대하여 그 산높이의 비율을 나타내는 것이 특징이다. 이 가운데에서 사용되고 있는 R_{PK}, R_K, R_{VK}, M_{r1}, M_{r2}의 각의 파라미터에 대하여 아래에 설명한다.

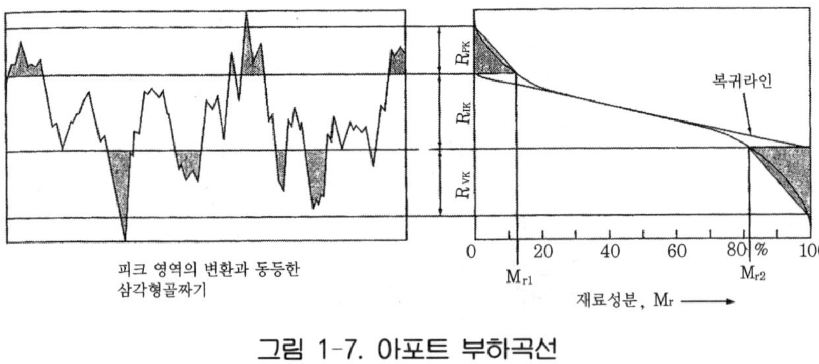

그림 1-7. 아포트 부하곡선

① R_{PK} : 피크부의 평균높이를 나타낸다. 초기에 국부면압이 발생하기 때문에 작은 쪽이 좋은 것으로 되어 있다. 일반적으로 포라드호닝을 실시하고 있는 것은 이 R_{PK}를 작게 하기 위한 방책이다.

② R_K : 주로 거칠기곡선의 깊이를 나타내고, 이 값이 보어면의 오일보존유지량을 나타낸다. R_K가 큰 경우에는 오일의 보지량이 많아지고 내 스커프성에 대하여는 유리하나, 오일소비에 대하여는 불리하다. 또 피스턴링과의 접착면압이 높아지기 때문에 내마멸성, 프릭션에 대하여도 불리하다. 따라서 R_K는 내스커프(scuff)성이 확보되는 범위에서 작은 쪽이 좋은 것으로 생각된다.

③ R_{VK} : 주로 거칠기곡선보다도 깊은 골부의 평균깊이를 나타내며, 표면이 마멸된 후의 오일보지량을 나타낸다. 따라서 기본적으로는 R_K와 같이 작은 쪽이 좋은 것으로 생각된다.

④ M_{r1}, M_{r2} : 기본적으로 R_{PK}, R_K, R_{VK}에 의하여 좌우된다. 그러나 M_{r1}은 내스커프성이 확보되는 범위에서 작고, M_{r2}는 마멸이 진행된 상태일지라도 내스커프성이 확보되는 범위에서 크게 하는 것이 좋은 것으로 생각된다. 설정하는 파라미터값에 대하여는 피스턴링 제원이나 보어 변형량에 의해 영향을 받는다. 그 때문에 각 엔진에서의 평가를 하여 최적의 값을 결정할 필요가 있다.

2) 소성유동

보어면의 호닝가공을 실시할 때 적정한 조건으로 가공되지 못하였거나 호닝저석의 끊김이 나쁜 경우에는 그림 1-8에 나타내는 것과 같은 보어 표면 조직의 유동이 발생하는 경우가 있으며, 이것을 소성유동이라 한다. 적정한 가공이 이루어진 보어면의 경우는 표면의 유동이 거의 없고, 편상흑연이 해방되어, 흑연의 고체윤활작용이 기대된다.

그러나 소성유동이 발생되면 흑연의 해방량이 감소하고, 고체윤활작용도 감소한다. 또한, 표면에 발생하는 소성유동에 의하여 피스턴링이 타붙는 용착에 이르는 경우가 있으므로 발생되지 않도록 하는 관리가 필요하다.

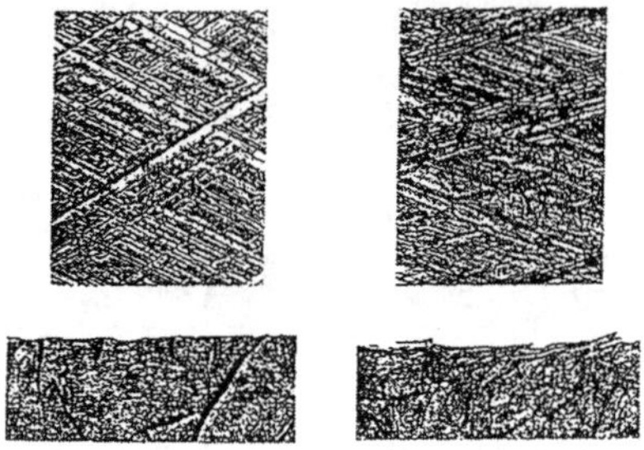

정상적인 보어면 소성유동이 발생된 보어면

그림 1-8. 실린더 보어 단면 사진

6.4 실린더블록의 저소음화 기술

엔진의 발음현상은 아래의 3종류로 크게 나누어진다.

① 연소, 기계가진력에 의한 부품의 탄성진동
② 불평형 관성력, 토크변동에 의한 강체운동
③ 흡기, 팬 등의 작동에 의한 공기 압력 변동

본체소음은 주로 실린더블록의 진동에 의해 지배되고 또한 연소음의 기여율이 큰 것을 알고 있다. 따라서 연소가진력에 주목하여 실린더블록의 움직임과 소음발생에 대하여 소개한다.

1) 연소가진력의 전달

실린더 내에서의 연소가스압력이 엔진의 표면에 전달되기 위해서는

① 실린더헤드
② 실린더보어
③ 피스턴 → 커넥팅로드 → 크랭크 → 실린더블록

의 경로를 생각할 수 있으나, 실린더블록의 진동을 발생시키기 위해서는 ③의 경로가 지배적이다. 행거테스트에 의하여 ③의 경로에서 실린더 내 가스압력이 전달되는 양상을 그림 1-9에 나타낸다. 피스턴의 입력은 베어링부까지 순간적으로 전달되어, 실린더블록을 가진한다. 크랭크 케이스의 외벽진동은 약간 늦어져서 발생하고, 최종적으로 자유진동모드를 나타낸다.

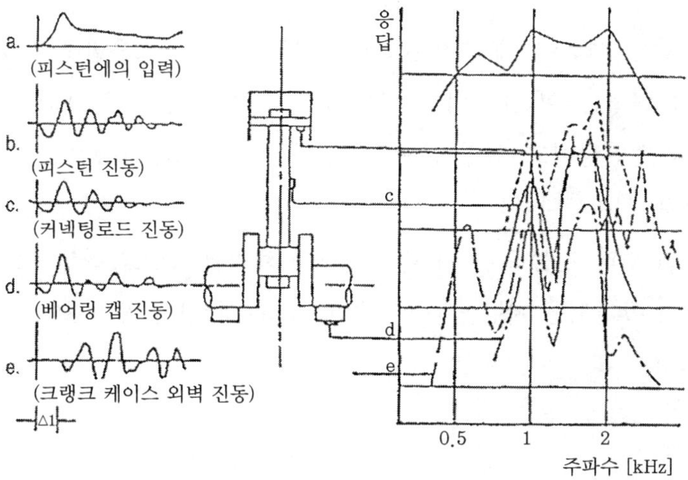

그림 1-9. 연소가진력의 전달

2) 운전시의 실린더블록의 움직임

크랭크 케이스 #2베어링부 진동의 히스토그램을 그림 1-10에 나타냈다. 측정점에 인접하는 #2 및 #1 실린더의 연소에 동기하여, 큰 변형이 생기고 점차 감쇠한다.

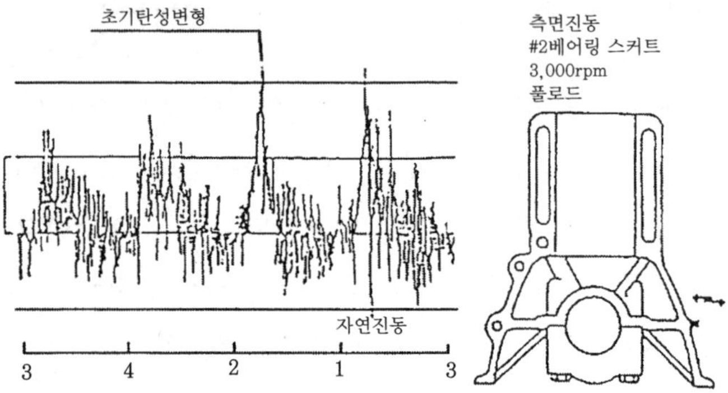

그림 1-10. 운전중 실린더블록의 진동

이와 같은 현상이 매 사이클 반복하여 진동 및 소음발생의 원인으로 된다. 이 변형은 실린더 내 압력에 의한 연소 실린더 둘레의 국소적인, 즉 초기탄성변형이고 실린더블록의 정변형(static deformation)에 관련되는 것으로 생각된다.

한편, 고주파 진동은 초기 탄성변형의 해방과 연소압력의 고주파성분에 의하여 야기되는 자유진동이고 그림 1-11의 여러 가지 모드에 의하여 구성된다.

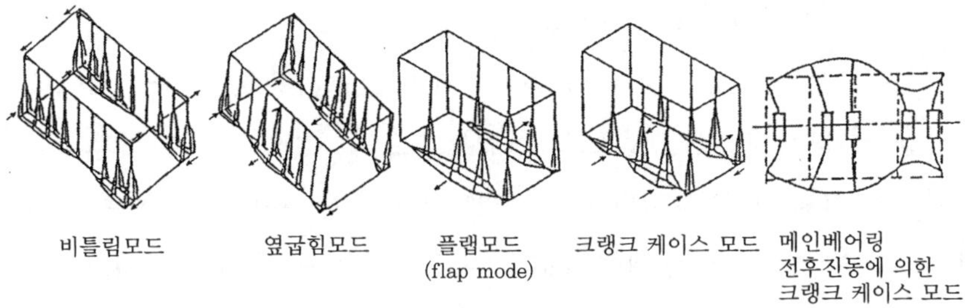

그림 1-11. 실린더블록의 자유진동 모드

일반적으로 실린더블록의 아래쪽일수록 진동레벨이 높은데, 원인은 그 구조에 있다. 실린더 부분은 외벽과 상하의 덱으로 된 구조이나 크랭크 케이스부는 아래면이 크게 열려있기 때문에, 아래쪽 하단의 진동레벨은 상대적으로 높아진다. 그림 1-12는 옆방향 굽힘모드의 예를 나타낸 것이다.

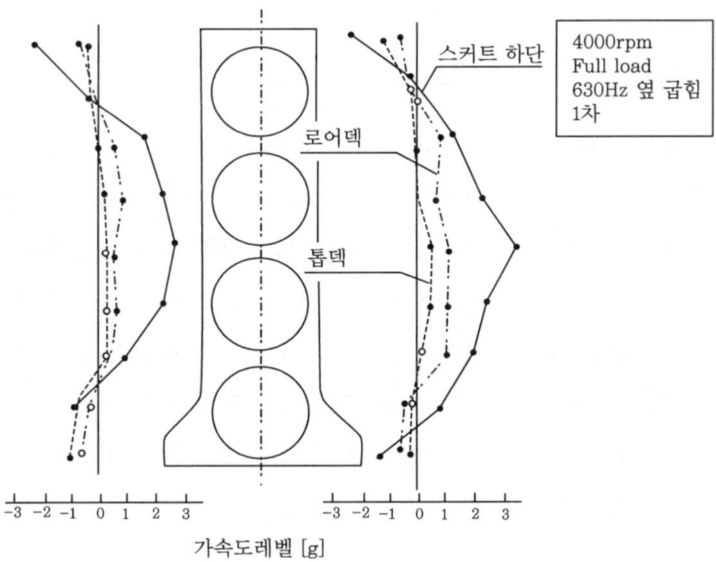

그림 1-12. 옆굽음 진동

3) 실린더블록의 진동

실린더블록의 진동을 저감시키기 위하여는 초기탄성변형과 자유진동의 레벨을 억제할 수 있는 구조를 찾아낼 필요가 있다.

따라서 그림 1-13에 나타내는 FEM모델을 사용, 위에 기술한 현상에 대하여 초기탄성변형은 정해석(static), 자유진동은 동해석(dynamic)을 적용한 예를 소개한다.

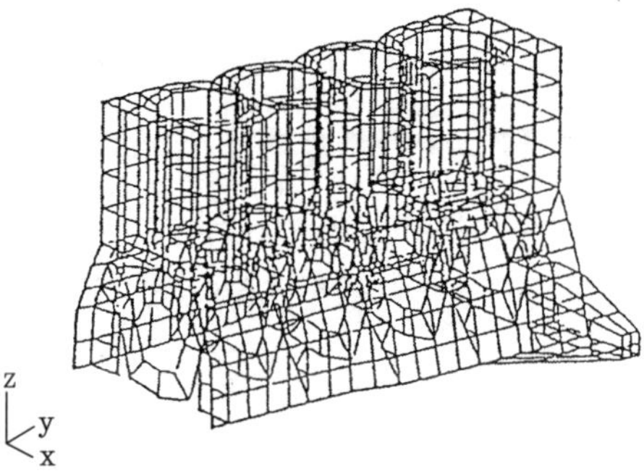

그림 1-13. FEM 모델

① 정변형 결과 : 그림 1-14는 #3실린더를 가압시킨 상태를 나타내고 있다. 주로 가압실린더 주변의 물재킷부와 베어링부에 인장하중이 발생되고, 위아래로 신장됨과 함께 위아래 굽음이 발생한다.

한편, 로어덱부와 외벽접합부에는 모멘트가 발생되고, 물재킷 외벽은 안쪽으로 구부러진다. 또, 메인베어링부는 신장과 굽음에 의하여 길이방향의 타원으로 변형하기 때문에 스커트 외벽은 안쪽으로 잡아당겨진다. 따라서, 실린더블록의 각 구성요소가 이룩하는 역할을 검토하는 데 따라, 정변형(Static deformation)의 억제구조를 구할 수 있다.

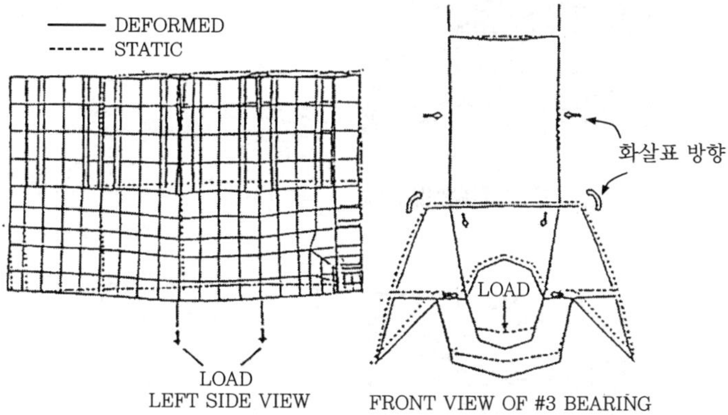

그림 1-14. 실린더 내 압력에 의한 정변형 모드

② 동변형 해석결과 : 실린더블록은 많은 고유값을 가지고 있고, FEM의 해석결과로도 2.5kHz 이하의 다수의 모드가 존재한다. 그 중의 대표 예를 홀로그램의 대비로 그림 1-15에 나타낸다. 비틀림, 굽힘의 기본모드 및 크랭크 케이스 모드와 함께 단체시험결과와 잘 일치하고 있다. 여기서, 실린더블록의 구조와 각 모드의 관계에 대하여 생각하면 다음과 같다.

그림 1-16은 높이를 일정하게 한 상태에서 실린더부와 크랭크 케이스부의 비율을 변화시킨 결과이다. 비틀림, 굽힘의 기본 모드는 톱덱으로부터 로어덱으로 구성되는 상자구조에 의하여 지배됨을 알 수 있다.

한편, 크랭크 케이스 모드의 원인이 되는 베어링 전후 진동은 크랭크 케이스부의 비율이 커질수록 악화된다. 원인은 벌크헤드 면적의 확대에 의하여 판으로서의 동강성이 저하된 것에 의하는 것으로 추정된다.

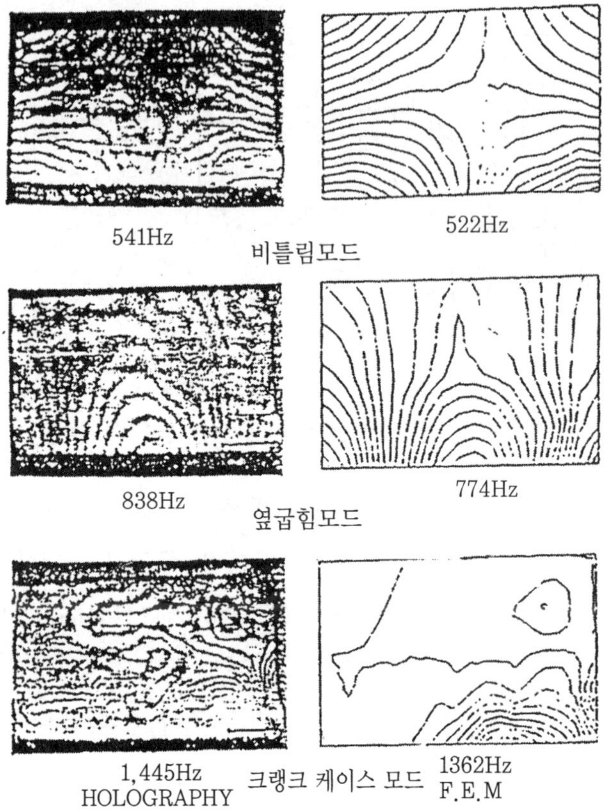

그림 1-15. FEM 동해석 결과와 홀로그래프

이와 같이 모드의 종류에 의하여 그 대책이 다르기 때문에, 실린더블록에 관계되는 엔진소음의 저감에 있어서는 문제의 원인으로 되어 있는 모드에 상응하는 대책수단을 선택할 필요가 있다.

6.5 헤드개스킷 면압의 확보

엔진 연소실의 내에서 헤드 블록 사이는 실린더헤드개스킷에 의해서

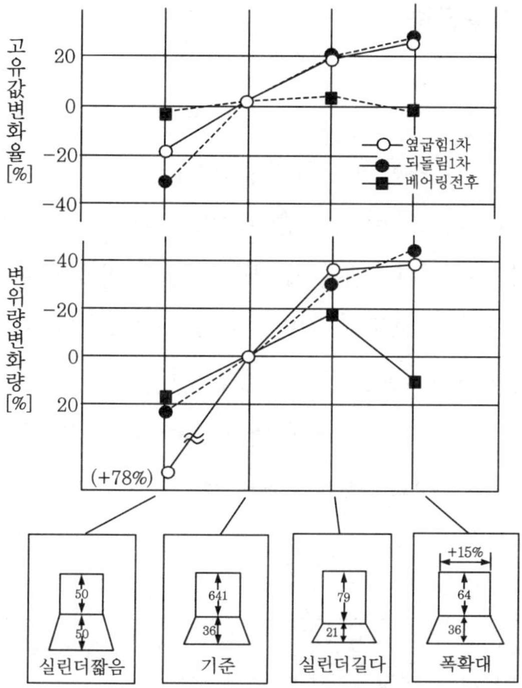

그림 1-16. 블록 형상과 고유값

기밀성이 유지되도록 되어 있다. 이 개스킷의 기밀성을 확보하기 위해서는 실린더블록의 변형억제가 중요한 항목이다.

일반적으로 헤드볼트 축력에 의하여 발생하는 개스킷 면압 분포가 균일하게 되도록 블록의 형상, 강성을 결정한다.

근년, 보어와 보어 사이의 단축화가 진전, 보어강성이 저하되는 경향에 있기 때문에, 리브형상 등에 의하여 보어의 강성향상을 도모하고, 개스킷 면압이 확보되도록 하는 연구가 필요하다.

7. 앞으로의 기술동향

7.1 중 량

경량화는 자동차의 기본성능(달린다, 구부러진다, 멈춘다) 및 연비성능 등을 결정하는 데에 대단히 중요한 아이템이다. 그리고, 엔진에 대한 경량화 요구도 커지고 있다. 엔진 중에서 중량의 약 20%를 차지하는 실린더블록에 대한 경량화 요구는 크다. 이 요구에 상응하기 위하여 근년에는 알루미늄 블록화가 급속히 진전되고 있다.

그림 1-17에 실린더블록 중량에 대한 일반적인 평가를 나타낸다. 이로부터 주철을 알루미늄으로 변경함으로써 약 50%의 경량화가 얻어짐을 알 수 있다.

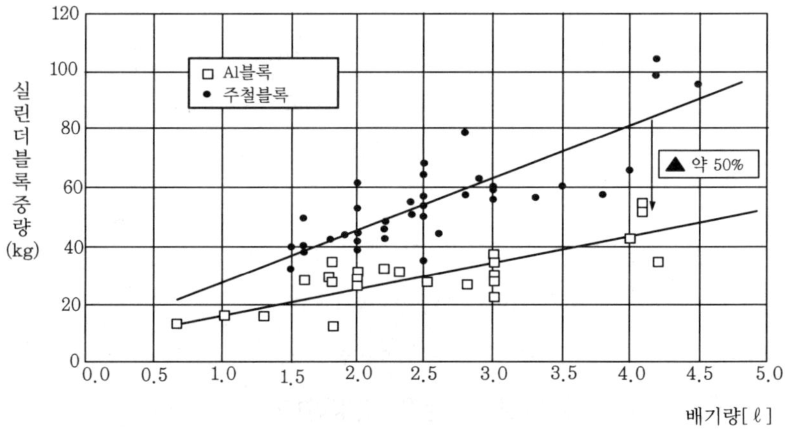

그림 1-17. 실린더블록의 중량에 대한 일반적 평가

그리고 알루미늄재의 채용에 있어서는 강도, 소음해석에 의한 살두께의 최적화가 이루어지고 보다 경량, 고강성을 지향하는 설계가 이루어지고 있다. 한편 지금까지 주철라이너를 채용하고 있던 실린더 보어에 대하여도 근년 알루미늄화가 진전되어 블록 경량화 아이템의 하나로 되어 있다. 앞으로 보어의 알루미늄화와 함께 엔진 전체의 경량화를 고려하여, 브래킷류의 일체화에 의한 부품저감, 경량화도 보다 진전될 것으로 생각된다.

7.2 사이즈

실린더블록은 경량화와 함께 콤팩트화가 요구되고 있다. 특히, 엔진의 전체 길이를 결정하는 요인으로서 블록 전체 길이의 단축이 요구된다.

블록전장은 보어지름, 보어와 보어 사이의 치수, 물재킷의 너비, 물재킷의 외벽 실링폭에 의하여 결정된다. 이 가운데에서 보어지름을 제외하면 보어 간의 치수의 단축이 전장에 미치는 영향이 크다.

이 보어 간 치수를 단축시키기 위해서는 보어강도의 확보, 헤드 개스킷 기밀성의 확보, 라이너의 살두께를 얇게 하는 것, 라이너리스화 등을 검토할 필요가 있다.

보어와 보어 사이의 단축이 가능하게 되면, 같은 길이의 블록에서 보어지름의 확대에 의한 배기량을 크게 하는 것이 가능하여, 신규엔진에 대하여는 전체 길이의 단축이 엿보인다.

앞으로는 보어 간 단축과 함께 물재킷 폭의 축소나 각부 위의 살두께(박육화)를 얇게 하는 데 따라 물론 전체 길이의 단축이 도모될 것으로 예상된다.

Chapter 02 가솔린엔진의 실린더헤드

1. 머리말

실린더헤드는 외관상으로는 단순한 상자 모양을 하고 있으나 연소실의 일부를 형성하고, 흡·배기포트를 가지며 밸브의 작동계를 지지하는 외에 윤활유의 통로, EGR 통로 등도 마련되어 있다. 그리고 내부는 속이 비어 있는 중공으로 냉각수가 통하며 형상은 지극히 복잡하다.

원가가 저렴하고 대량으로 생산하기 위한 연구가 필요하며 기능, 성능과 상반하는 요구를 높은 차원에서 양립시킬 필요가 있다.

여기서는 각 구성부분의 기본적인 설명에 더하여 최신기술, 해석방법 등을 소개하고, 실린더헤드 특유의 문제와 해결에 필요한 설계감각을 소개한다.

2. 기본구조와 구성부품

2.1 기본구조

승용차용 4사이클엔진의 실린더헤드는 대부분이 수냉으로 그림 2-1에 그 기본구조와 각부의 명칭을 표시하며, 각 구성요소의 기능을 설명한다.

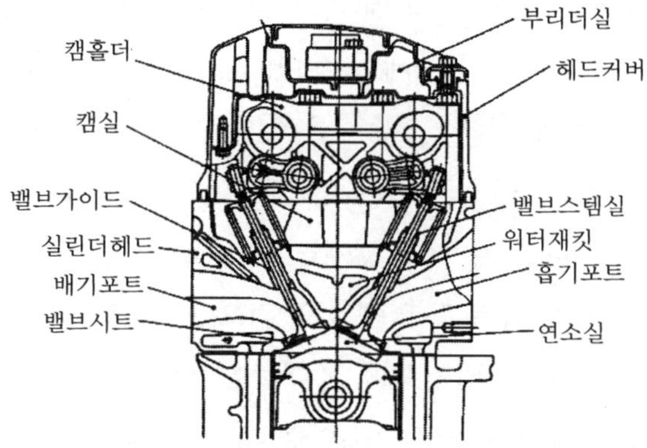

그림 2-1. 실린더헤드의 기본구조

2.2 연소실

연소실은 혼합기를 연소시켜서 기계적 에너지를 얻어내는 가장 기본적인 부분으로 피스턴 헤드를 포함하는 형식, 점화플러그의 위치, 스퀴시의 유무 등이 연소를 좌우한다. 여러 가지의 형상, 형식이 시도되었으나, 2001년의 시점에는 출력성능의 관점에서 점화플러그를 중앙에 배치하고 밸브가 1실린더당 4개의 레이아웃이 주류이고, 필연적으로 펜트루프형이 많다. 세부적인 것에 대하여는 표면적을 작게 하고 凹凸이 없도록 결정하나 실제로는 흡배기 저항을 적게 할 목적으로 밸브둘레의 클리어런스(밸브자리)의 가공이나 밸브헤드 표면의 형상을 포함하여, 복잡한 형상으로 되어 있다. 그리고 표면의 면조도에도 유의할 필요가 있다.

최근은 표면적에 대하여 밸브가 차지하는 비율이 크고, 밸브 형상에도 배려를 요한다. 그리고 점화플러그를 기점으로 하는 연소실 내의 화염전파를 저해하는 부분을 만들지 않는 것도 중요하다. 연소실 내의 혼합기는 복잡한 흐름을 동반, 흡기포트로부터 도입된다. 이러한 흐름은 압축,

점화상태에서도 관련되고, 연소에 크게 영향을 미치나 연소실 형상은 이 흐름이 과부족이 없도록 설계되어 있다.

예를 들면, 가장 콤팩트한 연소실은 점화플러그를 중심으로 하는 반구형으로, 최단시간에 양호한 연소로 될 것 같으나, 흡입 때의 터뷸런스가 압축행정에서 감쇠하는 경우, 그렇게는 되지 않는다. 또한 터뷸런스가 강할수록 연소 속도는 빠르고 열손실도 적으나, 터뷸런스를 강하게 하기 위해서는 일반적으로 흡입저항이 증대하여 출력을 감소시키고, 연소가 지나치게 빠르면 급격한 압력상승으로 소음을 발생시키므로, 컨트롤이 중요하다. 압축행정말 보어 둘레부에서 강한 흐름을 만들어내는 스퀴시도 컨트롤 기술의 하나로서, 크기, 방향 등에 연구를 많이 함으로써 목적에 상응토록 하여 사용되고 있다. 예를 들면 종래 개스킷면과 평행이었던 스퀴시부를 연소실 천장과 평행하게 한 기울기를 갖춘 스퀴시는 성능향상의 보고가 있고 실용화되고 있다.

이와 같은 실린더 내 유동은 계측기술의 발달로 정밀측정이 가능하게 되었고, 수치시뮬레이션도 해석이나 형상결정에 효과적으로 이용되고 있다. 연소실의 형상은 대단히 중요하고, 설계자는 신형엔진의 구조도를 볼 때에는 먼저 연소실에 관심이 쏠리게 된다.

연소압력은 크랭크각으로 상사점 후 15도 부근에서 최대로 되는 연소패턴이 토크가 최대가 되므로, 그와 같이 점화시기가 설정되고, 연소온도도 가장 높은 이 점을 지나면 압력과 온도는 저하되어 간다. 상사점 후 15도일 때 피스턴은 약간만 움직이는데, 예를 들면 크랭크 반지름이 42mm이면 약 1.8mm이다. 그 때문에 피스톤 상부가 개스킷면보다 돌출되어 있으면, 고온의 가스가 실면에 접촉하는 시간이 짧고, 개스실면의 온도 또한 가장 고온의 보어 축 사이의 온도를 저하시킨다. 이 부분은 통상,

주변부의 냉각수 구멍의 형상 등으로 온도가 컨트롤되나, 그림 2-1은 특히 높은 열부하의 기종으로 채용된 예이다. 레이싱전용엔진의 압축비를 높이는 개조를 할 때에는 실린더헤드 쪽의 개스킷면을 깎는 경우가 많으나, 실린더블록 측을 깎으면 축과 축 사이의 온도상승을 억제, 헤드 개스킷 면의 강성은 떨어뜨리지 않고 끝나는 경우도 있다.

2.3 흡·배기포트

연소실과 흡·배기매니폴드를 이어주는 통로가 흡·배기포트이다. 흡·배기저항을 생각하면 스트레이트한 형상이 이상적이나, 통상 레이아웃의 제약으로 그림 2-2와 같이 구부러진 형상으로 된다.

혼합기나 배기가스의 흐름의 저항은 단면적이 클수록 작으나 같은 단면적일 경우는 구부러진 부분의 반지름이 클수록 작다. 따라서 그림 2-2에 나타내는 L치수는 그 엔진의 최대출력 성능을 결정지어 주는 요소이다.

필요이상으로 크면 실린더 헤드가 불필요하게 커진다. 각도 θ는 작을수록 저항이 적고, 레이싱전용 엔진은 그림 2-3과 같은 레이아웃이 된다.

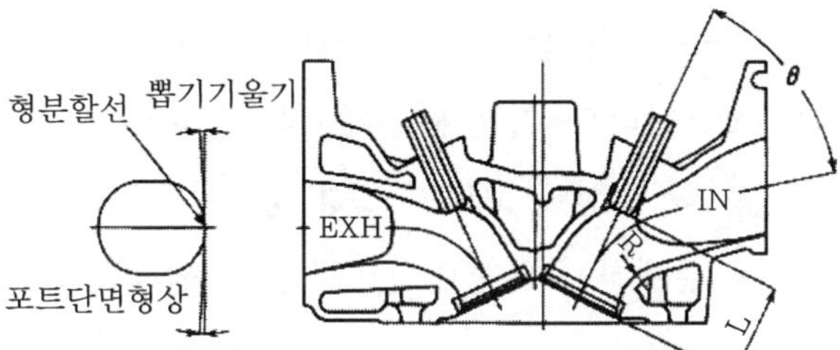

그림 2-2. 일반적인 흡·배기포트

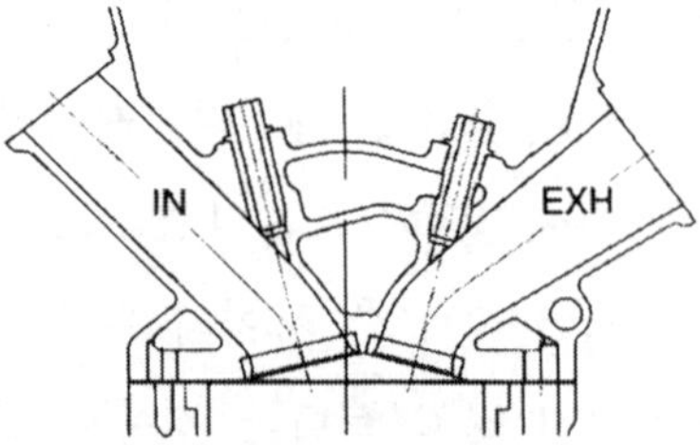

혼다 RA122E/B
(1992F1용)

그림 2-3. 레이스전용 엔진의 흡 · 배기포트

그림 2-3의 예의 경우는 구부러진 부분의 반지름 R이 작으나, 이것은 흡기가 구부러지지 않고 연소실로 유입하는 쪽의 저항이 적었던 예이다. 흡기를 스트레이트한 흐름으로 하기 위하여 밸브시트는 밸브와 동축이 아니고 NC가공에 의하여 곡면을 가진 경사가공이 되어 있다.

최고 출력 향상의 면에서 흡기포트를 지나치게 굵게 하면 유속이 늦어지고, 터뷸런스가 감소, 연소 속도도 늦어지며, 특히 중속역에서의 토크가 저하되어 운전하기 어려운 엔진으로 되기 때문에, 여기서도 밸런스가 요구된다.

희박 혼합기나 대량 EGR 도입시일지라도 안정된 연소를 얻어서 연비 성능을 높이기 위해서는 흡기에 스월, 텀블(그림 2-4a, b) 또는 그 중간의 와류상태의 흐름을 발생시키는 예도 있으나, 이들의 경우 밸브시트 부근의 형상이 0.5mm 달라도 흐름에 크게 영향을 미친다.

양산시는 소재, 가공 형상에 고르지 못한 경우가 생기나, 그래도 안정된 성능을 유지하도록 설계하지 않으면 안 된다. 스월에는 최적범위가 존재하기 때문이다.

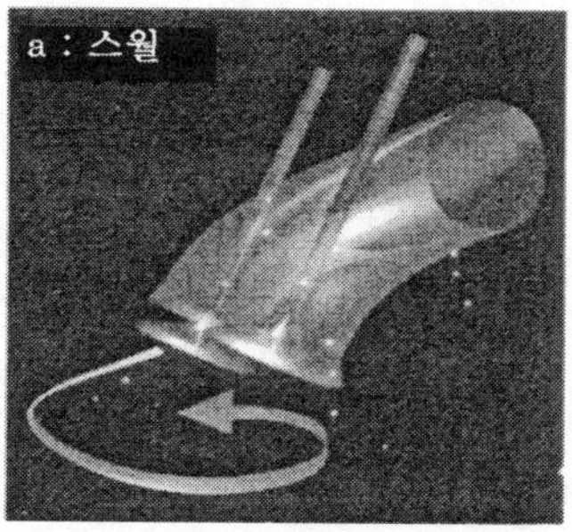

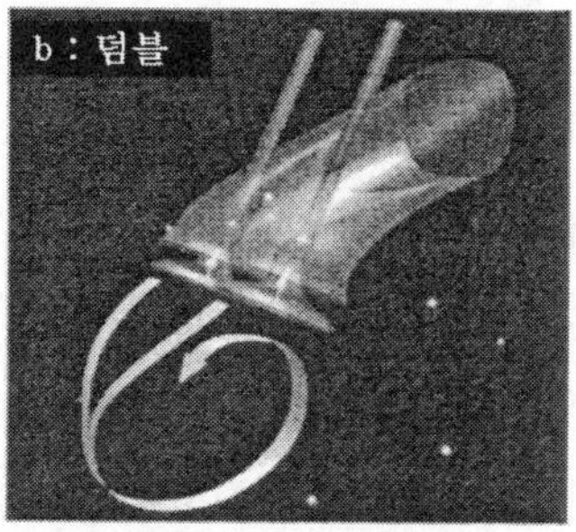

그림 2-4. 대표적인 실린더 내 유동의 형태

포트는 일반적으로 사형(sandcore) 주조로 만들어지므로, 형상설정시의 제약 사항이 있다. 형의 분할방향(core의 분할)을 생각하여 형의 분할위치나 뽑기기울기를(사형의 탈거) 고려하지 않으면 안 된다. 상하 2개의 분할형으로 조형하는 경우 평면도에서 최대 바깥지름이 형의 분할위치가 된다. 그리고 뽑기기울기가 필요하므로 형분할 위치의 벽면은 둔각인 에지를 가진다(그림 2-2).

물재킷 내의 포트 외벽 형상은 재킷 샌드코어의 구멍의 내면 형상이 되고, 포트 내벽 형상은 포트 샌드코어의 외형이 된다(그림 2-9). 주조시는 금속제의 하형의 위에 워터재킷 코어를 놓고, 그 구멍 부분에 포트코어를 세트하여 횡형, 상형을 체결형내에 알루미늄용탕을 주입한다. 이때, 포트코어의 세트작업의 용이성도 포트 형상에 제한이 가해지는 경우가 있고, 형상설정 때에는 워터재킷 형상이나 형분할(Parting Line) 등이 정확하지 않으면 안 된다. 워터재킷에 대하여는 뒤에 기술한다.

다실린더엔진의 포트 평면형상을 보면 일반적으로 같은 형상이 많으나, 특히 배기측에 그림 2-5에서와 같이 안쪽으로 향해 오프셋 되어 있는 것이 있다. 비중이 무거운 철의 배기 매니폴드를 소형화하여 열용량을 감소하고 배기가스의 온도저하를 억제, 촉매에 고온의 배기가스가 도달되면서 정화성능을 높이므로 경량화의 의미가 있다. 그러나 하나의 실린더의 포트를 보면 각 밸브의 배기저항이 다르고, 대칭의 것보다 저항이 증대된다. 또 통상은 그림에서와 같이 각 실린더의 연결된 포트형을 재킷형에 밀어넣을 때 간섭되지 않도록 샌드코어의 구멍쪽을 넓힌다. 즉 덧살이 증가, 워터재킷의 물통로를 압박한다고 하는 결점도 있다. 그림의 예에서는 포트형을 조형할 때에 덧살을 메울 부분도 조형하고 덧살을 깎아내는 등 다듬질하도록 연구되어 있다.

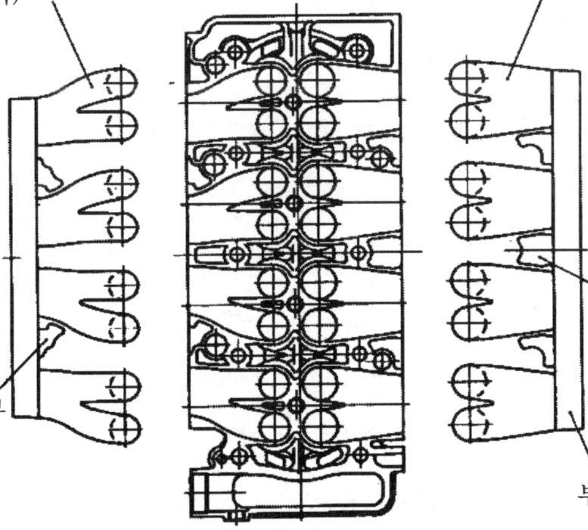

그림 2-5. 포트형 분할선에 있어서의 헤드 단면

2.4 밸브시트

기능은 연소실 내의 가스의 실(seal) 외에 고온강도, 내마멸성, 내식성 등이 요구된다. 알루미늄합금제의 실린더헤드에는 철계소결합금, 동(Cu)

계소결합금, 특수주철, 내열강 등이 압입된다. 밸브의 열은 통상 대부분이 밸브시트를 통해 헤드 쪽으로 방열되므로, 밸브의 닿는 폭(그림 2-6)의 설정은 주의를 요한다. 좁을수록 실(seal)성이 좋으나, 카본 등 이물이 물리기 쉽고 밸브시트도 흡배기저항이 작은 형상으로 되며, 밸브도 경량화된다. 그러나 밸브의 온도가 높아져서 이상마멸과 불어내기를 일으키기 쉽다. 승용차용의 경우는 1.4～2mm 정도이나, 1.0mm까지 좁힌 실용예도 있다. 고온으로 되는 배기측의 닿는 쪽을 넓게 하는 경우도 많다.

특히 고출력으로 열부하가 높을 경우에는 내마멸성의 좋은 재료를 사용하나, 일반적으로 가공성이 나쁘다. 그러나 가공시는 유연하나 한번 엔진이 운전되면 열에 의하여 경화되어 내구성이 증가되는 재료도 개발되어 있다.

레이저에 의하여 경질의 금속을 직접 알루미늄 표면상에 녹여서 용착시킨 밸브시트로 사용하는 기술도 실용화되어 레이저 크래드 기술이라 불리고 있다. 시트 부분의 연소실의 두께를 감소시켜 열전도율 향상에 의한 밸브시트 온도를 크게 내려서, 노킹의 개선효과를 얻은 보고도 있다.

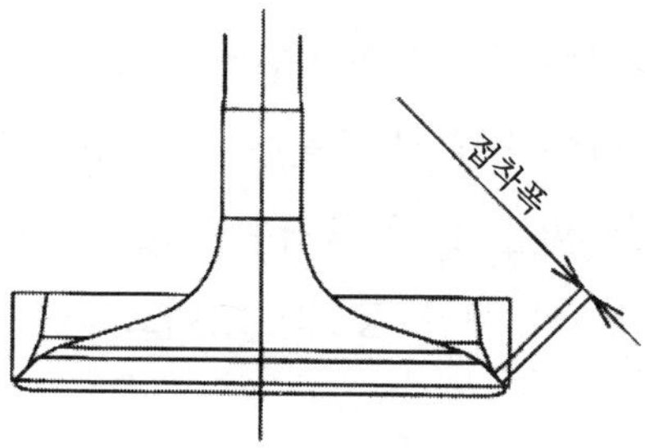

그림 2-6. 밸브의 접착폭

2.5 밸브가이드

밸브가이드는 밸브의 안내를 위한 부품이다. 알루미늄제 실린더 헤드에는 내마멸성, 윤활성이 있는 철계소결합금이나 열전도성의 좋은 동계합금을 압입, 사용되고 있다.

승용차의 경우는 냉각에 대하여 그림 2-2와 같이 배기측은 압입부의 전체둘레에 물이 돌게 하고, 흡기측은 전체둘레의 반 정도 물에 접하는 것이 보통이다.

그러나 열부하가 극도로 큰 레이스용 엔진의 경우는 그림 2-3과 같이 배기측을 워터재킷 내에 직접 노출하는 예도 있다(㉮ 배기밸브는 나트륨 봉입이 되어 있는 가이드를 통해 열유동이 많다).

상단에는 밸브스템실을 부착, 윤활을 위한 오일의 침입량을 컨트롤한다. 침입량이 지나치게 많으면 오일 소비증대와 배기에미션이 악화된다. 밸브는 동작중 휨진동을 일으키고, 특히 고속형 엔진의 경우 가이드 끝부분에 이상마멸의 원인이 되므로 그 길이는 과부족 없이 설정한다.

포트 내에의 돌출량은 배기측은 길수록 배기가스의 열에 의하여 선단부분의 온도가 높아지므로 이상마멸 방지를 위하여 2~3mm 정도로 억제하고 선단도 둥근 형상이 좋다. 흡기측은 포트 굵기를 확보하면서 가이드 길이를 취하기 위하여 비교적 돌출은 길어지나 흡기저항을 감소시키기 위하여 가늘게 테이퍼를 붙이는 경우도 있다.

그림 2-3의 레이싱용의 예인 경우는 가이드의 돌출부분은 완전히 절취되어 있다.

2.6 워터재킷

연소실과 고온의 배기가스가 고속으로 유출되는 배기포트를 가지는 실린더헤드를 냉각시키는 것이 워터재킷이다. 냉각수가 효과적으로 필요한 부분을 냉각하도록 설계한다. 최근은 냉각수 유량, 유속, 열의 흐름해석은 그림 2-7, 2-8에 나타내는 것과 같이 FEM(경계요소법) 등을 사용, 종래 측정이 되지 않았던 부분도 정확하게 해석되어 새로운 냉각방법의 연구도 활발하다.

예를 들면 종래에 전체 실린더를 하나로 하여 흐르고 있던 냉각수를 각 실린더마다 독립된 통로로 흐르게 하여 각 실린더의 온도를 정밀하게 컨트롤 하거나, 블록에 흐르는 냉각수와 헤드 측을 완전히 분리, 난기시 실린더온도를 높게 유지하여 연비저감을 도모하는 등 목적에 상응하여 설계 기획되고 있다. 그림 2-3의 레이스용의 경우 연소실은 각 실린더마다 독립된 배기 측에서 흡기 측으로의 물이 흐르게 되어 있었으나, 그 상부에는 길이 방향으로 흐르는 다른 통로를 가지고 있다. 통로 내의 공기주머니나 정체됨을 없게 하여 원활한 냉각수의 흐름을 확보하는 것도 중요하다.

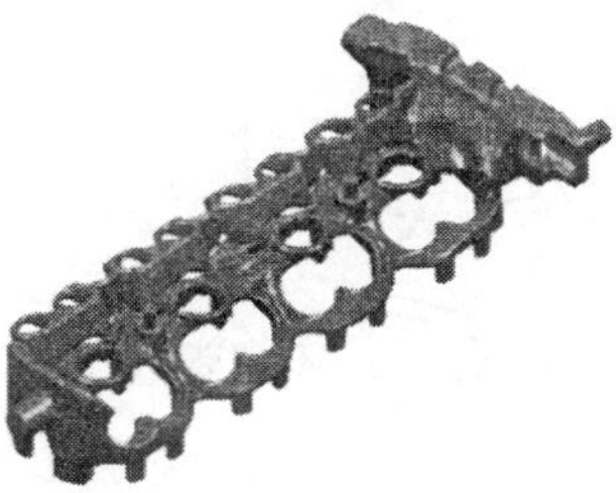

그림 2-7. 해석용 워터재킷 모델

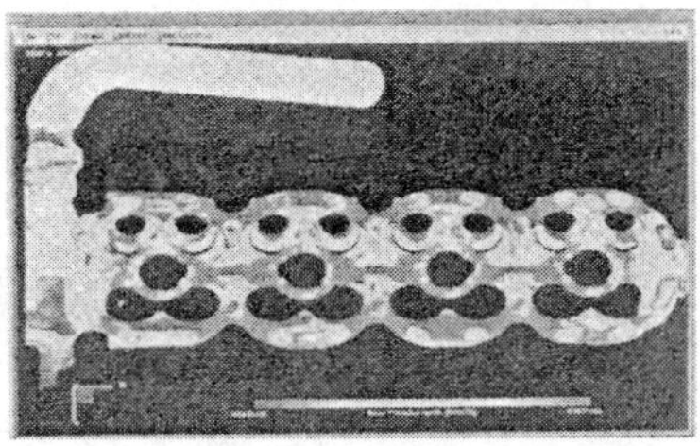

그림 2-8. FEM에 의한 열흐름해석 예

열흐름에 대한 해석은 블록 측도 포함하여 전체적으로 해석되고, 헤드 개스킷의 물구멍도 세밀하게 튜닝된다. 워터재킷은 엔진 구성 요소 중 가장 복잡한 3차원 형상을 가지며, 더구나 모래로 조형되기 때문에 여러 가지 형상의 제한이 있으나, 기능을 실현시키지 않으면 안 되는 어려움을 가지며, 우수한 시뮬레이션 툴을 가지고 있어도 이것들의 제약을 이해하고 해석하지 않으면 적용되지 않는다. 다행히 워터재킷의 형식은 어떤 실용 엔진도 거의 같아서 여기서는 예를 들어 그 기본형상을 설명한다.

워터재킷 내의 냉각수의 흐름을 저해하려고 하는 듯 한 각부에도 존재 이유가 있다.

2.6.1 워터재킷의 코어 파팅라인

그림 2-9b는 그림 2-1에 대한 워터재킷 샌드코어의 단면으로 화살표는 형뽑기 방향을 나타낸다. 배기포트 둘레는 물을 돌리기 위한 배기매니폴드면 쪽으로 당겨서 뽑는 것으로 뽑기기울기가 필요하고 그림 2-9a에 나타내는 것과 같이 포트 아래에 덧살이 생기고 있다. 예로는 흡기포트 둘레는 물을 돌리지 않고 위 방향으로 뽑게 되어서 덧살은 없다.

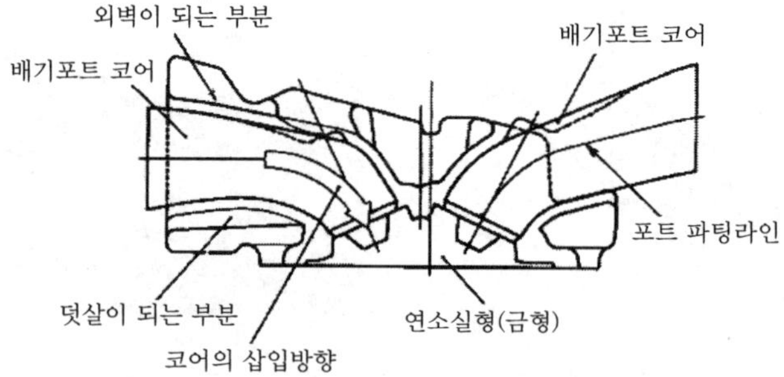

그림 2-9a. 워터재킷과 포트코어

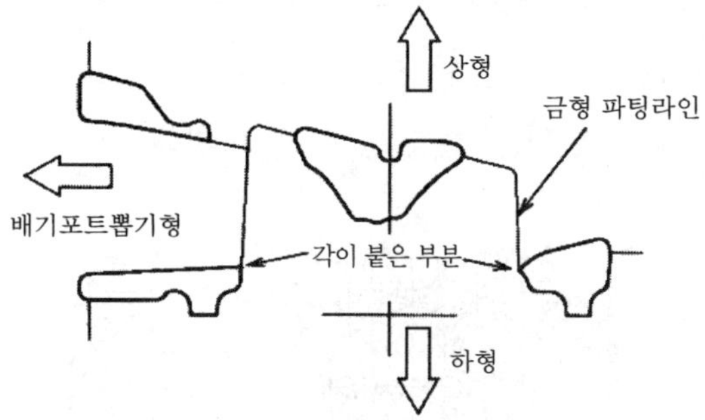

그림 2-9b. 워터재킷 샌드코어의 단면

이와 같이 금형의 분할하도록 되어 있어서 흡, 배기포트부에는 그림에 나타내는 부분에 모진 부분이 생긴다.

그림 2-10은 포트둘레를 아래로 뽑고 포트 아래는 물이 돌게 한 예이다. 코어형의 구조는 간단하지만 바꾸어 넣을 때에는, 밸브시트 둘레의 냉각이 나빠지기 쉽기 때문에 물구멍 가공이 필요하게 되고 덧살이 많아져서 중량이 증가된다.

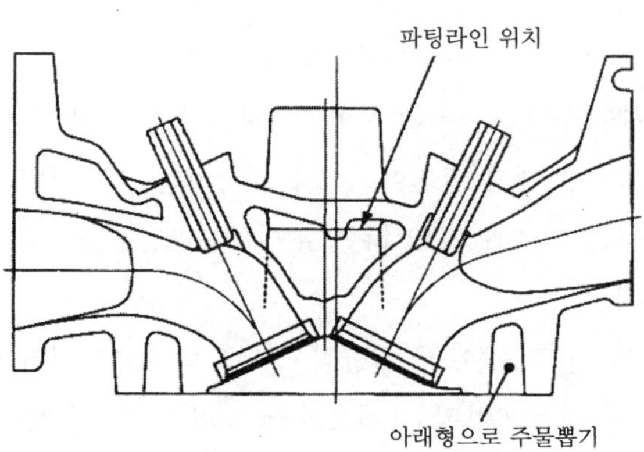

그림 2-10. 워터재킷 형 파팅라인을 단순화한 예

그림 2-11은 그림 2-2에 대하여 포트부분의 형상을 코어 파팅라인 위치로부터 떼어낸 평면 단면으로, 포트 아래의 코어 형상을 우측에 나타낸다. 코어형상은 냉각수 통로의 형상이 된다.

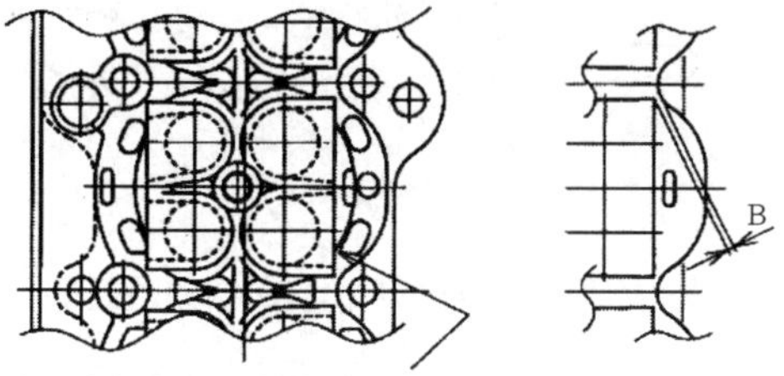

평면을 사용한 상하형 파팅라인의 경우

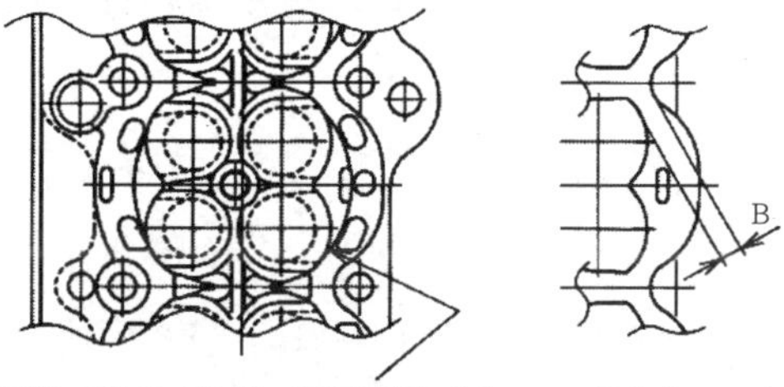

곡면을 사용한 상하형 파팅라인의 경우 포트하형 샌드코어 형상

그림 2-11. 포트 부분의 형상을 하형 파팅라인 위치에서 떼어낸 예

1실린더당 4밸브 엔진의 경우는 위의 그림의 코어 파팅라인에서는 그림에서의 B치수가 작고, 모래(사형)의 강도가 약하며 물의 통로도 가늘다. 주조 자체는 모래의 단면이 $\phi 8$에 상당하는 정도이면 가능하나 코어 파팅라인을 아래 그림과 같이 하면 모래의 강도도 높아지고 냉각수도 매끄럽게 흐른다.

종래는 1실린더당 2밸브가 일반적으로 그림 2-11 위의 타입이 많았으나, 최근에는 형상을 3차원 모델로서 금형의 가공 정밀도가 높아졌으므로, 이와 같은 곡면 맞추기도 필요한 부분은 사용하게 되었다. 코어 파팅라인은 되도록 단순한 편이 결국 정밀도가 좋고 깨끗한 구조가 된다.

그림 2-12의 예에서는 점화플러그 둘레의 인발 형상이 복잡한 맞춤이나 이것은 열부하가 높은 기종을 위해 연소실둘레의 냉각성을 고려하여 제조부분의 협력을 얻어 어려운 맞춤을 사용한 예이다. 이와 같은 경우의 기준은, 모래의 끝부분의 두께를 3mm 확보하고 각이 붙은 부분은 직각 이상이 되도록 코어 파팅라인에 따라 R을 돌려감으로써 양산이 가능하게 되었다.

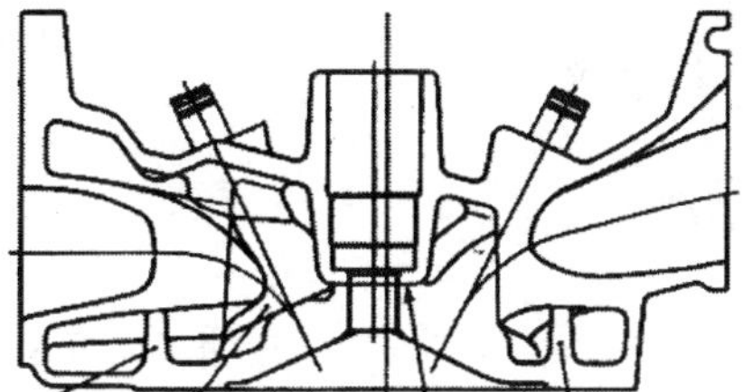

그림 2-12. 포트 분기부에도 물을 순환시킨 예

2.6.2 특히 냉각이 필요한 부분

뜨거운 목욕탕에서 손을 움직이면 열전달률이 좋아지면서 뜨거움을 느끼는 것과 같이 고온의 배기가스의 흐름 속에 위치하는 배기밸브는 실린더헤드의 안에서 가장 고온이 되는 부분으로 밸브시트의 냉각이 나쁘다면 이상마멸이나 노킹성능이 악화된다.

따라서 워터재킷 쪽의 이 부분을 효과적으로 냉각하기 위하여는 그림 2-12와 같이 샌드몰드를 연구하여 포트 사이에 냉각수가 돌게 하거나 기계가공으로 구멍을 뚫는 경우가 있다.

보어의 축과 축 사이 부분도 온도가 지나치게 높아지면 알루미늄제의 경우 경도 저하를 일으켜서 취약해지면서 가스압에 기밀성이 유지되지 않게 되므로 주의해야 할 곳이다.

주물뽑기로 충분하지 못할 경우는 가공에 의해 절취하거나 구멍을 뚫는 경우도 있다. 구멍가공의 경우 통로가 지나치게 좁아서 물이 잘 흐르지 못하면 유속이 늦은 저속역에서 냉각수가 비등, 이상 부식을 일으키므로 주의해야 한다.

3. 실린더헤드의 강성

3.1 연소실 둘레

연소실 둘레는 실용가솔린엔진은 최대 90MPa, 디젤엔진은 160MPa의 연소압력을 받기 때문에, 이에 맞도록 가스를 실(seal)하지 않으면 안 된다. 즉, 가스의 실(seal)성은 개스킷의 접촉면압에 비례하므로 실성의 확보는 말을 바꾸면 헤드볼트에 의해 죄어붙어진 실린더헤드의 보어 둘레에 충분한 면압을 낳게 하는 것이라 할 수 있다.

면압의 근원인 압력은 보어 둘레의 강성이 없으면 충분히 얻어지지 못한다. 그러나 압력을 필요로 하지 않는 곳의 강성이 지나치게 높아지면 그 부분의 압력이 높아지면서 필요한 곳의 압력이 낮아지므로 단지 강성을 높여야 하는 것만은 아니다.

한계가 있는 압력을 어떻게 이상적으로 분배하는가 하는 것이고, 기본적으로는 죄어붙임의 힘(체결력)의 근원인 헤드볼트의 보스로부터의 힘을 가장 면압이 필요한 보어 둘레에 전달하는 것으로 생각하면 된다.

보스로부터의 압력은 동심원 모양으로 확산되어 가므로 그림 2-13에 나타내는 것과 같이 보스와 연소실을 맺어주는 선 위에는 힘이 화살표와 같이 전달되도록 물구멍이 없게 하는 것이 좋다.

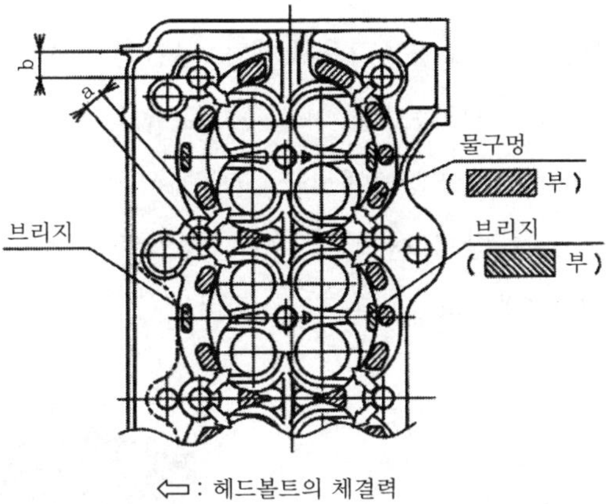

그림 2-13. 체결력과 물구멍, 보스 형상의 예

그밖에 그림 2-14와 같이 연소실끼리를 맺는 리브 a, 흡배기포트의 격벽부 C를 통하여 포트 아래에 설치한 리브 b(그림 2-13 참조)에 의하여 개스킷 면을 누르거나 그림 2-15와 같이 헤드 볼트 자리면을 맺는 리브 d에 의해 플러그 파이프를 눌러줌으로써 연소실의 떠오르는 것을 누르는 등 여러 가지 연구가 이루어지고 있다.

밸브스프링의 자리를 맺는 리브 e는 밸브가이드의 변형을 방지하는 것과 동시에 바로 아래에 있는 포트 격벽부를 눌러, 그 아래의 브리지를 거쳐서 개스킷 면에 압력을 전달한다.

높은 가스의 기밀성능이 요구되는 경우는 메탈 개스킷의 두께를 부분적으로 조정하여 보어 둘레의 면압을 확보하는 경우도 있으나 그 경우 강성은 물론 연소실 둘레의 응력에 주의한다.

주조시 먼저 냉각된 부분을, 늦게 응고된 부분(대체로 탕구부)이 끌어

당겨지는 형상으로 잔류응력이 남아있는 경우 등 약간의 응력 추가로 크랙이 발생되는 경우도 있다. 살두께가 증가되거나 각부의 R확대가 상투수단이나 냉각성능이나 중량, 비용증가와 상관관계가 된다.

끝부분에 위치하는 헤드볼트는 바깥쪽으로 압력이 지나치게 걸리는 경향이 있으므로 그림 2-13의 예에서는 그림에서의 b치수를 a치수보다 크게 하여 바깥쪽으로 "받침"을 만들어, 안쪽으로 충분한 압력이 확보될 수 있도록 한 실제 예이다.

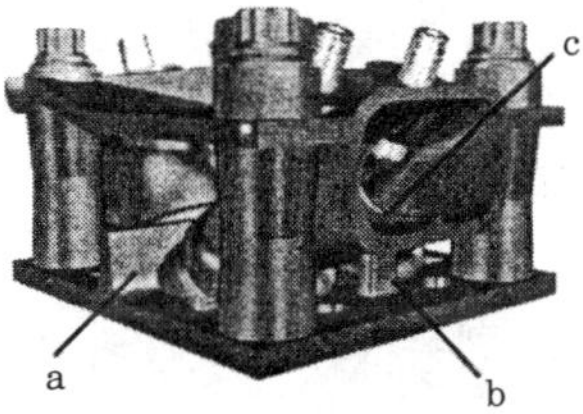

그림 2-14. 리브, 격벽, 브리지의 예

그림 2-15. 캠실 내에 마련된 리브의 예

3.2 밸브 주변

헤드볼트의 자리는 죄는 힘인 체결력에 의하여 침하되나, 축방향으로 조여진 보스는 반지름 방향으로 확대된다.

블록에 대하여는 헤드볼트의 암나사 쪽도 같이 변형되나 나사의 끝은 변형되지 않는다(그림 2-16). 따라서 블록에 부착된 실린더헤드는 그림 2-17과 같이 변형, 경우에 따라서는 변형이 100μm 이상으로 되고 무시할 수 없게 된다.

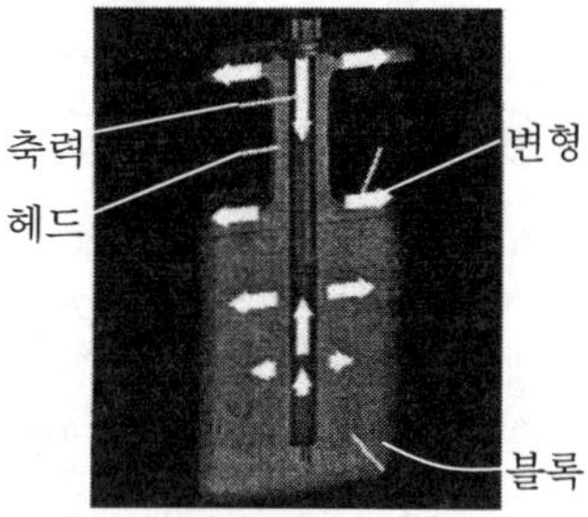

그림 2-16. 출력과 변형의 이미지

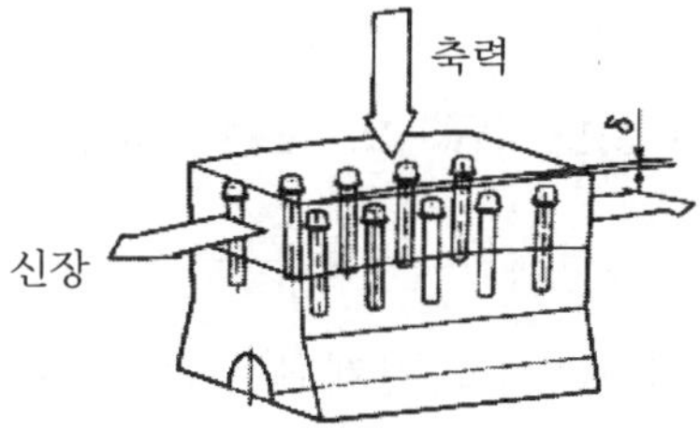

그림 2-17. 실린더헤드의 변형

각 실린더를 보았을 때에 헤드볼트 자리에 이끌려서 다른 부분이 침하되고, 그 양은 엔진온도가 높아지는 데 따라 철의 헤드볼트에 비하여 알루미늄의 헤드가 보다 크게 열팽창하여 변형이 더욱이 현저하게 되면서 여러 가지 문제를 일으키는 경우가 있다.

예를 들면, 변형에 의하여 밸브 가이드가 기울어져서 밸브가 시트에 대하여 경사지게 닿아서 설정된 캠의 완충 곡선이 이전의 밸브 속도의 빠른 부분에서 시팅(seating)하여 소음을 발생하거나, 밸브시트의 내구성을 저하시키는 등 하는 일이 있다.

고출력을 겨냥하여, 굵은 포트를 채용한 그 기종은 그림 2-2의 L치수가 크고, 약간의 변형이 밸브선단에서는 큰 영향을 끼친 것이다. 이 경우 필요한 곳에 리브를 설치하는(예를 들면 그림 2-15의 e) 등 강성을 향상시키는 대책을 강구한다. 각 제작회사의 제품에 따라서는 설계의 단계에서 교묘하게 배치된 형상도 있으며, 형식에 따라서는 탈착이 가능한 리브도 있다.

최근은 시뮬레이션에 의하여 잔류응력도 고려한 열변형도 해석이 가능하다. 설명은 앞서 기술한 것과 같은 이미지를 가지고 소성이 좋은 형을 만들어내는 것이 중요하다.

3.3 밸브작동계의 보존지지부

밸브작동계의 보존지지부는 강성이 낮으면, 고속회전시에 밸브작동계의 변형이 크고, 한계회전속도를 저하시키므로 충분한 강성이 필요하다.

그러나 필요 이상의 강성이 필요한 것이 아니고 그림 2-18에 나타내는 것과 같이 밸브작동계는 형식에 따른 하중의 크기와 방향의 상이함을 생각하여, 센스 있게 정리해 두는 것이 좋다. 그림 2-18은 공히 로커암 사용의 경우이다. 로커 샤프트에의 입력은 형식에 따라 크게 다르고, 특히 시소식의 경우는 로커 샤프트의 하중이 스윙암식의 4배 가까이 되므로 지지강성, 강도에 주의할 필요가 있다.

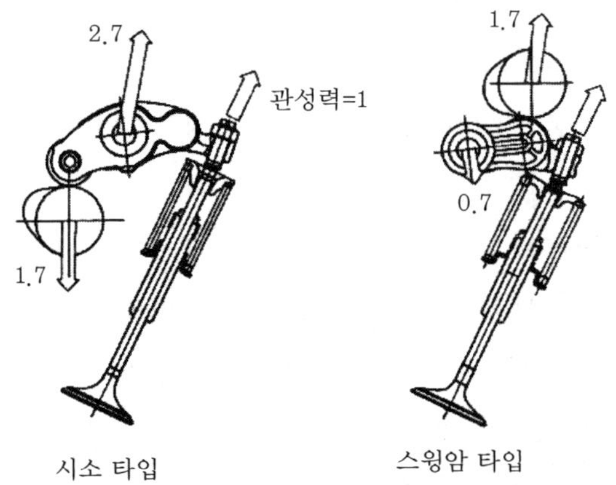

그림 2-18. 밸브작동계 형식에 의한 하중의 차이

그림 2-19는 그림 2-1의 기종의 캠홀더 부착부위이다. 실린더헤드의 부위 중에서 가장 강성이 높은 헤드볼트 자리 가까이에 부착나사를 설

치, 강성확보에 노력하고 있다.

그림 2-19에서는 개스킷면으로부터 오일낙하의 구멍이 가공되어 있으므로, 지지강성저하를 방지하기 위하여 그림의 b치수를 왼쪽 그림 a치수보다 크게 하고 있다. 이 기종은 특히 고회전, 고출력형 등으로 강성면에서 주의가 필요하다.

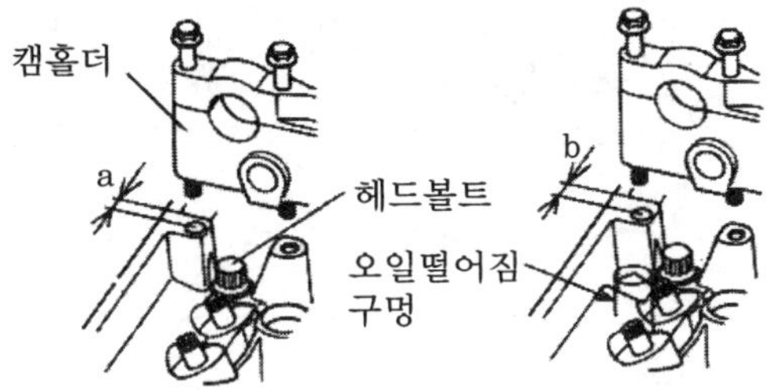

그림 2-19. 캠홀더 부착부의 예

4. 실린더헤드의 제작법

4.1. 실린더헤드의 주조법

실린더헤드는 주로 알루미늄합금 주조로 만들어진다. GDC(중력주조법) 또는 LP-DC(저압 다이캐스트)가 주류이고(그림 2-20), 그리고 강도를 높이기 위하여 재질에 따라서 열처리를 한다.

대량생산하는 데 가장 가격이 저렴한 다이캐스트를 사용할 수 없는 것은, 워터재킷이나 포트를 뽑을 때 샌드코어가 고압으로 주조하면 떠오르거나, 파괴되는 등 급속한 응고로 알루미늄에 갇혀 있던 가스가 열처리 때 브리스터(화기에 의한 부풀어 오름)를 발생시켜 조직에 결함을 낳게 하는 등 문제가 있다.

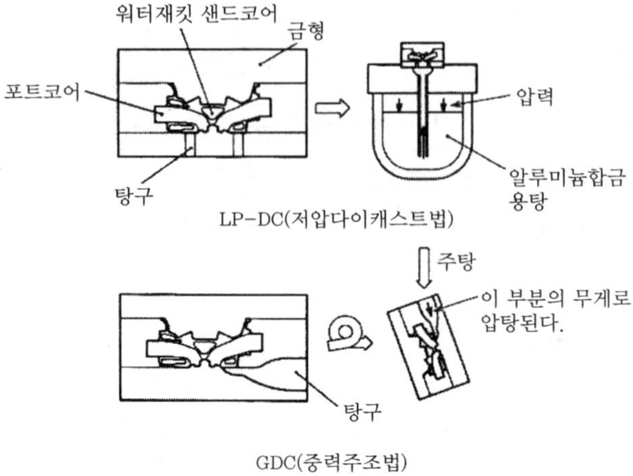

그림 2-20. GDC와 LP-DC

기본적으로는 샌드코어를 세트한 금형의 탕구라 불리는 구멍에서 용해된 알루미늄(탕)을 중력 또는 압력에 의해 유입, 냉각되면 금형을 열고 꺼내어 탕구부분을 절취한다.

그리고 내부의 모래는 열에 의하여 취성을 띠게 되고, 진동을 주면 부서져서 떨어진다. 그 후 열처리를 끝낸 기계가공을 하기 전의 소재로 되는데 열처리중에 개스킷 물구멍 등으로부터 침입한 열풍으로 나머지 모래도 쉽게 떨어진다.

GDC는 설비는 간단하나 제품중량의 50% 정도의 큰 탕구의 무게로 압탕을 하기 때문에 주물용탕의 유동이 나쁘다. LP-DC는 95% 이상의 주물용탕이 잘 돌아서 효율이 좋다. 그리고 LP-DC는 압력을 시간축으로 컨트롤이 가능하고 품질이 안정되며 주조 형상의 자유도도 크다. 그리고 용탕온도도 LP-DC인 편이 낮다.

탕구에서 들어간 용탕이 복잡한 형상의 실린더헤드 각부로 잘 도달하도록 하기 위해서는 탕구부분의 살이 두껍고, 주조 물뽑기는 하지 않는다. 그리고 탕구부분은 최후에 냉각되기 때문에 주변부가 고온으로 되고, 금형에 용착되는 등으로 빼내기 어려우므로 빼내기를 위한 기울기를 크게 한다.

얇은 리브 등을 설치할 때에도 탕구로부터 주변으로의 탕의 흐름을 고려하여 설계하면 허실되는 살을 붙이지 않아도 양호한 주조성을 얻을 수 있다.

최근에는 탕의 유동성이나 응고시의 문제점은 금형을 만들기 전에 시뮬레이션으로 검토가 가능하나 소성이 좋은 것은 처음부터 좋은 결과가 얻어지고 가볍고 허실이 없으며 아름답다. 주조 후에 손질을 할 필요가 없도록 잘 생각하여 설계할 것이 필요하다.

알루미늄합금인 경우의 열처리는 알루미늄 결정격자에 종류가 다른 원소를 넣고, 스트레인을 가지도록 한 다음, 경도, 강도를 높인다고 하는 논리로, 500℃ 정도로 가열하고, 알루미늄 기질 속에 첨가원소를 고용시킨 상태에서 급랭시켜 과포화고용체를 만들어서(용체화 처리), 그것을 200℃ 정도에서 수시간 보존 유지하고(시효처리), 가장 강도가 높아지는 곳에서 끝낸다.

그러면 500℃라고 하는 것은 거의 알루미늄의 용출온도(565℃)이고 재료강도의 변화는 거의 없으나, 자중에 의한 변형이나 급랭 때의 응력으로 크랙이 생기는 경우가 있다. 시효처리는 180℃로 10시간 정도가 강도적으로 가장 좋으나, 실제는 생산성을 높이기 위하여 앞에서 기술한 것과 같이 온도를 높여서 시간을 짧게 하는 것이 교과서적인 사실만은 아니다.

4.2 오일재킷 샌드코어의 폐지 예

실린더헤드의 주조 때 포트 및 워터재킷의 샌드몰드에 더하여 오일재킷에도 샌드몰드를 사용하는 경우가 있으나, 이것을 폐지한 예를 소개한다. 샌드몰드를 만들기 위한 금형은 필요하지 않고 샌드몰드 사이에 끼워지는 부분의 알루미늄이 냉각되는 도중 먼저 냉각된 부분으로 잡아 당겨지면 조직이 치밀해지면서 강도의 저하 등의 문제가 해결된다.

이렇게 함으로써 설계가 가벼워지고, 저렴한 알루미늄재를 활용할 수 있고, 허실되는 거스러미작업 제거공수도 적어지게 되고, 폐기물 삭감으로부터의 환경에도 유익하다.

그림 2-21 위의 그림은 로커암식 DOHC의 예로, 오일재킷 샌드몰드가 없는 상태로 그대로 금형으로 주조하고 있다. 헤드 내의 오일을 효율적으로 순환시키기 위한 각 실린더 간의 오일재킷의 연결통로는 헤드의 바깥쪽에서 가공을 시작하여 대응하고, 덧살이 되는 부분은 최소가 되도록

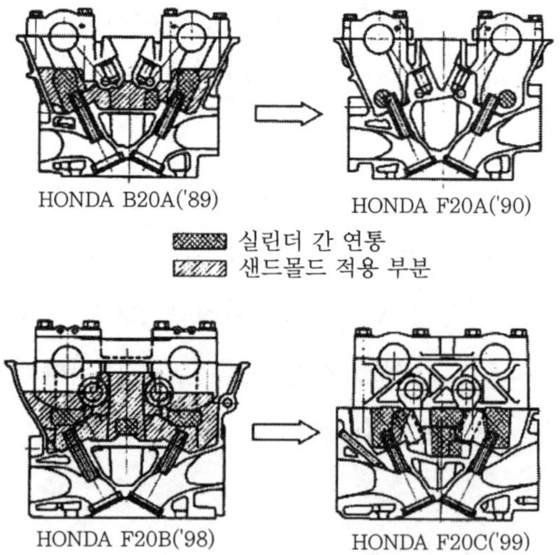

그림 2-21. 오일재킷 샌드몰드의 폐지 예

밸브작동계, 캠을 배치하고 소형화와 중량경감도 실현한다.

그림 2-21 아래 그림은 밸브리프트 가변기구를 가진 로커암식 DOHC의 예로서, 종래 헤드와 일체로 되어 있던 캠홀더 아래 부분을 별개로 하여 헤드와 분리, 실현하였다. 이 경우 동시에 소형 경량화도 가능하게 되고 출력성능을 향상시키면서, 실린더 헤드 단체로 25%의 경량화를 달성하고 있다.

주조사이클은 오일재킷 샌드몰드 사용시의 450초 전후가 300초 이하로 단축되고 작업자의 부담도 경감되었다. 분리된 캠홀더는 단품으로 캠저널의 가공이 가능하고, 고가인 FB머신 도입도 불필요하며, 최종공정에 있어서의 공가공시 일의 손실도 없다. 그림 2-22는 직압식으로의 적용례이다.

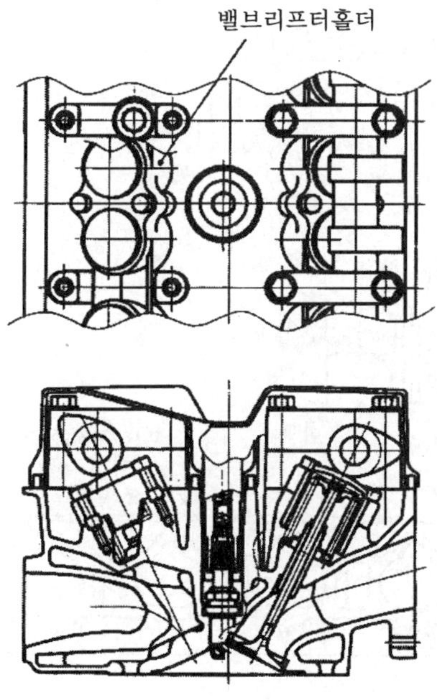

그림 2-22. 직압식의 적용 예

4.3 4련포트

현재 실린더헤드의 포트 샌드몰드는 4개의 결합된 형으로 조형되어 세팅된 것이다(그림 2-5). 이것을 4련포트라 한다. 각 포트형을 결합하는 부목은 위치 결정핀을 갖는 하형에 세팅되어 위치를 고정한다. 부목에서 신장된(그림 A) 살빼기부와 횡형의 극간은 4~6mm 정도의 두께를 가지며 흡기, 배기 매니폴드면의 강성을 유지하는 리브로서 쓰인다(그림 2-23). 그리고 모래에 의하여 그림과 같은 오버형으로 되었을 때에 살빼기도 가능하다(그림 2-24). 보기에는 좋지 않으나 기능적으로 충분하고 사형과 금형 사이의 덧살도 가공으로 떼어내고, 금형 형상도 간단하여 표준적인 형상으로 되어 있다. 포트코어는 열경화성의 모래를 가열된 금형에 불어 넣어서 조형하고 불어넣은 직후 불어넣은 구멍에서 아직 굳어지지 않은 모래를 털어내면 코어의 작은 덩어리가 되어 폐기물 삭감, 비용감소의 관점에서 널리 쓰이고 있다.

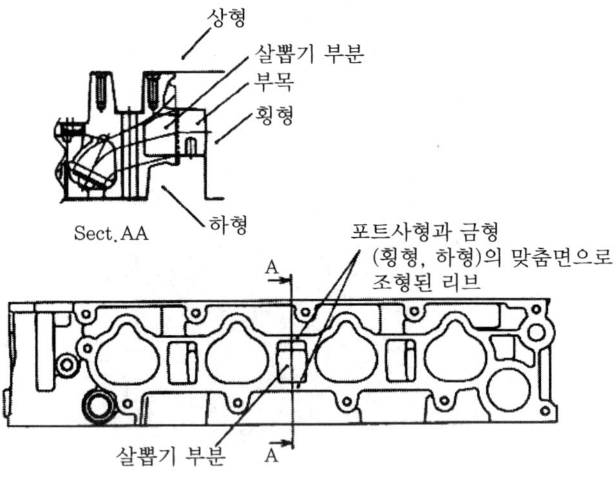

그림 2-23. 매니폴드 부착면 리브의 예

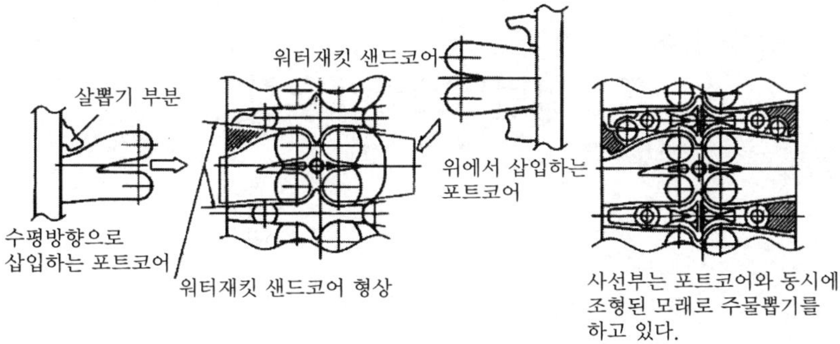

그림 2-24. 포트코어 삽입법과 뽑기 가능부분

Chapter 03 실린더헤드개스킷

1. 머리말

개스킷은 엔진에 장착되어서 비로소 기능을 발휘하는 부품이다. 따라서 엔진의 성능이나 구조가 변화하면, 당연히 개스킷에 대한 요구도 달라진다. 그와 같은 사실은 개스킷의 역사적 변천이 뒤따르기 때문이다.

여기서는 개스킷 중에도 가장 중요한 위치를 차지하는 헤드개스킷에 대하여 기술함과 동시에, 엔진의 발전에 동반하여, 개스킷의 요구가 어떻게 달라지는가, 그리고 어떤 역할을 하고 있는가, 또한 어떤 문제를 가지고 있는가, 그리고 장래에는 어떻게 발전되어 갈 것인가에 대하여 기술한다.

2. 헤드개스킷의 역사적 변천

개스킷의 변천은 엔진과의 관계, 환경문제, 생산성, 가격, 재료의 입수상황 등의 요인에 영향을 받아왔으나 주로 엔진과의 관계에 있어서 추이되어 온 것으로 생각된다. 그 흐름은 그림 3-1에 나타낸 바와 같다. 그림 3-2는 시대와 함께 발전과 쇠퇴를 함께한 것을 나타낸 것이고, 현재는 스틸레머네이트(MLS)가 개스킷의 주류로 되어 있음을 알 수 있다. 앞으로는 그 경향이 더욱 발전될 것으로 생각된다.

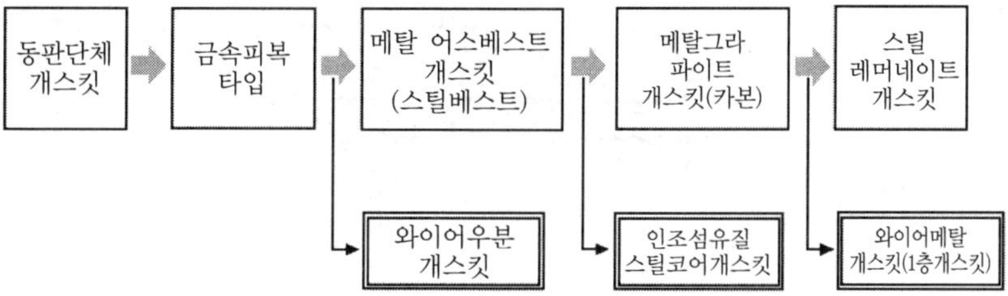

그림 3-1. 헤드개스킷의 추이

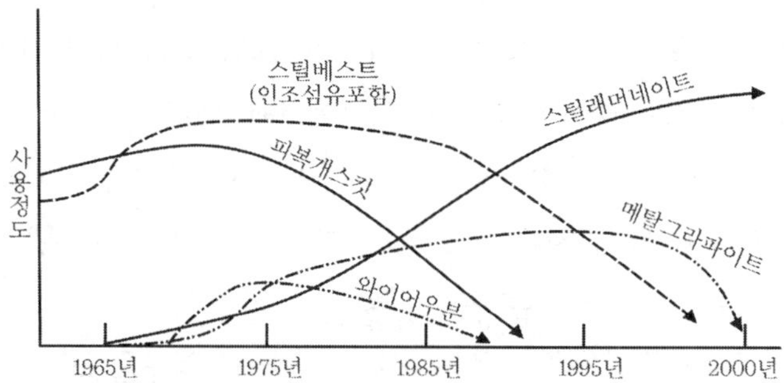

그림 3-2. 개스킷, 타입별 발전과 쇠퇴의 추이

2.1 엔진고성능시대의 개스킷(스틸래머네이트 : Steel laminate)

스틸래머네이트 개스킷(그림 3-3)은, 실링조건이 엄한 디젤엔진용으로 개발된 것인데 내구성 향상이나 과급기를 장착한 고성능엔진 등에서 그 위력을 발휘하고 있다. 오늘날에는 메이커에 따라, 자동차용 디젤엔진의 95% 정도 사용되고, 세계적으로 보아도 많은 양이 보급되고 있다.

최근에는 가솔린 엔진에도 많이 쓰이고 있고, 현재 개발중인 엔진의 경우 디젤, 가솔린을 불문하고 대부분 채용하고 있어, 개스킷의 주류를 점유하고 있다.

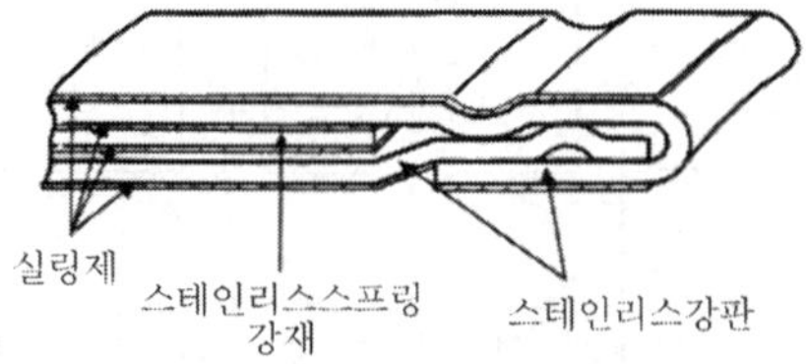

그림 3-3. 스틸래머네이트 타입(실린더보어 seal부 구조)

이 개스킷은 수매의 강판과 스테인리스강판(단지 스테인리스강판만의 것도 있다)을 적층한 구조를 가지며 개스킷 표면 또는 적층 간에 실(seal)재를 코팅하고 있다(주요재료를 표 3-1에 나타낸다). 그 구조상에서 체결시(죄어붙일 때) 두께 정확도가 우수하며 또한 내구성이 대단히 좋다. 그림 3-4는 현재 많이 사용되고 있는 것을 용도별로 나타낸 것이다.

표 3-1. 재료 및 재질

재료		재질	대응규격	
			규격번호	기호
금속재료	철강재료	냉간압연강판	JIS G3141	SPCD
			JIS G3313	SECD
		강선	JIS G3505	SWRM
		스테인리스 강판	JIS G4305	SUS303 SUS310S SUS410
			JIS G4313 스프링강판	SUS310-CPS
	비철금속	동판	JIS H3100	C1020
복합재료	러버링	실리콘 고무	ASTMD2000 SAE J200	VMQ
		불소 고무		FKM
		리드릴 고무		HNBR

	연소실 seal부 구조	액체 seal부 구조
대형 디젤		
중 · 소형 디젤		
가솔린		

그림 3-4. 엔진별 스틸래머네이트 개스킷의 실(seal)부단면 구조

3. 헤드개스킷의 특성

헤드개스킷에 특히 필요한 성질은 그림 3-5에 나타낸 7가지의 특성이다. 여기서는 헤드개스킷에 주로 사용되고 있는 스틸래머네이트(MLS) 개스킷을 중심으로 기술한다.

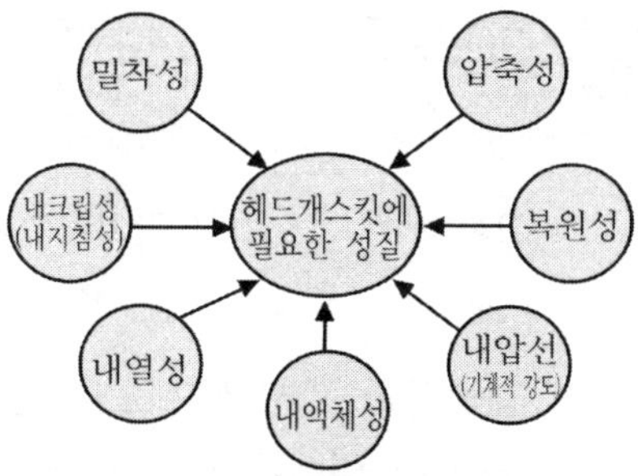

그림 3-5. 헤드개스킷의 7가지 특성

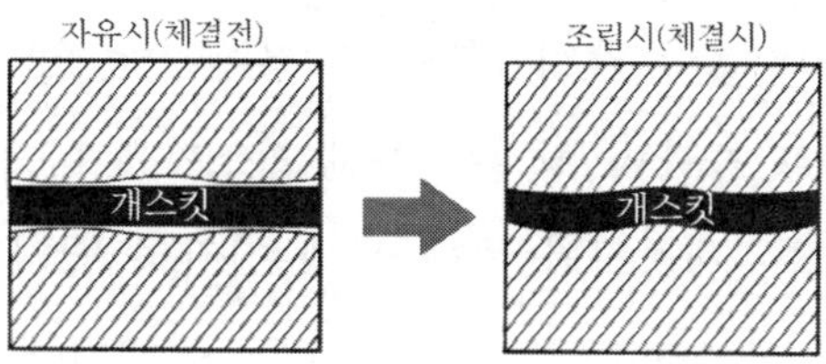

그림 3-6. 개스킷 장착의 구부러짐 흡수

3.1 압축성

엔진의 개스킷 장착면(헤드 아래면 및 실린더블록의 위면)의 파도치는 것과 같은 구부러짐의 흡수나 라이너가 있는 엔진의 경우는 라이너의 돌출량이나 개스킷 자신의 凹凸, 예를 들면 실린더보어 실부단차 그림 3-7 등을 흡수하는데는 압축성이 필요하다.

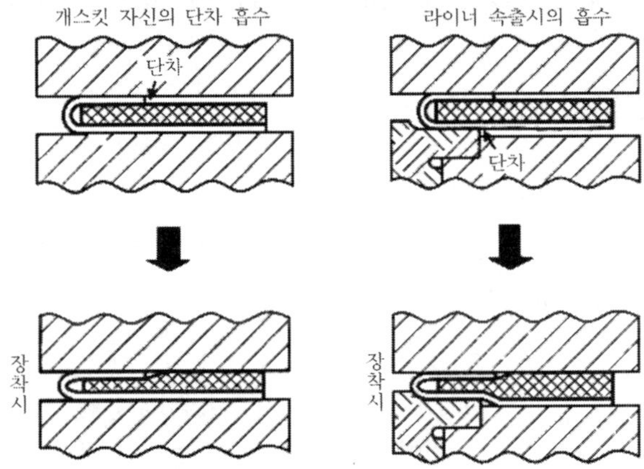

그림 3-7. 개스킷의 단차흡수

그림 3-8은 개스킷의 압축성을 표시한 것으로, 압축하중과 압축특성의 관계는 초기단계에서는 크게 압축되며, 점차 압축은 적어지는 곡선을 그린다.

①의 곡선은 단단한 재료의 개스킷을 나타내고, ②는 유연한 개스킷을 나타낸다. ③은 그 중간의 성질을 가진 개스킷을 나타내고 있으며, 압축특성은 재질, 구조, 개스킷의 두께 등에 따라서 달라진다. 그리고 어느 특성의 것을 사용하는가는 그 용도에 따라 선택된다.

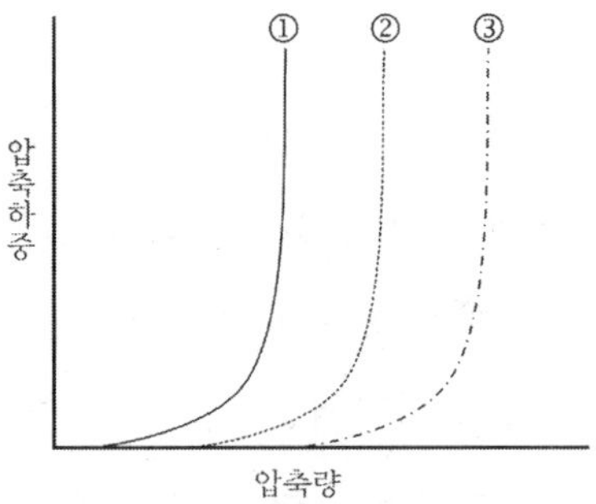

그림 3-8. 개스킷의 압축특성

3.2 복원성

개스킷의 복원성은 엔진 운전중에 헤드가 폭발압력에 의하여 위쪽으로 리프트 되거나, 열팽창에 의하여 그림 3-9에 나타내는 것과 같이 위쪽으로 휘거나(입이 열리는 개구현상이라 한다), 볼트의 체결 영향력이 약한 볼트 사이에 있어서, 실린더 내의 폭발력에 의하여 일시적으로 변형하는 경우 헤드가 그들의 움직임에 대하여 추종하기 위하여, 필요한 성질이다. 추종성은 엔진에 의하여 또한 위치에 따라서 달라질 수 있으나 수μm에서 수십μm의 값이 된다. 최근의 소형경량엔진에 있어서는 그 움직임이 커지는 경향이 있다.

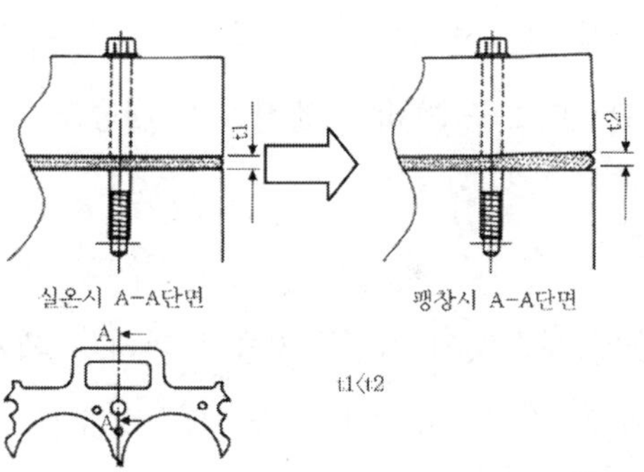

그림 3-9. 헤드의 열팽창에 의한 입열림

3.3 내압성

내압성을 필요로 하는 곳은 실린더보어 실(seal)부와 같은 고압이 걸리는 부분이다. 종래 개스킷의 내압성이 문제가 된 경우는 그다지 많지는 않았으나, 최근 디젤엔진에 있어서는 P_{max}가 상승하는 경향이 있고 그 내압성은 그 구조와 재질에 따라서 크게 달라진다.

최대 평균 유효압력이 높은 P_{max}의 엔진의 경우는 홀드오버타입이라 불리고, 그림 3-10에 나타내는 구조의 개스킷이 양호한 결과를 얻고 있다. 이 개스킷은 t=0.25~0.3 mm의 스테인리스강판을 홀드오버 쪽에 사용, 실부의 단면을 덮어서 고압에 견딜 수 있는 구조로 되어 있다.

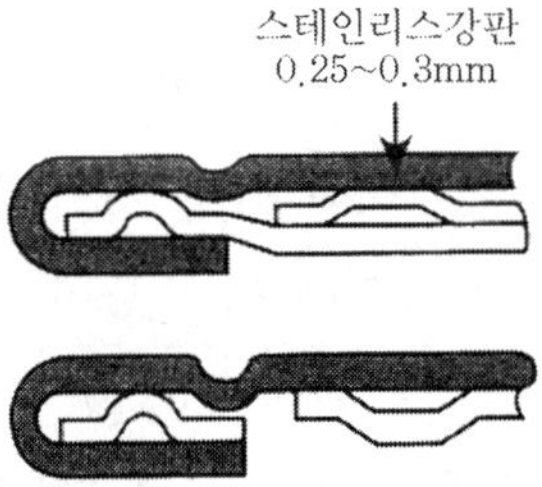

그림 3-10. 홀드오버타입 대표 예

현재, 실제사용에 있어서 P_{max} =18MPa의 실적이 있고 판의 두께, 구조의 선택에 의한 P_{max} =20Mpa 엔진에의 대응도 가능하다.

3.4 내액체성

엔진의 운전중에 개스킷의 액체구멍을 통과하는 액체는 개스킷의 구성재가 손상되지 않을 것이 필요하다. 즉, 개스킷에 요구되는 내액성은 엔진에 사용되는 냉각수 및 엔진오일에 대하여 화학적으로 안정되어 있지 않으면 안 된다.

냉각수 중에 포함되는 부동액은, 마이크로실(micro seal)의 목적으로 개스킷 표면에 코팅되어 있는 도막을 용해시켜서 기밀성을 잃어버리게 된다. 그리고, 부동액이 작용하여 코팅을 박리시키고, 박리된 코팅조각들이 냉각수와 함께 유출되어 물의 유동통로인 수로의 좁은 부분을 막아서 냉각을 악화시키는 경우가 있다.

엔진오일에 있어서는, 오일중에 코팅재를 용해하여 오일의 윤활성을 열화시키는 케이스가 있다.

이들의 문제점은 주로 개스킷에 칠해져 있는 코팅재의 내액체성이라고 할 수 있다. 따라서, 코팅재는 엔진이 만들어내는 온도조건에 있어서 냉각수(부동액 포함), 엔진오일에 견딜 것이 필요하고 부동액은 메이커에 따라 그 용해력이 다르므로 주의를 요한다.

3.5 내열성

헤드개스킷에 요구되는 내열성은 온도가 높은 실린더보어의 실링부의 내열온도는 엔진에 따라 다르나 대략 250℃ 전후로 생각할 수 있다.

헤드개스킷의 주류는 스틸래머네이트(MLS) 개스킷을 대체로 사용하고 있고 개스킷 본체는 스테인리스강판이어서 문제가 되지 않는다. 그러나 마이크로실에 쓰이고 있는 코팅재가 문제로 된다. 실린더보어 부근의 열에 의하여 연화, 젖거나 하여 가스누설의 원인이 된다. 코팅재는 불소계, 실리콘계, NBR 계 등이 쓰여지고 있으나, 엔진의 조건에 적합한 것을 선정할 필요가 있다.

3.6 내크립(clip)성

내크립성은 개스킷의 내구성에 깊은 관련이 있는 성질이다. 그림 3-11은 개스킷의 면압과 크립을 나타낸 것이다. 시간의 경과와 함께 실면압이 감소, 즉 실성이 열화되어 있는 것을 나타내고 있다.

따라서 내크립성의 좋은 개스킷 ①은 내구성이 우수하고(스틸래머네이트 개스킷), ②는 내구성이 떨어지는 것(인조섬유질메탈개스킷), ③은 그 중간(메탈그래파이트개스킷)이다.

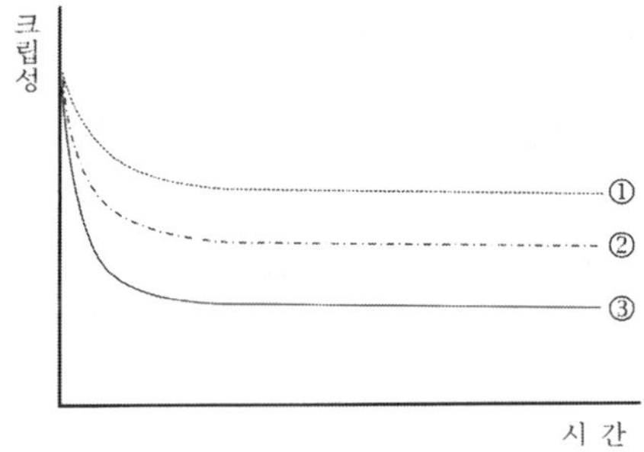

그림 3-11. 개스킷 내크립 성능

3.7 밀착성

밀착성은 그림 3-12에 나타낸 것과 같은 개스킷 장착면의 가공흔적의 마이크로적 凹凸을 메운 마이크로 실에 필요한 것이다. 통상 개스킷 표면에 실(seal)재를 도포하여 대응하고 있으나, 실재는 불소계, 실리콘계, NBR계의 것이 주로 쓰여지고 있으며, 이들 실재는 엔진의 개스킷에 대하는 조건에 따라 선택된다.

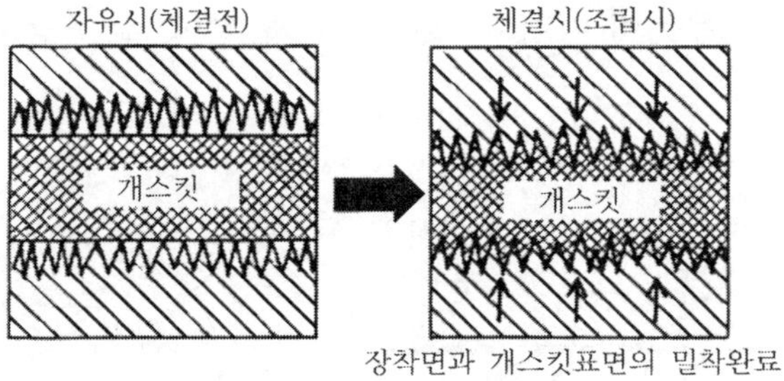

그림 3-12. 개스킷의 밀착성

4. 헤드개스킷의 실(seal) 구축과 기능

4.1 실(SEAL)의 구축

실의 구성은 엔진, 개스킷, 장착 등 3가지의 요소가 적절히 조합, 밸런스에 의하여 성립된다. 헤드개스킷은 연소가스, 냉각수, 엔진오일과 같은 성상, 및 조건이 상이한 유체의 실을 구성될 수 있도록 설계되어 있어야 한다.

따라서, 개스킷 장착면에 있어서, 장착면과 개스킷 표면과의 밀착이 완료(밀착영역에 도달된다)되고, 다시 체결하중을 높여서 각 실부는 각각의 실면압 영역에 달하여 실부에 적정한 면압이 발생되어 있어야 한다(그림 3-13).

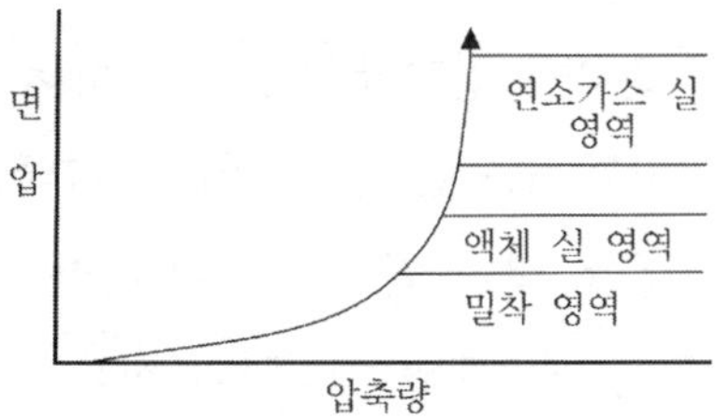

그림 3-13. 실면압 발생경과

실 면압은 일부분이 아니고 그림 3-14와 같이 실 구멍 주위에 실 띠가 구성된다.

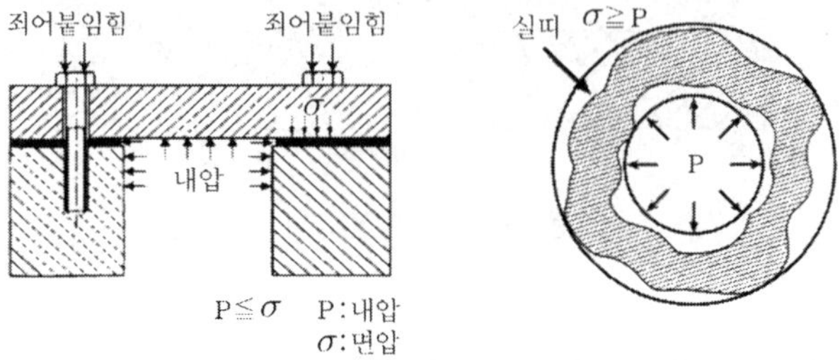

그림 3-14. 개스킷의 실성

그렇게 하여 각 실 부에 각각의 내압이 작용, 각 부위에 액체의 누출이 없을 때 개스킷의 실 구축은 완료되는 것이 된다.

실 띠는 체결하중의 변동, 온도변화 등이 시간이 경과됨에 따라 그 상태는 변화한다. 실 띠가 절단된 경우는 그 부분으로부터 누출이 생긴다. 이 경우는 실의 구축은 붕괴되는 것이 된다.

4.2 실(seal) 기능

개스킷의 실 기능은 실의 구축이 완료된 후 그것을 시간이 경과함에 따라 유지해가는 능력이다. 엔진의 운전중에 당연한 일이나 각 실 부의 여러 조건(표 3-2)이 필요한 실면압 띠를 확보하여야 한다. 이들의 실 기능에 크게 영향을 미치는 요인은 실 면압의 시간이 경과함에 따른 변화이다. 변화는 엔진의 종류 및 운전조건 등에 따라 크게 다르다.

그림 3-15는 경향적인 개스킷의 실면압의 시간이 경과함에 따른 변화를 나타낸 것으로 실 면압이 실 한계를 초과하여 저하된 경우는 실 기능을 잃

게 된다.

따라서 개스킷의 실면압은 항상 실 한계를 넘지 않을 것이 필요하다.

표 3-2. 헤드개스킷의 여러 조건

	온도	압력
실린더보어 실부	200~300℃	6~18MPa
물구멍 실부	-20~110℃	0.1~0.2MPa
오일구멍 실부	-20~130℃	0.3~1MPa

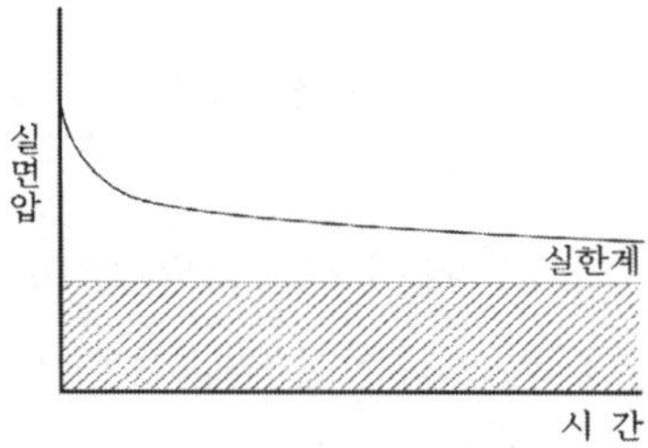

그림 3-15. 실면압의 시간의 경과함에 따른 변화

4.3 실 구축에 필요한 조건

개스킷에 의하여 기밀성을 유지하고자 하는 경우, 엔진과의 매칭을 충분히 고려하는 것이 중요하다. 특히, 기능적으로 복잡한 헤드개스킷은 엔진을 설계할 때 실에 대하여 심도 있게 중요도를 검토하는 것이 중요하다. 실을 가볍게 생각한 엔진의 설계는 후에 기밀성에 대한 트러블이 많이 발생되므로 주의를 요한다.

4.3.1 크립핑 레시오(Clipping Ratio)

헤드개스킷 실링을 유리하게 하기 위해서는 개스킷을 적정히 체결하고 각 실부에 필요 충분한 조건의 면압을 배분할 것이 필요하다. 실면압은 체결력과 내압과의 관계로 결정되는 것이므로 그 값은 내압과 체결력의 대비로 나타내는 것이 일반적이다. 그 비율을 크립핑 레시오라 하고 그 표준이 되는 값은 표 3-3에 표시되어 있다.

표 3-3. 크립핑 레시오의 표준값

기 종	크립핑 레시오
가솔린	2.0 이상
소·중형 디젤	2.5 이상
대형 디젤	3.0 이상

크립핑 레시오는 그림 3-16에 나타낸 식으로 산출된다. 크립핑 레시오는 실린더 내압이 높은 디젤엔진에서는 높게 설정하고 가솔린엔진의 경우는 디젤엔진에 비하여 아래쪽으로 설정하는 것이 보통 예이다.

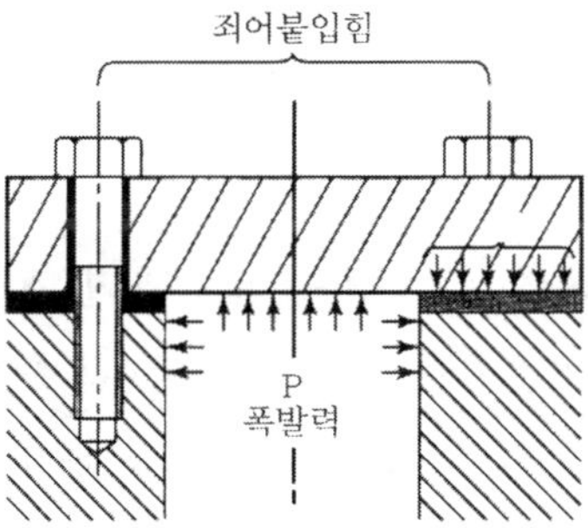

$$\sigma = \frac{F \times \text{볼트수}}{\text{실린더수}}$$

F : 1개당 죄어붙임힘[kN]
P : 폭발력[MPa]
($P = P_{max} \times$ 실린더 면적)

그림 3-16. 크립핑 레시오 산출방법

엔진의 고성능화가 진전됨에 따라 그림 3-17에 나타내는 것과 같이 크립핑 레시오는 작아지는 경향이 있고, 개스킷의 실성에 불리해진다. 그 원인은 엔진의 설계에 있어서 경량화와 함께 저강성화가 진척, 체결력이 감소해가는 경향에 있는 것이다. 특히 디젤엔진에 있어서는 높은 P_{max}화가 급속하게 진전되는 가운데 체결력은 예외가 될 수 없는 데 원인이 있다.

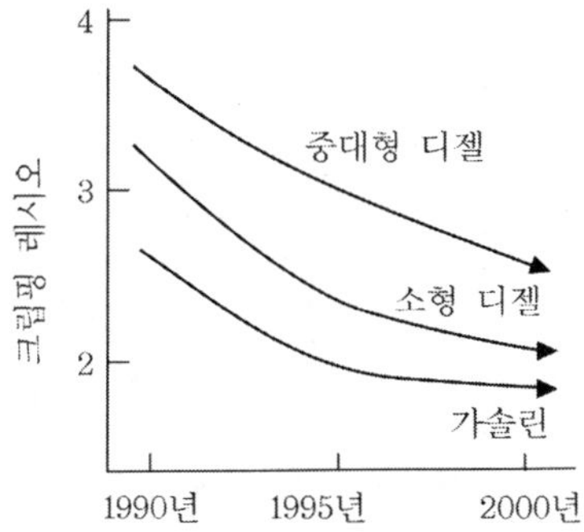

그림 3-17. 크립핑 레시오의 경향

그러나 고성능엔진에 있어서는 크립핑 레시오의 설정은 개스킷의 실성을 충분히 고려하여 결정하여야 할 것이고, 필요 이상의 레시오의 저하는 개스킷의 기밀성트러블을 일으키는 결과로 되는 경우가 많다.

4.3.2 실 폭

실 폭은 통상 엔진의 설계단계에서 결정되어지나, 엔진의 콤팩트화나 주조성등, 엔진측의 경우에 따라 결정되어지는 경우가 많다. 이것은 실상의 문제이다. 그 이유는 실 폭은 개스킷의 기밀성 때문에 필요한 부분이기 때문이다. 엔진에 따라서는 실 폭이 개스킷의 실 구조가 성립되지 않을 정도로 좁은 것이 있다.

엔진설계에 있어서 개스킷 실링을 충분히 고려하여 실 폭을 확보할 필요가 있다. 실 폭은 기밀을 필요로 하는 유체의 종류, 온도, 볼트위치 등 실 조건에 따라 다르나 넓은 편이 실에 유리하다는 것은 말할 필요도 없다.

그림 3-18은 개스킷 쪽에서 희망하는 치수를 각 실링의 부위별로 나타낸 것이다. 이들의 치수는 경우에 따라 다소 좁히는 것이 가능하나 실 구성상 지나치게 축소시키는 것도 추천하고 장려할 수만은 없다.

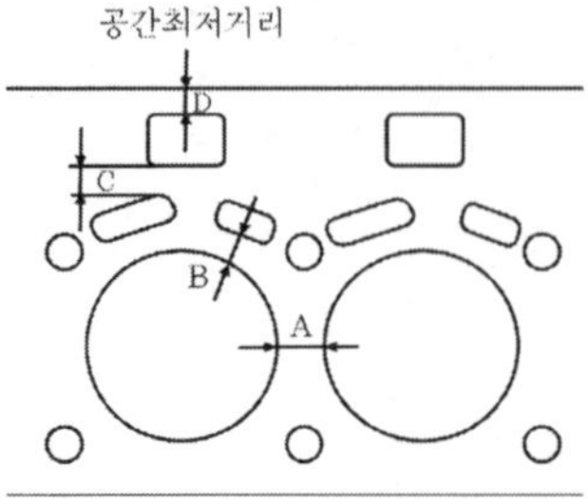

구멍간 거리	디젤	가솔린
A : 실린더 간	6.0	5.0
B : 가스-물구멍 간	8.0	7.0
C : 물구멍-오일 구멍 간	6.0	6.0
D : 유체구멍-외주	8.0	7.0

그림 3-18. 실 폭의 요구치

4.3.3 실린더 보어 실부 면압비

면압비는 실부에 발생하는 실띠의 면압에 고르지 못한 정도를 나타낸다. 측정개소의 평균값으로 각각의 면압값을 나눈 값으로 평균값으로부터 어느 정도의 고르지 못한 가를 알 수 있는 방법이다. 면압비의 대소는 엔진의 강성, 볼트의 배치 등에 의하여 영향을 받는다. 그 크기는 개스킷 실 구축에 크게 관계된다.

그림 3-19는 실린더당 4개 볼트의 엔진에 대하여 실린더-보어-실부의 발생면압을 측정한 것이다. 대체로 볼트에 가까운 곳 및 볼트로부터 떨어진 곳의 면압비가 크다고 하는 것임을 알 수 있다.

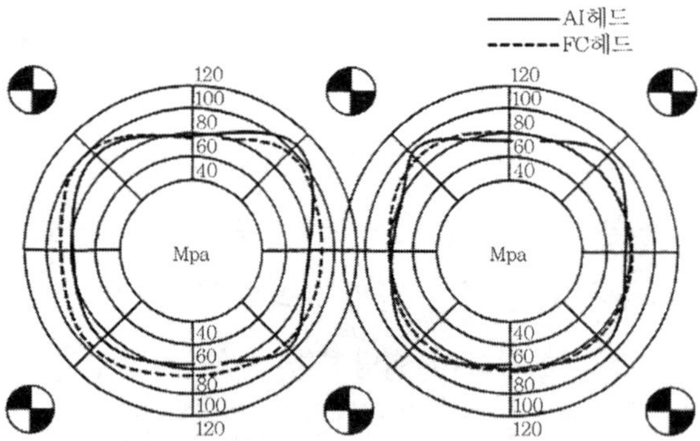

그림 3-19. 강성의 차이에 따른 보어부 실 면압의 불균일상태의 비교

그리고 그림 3-20은 같은 엔진에, 같은 개스킷을 끼웠을 때 Al 헤드, FC헤드의 면압비를 나타낸 것이다. 강성이 낮은 Al 헤드의 값이 큰 것임을 나타내고 있다.

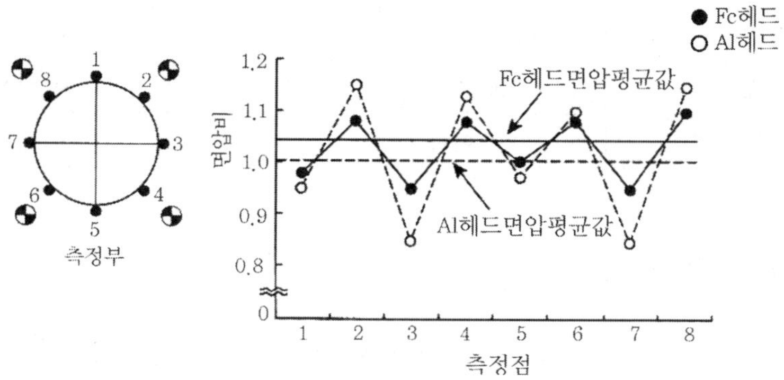

그림 3-20. 강성과 면압비의 불균일상태값의 비교

4.3.4 장착면의 조도

장착면의 마무리상태의 좋고 나쁨은 개스킷 실 구축에 중요한 역할을 한다. 마무리의 상태는 면의 일그러짐과 면조도가 식별의 그 대상으로 된다.

따라서 엔진의 종류와 크기 및 개스킷의 체결상태의 조건 등에 의해 영향을 받는가에 따라 달라진다. 개스킷 쪽으로부터의 바람직한 조건은 표 3-4에 의해 알 수 있다.

대부분의 메이커가 현재 생산되고 있는 엔진의 대부분은 이 조건을 만족하고 있다. 다만 Al 헤드는 경도도 대상이 되므로 참고하여야 한다.

표 3-4. 개스킷 장착면의 상태

	디 젤		가솔린
	Fc	Al	Al
1) 표면조도	Rz 9㎛/2.5mm R_{max} 15㎛	←	←
2) 평면도	50㎛정도	←	←
3) 경도	Hv200정도	Hv90 이상	Hv80 이상
4) 주조구멍	φ0.5 이하	←	←

5. 개스킷의 평가

개스킷의 평가는 그림 3-21에 나타내는 것과 같이 매칭과 기능으로 나누어서 하는 것이 보통이다. 먼저 엔진과의 매칭을 평가하고 적정한 것으로 판단된 후에는 기능을 평가하는 순서로 이루어진다.

- 개스킷의 평가
  - 매칭평가
    - 죄어붙일 때 두께 시험
    - 면압분포시험
    - 보어면압시험
    - 물구멍 기밀성 시험
    - 보어 변형시험
  - 기능평가
    - 정적시험
    - 시뮬레이션시험
    - 실동시험(다이나모테스트)
    - 주행시험(로드테스트)

그림 3-21. 개스킷의 평가

5.1 매칭평가

매칭평가는 실제사용중의 엔진블록을 사용하나 개스킷 설계대로 각 실부에 면압이 배분되어 있는가 체결시 두께는 설정대로 되어 있는가, 실부에 이상이 없는지 등 개스킷의 초기단계 실 기능의 확인과 엔진 쪽에 이상(과대한 보어 변형)이 없는지 조사하는 것이다.

5.2 기능평가

5.2.1 시뮬레이션 시험

시뮬레이션 시험은 개스킷의 기밀성 기능에 크게 영향을 주는 가운데에서 하나만을 취하여 그 조건으로 설정하고 실시한다.

시뮬레이터를 사용하여 하기 때문에 개스킷의 평가가 명확하게 나오는 이점이 있다. 가장 많이 사용되고 있는 것에 냉열사이클시험과 반복하중변동시험(헤드리프트평가시험)이 있다.

1) 냉열사이클시험

그림 3-22에 나타내는 것과 같이 시험장치를 사용, 주로 개스킷의 냉열시에 있어서의 내크립(耐크립; 크립에 의한 누설)을 평가하는 것이다. 테스트하고자 하는 엔진블록에 개스킷을 장착하고, 냉각수로를 냉열유닛에 접속시켜 설정온도를 컨트롤한다.

체결볼트는 미리 스트레인게이지를 사용, 볼트축력의 변동을 계측할 수 있도록, 세팅하여 두고, 이것에 의하여 소정의 냉열사이클시험을 한다. 그리고 소정의 사이클을 종료한 뒤 개스킷의 기밀성에 관계되는 요인을 조사 해석하는 것이다.

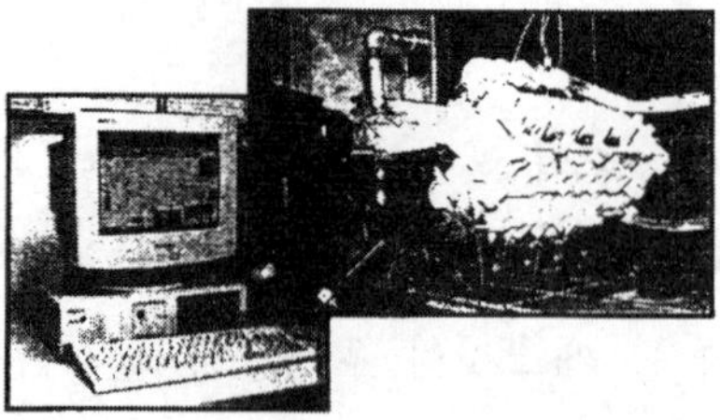

그림 3-22. 냉열사이클시험장치(-30℃일 때의 상태)

2) 반복하중변동시험(헤드리프트 : Head Lift)

엔진의 운전 중 폭발력에 의하여 헤드가 리프트된다. 개스킷은 이 현상 때문에 반복되는 하중변동에 의해 구성재(금속재료)가 피로파괴되거나, 실면압의 저하를 가져오거나 누설이 생기는 경우가 있다. 본시험은 그림 3-23에 나타내는 것과 같은 장치를 이용하여 이 현상을 재현하는 것이다.

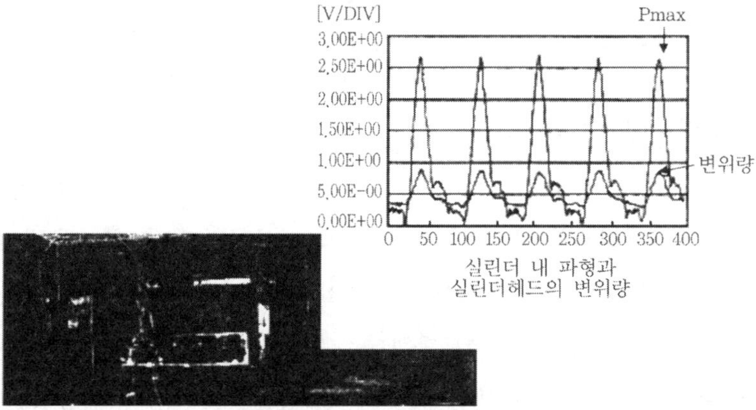

그림 3-23. 반복하중변동시험

헤드는 실제로 사용하는 헤드를 사용, 실린더블록에 상당하는 부분은 주철의 블록(강체)을 사용한다. 시험은 하중변동의 사이클수와 변동거리를 컨트롤 하는 것에 따라 조건을 설정한다.

주로 개스킷의 실린더보어 실부의 균열 그림 3-24의 유무 및 변형(피로)의 유무 및 변형의 양을 확인하기 위해 쓰여진다.

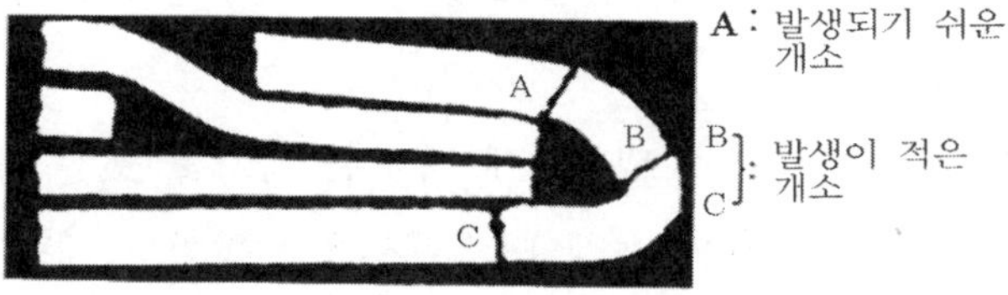

그림 3-24. 실린더보어 실 부의 균열

5.2.2 실동시험(벤치테스트)

실 기능을 평가하는 가장 실제적으로 신뢰를 위한 확인방법은 주행테스트이다. 그러나 결과가 나올 때까지는 장기간을 요하는 것과 막대한 비용이 소요되므로, 그다지 실용적이지 않다. 따라서 실험실의 벤치에서나, 다이나모미터를 사용하여 실제사용보다 까다로운 조건으로 단기간에 가속적으로 하는 것이 벤치테스트(실동시험)이다.

시험조건의 설정 등은 각각 엔진제조업체에 따라서 다르나, 온도변화, 부하변동, 회전속도변화 등의 3차원적인 조합으로 이루어지는 것이 보통이다.

그림 3-25에 그 한 예를 나타낸다. 그러나 액셀테스트라고 하여도 소요되는 비용이 많이 들고, 복잡한 요소가 게재되므로, 결과의 해석이 어려운 점 등 불합리한 점도 많고, 비용과 시간을 소비한 것만큼, 명확한 평가가 나오지 않는 경우도 있다. 따라서, 최근에는 최종적으로 하는 목적으로 사용하는 케이스가 많아지고 있다.

시험결과는 누설의 유무에 의하여 양부를 판단하게 되나, 일반적으로

가스누설은 시험종료 후, 엔진으로부터 떼어낸 개스킷에 부착되어 있는 카본의 유무를 눈으로 보아서 판단하는 것이 일반적인 방법이다. 그리고 시험종료 후 실린더 내에 N_2가스를 주입, 그 누출량을 계측하여 그 정도에 의하여 양, 부를 판정하는 방법도 있으나, 동적 상태가 아니므로 참고 정도에 지나지 않는다.

최근에는 엔진운전 중에 냉각수에 방출된 가스를 포집하여, 그 양을 측정하여, 그 정도에 따라 실 상태를 판정하는 방법도 개발되어 있다.

그리고 액체누출은 시험중의 누출유무에 의하여 판정된다.

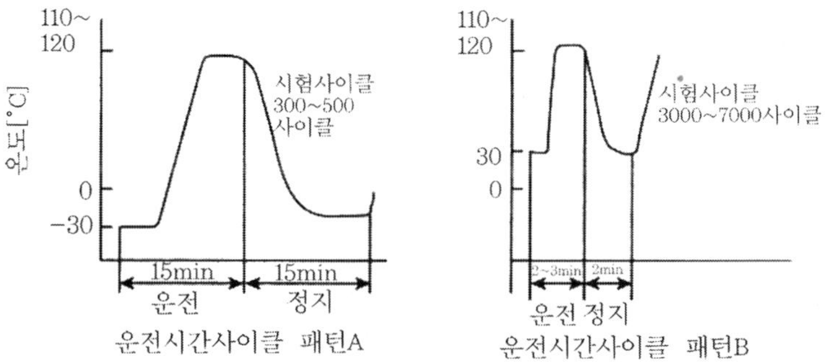

그림 3-25. 실험시험 조건 예

5.2.3 주행시험(로드테스트)

가장 실용적이나 시간과 비용이 지나치게 많이 드는 것이 결점이다. 그리고, 개스킷의 경우는 어느 시점에서 부적합함이 발생되는지를 명확히 파악할 수 없는 것이 실정이다. 주행거리는 소형, 대형 엔진 및 그 용도나 차의 제작회사에 따라 다르나, 소형(10만km 정도), 대형(디젤엔진)은 100만km(주행조건에 따라 다른 경우도 있다)가 보통이다.

그리고 개스킷의 단독시험으로서 이루어지는 경우는 적다.

6. 헤드개스킷 실링의 위크포인트

개스킷의 실링은 엔진과의 매칭으로 성립되어 있기 때문에, 엔진의 종류나 구조에 영향을 주기 쉽다. 따라서 실링 상황은 엔진의 특이성에 따라 실링하기 어려운 경우가 발생되나, 각 엔진에 공통적으로 실링을 하기 어려운 개소가 있고, 여기서 위크포인트라 불리우는 것으로 한다.

위크포인트는 엔진의 ① 강성이 약한 개소 ② 온도가 높은 개소 ③ 볼트체결력이 약한 개소 혹은 그들의 조건이 중복되는 개소이다.

그림 3-26은 위크포인트의 대표적인 개소를 나타낸 것이다. 가스누설사고가 많은 개소는 블록 쪽의 실린더 사이가 좁은 부근 등, 비교적 온도가 높고 볼트로부터 먼 부분(A), 헤드 쪽의 배기매니폴드포트 부근(B)의 온도가 높은 포트의 관계에서 강성이 약한 부분이다.

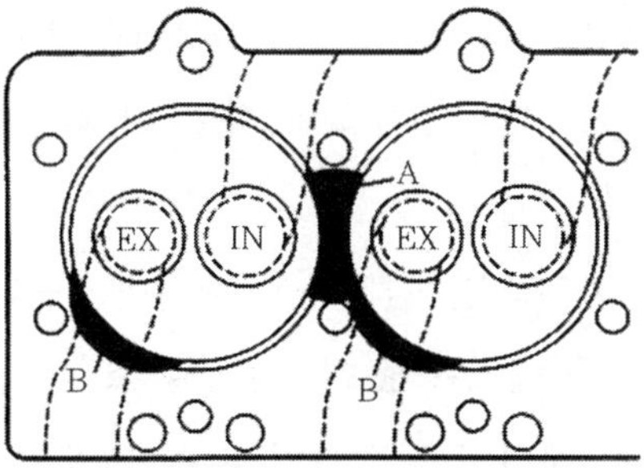

A : 실린더간의 협부부분 B : 배기포트부분

그림 3-26. 실링의 위크포인트

액체누출의 사고발생이 많은 개소는 그림 3-27에 나타낸 것과 같이 볼트로부터 멀고 강성이 약하여 체결을 충분하게 할 수 없는 부분이다. 이들의 위크포인트는 개스킷 설계 때 가장 주의를 하여야만 할 필요가 있다.

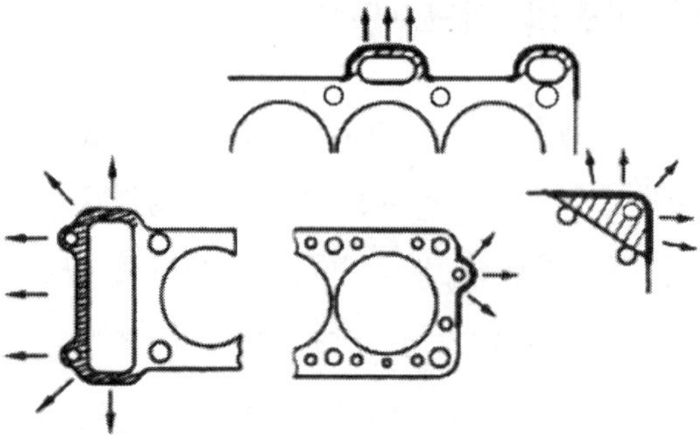

그림 3-27. 액체누설 사고 발생이 많은 곳

7. 헤드개스킷의 개발

개스킷의 개발은 먼저 엔진과의 매칭을 고려하여 실을 구축할 수 있는 설계단계부터 신경을 써야 한다. 따라서, 개스킷 설계에 앞서 엔진의 상세한 조사가 필요하다. 엔진을 잘 이해하는 데 앞서서, 엔진설계자와 실에 대하여 충분히 실의 난이성을 파악하고 난 다음에 개스킷의 설계 및 시작품제작에 임한다.

그리고 시작품이 완료되면 엔진과의 매칭을 다각도로 검토한다. 검토가 충분하지 못하면, 언매칭을 초래, 몇 번이고 시작품제작을 반복, 노력의 허실을 가져오고, 매칭이 양호하면 다음 단계의 기능에 대하여 확신을 갖고 설계를 시작한다.

기능의 확인은 가능한 한 시뮬레이션 시험을 활용함으로써, 비용이 투입되는 실가동시험을 몇 번이고 반복하지 않도록 배려한다. 이것이 개발기간을 단축하는 요령이다. 그림 3-28은 표준적인 개발 패턴을 나타낸 것이다. 개발 패턴대로 개발하는 경우 기간은 약 6개월 정도 걸린다.

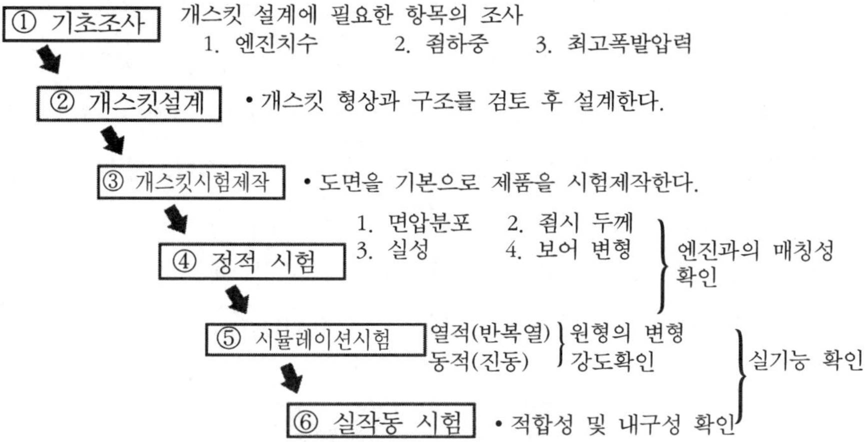

그림 3-28. 헤드개스킷의 개발 패턴

최근 개발기간의 단축수법의 하나로 유한요소법(FEM)이 이용되고 있다. 이 방법은 여러 가지로 생각되나, 그림 3-29는 개스킷의 기능평가의 과정에 응용된 사례를 나타낸 것이다. 이것은 개스킷의 기능 평가 단계에서 FEM에 의하여 컴퓨터로 평가하고자 하는 것으로, 실제의 테스트를 몇 번이고 반복하는 것을 피하고, 처음부터 계산에 의하여 컴퓨터로 평가하는 것이다.

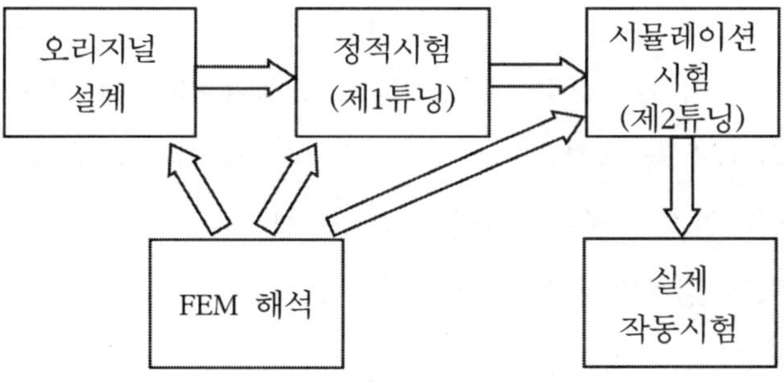

그림 3-29. FEM 활용에 의한 개스킷 개발의 단축

그림 3-30은 개스킷 설계에 이용한 예로서 개스킷 실린더 보어 사이의 면압을 높이기 위한 보강판을 넣는 과정으로, 발생면압을 FEM으로 시뮬레이션한 예이다. 또 최근에는 엔진메이커와 공동으로 엔진의 개발단계에서 엔진과 개스킷과의 일체가 되도록 하는 실링시스템으로서 FEM을 이용하는 시도도 이루어지고 있다.

이상과 같이 개스킷 실링에 FEM을 이용함으로써, 개스킷의 개발에 크게 공헌하고 있는 것은 틀림없는 것으로 생각된다.

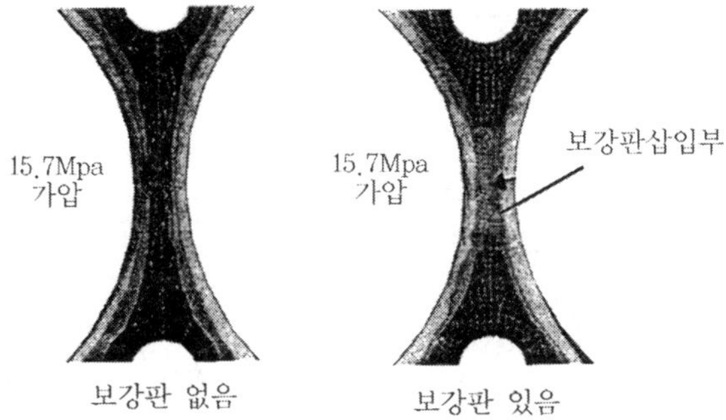

그림 3-30. FEM 해석 예(실린더보어 사이의 실 발생면압)

8. 헤드개스킷 실링의 장래

엔진의 경량, 소형, 고출력화에 대한 트랜드는 앞으로 변화하지 않고 계속되고, 그 여세는 점점 가속될 것으로 생각된다. 그 가운데에서 개스킷만으로의 대응을 생각하는 것은 좁은 범위의 대응밖에 될 수 없고, 양호한 실링을 얻기는 불가능하다. 그리고 엔진과 개스킷의 일체로의 실링 시스템으로서 검토하여야 할 것이다.

그러기 위해서는 엔진메이커와 개스킷메이커의 공동작업에 의하여 엔진 개발의 초기단계부터 실링에 대하여 검토할 필요가 있다. 그 타이밍은 빠를수록 변경의 자유도가 넓고 효과적이며 한 예를 그림 3-31에 나타낸다.

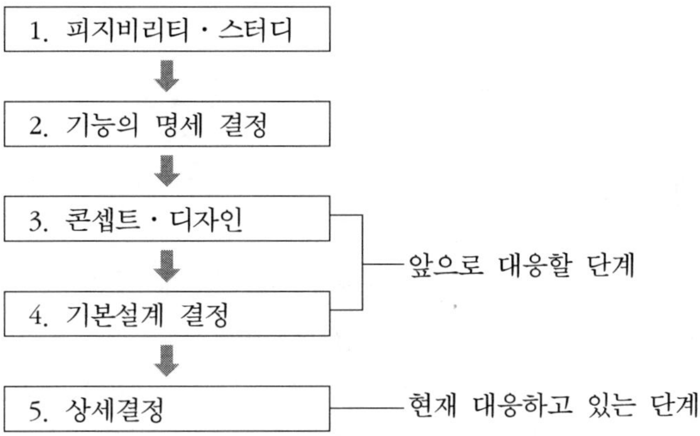

그림 3-31. 엔진 개발 프로세스에 있어서 실검토 타이밍

Chapter 04 피스톤

1. 머리말

19세기 후반에 가솔린엔진과 디젤엔진이 계속해서 발명된 이래, 피스톤은 왕복운동을 하면서 연소실의 일부를 형성하여, 헤드부에 받는 연소압력을 커넥팅 로드, 크랭크축으로 전달하며, 이때 엔진이 받는 연료의 화학에너지를 기계적인 에너지로 변환하는 데 중요한 역할을 한다. 그런가 하면, 반면 소형 2사이클엔진용 피스톤으로부터 박용 대형 디젤엔진용 피스톤에 이르기까지, 사용되는 재료나 형상은 많이 다르고 사용환경이나 내구성 등 요구 특성이 크게 다르다.

또한 엔진으로서의 사용대수가 가장 많은 자동차용, 특히 유럽 등지에서는 디젤엔진용 피스톤을 예로 들면, 종래는 대부분 알루미늄 일체형 피스톤이었으나, 사용환경이 달라지면서 철제 계통 재료나 분할형 피스톤이 증가되는 등 구조나 재료가 변화되는 경향이 있다.

2. 피스톤 사용환경

2.1 온도환경

엔진의 작동방식이나, 공연비, 압축비 등에 의하여 다르나, 피스톤은

1,800℃부터 2,600℃에도 달하는 연소가스에 노출된다. 알루미늄 일체형 피스톤의 경우는, 헤드 부근부터 유입되는 열의 20~70%는 피스톤 링으로부터 실린더보어 → 냉각계로, 나머지 열은 스커트부에서 냉각계나 피스톤 내면으로부터 윤활유로 유출된다.

이때 피스톤에 형성되어 있는 온도분포를, 자동차용 4사이클 엔진용의 피스톤을 예로 들어서 그림 4-1에 표시하였다. 디젤엔진이 가솔린엔진보다 압축비, 연소압력이 높기 때문에 디젤 피스톤 온도가 높고, 엔진의 냉각방식을 비교하여 보면 냉각효율이 좋은 수랭식 엔진이 공랭식 엔진보다 피스톤 온도가 낮다.

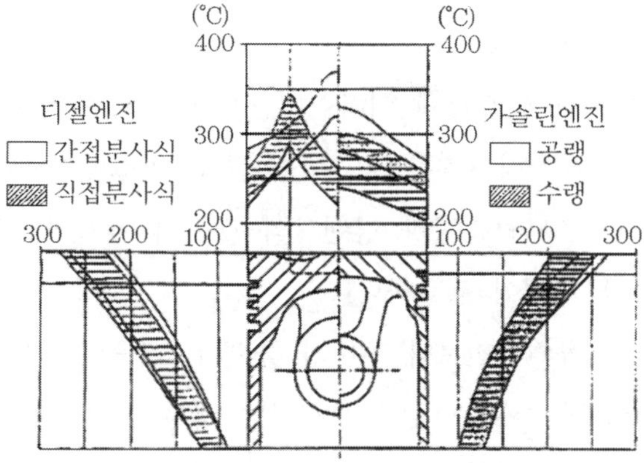

그림 4-1. 자동차용 엔진의 전부하시의 피스톤 온도

디젤엔진에서 직접 분사식과 간접 분사식을 비교하면, 부실에서 분출하는 연소가스에 헤드부가 직접 접하는 간접분사식이어서, 피스톤 온도가 높다. 현재로는, 일부의 디젤엔진에 간접분사식이 남아 있을 뿐이고 연비가 좋은 직접분사식으로 바뀌어가고 있다. 직접분사식이 연비가 좋다고 하는 이유이외는 특히 과급을 하는 간접분사식에서는, 피스톤 헤드부의 고온대책이 어려운 것도 이 변화의 경향을 조장한다.

2사이클엔진용 피스톤의 경우는, 동일회전 속도에서 연소횟수가 4사이클엔진의 2배가 되어서 피스톤 온도도 4사이클보다 상승되므로, 4사이클용 피스톤과는 사용재료가 다르다.

2.2 기계적 부하

4사이클 엔진의 연소압은 가솔린엔진에서는 압축비에 따라서도 바뀌나 4부터 6.5MPa, 디젤엔진에서는 무과급에서 8~11MPa, 과급디젤엔진에서는 15MPa를 초과한다.

가솔린엔진의 경우, 연비향상을 위한 압축비를 높게 한 희박연소방식으로 하면, 노킹이 유발되기가 쉽다.

노킹이 발생되면 연소압에 더하여, 연소압의 50% 정도까지에도 도달하는 노킹에 의한 압력진폭이 부가되는 결과, 피스톤의 헤드부와 랜드부에 캐비테이션 모양의 손상과 링랜드의 파손이 야기되므로, 엔진측에서의 노킹에 대한 대책이 필요하다.

디젤엔진은 가솔린엔진보다 연비가 좋으나, 더욱더 연비향상을 도모하기 위해, 연소압력을 보다 높게 설정하는 경향이 앞으로도 계속될 것으로 예상이 되고 있다. 이에 견디는 피스톤의 설계가 점차적으로 요구되고 있다.

3. 피스톤 재료

피스톤은 엔진에서 고온의 연소가스에 시달리면서 실린더 내의 좁은 틈새를 고속 접동하므로, 열팽창이 작고, 가벼우며 내열성이 있을 것 등이 요구된다. 이 때문에 그 재료로서는 비중이 작은 알루미늄합금이 주로 사용되고 있다.

표 4-1에 피스톤용 주요 알루미늄합금의 조성과 특성을 나타냈다. 이 가운데에서 AC8A는, 피스톤용 합금으로서 요구되는 저열팽창 특성과 우수한 기계적 성질을 겸하고 있어서 이에 유사한 합금이 세계적으로 피스톤용 합금으로 주로 쓰여지고 있다. AC9A, 9B는 열팽창계수가 작아서 피스톤 온도가 높은 2사이클 가솔린엔진용 피스톤에 한정되어 사용되고 있다. AC5A는 내열성은 좋으나 열팽창계수가 커서 지금은 거의 사용되지 않고 있다.

표 4-1. 피스톤용 주요 알루미늄합금

합금	화학성분(%)				열팽창계수	비중
	Si	Cu	Mg	Ni	(10^{-6}/℃, 20~200℃)	
AC8A	12	1.1	1.0	1.2	21.0	2.70
AC9B	19	1.0	1.1	1.0	20.0	2.68
AC9A	23	1.0	1.1	1.0	19.3	2.65
AC5A	-	4.0	1.5	2.0	23.0	2.74

알루미늄합금은 온도에 따라 재료강도나 내마멸성의 저하가 커서 사용할 때 그 대책이 필요하다. 그림 4-2는 AC8A합금과 그 복합재의 고온인장강도를 나타낸다.

2사이클엔진의 경우는 특히 고부하의 용도에서, 피스톤에 대한 열부하가 4사이클엔진에 비하여 높아서, 헤드의 꼭지면의 용손이나 변형대책에 의해 한층 내열성이 요구된다. 이 때문에 2사이클 디젤엔진의 경우는 알루미늄합금이 아니고, 오래 전부터 주철재료가 사용되어 왔다.

가솔린엔진의 경우도 고부하의 용도에서는 질화규소의 분말을 혼합,

단조 후 소결하여 내열성과 내마멸성을 높인 피스톤이나 스퀴스 캐스팅법에 의해 헤드부를 $9Al_2O_3$, $2B_2O_3$ 위스커로 복합강화한 피스톤의 예도 있다.

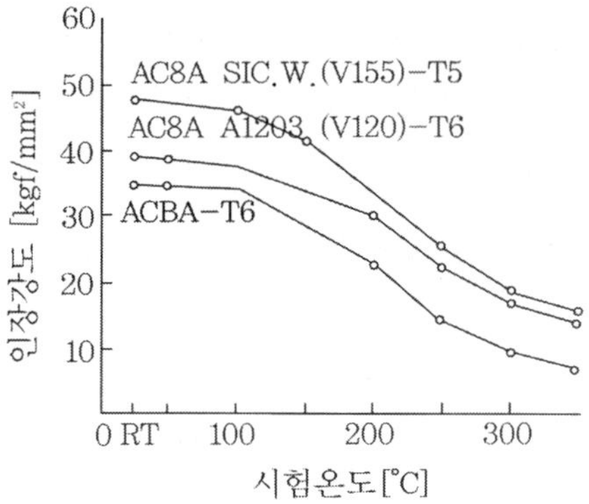

그림 4-2. AC8A와 복합재의 인장강도

디젤엔진의 경우는 가솔린엔진에 비하여 피스톤의 온도가 높아지므로 재료면에서의 보강대책이 필요하다.

톱링 홈은 250℃ 정도의 온도로 되고 알루미늄합금의 경우는 내마멸성이 악화되므로 니레지스트 주철재의 트리커링을 함께 주조, 내마멸성을 높여서 장시간 운전 후의 엔진윤활유 소비량의 악화나 피스톤링의 절손을 방지하고 있다.

헤드부에는 반복적으로 열부하에 의하여 균열이 발생한다. 이것을 방지하기 위하여 때때로 경질 알루마이트[양은(arumaite(英), alumite(日)]처리가 실시된다. 경질알루마이트로 피스톤을 양극으로 하여 전해액에 침적하여 헤드부를 산화하여 생성한다.

이산화층은 일종의 세라믹으로 열팽창계수가 작고 피스톤 헤드부가 고온으로 가열되었을 때 발생되는 압축 열응력이 완화되는 방향의 응력을 낳게 하여 열응력에 의한 균열방지 효과가 있다.

디젤엔진의 경우 연소압력이 높아지면 연소실, 특히 핀방향으로 높은 인장응력이 발생되어 이것에 의한 피스톤 수명의 저하가 문제로 된다. 이에 대하여 재료강도를 높이는 것이 유효하고, 연소실입구 가까이를 세라믹 섬유나 위스커 등으로 복합 강화하여 내열강도를 높이는 예도 많이 있다.

알루미늄을 바꾸어서 철계의 재료를 사용하는 예도 많다. 닥틸 주철 일체구조의 피스톤은 피스톤 지름 180mm 이상의 엔진에서는 오래 전부터 사용되어 오고 있으나, 자동차용이나 건설기계용의 소형 고속 디젤엔진의 분야에서도 이러한 구조의 피스톤이 채용되고 있다. 내열성, 내마멸성이 알루미늄합금보다 우수하기 때문이다.

그밖에 특징으로서, 열팽창계수가 작기 때문에 실린더보어와의 틈새를 작게 하여 소음이 저감될 수 있으며, 알루미늄합금에 비교하여 스커프에 대한 저항성이 큰 점 등을 들 수 있다. 유럽에서는 강의 단조 크라운과 알루미늄합금의 스커트를 피스톤 핀으로 결합하는 타입의 2피스 피스톤이, 180mm 이하의 고부하엔진에 사용되고 있다.

박용 디젤엔진에서는 헤드부를 크롬-몰리브덴 강의 단조재, 스커트부를 알루미늄합금의 단조재로 하여 볼트로 결합하는 조립 피스톤이 오랫동안 사용되어 왔다.

그러나 엔진의 연소압력이 높아지는 데 따라, 단조알루미늄합금에서 닥틸 주철재의 스커트로 바뀌어지고 있다. 강도, 내스커프 특성이 닥틸 주철인 편이 우수하기 때문이다. 또한 내구신뢰성을 더 한층 향상하기 위하여, 단조강의 스커트에 사용한 예도 새로이 시도되고 있다.

4. 피스톤의 냉각

4.1 피스톤 냉각의 필요성과 그 종류

피스톤 온도가 높아지면, 알루미늄합금의 경우는 재료강도나 내마멸성이 나빠진다. 이에 대하여 재료면의 대책은 앞에서 기술하였으며, 피스톤의 온도가 높아지면, 재료면의 대책 이외에 디젤엔진의 경우는 특히 피스톤링 홈에서 윤활유가 탄화퇴적하여 피스톤링의 고착을 일으켜서 블로바이가스가 증가된다.

또한 링 홈 바닥에 퇴적된 탄화유에 의하여, 피스톤링이 눌려서, 실린더보어와의 접동면압이 높아지기 때문에 피스톤링의 마멸이 촉진되거나, 스커프(scurf)를 유발하는 등의 문제가 발생한다. 그러므로, 피스톤을 냉각하여 엔진의 내구신뢰성을 향상할 필요가 있다.

저속2사이클 디젤엔진에서 냉각효과가 큰 물을 냉각매체로 사용하는 예가 있으나, 윤활유와 냉각수의 분리에 비용발생의 문제가 있기 때문에 중, 고속엔진에서는 피스톤 냉각에 윤활유가 사용되고 있다.

그림 4-3에 피스톤의 냉각방식과 피스톤으로부터의 열의 유출비율을

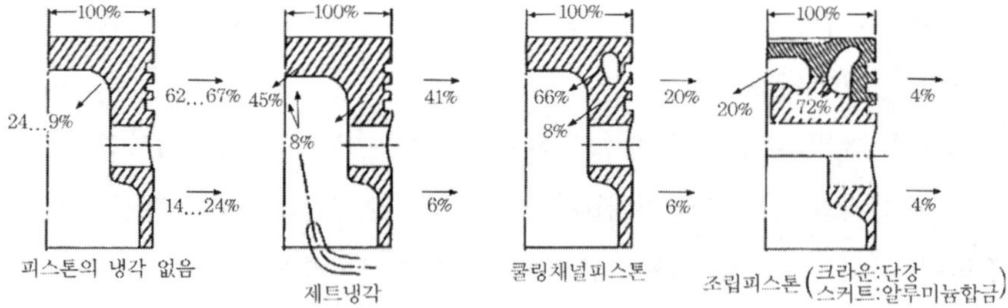

그림 4-3. 피스톤의 냉각방식과 방열비율

나타낸다.

냉각효율이 향상될수록 피스톤링을 거쳐서 실린더블록의 냉각수로 흐르는 열의 비율은 감소하고, 윤활유로의 방열량 증가, 피스톤의 온도저감효과도 향상된다.

4.2 오일제트 냉각

실린더블록에 부착되어 있는 오일제트, 커넥팅 로드 소단부, 혹은 커넥팅 로드 대단부로부터 윤활유를 피스톤 내면에 뿜어 넣어서 피스톤을 냉각하는 방법으로, 이는 링 홈의 온도를 10~20℃ 저하시킬 수 있다. 이 방식은 가솔린, 디젤엔진 양쪽에 사용이 가능하다.

4.3 쿨링채널붙이 피스톤

피스톤헤드부에 쿨링채널을 마련, 윤활유를 도입하여 피스톤을 냉각하는 것으로, 보다 냉각효율을 향상시킬 수 있다. 이러한 종류의 쿨링채널은 식염을 프레스하여 도넛 모양으로 성형 소결한 코어를 만들어서 금형에 세팅하여 주조, 물로 이 코어를 용출하여 형성된다. 쿨링채널붙이 피스톤은 디젤엔진에 널리 사용되고 있고, 링 홈의 온도를 20~60℃ 저하시킬 수 있다.

쿨링채널은 피스톤의 되도록 높은 위치에 마련하는 편이 연소실이나 피스톤링 홈의 온도저감효과가 커진다.

직분 디젤엔진에서 연소실이 편심된 경우나 소형디젤엔진의 경우는 연소실과 톱링 홈 사이에 충분한 간격이 없어서 쿨링채널을 수용할 공간이 제한되기 때문에, 적절한 위치에 쿨링채널을 설계할 수 없는 경우가 있다. 이 경우에는 중공링 트리커가 부착된 피스톤이 유효하다.

링 홈 보강용 링 트리커의 뒷면에 스테인리스의 얇은 박판을 쿨링채널의 모양으로 성형, 용접한 것으로 그 속에 냉각유를 도입하여 피스톤을 냉각하므로, 특히 톱링 홈의 냉각효과가 높다.

그림 4-4에서와 같이 열부하가 높은 엔진에서 톱링 홈이 고온으로 되어도 홈에서의 탄화카본의 퇴적을 방지하고자 할 경우에는 키스톤링이 사용된다.

지름방향으로 테이퍼가 있는 키스톤링을 사용하는 것으로 피스톤의 왕복운동과정에서 피스톤링 홈 속에서 지름방향으로 접동시켜서, 그때에 발생하는 축방향의 간격의 변화로 홈에 퇴적하는 탄화카본을 배출하는 것이다. 이 링은 피스톤링의 융착을 방지하는 효과가 있으나, 기밀성능면에서는 구형의 링에 뒤떨어진다.

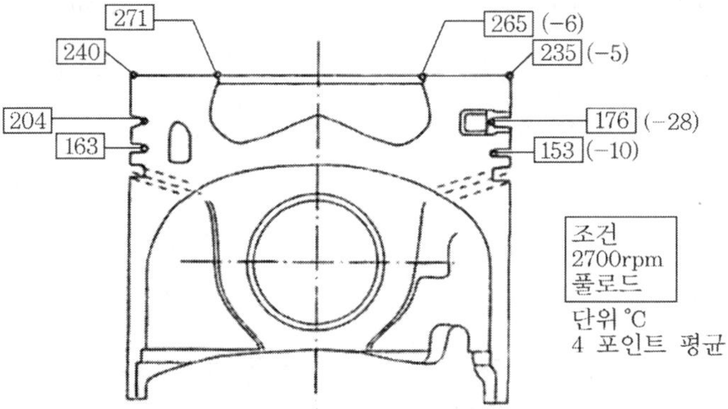

그림 4-4. 중공링 트리거붙이 피스톤의 온도저감효과

중공링 트리거를 사용하는 것으로 톱링 홈의 냉각이 충분히 이루어지므로, 열부하가 높은 엔진이라도 구형 링 사용이 가능하고 윤활유 소비량이 저감된다. 그리고 피스톤링의 마멸이 저감되기 때문에 윤활유 소비량을 장기간 낮게 유지될 수 있다.

이들 쿨링채널붙이 피스톤의 경우 보통은 실린더블록에 고정된 오일제트에 의하여 윤활유를 분출하고 쿨링채널에 윤활유를 도입한다. 이때 쿨링채널 속의 윤활유량은 쿨링채널 단면적의 30~50%가량 채워진 상태로 피스톤의 왕복운동에 동반하여 공동 내의 윤활유 운동에 의하여 열전달계수가 가장 커지게 되어 냉각효율도 좋다.

피스톤의 헤드부를 형성하는 단조강제 크라운과 단조알루미늄합금 스커트를 볼트로 결합, 그 사이를 공동이 형성되도록 하는 조립된 피스톤의 경우(그림 4-5)는 공동의 체적을 충분히 취할 수 있기 때문에 윤활유에 의한 냉각효율이 가장 높다. 이 피스톤은 피스톤 지름 180mm 이상의 박용, 발전기용 디젤엔진에서 사용된다.

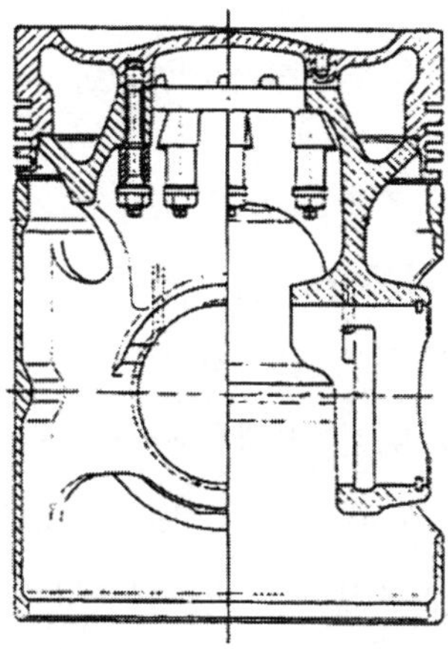

그림 4-5. 조립피스톤(스커트는 닥틸주철)

5. 피스톤의 변형과 응력

5.1 열변형과 열응력

직분 디젤엔진용 피스톤의 온도분포를 재현하는 것과 같이, 피스톤의 분위기 온도와 각부의 열전달계수를 주어서, 열변형을 유한요소법으로 계산한 예를 그림 4-6에 나타낸다.

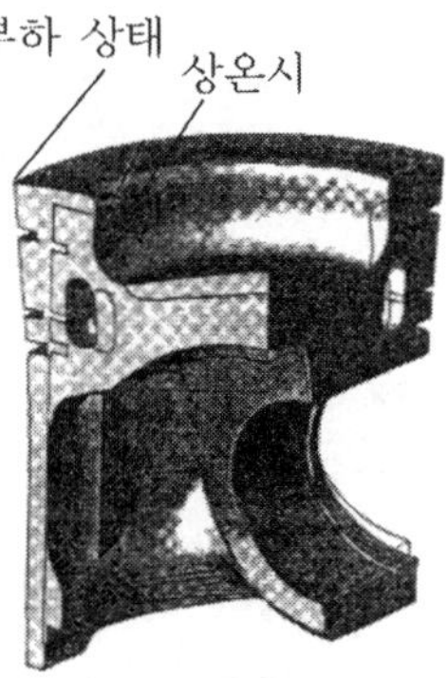

그림 4-6. 열부하 상태에서의 피스톤 변형

온도가 높은 피스톤헤드부의 변형량이 크기 때문에 피스톤이 실린더 내에 일정한 간격으로 접동하도록, 피스톤은 상온시에 이 양만큼 지름을 작게 한, 즉 장구형의 프로파일로 가공된다. 피스톤이 실린더 안에서 윤활유 소비량이나 블로바이를 적게 한다고 하는 기밀보존기능을 다하기 위해서는, 최소의 간격일지라도 스커프를 발생시키지 않는 프로파일의 설계가 중요하다. 유한요소법에 의한 열해석과 피스톤의 탄성변형을 고려한 실린더 내 피스톤의 거동계산에 의하여, 피스톤스커트의 접동면압을 평준화되도록 profile 설계를 하는 것이 가능해지고 있다. 단지, 엔진마다 상이한 경계조건을 어떻게 정확하게 예측이 가능할 수 있는가, 혹은 보어 변형을 실제로 어떻게 하여야 정확히 계산이 가능한가 등의 문제가 있으므로 프로파일은 엔진테스트에 의해 최종 결정되고 있다.

열응력을 그림 4-7에 나타낸다. 연소실 입구 언저리에 높은 압축응력이 발생하고 있다. 열부하가 높은 디젤 피스톤의 경우는 이에 대한 대책이 중요하다.

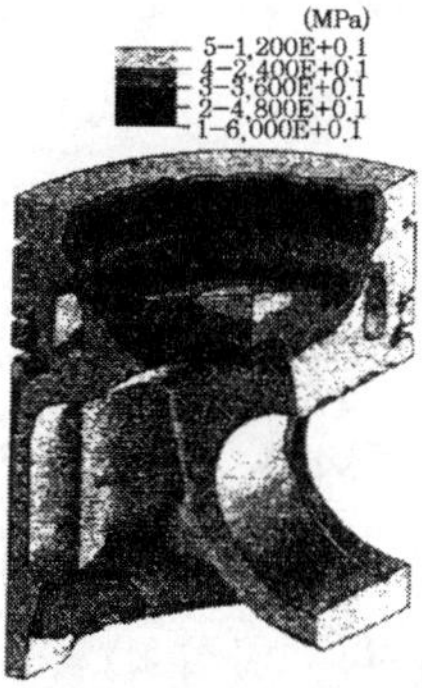

그림 4-7. 열부하 상태의 피스톤 최소 주응력 분포

연비면에서도 연소실 입구 언저리를 돌출시켜서[(리엔트런트 : reentrant)식 연소실], 스퀴시 효과를 크게 하는 방법이 연비나 PM 등 배출가스 저감에 효과가 있으나, 열에 의한 압축응력이 피스톤의 내구성을 크게 약화시키므로 내구성을 충분히 고려한 연소실 형상의 설계가 필요하다.

5.2 기계적 부하 상태의 응력

연소압력하의 응력을 유한요소법으로 계산한 예를 그림 4-8에 나타낸다. 기계적 부하 상태에서는 핀 보스와 핀 구멍부에 높은 압축응력이 발생한다. 기계적 부하와 열부하가 중복된 경우, 연소실의 핀 직각 방향에서 압축응력이 높아지고, 연소실의 핀 방향에서 인장응력이 높아진다.

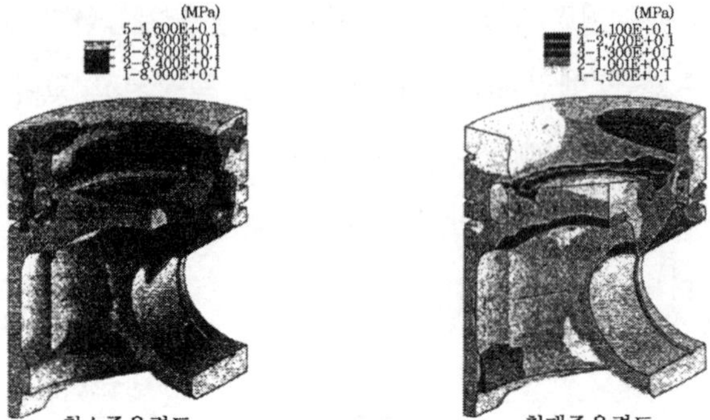

최소주응력도 최대주응력도

그림 4-8. 열연소부하 상태의 피스톤 응력 분포

기계적 부하와 열부하에 의한 압축응력이 중복되는 핀 직각 방향의 연소실 언저리부에서는, 특히 부하와 회전속도가 변동하는 운전조건하에 균열이 발생하기 쉽다. 이 경우 약 90㎛ 정도의 두께로 경질 알마이트 처리를 실시하면 열응력을 상쇄하는 방향의 응력이 작용하기 때문에 효과가 있다. 연소압력이 높은 엔진의 경우는 열응력에 중복되는 기계적 응력을 커지게 하지 않도록 강성을 높이는 피스톤의 설계가 특히 중요하다.

연소실 언저리의 핀 방향에서 인장응력이 큰 균열에 대해서는 알마이트 처리는 역효과가 발생되므로 주의가 필요하다. 열부하가 작용하였을 때 알마이트면에 인장응력이 발생하여 기계적 부하를 받을 때에는 발생된 인장응력이 부가되기 때문이다.

이 균열의 원인이 되는 인장응력의 절대값은 그다지 큰 것은 아니다. 이 부분의 온도가 300℃를 초과하는 것으로 알루미늄합금의 피로강도가 현저하게 저하되기 때문에, 고부하엔진의 경우는 이 대책이 중요하다.

피스톤 전체의 설계의 최적화, 연소실 언저리가 과열되지 않도록 하는 형식, 고온 피로강도가 높은 재료를 사용하는 것 등이 그 대책으로서 거론되고 있다.

5.3 피스톤의 부하와 구조

알루미늄합금 피스톤의 피스톤 핀 보스의 형상을 비교하여 그림 4-9에 나타낸다. 피스톤은 헤드부에 받는 압력을 핀 보스, 핀 구멍을 거쳐서 피스톤 핀 → 커넥팅 로드로 힘을 전달하므로 힘의 전달경로가 되는 피스톤 핀 보스와 핀 구멍 형상은 엔진의 연소압력에 따라 강화할 필요가 있다.

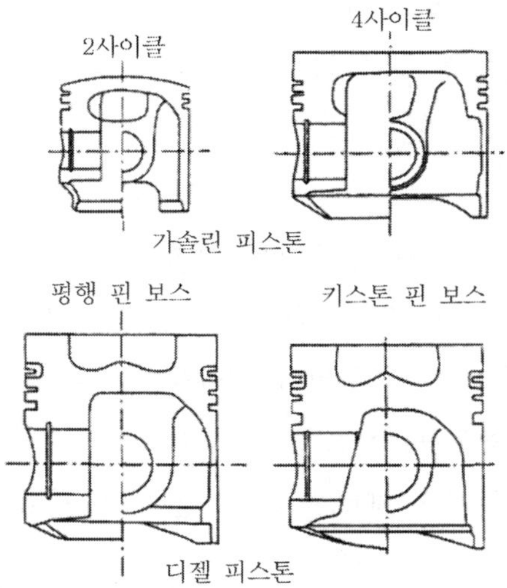

그림 4-9. 알루미늄합금 피스톤의 핀 보스 구조

가솔린엔진의 경우는 연소압력이 낮으므로, 내부하 능력보다 경량화의 관점에서 핀 구멍 상부의 살을 두껍게 하고, 피스톤 핀의 지름도 작다. 디젤엔진의 경우는 보다 높은 부하를 전달하기 위하여, 핀 보스 상부 여유분의 살두께는 작고, 보스 간 거리가 짧으며 피스톤 핀의 지름도 크다. 또한 연소압력이 높은 경우, 핀 보스를 키스톤(쐐기) 형상으로 하고 핀 구멍 베어링 면적을 보다 확대하는 형상이 일반적이다.

조립피스톤의 경우는 재료면에서 높은 응력에 견딜 수 있도록 주조알루미늄합금에서 닥틸 주철로 되고, 또한 그림 4-5의 예에서는 핀 구멍 상부의 베어링 면적을 확대하기 위하여 스텝 모양의 핀 보스가 채용되고 있다.

핀 보스의 구조와 함께 핀 구멍의 형상은 내부하능력의 향상에 중요하다. 기계적 부하 상태의 핀 구멍의 응력은 피스톤 안쪽 방향에서 높아진다. 핀과의 간섭에 의한 응력집중으로 인한 것이며, 이것을 방지하는 데는 핀 구멍을 안쪽으로 확대하는 것이 유효하다(핀 구멍 테이퍼). 또 핀 구멍 테이퍼에 의하면 핀 구멍 안쪽 윗면에 응력과 핀 보스 상부의 응력이 저감된다.

피스톤 핀이 연소압으로 유린, 핀 구멍을 밀어서 넓히는 데 따라 핀 구멍 상부에서는 인장응력이 발생한다. 핀 구멍에 사이드 릴리프라고 하는 바이패스를 설정함으로써, 구멍의 인장응력을 완화시키는 효과가 있고 핀 구멍의 내하중능력을 향상시킬 수 있다.

핀 구멍에는 알루미늄 청동제의 부시를 억지 끼워맞춤에 의해 끼워넣고, 이에 따라 핀 구멍의 내하중능력을 향상시키는 것도 일반적으로 응용되고 있다. 핀 구멍의 내하중능력이 설계의 파라미터에 의하여 어떻게 하여 향상되는가를 그림 4-10에 나타낸다.

알루미늄합금의 강도는 온도에 의하여 현저하게 저하되므로 핀 구멍이나 핀 보스의 온도를 예측하는 것이 피스톤 설계에서는 중요하다. 특히, 최근의 엔진은 200℃를 넘는 경우가 많아지므로 피스톤을 냉각하거나 안전율을 크게 취하는 것이 필요한 경우가 많다.

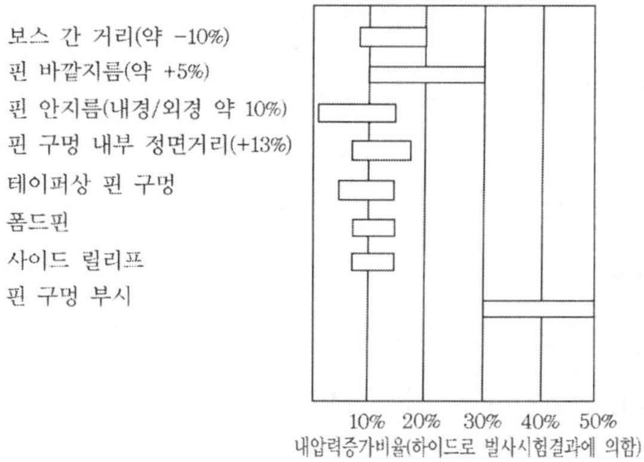

그림 4-10. 핀 구멍 균열에 대한 설계 요인의 효과

5.4 엔진의 비출력과 피스톤구조

그림 4-11에 일반적으로 디젤엔진에 채용되고 있는 피스톤구조의 적용범위를 나타낸다. Y축에 피스톤헤드면의 단위면적당 엔진의 비출력으로(PS/cm^2)이고 X축은 피스톤의 지름이다. 비출력이 약 $0.4PS/cm^2$ 이상이고 쿨링채널붙이 알루미늄합금 피스톤이 사용되고 있다.

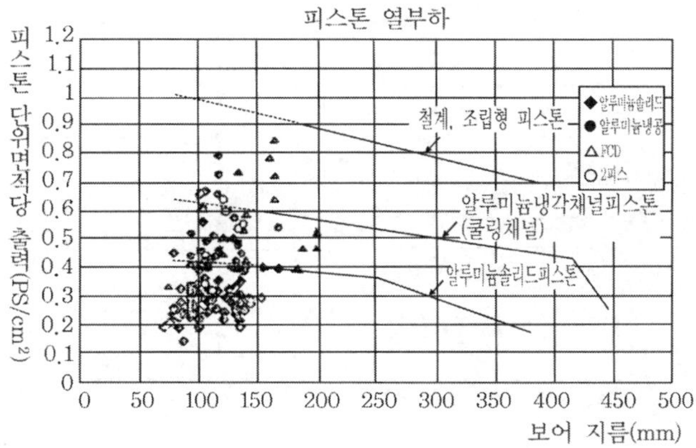

그림 4-11. 엔진의 출력과 피스톤 구조

비출력이 0.6PS/cm² 이상의 경우는, 철계 피스톤의 채용 예가 많아지고 있다. 일반적으로 피스톤의 지름이 200mm 이하이고 닥틸 주철일체형의 피스톤이 전적으로 사용되고 있으나, 유럽에서는 단조강제 크라운과 주조알루미늄합금 스커트를 피스톤 핀으로 결합시킨 2피스 피스톤이 사용되고 있다.

가솔린엔진용 피스톤의 경우는 알루미늄 일체형 피스톤이 주로 사용되고 있다. 그리고 레이싱용 피스톤의 경우, 냉각채널을 붙여서 단조로 성형된 피스톤도 사용되고 있다.

5.5 피스톤 주요치수의 추이

그림 4-12에 가솔린피스톤과 디젤피스톤의 주요치수를, 일반적으로 양산 시작으로부터의 변화를 나타낸 것이다. 어느 경우나 경량화를 추진하

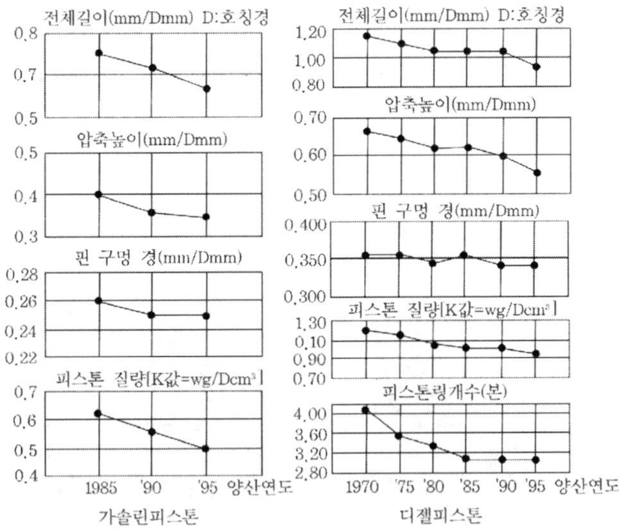

그림 4-12. 피스톤의 주요치수의 추이

면서, 각 부분의 치수가 매 연도마다 변경되고 있으나, 디젤엔진용 피스톤의 경우는 핀 구멍 지름은 일정한 값으로 정착되는 경향이 있다. 핀 구멍은 피스톤 중에서 가장 부하가 크고 핀 구멍의 내구성을 유지하기 위하여 핀의 지름을 작게 하는 것이 어렵기 때문이다.

6. 피스톤 운동

6.1 피스톤의 횡(옆)운동과 소음

피스톤은 실린더 내에서 왕복운동을 함과 함께 실린더보어와의 사이에 약간의 클리어런스 있으므로 횡방향의 운동도 동시에 하고 있다. 연소상사점 부근에서 피스톤은 반스러스트 쪽에서 스러스트 쪽으로 이동하여 스러스트 쪽의 실린더벽에 충돌할 때의 충격(피스톤의 slap)이 다른 시점에서의 충격보다 크고 피스톤에 기인하는 소음의 주요원인이 된다. 스랩에 의한 충격력이 미치는 요인과 그 영향을 그림 4-13에 모식적으로 나타낸다.

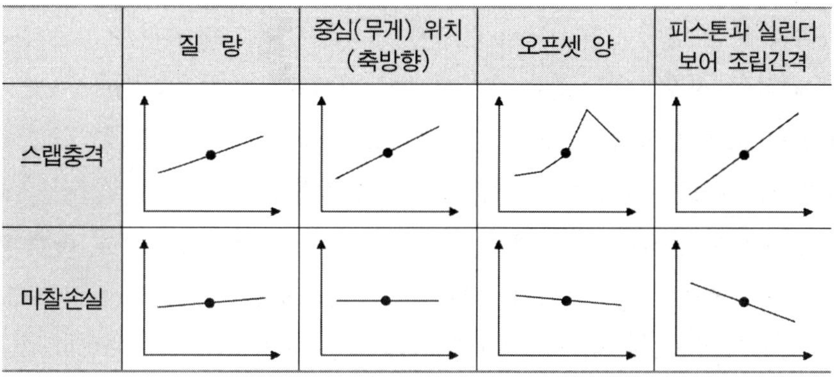

그림 4-13. 스랩충격과 마찰손실에 미치는 피스톤계 파라미터의 영향

피스톤과 실린더보어 사이의 간격은 작은 편이 충격력이 작고, 특히 피스톤이 더워지기 전 아이들링시의 소음은 조립간격(클리어런스)이 작을수록 낮아진다. 열팽창량이 크다고 하는 알루미늄합금의 결점을 보완하기 위하여 피스톤의 스커트에 열팽창 저감을 위해 스트럿을 주입한 스트럿붙이 피스톤은 이 목적으로 사용되고 있다.

소음저감을 위하여 채용하는 것은 피스톤 핀 구멍의 오프셋이고, 피스톤의 스랩충격은 핀 구멍 중심이 피스톤축과 일치하는 경우가 일반적으로 가장 많고, 스러스트 측으로 오프셋시킨 경우, 반스러스트 측에 비교하여 보다 충격력을 작게 할 수 있다. 통상 스러스트 측에 핀 구멍을 0.3~0.6mm가량 당겨진 위치로 오프셋하는 것이 엔진의 정숙성이 상품력이 되는 가솔린엔진에서 일반적으로 하고 있다.

6.2 피스톤의 횡(옆)운동과 열적 문제

피스톤의 상사점 부근에서의 옆운동을 모식적으로 그림 4-14에 나타낸다.

소음이라는 관점에서는 핀 구멍을 스러스트 쪽으로 오프셋하면 압축상사점의 약간 앞에서 톱랜드의 간격이 스러스트 쪽으로 열려서 고온의 가스에 닿는 시간이 길어진다. 이 때문에 디젤엔진에서 스러스트 쪽의 핀 구멍을 오프셋 시키면 스러스트 쪽의 링 존에 가스가 침입하기 쉽고 이 방향으로 탄화카본이 부착되어, 링스틱이 유발된다.

압축상사점 전후에서 톱랜드가 열려져 있는 시간이 스러스트 쪽과 반스러스트 쪽으로 평준화되기 때문에 링존으로의 탄화유 부착이 평균적으로 얇아지고 링스틱이 방지된다. 이와 같은 이유에서 디젤엔진의 경우 반스러스트 쪽으로의 오프셋이 유효한 경우가 있다.

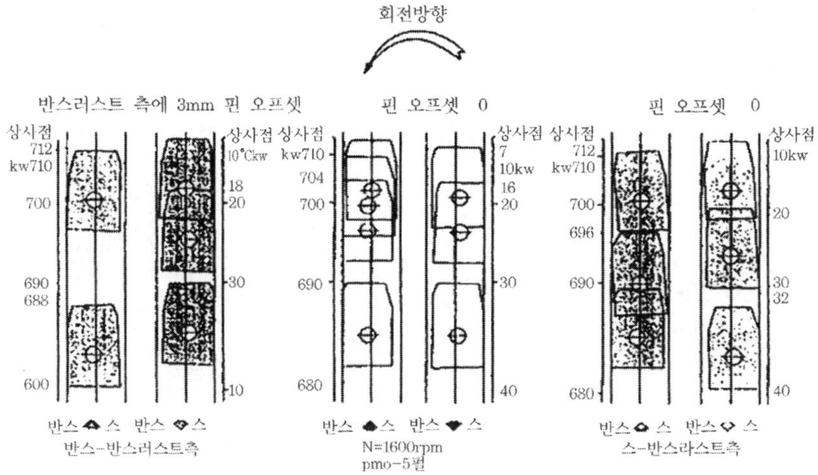

그림 4-14. 스랩충격과 마찰손실에 미치는 피스톤계 파라미터의 영향

고부하 디젤엔진에서 실린더보어의 반스러스트 쪽 윗면이 경면(거울면) 모양으로 마멸되면서 윤활유 소비량이 점차로 증가하는 경우가 있다. 이것은 피스톤이 톱랜드에 부착하는 윤활유에 그을음이 표촉되어 피스톤의 옆운동에 따른 톱랜드 간격의 감소 때 부착, 고형화되어 굳은 카본에 의해 실린더 보어 윗면이 마멸되어 윤활유 소비량이 증가하는 것이다.

이것에 대하여는 톱랜드 간격을 피스톤지름의 약 1.5%로 일반적인 간격보다 대폭적으로 크게 하여(컷백) 여기에 연소가스가 침입하기 쉽게 하여 퇴적카본의 점착성분을 연소토록 하고 이로써 카본이 부착하여도 고형화되지 않고 탈락되기 쉽도록 하는 것이 유효하다.

6.3 피스톤의 마찰손실

피스톤링을 포함, 피스톤계 부품의 엔진왕복운동에 동반하여 마찰손실이 발생한다. 가솔린엔진에 대하여 마찰손실을 측정한 예를 그림 4-15에 나타낸다.

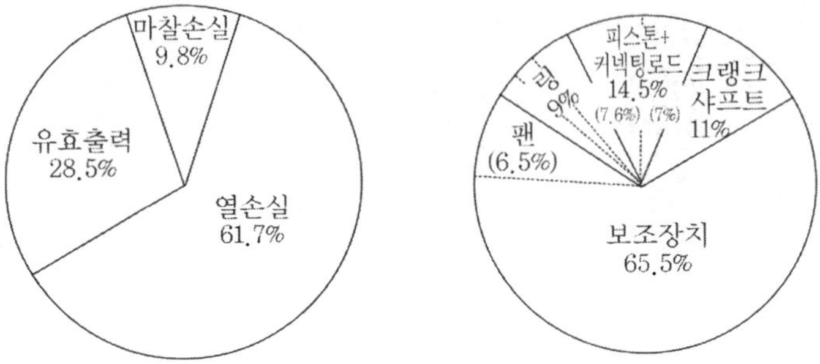

그림 4-15. 가솔린엔진의 에너지 배분과 마찰손실

이 측정결과로부터 피스톤의 마찰손실을 계산하면 유효출력에 대하여 2.6% 근소하다. 그러나 엔진의 연비저감을 위해 모든 마찰손실을 저감할 필요가 있고, 이 목적을 위하여 그라파이트나 2황화 몰리브덴을 스커트에 코팅하는 것이 가솔린, 디젤엔진 양쪽의 피스톤에 채용되고 있다.

디젤엔진에서 연소압력이 상승하는 데 따라 이것에 견딜 수 있는 피스톤의 설계구조가 요구되고 있다. 이 때문에 이전의 소형 디젤엔진에서 일반적이었던 스트럿을 제외하고 스커트의 살두께를 증가(서모풀로 타입)하고 강성을 높인 피스톤이 증가하고 있다. 스트럿붙이 피스톤의 경우는 스트럿이 없는 피스톤의 조립 간격을 절반 정도로 저감이 가능하다.

스트럿을 떼어내도 소음의 증대가 없도록 조립간격을 작게 유지시키려고 하여도 스트럿에 의한 열팽창억제효과가 없어지는 분만큼 실린더보어와 피스톤의 간격이 작아지므로 마찰손실의 증가로 이어진다(그림 4-13 참조, 조립간격과 마찰손실은 반비례 관계에 있다).

그러므로 마찰계수가 낮은 그라파이트나 2황화몰리브덴을 스커트에 시공함으로써 스트럿을 떼어내도 마찰손실의 증대 없이 점차 저감되면서 조립간격을 작게 유지하고, 아이들 소음의 감소에도 이어지며 강성이 높은 고부하 엔진용 피스톤에서 저마찰계수의 코팅효과가 보다 잘 발휘되도록 하는 것이 된다.

Chapter 05 피스톤링

1. 머리말

피스톤링은 엔진의 성능을 좌우하는 중요한 부품이다. 피스톤링의 성능은 엔진출력, 연비, 수명뿐만 아니라 배기가스의 성분에까지 크게 영향을 미친다. 그림 5-1은 가솔린엔진에서 중속 때 연료에너지의 배분을 나

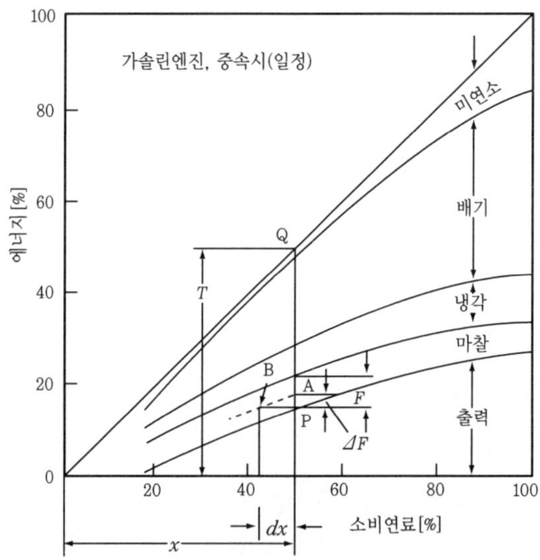

그림 5-1. 에너지와 연료소비 비용

타낸 것이다. 그림에서 "마찰"은 엔진 전체의 마찰을 나타내고, 이 중에서 약 1/3이 피스톤계(피스톤과 링)에서 점유한다고 하면 장력저감이나 2개 링으로 링의 마찰력을 40%가 저감될 수 있다고 하면 중속역에서의 엔진 연비는 7% 개선된다고 하는 보고가 있다. 피스톤링의 마찰력이 연비에 미치는 영향이 크다.

2. 장래 엔진의 요구와 링 주위의 과제

2.1 2륜~4륜승용차(가솔린엔진)

2륜용 엔진의 큰 흐름은 2사이클로부터 벗어나는 것이다. 배기량 50cc의 원동기가 붙어 있는 자전차는 대부분 2사이클이나, 앞으로의 배기가스 규제가 4사이클화하는 방향으로 가는 것으로 생각하면, 회사에 따라서는 4사이클화를 방침으로 정하고 소형의 2사이클 엔진의 생산을 할 것인가 안 할 것인가 고심을 하고 있다. 소형 2사이클엔진의 링의 특징은 엔진의 회전속도가 높기 때문에 톱링의 폭 치수(h_1)가 얇어지는 것이다. 그림 5-2는 2륜차용, 가솔린 4륜차용, 디젤 4륜차용 3종류의 양산엔진톱링의 폭 치수(h_1)와 피스톤 스피드를 나타낸다.

2륜차용은 $h_1 = 0.8$mm로 얇은 링도 많이 사용되고 있다.

승용차 4륜용 가솔린엔진은 가솔린의 실린더 내 분사나 하이브리드 엔진등 새로운 연소방식과 구동방식 엔진이 개발되었다. 그리고 CVT 등과의 조합에 의해 연비가 좋은 영역을 사용 영역으로 제어하는 구동방식도 시도되고 있다.

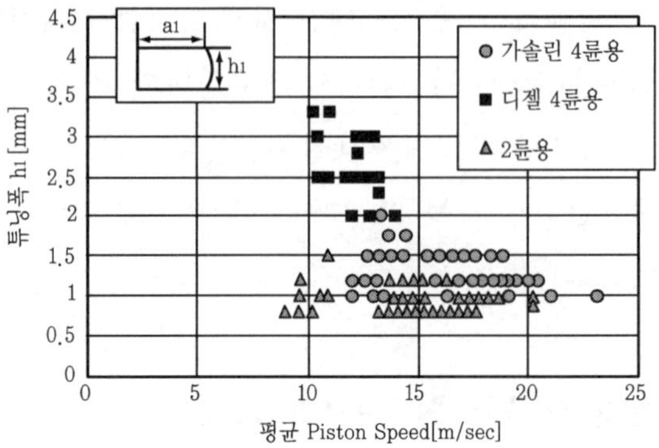

그림 5-2. 엔진 피스톤 스피드와 링폭 h_1

가솔린의 실린더 내 분사엔진은 일본에서도 3메이커에서 9기종의 엔진이 양산되고 있다. 피스톤 형상이나 연소방식도 각 메이커에서 각각 고유기술을 채용하고 있으며 연소방식의 개선으로 연비저감을 꾀하고 있다.

피스톤링의 사양도 각 메이커마다 여러 가지로 다양하다. 종래의 가솔린 사양으로는 그대로 메이커로부터 디젤엔진에 가까운 사양의 것에 이르기까지 다양하다. 이 가솔린 실린더 내 분사엔진은 출력향상과 연비저감을 꾀하여 개발되어 왔다.

가솔린의 실린더 내 분사엔진은 출력향상과 연비저감을 목표로 개발되어졌다. 가솔린의 실린더 내 분사엔진과 종래 엔진(주로 흡기관 내 분사엔진)에 대하여 연비에 영향을 끼치는 링의 장력(그림 5-3)을 나타낸다.

종래 엔진의 평균 장력은 0.61N/mm(실린더직경당 합계 장력치)이나 현재 양산되고 있는 실린더 내 분사엔진도 대체로 같은 정도이다. 앞으로 개발되는 실린더 내에 분사엔진의 장력은 그림과 같이 보다 저연비 향상을 위한 제원이 되기 위하여 장력 저감이 도모되고 있는 경향에 있다.

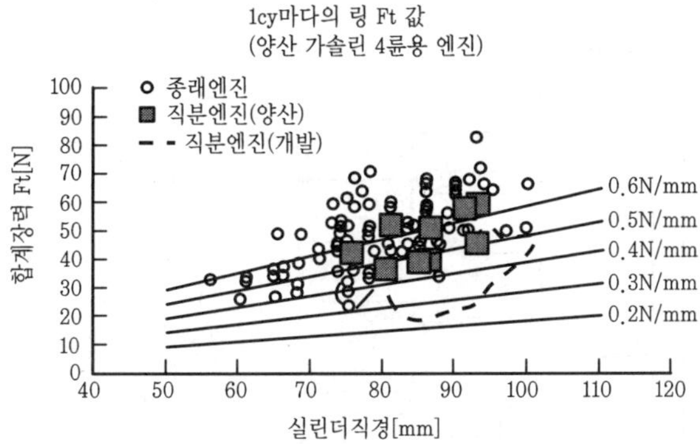

그림 5-3. 가솔린의 실린더 내 분사엔진의 장력
(톱링~오일링의 합계장력)

2.2 소형 디젤엔진

최근 소형 디젤엔진의 개발 방침은 직분화(DI), 고출력화라고 할 수 있다. 이 때문에 연소압을 높이고 고 P_{me}(평균유효압력)화가 요구되고 있다.

코먼레일 방식 등의 채용에 의하여 고압분무, 파일럿분사 등의 적용이 비교적 쉽게 개선될 수 있도록 되었다. 그리고 소형디젤엔진의 개발도 진전되어 배기량 2L 이하의 DI디젤엔진도 최근 양산화되고 있다.

가속성이나 배기가스(스모그), 소음(디젤소음)은 비약적으로 개선되어서 가솔린엔진을 능가하는 성능으로 완성되어가는 감이 있다. 그리고 오일의 교환시기는 유럽에서는 20,000km 이상의 엔진도 판매되고 있어서 메인터넌스면에서의 개량이 향상되었다.

그림 5-4는 소형 DI디젤의 유럽에 있어서의 제휴관계를 나타낸다. 기술적으로 선행되고 있는 유럽메이커와 일본의 메이커 사이에서는 엔진 공급의 관계뿐만 아니라 자본을 포함하는 그룹화가 앞으로도 진척될 것으로 생각된다.

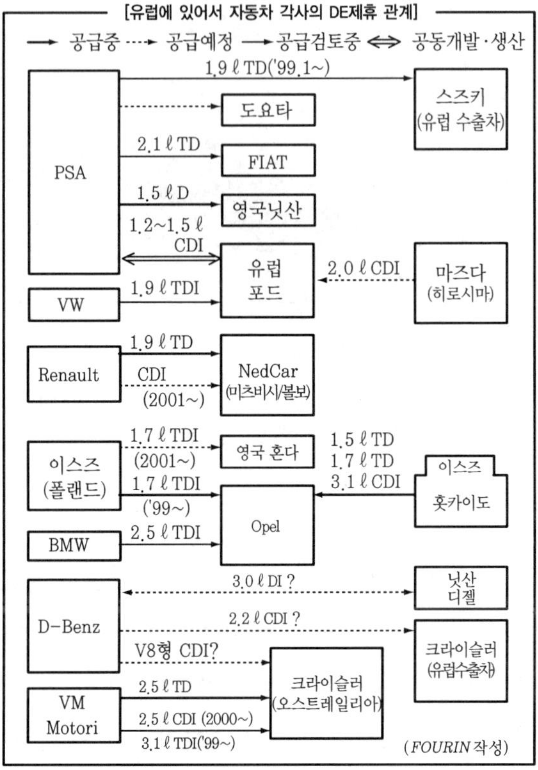

그림 5-4. 유럽과 일본 자동차메이커의 소형 디젤엔진 공급관계

2.3 중형 디젤엔진[승합차(버스), 트럭]

중형 디젤엔진은 배기가스 대책이 큰 과제이다. 따라서 코먼레일 · 유닛인젝터 등에 의한 고압분사 채용에 의해 연소개선을 실시함과 함께 연료분사율의 개량이 진척되고 있다. 고압분사에 동반하여 전자제어 기술도 도입되고 있다. 이와 같은 연소개선과 동시에 터보인터쿨러의 조합에 의하여 고출력화가 도모되어 실린더헤드, 실린더라이너, 또한 피스톤 등의 강도면에서 새로 검토하기 시작하고 있다. 연소실 압력의 상승에 의하여

종래 알루미늄 피스톤으로부터 주철피스톤, 2피스 피스톤 등의 채용도 검토되고 있다. 2002년 이후에는 여기에 배기가스 규제가 엄해질 것을 예측하고, 촉매에 의한 배기가스 대응도 검토되고 있으며, 촉매개발도 중요한 과제로 되어 있다.

이와 같은 환경에서 피스톤링은 연비개선뿐 아니라 배기가스 대책을 위해 오일 소비량 저감, 또한 EGR 등에 의한 마멸대책 등이 큰 과제이다.

연비 개선을 위해서는 피스톤 링의 저장력화가 과제이고, 폭은 넓게 두께는 얇은 박폭화가 유효화기술의 하나이다. 박폭화에 있어서는 종래의 주철재료로부터 스틸재료로의 치환이 진전되고 있으며, 톱~오일링까지 스틸재의 피스톤링 세트가 양산되기 시작하였다.

한편, 오일 소비의 개선을 위해서는 피스톤, 라이너, 피스톤링의 최적화가 필수적이다. 그러나 스틸제모재에 가스질소화 처리를 실시한 2피스제 오일링이 주류를 이루고 있으며, 또한 형상, 장력, 닿는 폭 등 세밀한 점에서의 개량이 더해지고 있다.

앞으로의 버스, 트럭엔진에서의 고 P_{max} 화에 대응하기 위한 링의 제원 개요를 그림 5-5에 나타낸다. 각각의 링은 어느 것이나 스틸모재에 가스질화처리를 실시하여, 고압력하에서의 접동면, 피스톤 홈과의 마멸을 저감할 것을 꾀하고 있다.

톱링은 연소실 압력이나 피스톤, 실린더라이너의 온도상승에 큰 영향을 받기 때문에 접동면에 PVD(질화크롬) 피막을 코팅하고 있다. 이 링사양으로의 실제 엔진 평가결과 그림 5-5에서 볼 수 있다. 현상의 Cr도금 사양에 비교하여 대단히 양호한 내마멸성을 실현하였다.

앞으로 다시 EGR조건－저온에서의 마멸 등 시장의 상황에 맞추어 개량이 더하여질 것이다.

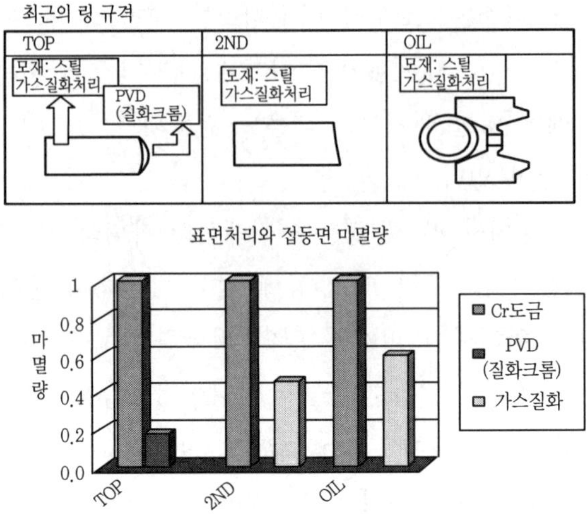

그림 5-5. 디젤엔진에서의 링 사양과 접동면 마멸 비교

3. 피스톤링의 소개

피스톤링은 왕복동 내연기관의 발명과 거의 동시에 사용되어 왔다. 1854년 람스 보틈(John Ramsbottom)은 처음으로 싱글피스형으로 자기장력을 가진 링을 만들었다. 이로부터 내연기관의 발전과 함께 피스톤링도 고기능의 것이 요구되고 내연기관의 발전에 크게 기여하여 왔다.

최근의 요구에는 환경에 대한 배려에서 가솔린엔진을 중심으로 하는 저연비를 위한 저장력화, 디젤엔진을 중심으로 배기가스중의 HC(미연탄화수소)나 SOF(Soluble Organic Fraction : 가용성유기체마멸)분을 저감하기 위한 오일소비 저감이 있고, 이들의 요구를 만족시키기 위한 연구개발이 활발하게 이루어지고 있다.

3.1 표준적인 링의 배열

피스톤링은 톱링으로부터 오일링까지 각각의 기능에 적합한 형상, 치수, 재질을 가지며 연소방식이나 연료가 상이한 데 따른 제원이 다르다. 그림 5-6에 대표적인 엔진의 링 형상과 배열을 나타낸다.

2사이클엔진용 링 제원

톱링	배럴 페이스 하프키스톤링	
세컨드링	배럴 페이스 레그 탬귤러 링	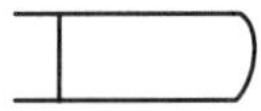

4륜 가솔린엔진용 링 제원

톱링	배럴 페이스 레그 탬귤러 링	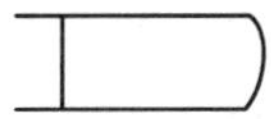
세컨드링	테이퍼페이스 레그 탬귤러 링	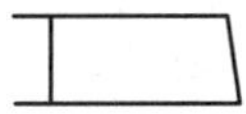
오일링	스틸제 조합된 오일링	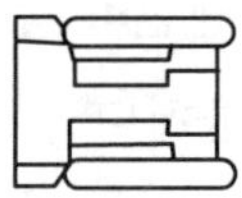

디젤엔진용 링 제원

톱링	키스톤링	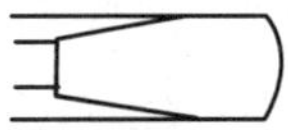
세컨드링	상면스텝붙이 테이퍼페이스	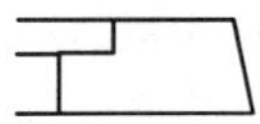
오일링	코일 익스펜더 부착 스틸제오일링	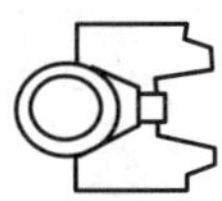

그림 5-6. 표준적 피스톤링 배열

2륜차(모터사이클)를 중심으로 보급되어 있는 2사이클용에는 외주형상이 둥근 배럴 페이스(BF)에서의 2개 링 사양이 주류이고, 형상은 카본에 대한 스틱 방지용에 하프 키스톤 형상의 것이 많다.

그리고 4륜 가솔린용에는 톱링에 BF 형상, 세컨더리 링에는 오일처리 기능을 가지게 한 테이퍼링, 오일링에는 추종성이 좋고 오일처리 기능이 뛰어난 3피스 오일링이 표준제원이다.

디젤엔진의 경우는 톱링은 풀키스톤링, 세컨드링은 테이퍼링, 오일링은 내구성이 있는 2피스 오일링의 제원이 많다.

3.2 피스톤링의 설계

피스톤링을 설계하는 데 필요한 정보는 엔진의 접동조건(실린더 재료, 링 주변부 온도, 엔진회전속도 등)과 치수(실린더 안지름, 링의 폭 h_i 등)를 고려하여야 한다.

보통 엔진의 종류(출력 등 포함)와 안지름으로 나누면 일반적인 링 설계는 가능하다. 또한 최근 개정된 ISO규격이나 KS규격을 이용하는 데 따른 설정도 가능하다. 다만, 새로운 개발의 고회전, 고출력 레이싱용 엔진이나 P_{me}이 높은 디젤엔진은 새로운 제원으로서의 설정이 여러 가지로 시도되고 있어서 어느 성능을 향상시키는가에 따라 형상이나 재질의 표면처리가 다르다.

톱링의 폭 h_1 치수, 오일링의 장력의 Fe값을 그림 5-7에 나타낸다. 기본적으로 피스톤링은 표준적인 면압(압축링 : 0.15~0.2MPa, 오일링 : 0.6MPa~)으로 설계되어 있다.

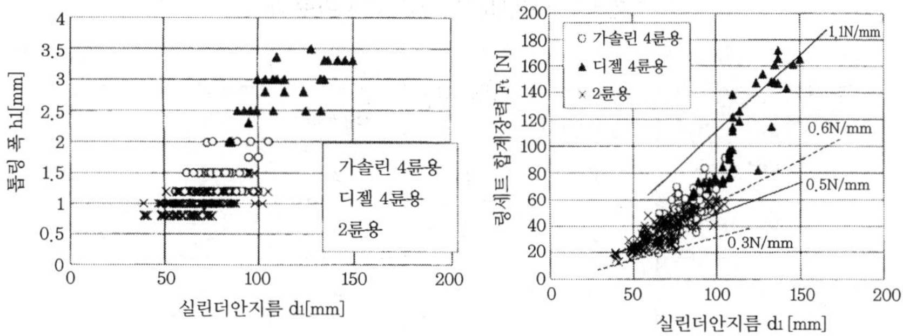

그림 5-7. 톱링 h_1과 전체장력의 상장표
(N/mm ; 실린더 단위길이에 해당하는 장력값)

엔진의 사용회전속도에서 링의 사이드실 기능이 손상되지 않는 링의 폭 h_i를 가지며, 피스톤에 장착할 때 변형이나 절손이 일어나지 않는 응력으로 설정하고 있다. 엔진의 수명(통상 승용차에서 20만km)까지는 장력의 저하가 없이 절손되지 않도록 설계되어야 한다.

3.3 표면처리, 재료

링의 표면처리는 엔진의 종류나 접동조건에 따라 크게 다르다. 표 5-1에 현재 양산에 채용되고 있는 대부분의 링의 표면처리를 나타낸다. 최신의 표면처리로서는 PVD 피막이 있다.

이 표면처리는 1990년에 세계에서 처음으로 디젤엔진의 오일링에 채용되었다(리겐제). 그후 톱링 제원으로의 개량이 이루어지고 1993년 SUV(Sport-Utility Vehicle)차에 세계에서 처음으로 양산화되어 고출력 디젤엔진의 탄생함이 이 PVD 표면처리에 의하여 가능하게 되었다(리겐제).

표 5-1. 피스톤링 표면처리의 성능(포인트가 많으면 유효)

표면처리성능	스커프성	마멸(*1)	실린더 공격성	마멸(*1)	주된 용도
주물+인산염피막	2	1	2	1	2nd
경질 Cr도금(*2)	3	3	3	3	Top, Oil
Mo계 용사	3	2	2	2	Top
질화처리 (고 CrSUS)	4	4	3	4	Top, Oil
PVD(질화크롬계)	5	5	4	5	Top, Oil
PVD(질화티타늄계)	5	5	4	5	Top

(*1) : 상대실린더재FC250
(*2) : Cr 도금을 BM(3)으로 하였다.

현재도 링 표면처리의 개발, 개량이 이루어져서 신질화, 신 PVD, DLC, 수지 코트 등이 일부 양산화되고 있다. 또한 재료도 개량되어 특히 저비용 스틸재료의 개발이 왕성하다. 철계재료로부터 떨어져서 Ti합금이나 수지 등의 평가도 일부 이루어지고 있으나 비용, 내구성 등의 과제가 있고 또한 연구단계에 있다.

3.4 해석기술

피스톤링 주위의 드라이브로지 해석은 15년 사이에 비약적으로 진보되었다. 대학이나 일부의 기업에서 측정 가능하였던 실동시의 마찰력 측정은 많은 연구기관이나 기업에서도 가능하도록 되었다.

또한 링의 유막두께 측정도 LIF법에 의해 여러 가지 조건이나 위치의 상이함, 또한 링의 제원의 영향을 정확도 높게 측정 가능하도록 되고, 링 주위의 드라이브 해석에 큰 공헌을 하고 있다.

그림 5-8은 가솔린엔진에 있어서의 부동라이너법을 사용하여 측정한 오일링 장력(F_t)의 프릭션에 대한 영향을 나타낸다.

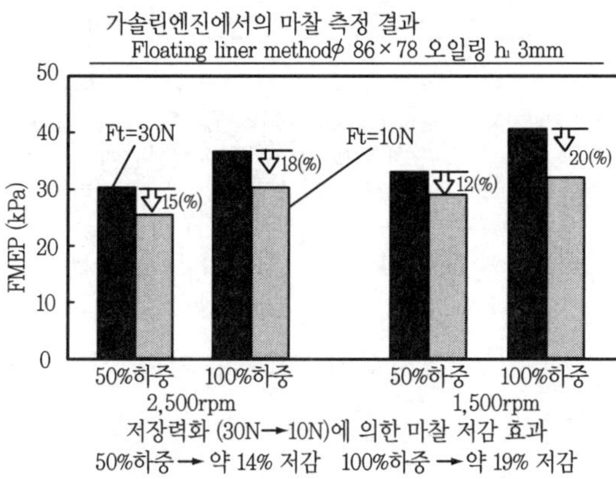

그림 5-8. 오일링 장력과 마찰손실

실동시의 마찰손실(FMEP)은 F_t를 30N부터 10N로 장력을 저감하면 15~20% 적어진다. 이 오일링 장력을 내렸을 때 $h_1=3.0$mm의 제원에서 5,000rpm부터 6,000 rpm에서 오일의 소비량은 급격히 증가한다(그림 5-9).

그러나 $h_1=2.0$mm로 하면 이 급증이 억제되어 5,000rpm에서는 장력을 내려도 오일 소비량은 급증되지 않고 6,000rpm일 때는 $h_1=3.0$에 비교하여 적다.

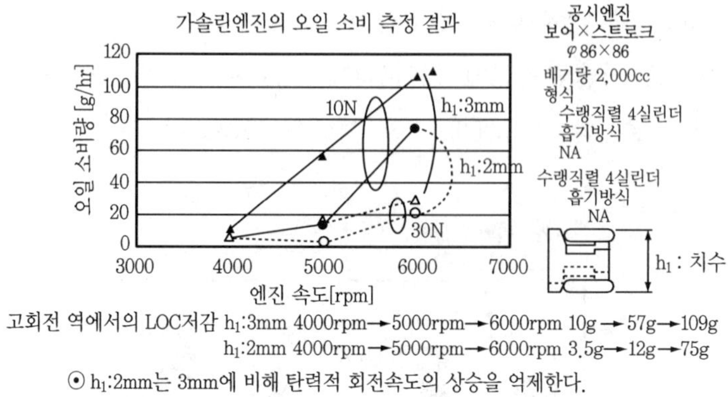

그림 5-9. 오일링 폭 h_1 치수와 오일 소비량

이 오일 소비의 차이를 조사하기 위하여 외주 기밀성에 대하여 유막 두께 측정(LIF법), 측면 기밀성에 대해서도 링에 대한 거동측정(축방향)을 하여 해석하였다. 그림 5-10, 그림 5-11에 측정결과를 나타낸다.

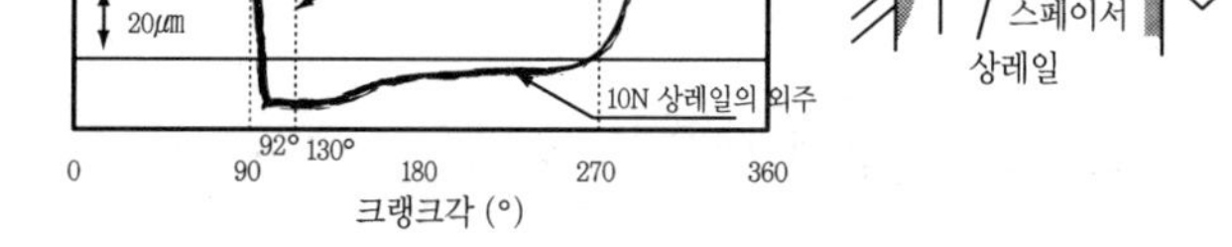

그림 5-10. 오일링 사이드레일 거동(축방향)과 사이드실(흡기, 압축행정에서의 비교)

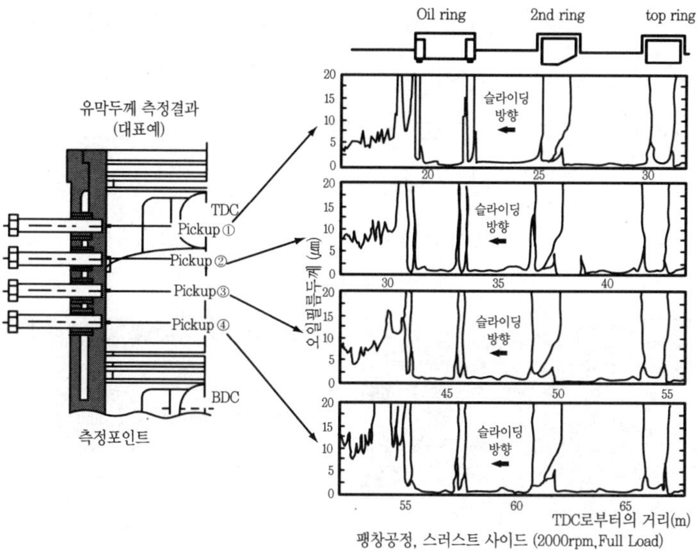

그림 5-11. 측정위치 및 대표측정 예

흡기행정에서 측면의 기밀성에 차이가 있고 또 유막두께 측정으로는 오일링 h_1 치수가 작으면 피스톤 거동의 영향을 상하 레일에서 받기 어렵고 외주실에 유리되고 있음을 알 수 있다.

이상과 같이 링 주위의 해석을 하고 링을 저장력화하여도 오일 소비량을 증가시키지 않는 제원이 설계되도록 되어 있다.

실제 엔진 내부의 오일흐름을 보고자 하는 시도(가시화)는 3년 전부터이다. 최근에는 오일의 움직임이나 카본 배출의 상황을 마치 자신이 실린더 안에 들어간 것과 같은 선명한 화상으로 보여지게 되었다.

그림 5-12에 가솔린엔진에서 실제 작동시의 해석사례를 나타낸다. 알루미늄블록에 약 20mm의 사파이어 글래스 창을 뚫고 실린더 내의 둘레를 양산과 같게 호닝가공을 실시하여 측정한 것이다. 이 해석은 톱링에

들어가는 카본이 링 제원에 의하여 배출성능에 차이가 있는가의 여부를 비교한다. 앞으로 다시 링이 저장력화할 때에는 가솔린실린더 내 분사 엔진의 과제에 적용될 것으로 생각된다.

오일의 움직임을 관찰하는 데는 자신이 오일로 되지 않으면 오일의 차이에 대해 거동을 이해하지 못하는 것이 아닌가 생각된다.

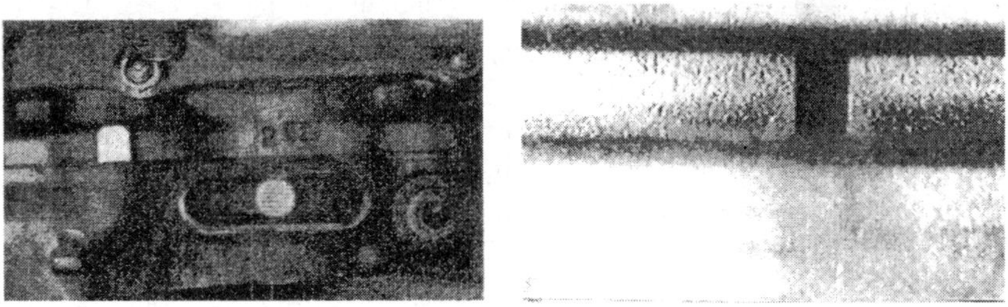

그림 5-12. 실동시의 톱링 주위의 관찰

Chapter 06 커넥팅 로드

1. 머리말

근년 환경문제에 대하여 엔진의 저연비화, 콤팩트화 등의 요구가 커지면서 각 엔진부품의 경량화에 의한 엔진의 성능향상(고출력, 저연비화, 리스펀스 향상, 저진동 등)이 필수로 되어 있다.

여기서는 커넥팅 로드의 기초지식과 그 설계수법에 대하여 기술한다.

2. 커넥팅 로드

커넥팅 로드는 피스톤의 왕복운동을 크랭크샤프트의 회전운동으로 변환하기 위한 부품이다. 따라서 연소에 의한 하중 및 고회전시에서의 관성력에 견디는 것이어야 한다.

3. 커넥팅 로드의 구성 및 명칭

그림 6-1은 커넥팅 로드의 구성을 나타낸 것이다.

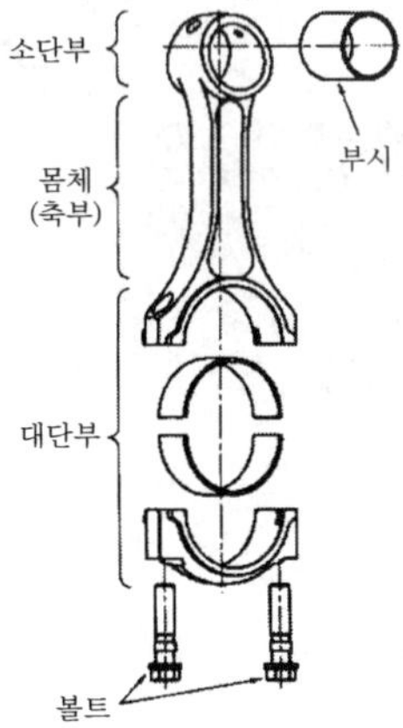

그림 6-1. 커넥팅 로드의 구성

3.1 소단부

3.1.1 소단부 형상

형상으로서는 평행 타입과 테이퍼 타입으로 나눌 수 있다.

종래는 평행 타입이 주류를 이루었으나 고출력화, 경량화에 동반하여 테이퍼 타입이 많아졌다(그림 6-2). 이것은 테이퍼 형상화하는 데 따라 커넥팅 로드 및 피스톤이 연소에 의해 하중을 받는 면적을 크게 설정할 수 있기 때문이다.

그리고 소단부에 오일 공급용 구멍이 마련되어 있는 타입과 대단부로부터 강제 급유하고 있는 타입도 있다.

3.1.2 부 시

가솔린엔진의 경우는 피스톤핀을 커넥팅 로드에 직접 압입하는 타입이 많다.

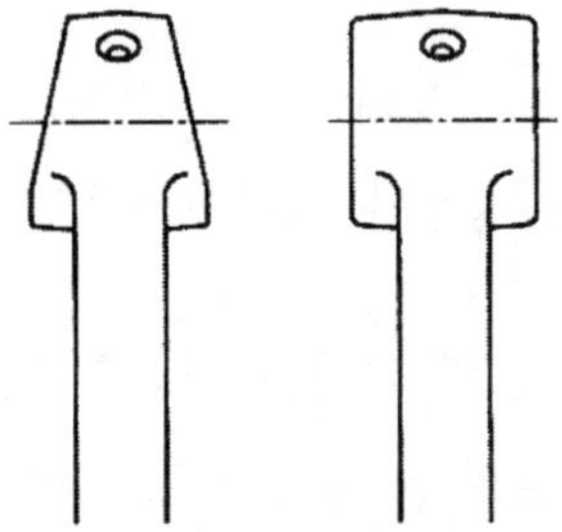

그림 6-2. 소단부의 형상

디젤엔진의 경우는 연소압력이 높으므로 커넥팅 로드에 부시를 압입하는 타입이 주류를 이루고 있다.

3.2 몸체(축부)

이 부위는 강성을 필요로 하고 또한 경량화도 필요하여 일반적으로 단면 형상을 I자형으로 하는, 효율적으로 우수한 형상을 설정할 필요가 있다.

그리고 앞에서 기술한 바와 같이 몸체부에는 급유용 구멍을 설정한 것도 있다.

3.3 대단부

이 부위는 커넥팅 로드 본체 측과 캡 측을 체결부품(볼트 등)으로 체결, 구성되어 있다.

3.3.1 베어링의 위치결정

크랭크핀을 누르는 부분으로 베어링이 부착된다. 이 부위에 홈이 만들어져 있어서 베어링이 정위치에 부착하도록 되어 있다.

3.3.2 캡의 위치결정

대단부 구멍은 어셈블리 상태에서 진원이 되어야 하고, 다음과 같은 방법으로 설정되어 있는 경우가 많다.

1) 캡의 볼트 구멍 및 볼트 외형을 정확도 있게 다듬질하여 위치를 규제한다. 이 경우, 볼트 외형을 롤렛(roulette) 가공하고 있는 것도 있다.

2) 노크핀 또는 다우웰핀에 의하여 위치를 규제한다.

3) 단차를 마련하여 위치를 규제한다.

3.3.3 분할형상

상하로 2분할하는 것이 일반적이다. 또는 경사분할로 하는 데 따라 스페이스를 확보하고 대단부 지름을 크게 하여 작업성을 향상시키는 것도 있다.

3.3.4 오일분무

대단부에 작은 구멍을 마련, 베어링에 오일을 분무시켜서 피스톤의 냉각 및 소단부를 윤활하고 있는 타입도 있다.

3.3.5 커넥팅 로드, 볼트

캡의 부착하중은 베어링의 밀어붙이기 하중, 관성력에 의한 하중을 충분히 고려한 축력(thrust force)을 가진 볼트 설정이 필요하다. 소형, 경량화, 축력의 안정화를 목적으로 하여 고장력재료를 선정, 각도법에 의한 소성력 체결로 하는 것도 주류로 되고 있다.

3.4 중량 조정

엔진 1대에 조립되는 커넥팅 로드는 중량의 불균일을 최저한으로 억제하기 위하여 중량선별 또는 가공에 의한 중량 조정의 견지에서 조립되는 예가 많다.

3.5 제약조건

커넥팅 로드의 형상을 결정하는 데 주로 어떤 제약조건을 만족시켜야 되는가 하는 것이 표 6-1에 나타나 있다.

표 6-1. 형상에 관한 제약조건

부 위	제약조건
소단부	연소하중에 의한 응력 관성력에 의한 응력 피스톤핀의 강성(소단구멍지름) 부시강도
몸체(축부)	연소하중에 의한 응력, 좌굴관성력에 의한 응력
대단부	연소하중에 의한 응력 관성력에 의한 응력 크랭크핀 강도 및 베어링 두께(대단부 구멍지름) 베어링 강도

3.6 응력해석

커넥팅 로드의 유한요소해석(FEM)에 의한 응력분포의 한 예를 그림 6-3에 나타낸다.

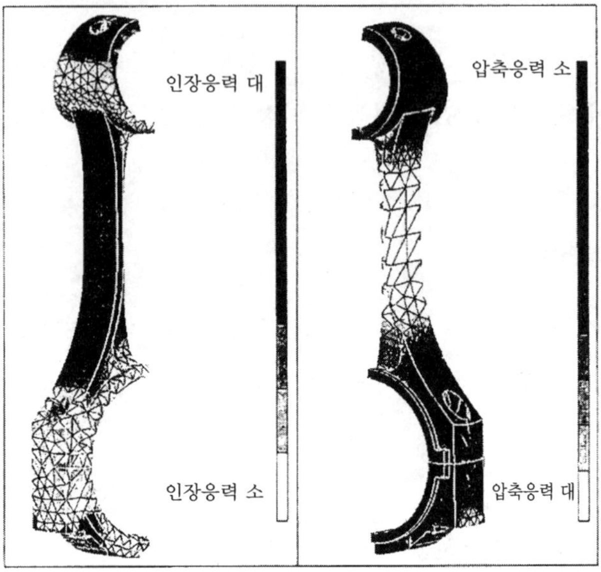

그림 6-3. 유한요소법에 의한 커넥팅 로드의 응력분포

4. 재 료

커넥팅 로드의 재료로는 주철, 소결(철계, 비철계) 알루미늄, 티타늄, 강, 복합재료(금속기, 비금속기) 또는 이들의 조합(분할조립형) 등 다종 다양하다. 대표적인 사용 예를 아래에 설명한다.

4.1 강

자동차용, 산업용 및 선박용 등 내연기관의 커넥팅 로드로서 폭넓게 이용되고 있다. 재질적으로는 탄소강, 합금강, 침탄강 등 여러 가지 종류가 있고, 그 대부분이 형단조로 성형되며 열처리 등으로 강도를 부가하여 사용하고 있다.

일반적으로 승용차용으로 질량이 작은 커넥팅 로드에는 탄소강이 사용되며, 트럭 또는 선박용의 큰 커넥팅 로드 혹은 경도가 높은 것이 필요할 때에는 합금강이 사용된다.

열처리 방법은 조질처리(퀜칭, 템퍼링)가 주류이나 2륜차 조립식 크랭크 축이 사용되고 있는 엔진에는 커넥팅 로드 대단부는 일체형상이 가능하여 열처리 후의 간단한 가공으로 끝나는 침탄강을 사용, 대단히 높은 경도(강도가 강하다)가 얻어지는 침탄처리를 실시하는 것 또는 레이싱용 엔진의 커넥팅 로드 등의 경우는 연질화 처리를 실시하는 것도 있다.

4.2 소결단조

소결단조란 원료분말을 압축성형한 분말성형체를 분위기로(소정의 가스성분을 갖고 있는 로 : 대상으로는 진공로가 있다) 속에서 고온으로 가열하여 가열된 분위기에서 굳힌 다음 직접 단조를 하여 진밀도(진비중과 거의 같은 뜻으로 성분으로부터 이론적으로 계산되는 '기공 등 제로' 밀도의 의미) 가까이까지 밀도를 상승시키는 공법이다.

소결단조는 열간단조와 비교하여 원재료 제조 및 기계가공의 소비에너지가 적다. 따라서 자원이나 에너지의 절약의 제조 프로세스이고 또한 근년의 제품 품질 향상에 의한 고강도화 등에 비하여 금후 생산량은 빠른 속도로 증가되어 갈 것이다.

4.3 티타늄합금

티타늄합금의 커넥팅 로드는 레이싱용이나 2륜차 및 승용차의 일부에서 양산이 이루어지고 있을 뿐이다. 이것은 재료 코스트, 가공 코스트, 표면처리 코스트 등이 높아 부가가치가 높은 엔진에만 채용되는 것이 그 이유이다.

재질은 일반적으로 Ti-6Al-4V(ASTM규격 : GR5)가 많이 사용되고 있다. 그러나 최근에는 많은 개량을 하여서 절삭성이 비약적으로 우수한 쾌삭티탄합금(Ti-3Al-2V)도 사용되고 있다. 그리고 커넥팅 로드 트러스트(thrust)면의 내마멸성을 확보하기 위한 표면처리로서 산화처리나 Cr의 PVD 처리 등으로 안정된 품질의 확보가 가능하다.

표 6-2에 나타내는 것과 같이 Ti합금제 커넥팅 로드는 강제 커넥팅 로드에 비하여 약 30% 경량화되어 엔진의 리스펀스 개선이나 고출력화에 대하여 큰 효과가 얻어진다.

표 6-2. 재료별 경량화율

재료처리		탄소강 S35VC 비조질	침탄강 SCM415 침탄	티타늄 Ti6A14V	알루미늄재 Fe계소결	Al-FRM 장섬유
비중[gr/cm^2]		7.85	7.85	4.42	2.80	2.30
탄성률 E[kg/cm^2]		21000	21000	11600	8000	12000
비탄성률		2675	2675	2624	2857	5217
대비 Fe 환산		7.85	7.85	8.0	7.35	4.0
항장력[kg/mm^2]		70	130	116	34	80
비강도		8.9	16.6	26.2	12.1	34.8
탄성한[kg/mm^2]		49	80	82	22.5	48
비탄성한		6.2	10.1	18.6	8.0	20.0
피로한[kg/mm^2]		20	80	55	20	–
비피로도		2.6	10.3	12.5	7.1	
경량화 %	비조질베이스	14.8	40.5	34.0	50.0	
	침탄베이스	–	30.2	22.5	41.3	

4.4 복합재료

알루미늄기 FRM(Fiber Reinforced Metal) 또는 MMC(Metal Matrix Composites), 즉 섬유강화금속 또는 입자분산 강화금속이 복합재료의 대표이나 제조비용이 대단히 높고 커넥팅 로드로서 실용화된 예는 대단히 적다.

알루미늄기 자체의 성질을 강화시킨 탄소섬유, 스테인리스 섬유, Sic 입자 등을 매트법(용탕단조), 분말야금법(소결) 등에 의해 알루미늄기 자체에 분산시키는 공법으로 균일 분산 등의 품질확보가 제조공법상 곤란하고 절삭 가공성은 매우 나쁘나, 경량화에는 대단한 메리트가 있어서 공업적 양산을 목적으로 하는 검토가 현재도 이루어지고 있다.

5. 강 도

5.1 피로강도

피스톤 및 커넥팅 로드의 왕복운동에 의한 인장관성력과 실린더 내의 압력에 의한 압축력의 반복으로 피로현상이 일어난다.

커넥팅 로드의 피로수명 예측은 커넥팅 로드 단체로서 인장 및 압축의 정적하중시험 또는 유한요소해석(FEM) 등에 의하여 커넥팅 로드 각 부위의 발생응력을 확인하고(그림 6-4), 각 부위에 있어서 진폭 및 평균응력을 구하여 그림 6-5에 나타내는 것과 같은 내구한도선도상에 프로트하는 것에 의하여 이루어진다.

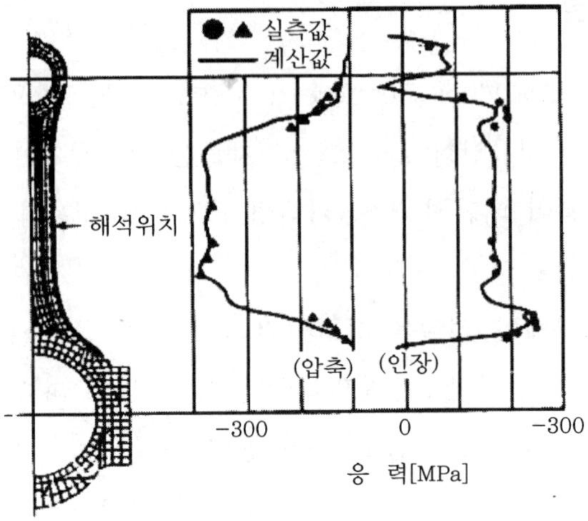

그림 6-4. 2차원 판 모델에 의한 해석 결과

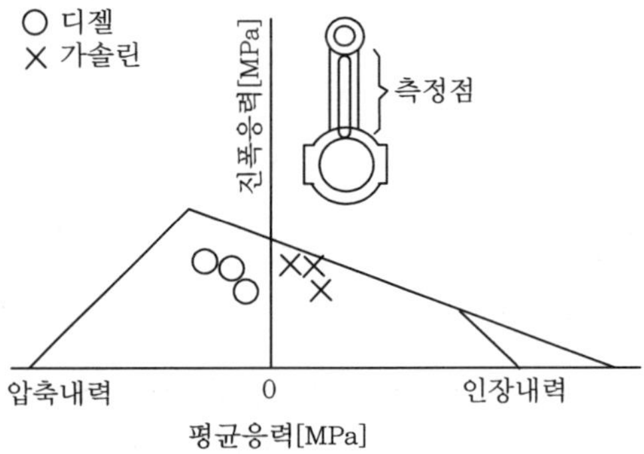

그림 6-5. 커넥팅 로드에서의 내구한도의 개념도

인장하중은 일반적으로 다음 식에 의하여 구할 수 있다.

$$F = W_p/g \cdot r \cdot \omega^2(1 + r/L)$$

W_p : 왕복부분 중량, r : 스트로크/2, ω^2 : 각속도, L : 대소단거리

그리고 압축하중은 실린더 내압이 피스톤 단면적(보어면적)에 걸려서 발생하므로 실린더 내압 및 보어지름에 의하여 산출된다.

5.2 정적강도

최근에는 엔진의 고출력화를 위하여 해가 거듭될수록 실린더 내압은 높아져가고 있는 방향이고, 다시 커넥팅 로드의 경량화 등으로 실린더 내압에 의해 압축응력이 커지기 때문에 압축강도의 확보가 중요하게 되어가고 있다.

일반적으로 '보' 등의 물체에 압축응력을 가하면 그 재료가 가진 압축내력을 초과하는 곳에서 압괴된다. 물체가 부하되는 응력방향으로 길어지는 데 따라 어느 길이부터 압괴가 아닌 보의 도중부터 굴절(좌굴)되고 좌굴 소성변형된다. 그리고 길이가 길어지면 그 재료가 가진 압축내력보다도 낮은 응력으로 좌굴 소성변형을 일으킨다. 또 이 길이의 정도를 나타내는 지표로서 세장비(단면계수에 대한 길이의 비율)가 쓰여진다.

커넥팅 로드의 압축강도는 압괴의 경우는 I-SEC부 최소 단면적과 재료의 내력으로부터 예측 가능하다. 좌굴의 경우는 압축응력과 굽힘응력의 양쪽이 I-SEC부에 발생하고, 앞에서 기술한 바와 같이 압괴의 경우보다도 낮은 응력에서 변형이 발생하기 때문에 커넥팅 로드의 좌굴강도 예측은 보다 복잡하다.

커넥팅 로드의 좌굴강도는 '보' 등의 일반적인 좌굴강도 평가와 같고 세장비를 사용, 예측을 하는 것이 가능하다.

그림 6-6에 커넥팅 로드 세장비를 정의하는 방식을 나타낸다. L은 대소단의 최단길이, A 및 I는 I-SEC부의 최소단면적 값을 사용한다.

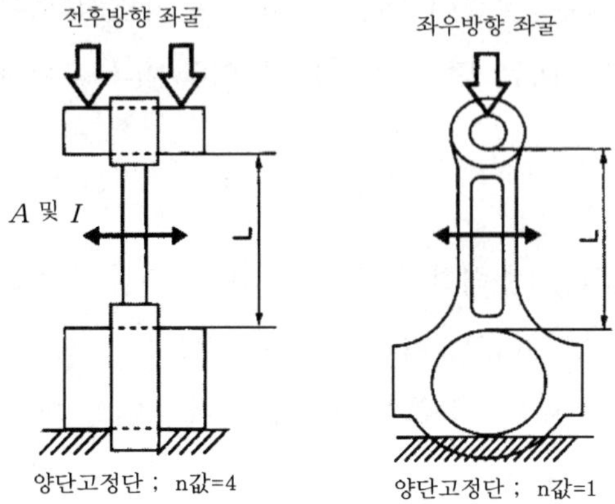

$\lambda = L/K$, $K = \sqrt{I/A}$ λ = 세장비 k : 최소회전반지름

L : 보길이 A : 단면적 I : 단면 2차 모멘트

그림 6-6. 좌굴시험에서 세장비를 고려하는 법

그림 6-7에 커넥팅 로드는 단체로서의 압축시험결과를 나타낸다.

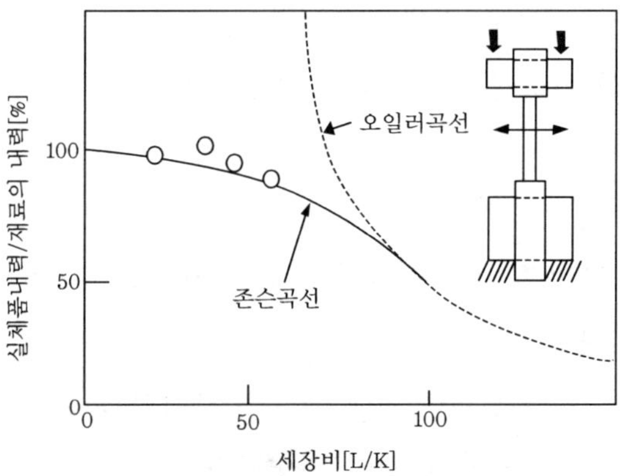

그림 6-7. 커넥팅로드 좌굴시험 결과

일반적으로 좌굴강도는 오일러 곡선에 의하여 평가되나 커넥팅 로드의 경우는 세장비가 작고 오일러 곡선보다 좌측에 프로트가 된다. 세장비가 0으로부터 오일러 곡선과 접할 때까지의 사이는 존손 곡선, 데트마이어 곡선 및 랭킨 곡선과 같은 많은 제안이 공포되어 있으나 커넥팅 로드에 있어서 좌굴강도는 존손 곡선(식 6-1)과 거의 일치하는 것이 확인되고 있다.

$$W_{er} = A\sigma\left[1 - \frac{\sigma_c}{4n\pi^2 E}\lambda^2\right] \quad \cdots\cdots 6\text{-}1$$

W_{er} : 좌굴하중 σ_c : 압축파단응력
n : 양단지시조건 E : 영률

이들의 관계들로부터 커넥팅 로드의 좌굴강도를 향상시키기 위해서는 세장비를 작게 하는 것이 유효하고, 단면2차 모멘트를 크게 하는 것과 같은 설계가 중요하다.

5.3 강 성

커넥팅 로드 대단부 메탈과 크랭크 핀 및 소단부 메탈과 피스톤 핀에 유막을 형성하고 피스톤의 왕복운동을 크랭크축의 회전운동으로 변환하는데, 커넥팅 로드 대, 소단부가 강성부족으로 변형이 심하면 유막이 끊어지면서 융착의 원인이 된다. 대, 소단부 강성 확보를 위해서는 형상면에서의 개선(고강성화)이 필요하다.

그림 6-8은 대단부의 강성부족에 의한 크로즈 인 변형을 억제하기 위하여 스러스트면의 형상을 연구, 캡의 체결강성을 확보하기 위하여 나사 호칭지름을 크게 하고 축력을 높여서 캡맞춤면의 내프레칭 마멸특성을 향상시킨 예이다.

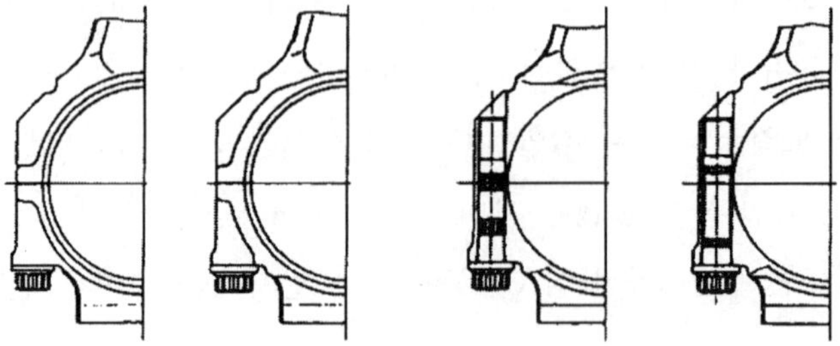

그림 6-8. 대단부의 강성 향상 예

5.4 커넥팅 로드 볼트

근년에는 경량화를 위해 볼트너트식에 대신 압입볼트식이 주류로 되어 있다. 그러나 한편 엔진의 고출력화에 의해 볼트에 대한 부담이 커지는 경향이 있고 볼트체결체(대단부)의 피로강도 향상을 위하여 볼트에 대한 응력분담의 저감을 도모하여 볼트의 스프링점수를 저감(소경화) 및 체결 축력을 높이는 것이 점차 주류로 되어가고 있다(고장력 볼트에 의한 소성역 체결).

6. 최근의 동향

6.1 저비용

6.1.1 열처리 생략

커넥팅 로드의 주류인 강단조품은 강도의 확보 및 품질확보를 위하여 열처리를 실시하는 것이 일반적이다.

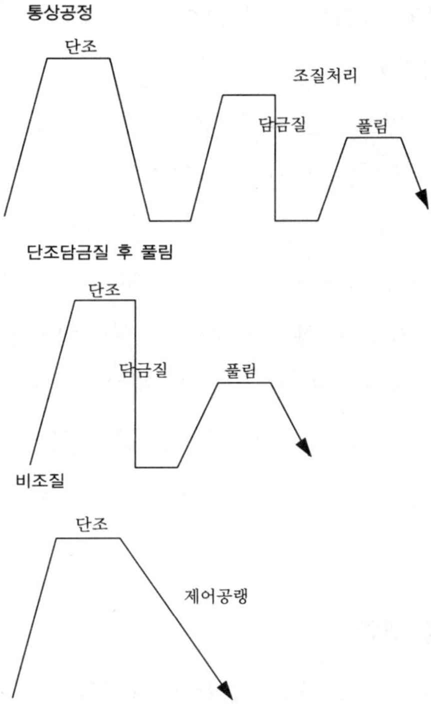

그림 6-9. 커넥팅 로드(조재) 제조공정중의 열이력

그림 6-9에 커넥팅 로드 제조공정중의 열이력을 나타낸다. 단조 후 열처리(조질)에 의해 가열냉각이 반복되고 그 열원을 얻기 위하여 많은 비용이 소요되기 때문에 이 가열냉각을 되풀이하면 재료면, 공정면의 연구로 감소하는 것은 커넥팅 로드뿐 아니라 단조부품 전체를 대상으로 코스트다운 수법으로서 널리 전개되고 있다.

통상의 공정에서는 단조(1,200℃ 전후) 후 조질처리에서 담금질(850℃ 전후) 경화 후, 풀림(600℃ 전후)으로 경도의 조정이 이루어진다.

단조 담금질로서는 단조 후 그 열을 이용하여 그대로 담금질한 다음 풀림을 실시한다. 이 방법에서는 단조장치에 담금을 하는 물탱크(또는 오일탱크)가 장치와 가까이 있지 않으면 안 된다고 하는 제약이 있으나 담금질 가열은 생략된다.

최근에는 담금질만으로는 경도 및 인성의 조질처리와 동등하게 되는 성분의 재료(극저 탄소강)를 사용, 담금질한 상태만으로 사용하는 타입의 커넥팅 로드도 양산되고 있다.

비조질은 단조시의 열을 유효하게 이용하여 조질처리와 동등한 강도를 얻을 수 있는 연구가 재료 및 공정에서 이루어지고 있다. 재료(비조질강)에는 바나듐(V)이 첨가되어 있고, 단조 후의 냉각(공랭)중에 V가 단단한 탄화물로서 미세하게 석출, 거친 단조조재를 강화한다. 이때 거친 단조조재의 단단하기는 냉각속도의 영향을 받기 쉽기 때문에 억제된 냉각이 필요하다.

6.1.2 가공공정 생략

그림 6-10에 대단부의 가공공정을 나타낸다.

대단부는 단조 후 절단하면 커넥팅 로드 본체와 캡으로 분리된다. 대단부 안지름가공 및 볼트 구멍 가공을 하고 톱 등으로 캡을 분리, 단면의 다듬질 가공을 한 뒤 볼트로 죄어서 다듬질 가공을 실시한다. 최근에는 톱에 의한 절단 및 단면다듬질의 폐지를 목적으로 파괴분리 타입의 커넥팅 로드 채용이 증가되고 있다.

파괴분리란 대단내면에 노치(절결부)를 마련하여 내면으로부터 밀어서 넓히는 방향으로 대하중을 가하여 취성파괴시킨 후 파면끼리를 맞추어서 볼트로 체결, 다듬질 가공을 한 것이다. 파단면끼리의 맞춤면에 의하여 캡의 위치 결정제도가 좋고 볼트에 설치되어 있는 위치결정의 룰렛을 생략하는 것도 가능하다.

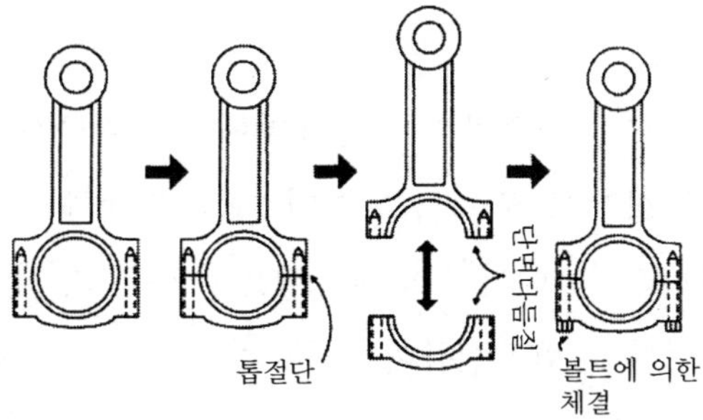

(a) 통상공정

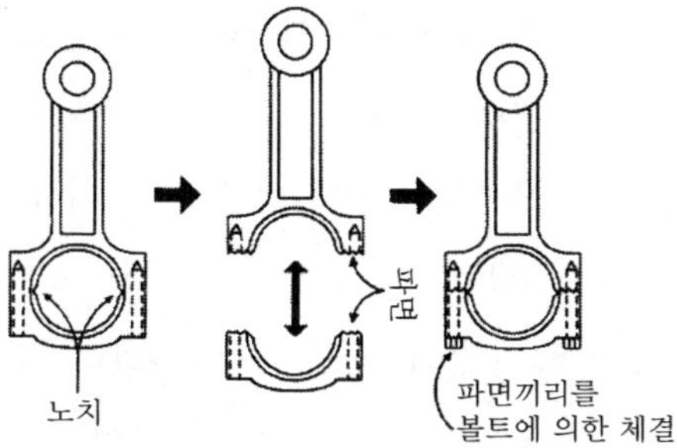

(b) 파괴분리공정

그림 6-10. 대단부의 가공공정

파괴분리를 하기 위하여는 연성이 낮은 재료가 불가결하다. 따라서 소결재나 침탄재 등의 채용이 시작되었다. 근년에는 강도면에서 우수한 고탄소강 단조품의 채용이 유럽을 중심으로 확산되어 가고 있다. 이에 따라 주변국에서 보다 고강도의 파괴분리 재료의 개발이 철강업체에서 활발히 이루어지고 있다. 파괴분리 커넥팅 로드는 프랙처 스프릿트(FS) 크랙킹 등으로 불리고 있다.

6.2 고강도

자동차업체에서는 철강업체와 공동개발에 의하여 재료의 각 성분과 피로강도의 관계를 상세히 조사 검토하여 가장 적정한 성분형으로 조정된 개발강의 적용이 진척되어가고 있다. 재질은 각 사가 성분면에서는 저탄소, 고 바나듐 첨가의 비조질강이 주류이다.

공법으로서는 높은 단조가열온도(1,200℃ 전후)로 조재 표면에 일어나는 탈탄(산화작용에 의하여 조재 표면의 탄소함유량이 저하되는 현상)에 의한 표면경도 및 압축잔류 응력저하를 방지하기 위하여 단조온도를 낮게 억제하는 아열간단조(900~1,100℃) 등도 채용되고 있다.

또한 숏피닝에 의하여 표면압축 잔류응력을 부여하는 피로강도 향상도 이루어지고 있다. 숏피닝(Shot peening)은 냉간 코이닝이나 I-SEC부의 굽힘교정 및 단조 흠의 그라인더 수정 등에 의하여 표면잔류응력이 불안정하게 되어 강도저하된 조재에 시행하는 데 따라 강도를 원상태로 되돌리는 효과도 있고 고강도재를 안정되게 공급할 수 있는 이점도 있다.

6.3 고정확도

엔진 진동의 저감을 달성하기 위해서는 커넥팅 로드의 중량 불균형을 적게 억제할 것이 요구된다.

커넥팅 로드는 소재 그대로의 사용하는 부위가 많고 조형재의 중량 불균질의 영향이 크다. 조재 공법적으로는 소결단조가 가장 품질의 산포가 적다. 이것은 원료재의 분말을 밀폐성형하여 그때마다의 중량측정 결과를 피드백 제어하기 때문이다.

강단조품의 경우는 상하 2개의 형으로 성형, 여분의 거스러미를 제거하기 때문에 두께의 불균일이나 거스러미의 제거 및 형으로부터의 빼내기의 불균일에 의한 중량 불균일이 소결단조에 비하여 약 10배 정도로 조건이 악화된다.

강단조품의 중량은 불균일을 저감시키기 위하여 단조온도의 저하나 중량 피드백 등이 시도되고 있다. 또한 복동폐색단조에 의한 거스러미 및 형으로부터의 빼내기구배가 없는 강단조품도 양산화되고 있다(그림 6-11).

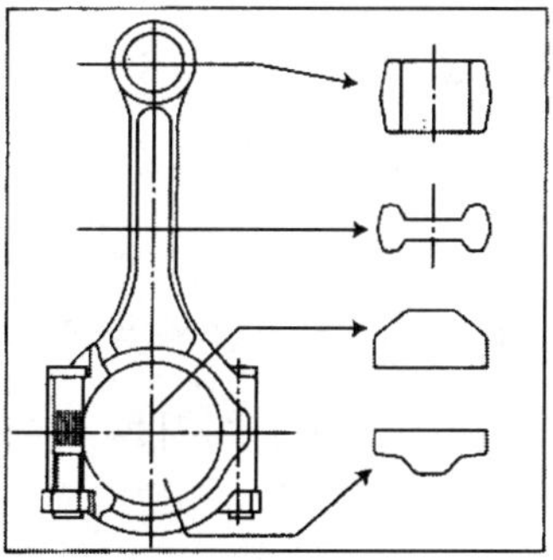

통상단조

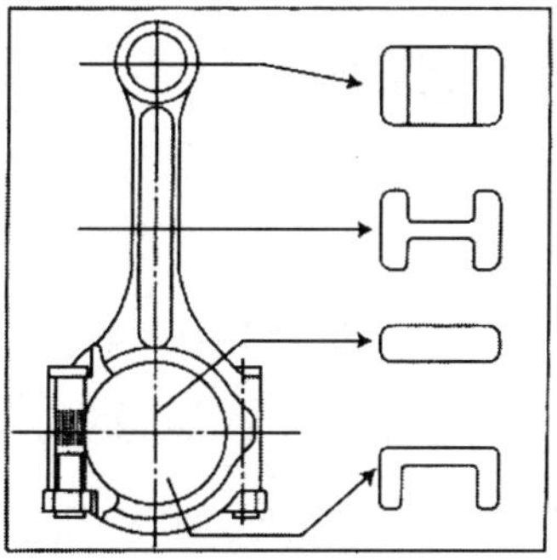

복동폐색단조

그림 6-11. 단조 소재의 각부 단면 형상

Chapter 07

크랭크샤프트와 엔진의 진동 (Crankshaft and Engine Vibration)

1. 머리말

왕복동 엔진에서 피스톤의 왕복운동을 회전운동으로 전환하는 역할이 크랭크샤프트이고, 그 현상은 하나의 크랭크슬로(이하 '1슬로'라 한다)로 보면 거의 닮은 것과 같은 형상이다.

이 1슬로에 대하여 기본형상은 실린더블록에 지지되고 크랭크 저널부, 커넥팅 로드 대단부를 조립하는 크랭크핀부, 그것과 이것을 이어주는 크랭크웨브에 의해 구성된다.

그리고 각각의 치수는 결정된 실린더 피치 사이에 크랭크 저널 및 커넥팅 로드 베어링의 면압과 크랭크 샤프트의 기계적 강도에 의하여 기본 치수가 결정된다. 그런데 크랭크축계 전체로서 보는 구조는 엔진의 실린더 수 및 그 실린더 배열에 의하여 달라진다.

여기서는 이 실린더 수와 실린더 배열에 의한 엔진의 기진력, 그 밸런스에 대하여 차량의 승차감의 실례를 포함하여 기술한다.

2. 엔진 기진력의 종류

자동차용 엔진의 실린더 배열에는 직렬 3실린더, 4실린더, 5실린더, 6실린더 및 V형 6실린더, 8실린더, 10실린더, 12실린더, 수평대향 6실린더 등이 채용되고 있다.

기진력의 종류로는 피스톤, 커넥팅 로드 등의 왕복운동에 의한 관성력, 그리고 관성력을 크랭크샤프트 길이방향으로 보았을 때의 언밸런스 우력, 각 실린더의 토크 변동 등 3가지로 나누어진다.

관성력, 언밸런스 우력은 실린더 수, 직렬 또는 V형, 뱅크각, 크랭크 핀 배치에 의하여 결정되고 그 기전력은 회전속도와 함께 증대되어 간다. 그러면서 통상적으로 그 가진은 엔진 마운트를 거쳐서 차량 등에 전달되기 때문에 회전속도가 높아지는 데 따라 진동 전달률은 작아지게 되고, 특히 문제되는 것은 아이들링시의 주파수가 낮은 회전 1차 및 2차 성분이다.

토크 변동의 크기는 주로 보어, 크랭크 반지름, 실린더 내압 및 왕복운동부의 관성력에 의하여 결정된다. 그리고 그 주파수는 실린더 수와 착화간격에 의하여 결정된다. 당연한 이치에서 주파수의 낮은 조건하, 즉 실린더 수가 적은 엔진 및 부등간격착화의 V형엔진의 폭발1차의 진동이 문제로 된다.

2.1 토크 변동

그림 7-1은 크랭크축에 작용하는 힘을 나타낸다. 레시프로 엔진의 경우 크랭크핀의 접선 방향력과 크랭크 반지름을 곱한 값이 크랭크축에 작용하는 토크이다. 따라서 단실린더 엔진의 토크 변동 T는 다음과 같은 식으로써 구하여진다.

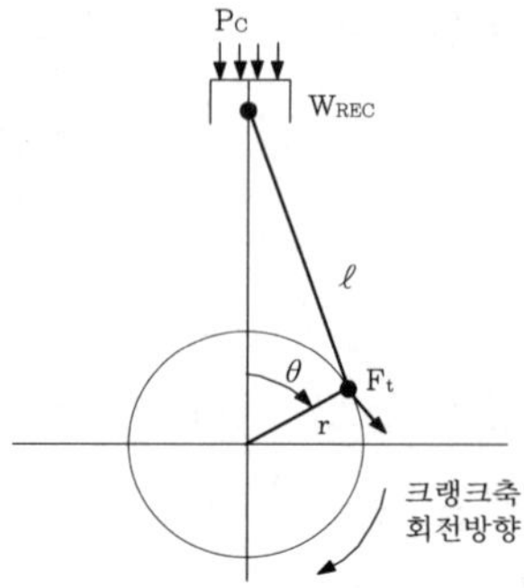

그림 7-1. 크랭크에 작용하는 토크

$$T = P_c \cdot \pi/4 \cdot D^2 \cdot r(\sin\theta + \rho/2 \cdot \sin 2\theta)$$

$$W_{REC} r/g \cdot \omega^2 \cdot (\cos\theta + \rho\cos 2\theta) \quad \cdots\cdots\cdots\cdots \quad 7\text{-}1$$

여기서, P_c : 실린더 내 압력(kgf/m²)

D : 보어(m)

r : 크랭크 반지름(m)

ρ : $r/1$

l : 커넥팅 로드 대소단 간의 길이(m)

W_{REC} : 왕복 운동부 중량(kg)

ω : 크랭크각 속도(rad/sec)

g : 중력가속도(m/s²)

한 예로서 단실린더와 8실린더의 토크 변동(무부하, 500rpm)을 그림 7-2에 나타낸다. 그림 7-2에서 알 수 있는 것과 같이 다실린더로 되면 토크 변동은 작아진다.

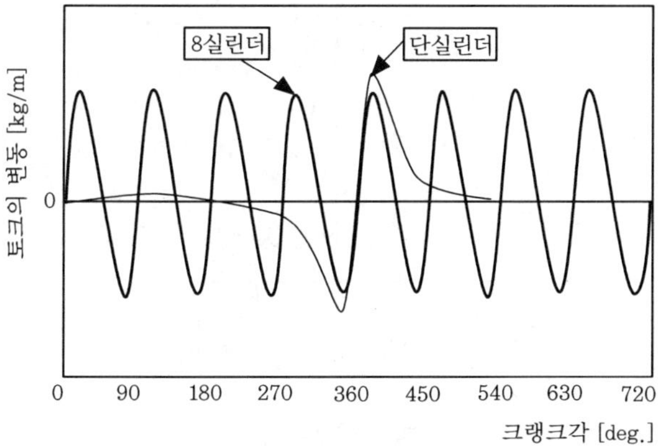

그림 7-2. 토크의 변동

그리고 착화간격에 의해서도 그 크기는 좌우되고, 낮은 주파수의 진동이 차량 등의 승차감에 크게 영향을 주는 것으로부터 일반적으로 8실린더까지는 등간격으로 착화되도록 배열되어 있다.

V형 10실린더 이상으로 되면 부등간격으로 착화가 되어도 최소 주파수로 되는 차수는 회전 2.5차의 토크 변동으로 되기 때문에 그다지 문제가 되지는 않을 것이다.

2.2 관성력

관성력은 크랭크핀 및 커넥팅 로드 대단부 등의 회전질량 부분과 피스톤 등의 부품의 왕복운동 부분의 2종류부분에서 발생된다.

엔진의 1슬로의 회전운동부와 왕복운동부의 관성력은 식 7-2, 식 7-3으로 표시된다(여기서 주파수가 낮은 1차 및 2차 항만을 고려한다)(그림 7-3 참조).

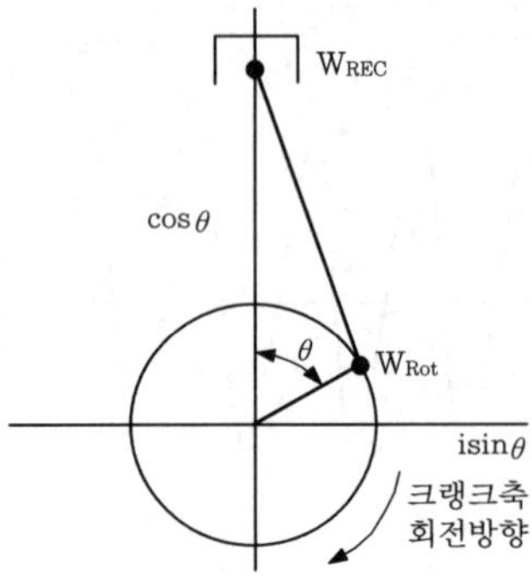

그림 7-3. 직렬엔진

$$F_{ROT} = W_{ROT} \cdot r\omega^2/g \quad \cdots\cdots 7\text{-}2$$

여기서, W_{ROT} : 회전운동부 중량(kg)

$$F_{REC} = W_{REC}/g \cdot r\omega^2/2 \cdot [(e^{i\theta} + e^{-i\theta}) + \rho(e^{i2\theta} + e^{-i2\theta})] \quad \cdots\cdots 7\text{-}3$$

또한 V형 엔진의 경우는 왕복운동을 하는 피스톤이 좌우의 뱅크에서 서로 다른 방향으로 운동하기 때문에 다음과 같이 된다(그림 7-4 참조).

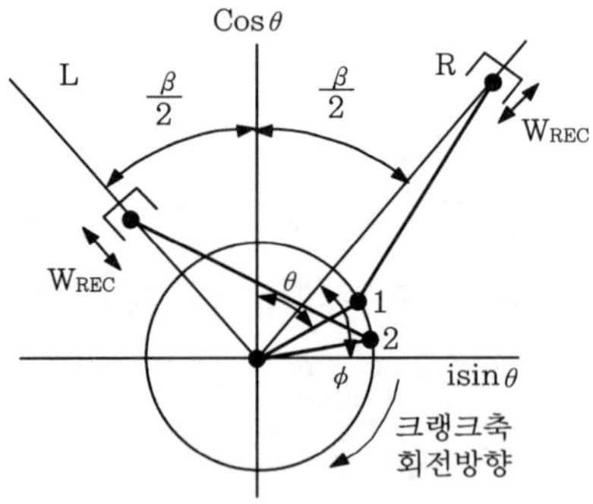

그림 7-4. V형엔진

$$F_{REC,\ L} = W_{REC}/g \cdot r\omega^2[\cos(\theta + \beta/2 + \phi) + \rho\cos 2(\theta + \beta/2 + \phi)]e^{-i\beta/2} \quad \cdots\cdots 7\text{-}4$$

$$F_{REC,\ R} = W_{REC}/g \cdot r\omega^2[\cos(\theta + \beta/2) + \rho\cos 2(\theta - \beta/2)]e^{-i\beta/2} \quad \cdots\cdots 7\text{-}5$$

여기서, β : 뱅크각(deg.)

ϕ : 크랭크핀 오프셋(deg.)

여기에 각 실린더마다 착화 간격을 고려하여 전체 실린더분을 합한 것이 관성력이다.

2.3 언밸런스 우력

다음 언밸런스 우력의 발생에 대하여 기술한다. 언밸런스 우력이란 앞에서 기술한 각 슬로의 왕복운동부 중량에 의하여 발생하는 관성력을 크랭크샤프트의 길이방향에서 보았을 때 우력의 평형이다.

V형 10실린더를 예로 들어 설명하면 각 1슬로의 관성력은 앞에서 기술한 식 7-4, 식 7-5의 합에 의해 표시되나, 이 각 슬로의 착화간격을 고려한 관성력을 제3슬로를 중심으로 한 각 슬로 사이의 거리를 팔의 길이로 하는 우력이 된다(그림 7-5 참조).

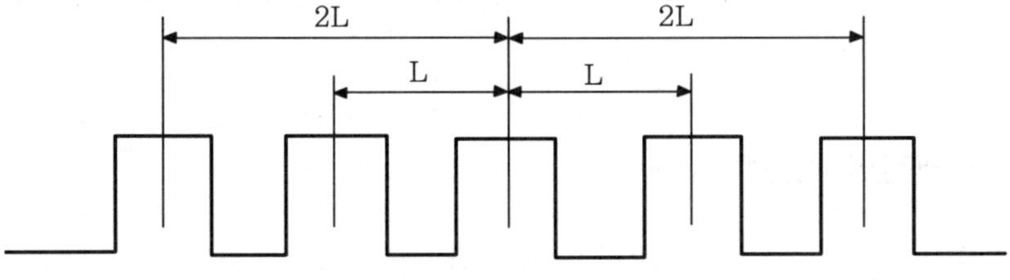

그림 7-5. V형 10실린더 엔진

L : 각 슬로 간 거리

ψ : 제1슬로를 0°로 하였을 때 각 슬로의 각도

$$C_1 = -2L \quad \cdots\cdots\cdots \quad 7\text{-}6$$

$$C_2 = -L \quad \cdots\cdots\cdots \quad 7\text{-}7$$

$$C_3 = 0 \quad \cdots\cdots\cdots \quad 7\text{-}8$$

$$C_4 = L[F_{REC,\ L}(\theta + \psi_4) + F_{REC,\ R}(\theta + \psi_4)] \quad \cdots\cdots \quad 7\text{-}9$$

$$C_5 = L[F_{REC,\ L}(\theta + \psi_5) + F_{REC,\ R}(\theta + \psi_5)] \quad \cdots\cdots \quad 7\text{-}10$$

V형 엔진의 경우 이 회전 언밸런스 우력의 합은 다음의 식 7-11로 나타내어진다.

$$C_{ALL} = W_{REC}\, r/g \cdot \omega^2[(A \times e^{i\theta + r_1} + B \times e^{-i\theta + r_2}) + (C \times e^{i2\theta + r^3} + D \times e^{-i2\theta + r_4})] \quad \cdots\cdots \quad 7\text{-}11$$

여기서 1차 괄호 내의 제1항은 크랭크 회전 방향과 같은 방향의 회전 언밸런스 우력을 나타낸다. 이 언밸런스 우력은 크랭크샤프트에 부착되어 있는 카운터웨이트에 의하여 밸런스시킬 수 있다.

그러면서 제2항은 크랭크 회전방향과 반대방향의 회전 언밸런스 우력을 나타낸다. 이 우력은 크랭크샤프트에 부착되어 있는 카운터 웨이트로는 밸런스 시킬 수 없고 크랭크샤프트와는 반대 방향으로 회전하는 밸런서가 필요하게 된다.

2.4 엔진의 기진력

이상 설명한 3종류의 기진력은 엔진의 기본 제원인 실린더 수 및 실린더 배열에 의하여 결정되고, 그 엔진을 탑재한 차량의 진동 및 승차감에

크게 영향을 준다.

다음에 차량용 엔진의 대표적인 실린더 수, 실린더 배열에 있어서의 각각의 기진력에 대하여 표 7-1에 나타낸다. 그리고 V형 엔진의 경우 뱅크각 및 크랭크핀 오프셋에 의하여도 밸런스는 달라진다.

표 7-1. 실린더 배열과 기진력

No.		실린더 수	뱅크각	크랭크핀 오프셋	크랭크 배치	착화 간격	관성력 $[\times W_{REC}/gr\omega^2]$		우력			
							1차	2차	1차 $[\times W_{REC}/gr\omega^2 L]$		2차 $[\times \rho W_{REC}/gr\omega^2 L]$	
									정회전	역회전	정회전	역회전
1	직	4	–	–	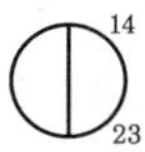	180 – 180 –	0	$4\rho\cos 2\theta$	0	0	0	0
2	직	6	–	–	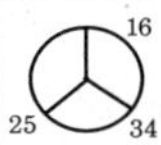	120 – 120 –	0	0	0	0	0	0
3	V	6	90	0		90 – 150 –	0	0	1.732	0	1.225	1.225
4	V	6	90	30	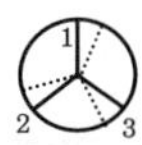	120 – 120 –	0	0	1.673	0.448	0.448	1.673
5	V	6	60	60		120 – 120 –	0	0	1.500	0	0	1.500
6	V	8	90	0	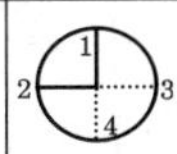	90 – 90 –	0	0	3.162	0	0	0
7	V	10	90	0	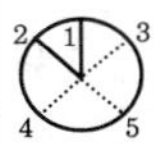	90 – 54 –	0	0	4.980	0.000	0.318	0.318
8	V	10	90	0	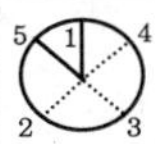	90 – 54 –	0	0	0.449	0.000	3.521	3.521
9	V	12	90	0	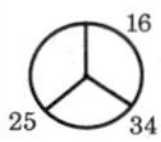	90 – 54 –	0	0	0	0	0	0

2.4.1 직렬 4실린더 엔진

직렬 4실린더 엔진에 있어서는, 당연히 등간격 착화의 레이아웃을 취하기 때문에, 토크 변동은 회전2차 주파수의 토크 변동이 크고 또한 관성력으로도 1차에 관하여는 균형이 잡혀져 있으나, 2차에 관하여는 남아버리게 된다. 현재의 차량용 4실린더 엔진의 경우는 승차감을 향상시키고(특히 아이들링시의 진동저감을 위하여) 2차의 상하방향 관성력을 밸런스시키기 위하여, 크랭크샤프트 회전의 2배의 회전속도로 회전시키는 2차 밸런서를 2개 부착하고 있는 엔진이 점차 증가하고 있다.

2.4.2 직렬 6실린더 엔진

직렬 6실린더 엔진에 대하여는 밸런스적으로는 완전히 밸런스가 되고 그 관성력, 우력 등이 전혀 남지 않는다. 토크 변동에 대해서도 등간격 착화가 되고 회전3차가 가장 크나 4실린더에 비하면 주파수가 높기 때문에 진동으로서는 밸런스가 대단히 좋은 실린더 배열이다.

2.4.3 V형 6실린더 엔진

V형 6실린더 엔진은 직렬 6실린더 엔진이 완전하게 밸런스되는 이상적인 엔진과 비교하면 밸런스적으로는 불리한 엔진이다.

실린더 수가 6이므로 통상 등간격 착화가 되도록 배치한다(부등간격착화가 되면 회전 1.5차라고 하는 낮은 주파수의 토크 변동이 커지고 승차감에는 대단히 불리하다. 수년 전에는 90°뱅크로서 착화 간격이 90°~150°라고 하는 부등간격 착화 엔진도 있었다. 현재는 120° 등간격 착화가 주류이다). V형 6실린더의 경우 뱅크각이 결정되면 크랭크핀 오프셋에 의하여 등간격 착화가 되도록 크랭크 배치가 결정된다.

관성력에 대하여는 평형이 잡혀 있어서 문제는 없으나 우력에 관하여는 뱅크각과 크랭크핀 오프셋에 의하여 그 크기는 달라진다. 그림 7-6은 뱅크각과 등간격 착화가 되는 크랭크핀 오프셋에 있어서 언밸런스 우력에 대하여 나타낸다(또한 1차 정회전 방향의 언밸런스 우력은 크랭크샤프트에 부착되는 카운터 웨이트에 의하여 밸런스시키는 것이 가능하므로 생략한다).

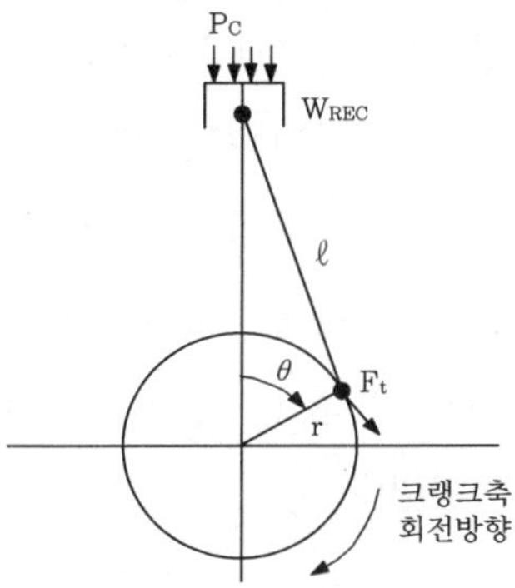

그림 7-6. 크랭크에 작용하는 토크

1차 역회전방향의 우력에 대하여는 크랭크핀 오프셋량 a를 식 7-12와 같이 정하지 않는 한 밸런스되지 않고 남게 된다.

$$a = (90° - \beta) \times 2 \qquad \cdots\cdots\cdots \quad 7\text{-}12$$

여기서, β : 뱅크각

이 우력에 의한 진동은 회전 1차와 대단히 낮은 주파수의 가진력이고 차량의 승차감으로서도 역시 불리하다. 또 회전 2차에 대하여는 절대값이 작기 때문에 문제가 되지 않는다(표 7-1의 NO.3부터 NO.5의 2차의 계수. 단, P가 곱해지기 때문에 작다).

현재 승용차 등 소형 엔진의 경우는 진동적으로 가장 유리한 60° 뱅크 60° 크랭크핀 오프셋이 많고, 트럭용의 대형 엔진에는 벤츠사가 90° 뱅크 30° 크랭크핀 오프셋을 채용하고 있다(1차 역회전 방향의 우력에 대해서는 밸런스시키지 않는다).

2.4.4 V형 8실린더 엔진

V형 8실린더 엔진의 경우는 뱅크각을 90°로 하면 착화간격이 90° 등간격으로 되고, 토크 변동의 최저주파수는 회전4차로 주파수가 높아 유리하다. 관성력, 우력에 대하여도 1차의 정회전 방향의 우력이 남을 뿐이다. 크랭크샤프트에 부착되는 카운터 웨이트에 의해 밸런스가 가능하다. 그 밖에는 완전 밸런스이다. 따라서 V형 8실린더는 90° 뱅크가 진동에는 대단히 유리한 실린더 배열이다.

2.4.5. V형 10실린더 엔진

V형 10실린더 엔진은 실린더 수가 많기 때문에 착화간격이 부등간격에 의한 저차수의 토크 변동에 의한 진동은 그다지 문제가 되지 않는다. 관성력은 밸런스되어 있기 때문에 통상 1차의 역회전 우력을 남기지 않도록 뱅크각을 90°로 하고 있는 예가 많다. 또한 크랭크 배치는 표 7-1과 같이 2종류의 선택이 가능하다. 통상은 2차의 우력을 크게 남기면 크랭크샤프트에 부착하는 카운터 웨이트 이외에도 2차 밸런스를 크랭크샤프트의 동일회전 방향과 역회전 방향의 2종류가 필요하게 되기 때문에 표 7-1 중 NO.7의 크랭크 배치가 선택된다. 이때 착화간격은 90°와 54°가 되고 토크 변동은 회전 2.5차와 5차가 커지게 되나 2.5차 성분은 문제가 되지 않는 레벨이다.

2.4.6 V형 12실린더 엔진

V형 12실린더 엔진은 직렬 6엔진이 좌우 뱅크로 배치된 것과 같은 것이고 대단히 밸런스가 좋은 엔진이다. 관성력 및 우력 공히 완전 밸런스가 되고 카운터 웨이트 등은 필요로 하지 않는다(그러나 크랭크 저널 베어링에 대한 하중을 감소시키기 위하여 실제로는 카운터 웨이트를 설치하고 있다). 토크 변동은 뱅크각 90°인 경우 착화간격은 90°와 30°로 되고 직렬 6엔진과 같은 3차의 진동이 제일 낮은 주파수의 진동이 되고 주파수가 높기 때문에 진동면에서는 대단히 유리하다.

3. V형 10실린더 엔진의 개발 경과

어느 자동차에서는 트랙터용으로 신V형 10실린더 엔진을 개발하였다. 이 신V형 10실린더 엔진의 토크 변동으로 인한 진동과 우력으로 인한 차량의 아이들닝 진동에 대한 개발 경과를 포함하여 기술한다.

엔진제원을 표 7-2에 나타낸다.

표 7-2. 신 엔진과 종래 엔진의 제원 비교

	신 엔진	종래 엔진
실린더 수	10	10
뱅크각[deg.]	80	90
크랭크핀 오프셋[deg.]	0	0
보어[mm]	158	127
스트로크[mm]	155	150
총 배기량[L]	30.39	19.00
출력[PS]	600	360
토크[kg · m]	210	127

이 신형 V10엔진은 종래 엔진과 비교하여 큰 배기량, 큰 출력을 가지고 있다. 그리고 이 엔진은 종래 차량의 대폭적인 변경을 하지 않고 탑재될 수 있는 외형치수로 하기 위하여 V뱅크각을 종래 엔진의 90°보다 작은 80°로 설정하였다.

그러면서 V뱅크각을 80°로 하면 크랭크샤프트와 역회전 방향의 우력이 남게 되어 차량에 회전1차라고 하는 낮은 주파수의 가진력을 주어 버리게 된다. 또한 이 신형 V10엔진은 큰 배기량이라고 하는데서 그것에 동반하는 기진력이 증대되고 특히 아이들링시의 차체진동이 거슬린다.

그림 7-7은 뱅크각 80° V형 10실린더 엔진의 크랭크핀 오프셋의 차이에서 역회전 방향의 언밸런스 우력의 크기를 나타낸다. 종래 엔진은 뱅크각 90°, 크랭크핀 오프셋 0°이고, 역회전 방향의 언밸런스 우력은 0이다. 뱅크각 80°인 경우 이 우수력을 0으로 하기 위해서는 식 7-12로부터 크랭크핀 오프셋을 20°로 할 필요가 있다.

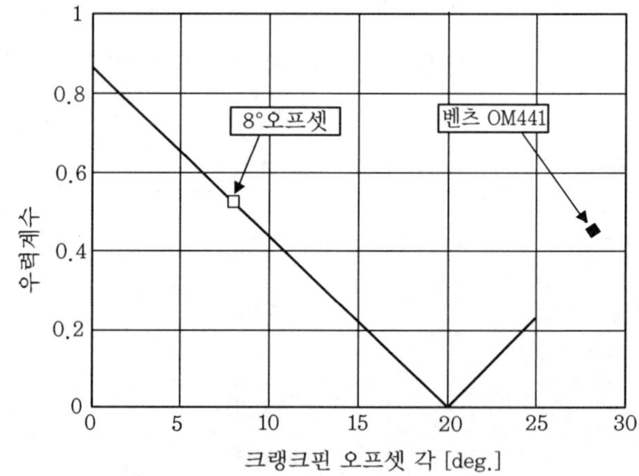

그림 7-7. 뱅크각 80° 회전 1차 언밸런스

신형 V10엔진의 개발 초기에는 1차 밸런서를 부착할 구상은 없었고, 토크 변동과 역회전 방향 언밸런스 우력의 양방을 되도록 작게 하려고 크랭크핀 배치를 검토하였다.

캡의 아이들 진동상 가장 불리한 주파수가 낮은 언밸런스 우력을 0으로 하기 위해서는 크랭크핀 오프셋을 20°로 하지 않으면 안 된다. 그러면서도 이 경우 토크 변동의 회전 2.5차 성분은 종래 엔진의 약 2배 가량 강하게 되어(그림 7-8 참조), 2.5차 성분의 진동이 목표를 달성하는 것은 불가능하게 된다.

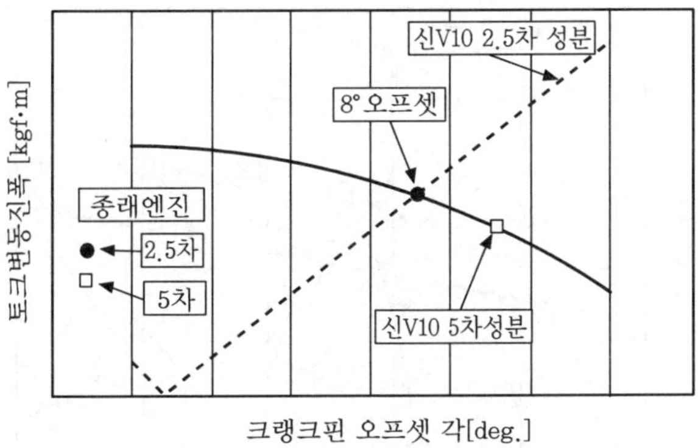

그림 7-8. 80° 뱅크각 핀오프셋 달라진 토크 변동 계산값

그리고 이 시점에서는 언밸런스 우력에 의한 차체의 아이들 진동에 대한 영향도에 대한 경험이 없었으므로 대형 엔진에서 회전 언밸런스 우력을 해결하지 못하고 있는 벤츠의 OM441(V6 뱅크각 90°, 크랭크핀 오프셋 30°)의 언밸런스 우력을 한계로 생각하고, 또 토크 변동도 약간 억제할 목적으로 크랭크핀 오프셋을 8°로 선택하였다.

실차에 탑재된 캐빈의 진동을 측정한 결과를 그림 7-9에 나타낸다. 특히 회전 1차의 진동이 크고 몸으로 느끼는 진동 주파수가 낮기 때문에 역시 대단히 나쁜 결과를 낳았다. 또 회전 2.5차의 진동도 크고 몸으로 느끼는 필링 평가상 한계에 도달하였다는 결과가 되어 버렸다.

대책으로는 크랭크핀 오프셋을 크게 하여 회전 1차 언밸런스 우력을 저감시키는 방법을 생각하게 되었다. 이 이상 크랭크핀 오프셋을 크게 하면 회전 2.5차 토크 변동은 증대되는 방향으로 되고, 회전 2.5차의 진동이 목표치를 만족시키지 못하게 되어 버린다. 그러므로 회전 2.5차의 진동을 증대시키지 않고 1차의 언밸런스 우력을 지우기 위해서는 1차 밸런서의 채용이 필요한 것으로 생각하게 되었다.

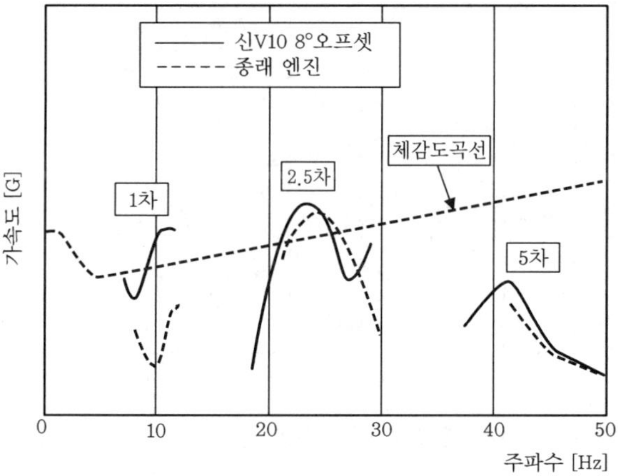

그림 7-9. 아이들 진동평가(DOOR. Seat 상하가속도)

3.1 1차 밸런서

언밸런스 우력은 크랭크의 회전 방향과 반대 방향에 잔존하고 있기 때문에, 1차 밸런서는 크랭크와 역회전 방향으로 또한 동일 회전 속도로 회전시키지 않으면 안 된다.

또 우력을 발생시키기 위해서는 되도록 2개의 밸런서 스팬을 크게 취하고, 엔진 전후에서 밸런서를 돌리는 것이 모멘트량이 작아도 되며 결과적으로 경량이 가능하다.

이 신형 V10엔진의 경우 엔진 전후에 기어 트레인을 배치하고 있기 때문에 이 기어 트레인에 밸런서를 추가하였다(그림 7-10, 그림 7-11 참조).

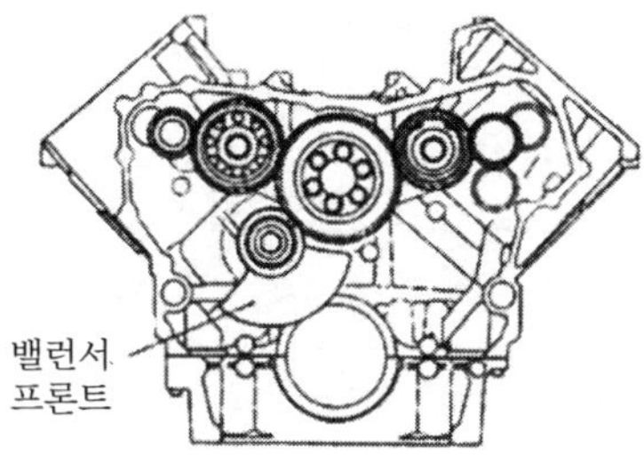

그림 7-10. 1차 밸런서 레이아웃(앞)

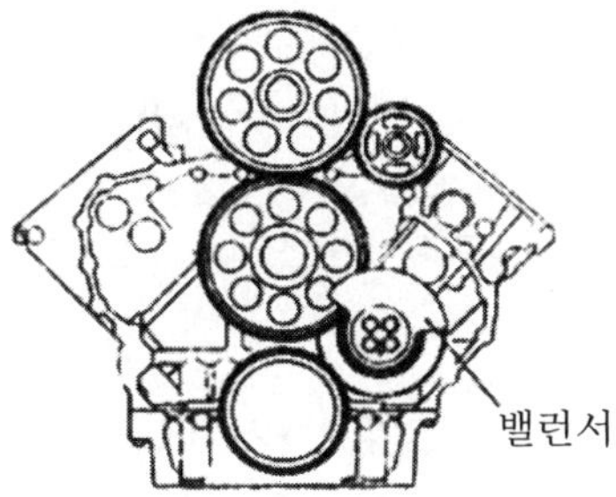

그림 7-11. 1차 밸런서 레이아웃(뒤)

뒤에는 크랭크샤프트 기어에 물리는 아이들기어가 회전비 1 : 1로 구동되고 있기 때문에 이 아이들기어에 밸런서를 추가하였다. 앞에는 캠기어로부터 구동되므로 밸런서와 기어를 추가하였다. 중량으로서는 전후의 밸런서와 기어, 그리고 샤프트로 5kg 정도를 감량할 수 있었다.

1차 밸런서를 장착한 엔진에서의 실차 측정 결과를 그림 7-12에 나타낸다. 회전 1차의 주파수 부근의 진동은 대폭적으로 감소하고 필링 평가상에도 전혀 문제가 없는 레벨에 도달할 수 있다.

이 결과로부터 회전 언밸런스 우력에 의한 진동에 대하여는 1차 밸런서가 대단히 유효함이 확인되었다.

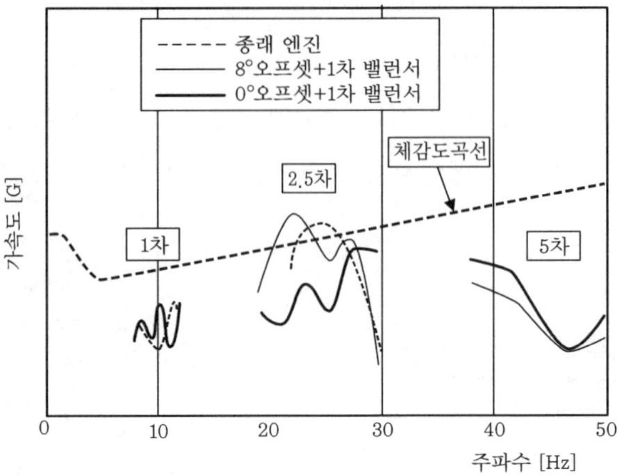

그림 7-12. 아이들 진동 평가(DOOR. Seat 상하 가속도)

3.2 신 V10 엔진의 최종 모습

언밸런스 우력에 의한 회전 1차 진동은 1차 밸런스에 의하여 해결되었으나 회전 2.5차의 토크 변동에 의한 18~20Hz 부근의 진동이 다음에 문제로 되었다.

회전 5차의 토크 변동에 의한 37~40Hz 부근의 진동은 주파수가 높기 때문에 엔진으로부터 엔진 마운트를 거쳐서 차량으로 전달되는 진동의 전달률이 낮고 대단히 좋은 레벨에 있기 때문에 크랭크핀 오프셋을 8°에서 0°로 변경하여 회전 2.5차의 토크 변동을 저감시켰다.

결과적으로 1차 밸런서의 필요 모멘트량이 증가, 중량이 증가되었으나 차체의 진동 레벨은 종래 엔진 탑재차보다도 낮게 억제시킬 수 있었다.

Chapter 08

크랭크축계의 비틀림 굽힘진동 (Crank Shaft System의 Bending Vibration)

1. 머리말

자동차용 엔진의 크랭크축계는 자동차엔진의 진동, 소음을 발생하는 주진원지이다. 크랭크축계에 발생하는 비틀림진동은 예로부터 많은 연구 성과가 잘 알려져 있으며, 따라서 많은 연구 성과가 보고되어 실제적으로 크랭크축계의 설계에 활용되기에 이르고 있다.

근년의 엔진경량화, 저연비화, 고출력화에 따라 크랭크축의 강성이 저하되고 비틀림진동뿐만이 아니고 굽힘 진동으로 볼 수 있는 진동이 엔진회전속도 상용영역에 발생하고 있다. 또 소음저감의 관점에서도 비틀림진동뿐 아니라, 크랭크축의 축방향진동, 굽힘진동을 포함하는 3차원진동에 초점이 맞추어져 있다.

컴퓨터의 발달에 따라 비틀림 진동뿐만 아니고 굽힘진동에 대하여도 FEM해석에 의해 가능한 것으로는 되어 있으나, 운전시의 거동을 해석하는 데는 시간적으로 어렵게 되어 있다. 따라서 비교적 용이하게 엔진을 운전할 때의 크랭크 움직임을 추정될 수 있는 해석방법으로서 크랭크축을 단위량 요소로 모델화하고, 수법과 동강성 행렬법을 사용한 3차원진동해석이 시도되어 크랭크축계의 진동 및 소음의 움직임을 명확하게 알게 되었다.

여기서는 앞에서 거론한 수법을 사용한 크랭크축계의 3차원 진동의 해석 및 연구를 기초로 하여 얻은 크랭크축계의 움직임에 관한 지식을 종합함과 동시에 동흡진기를 사용한 저감수법에 대하여 고찰할 것이다.

2. 크랭크축계 진동의 해석

크랭크축계의 모델화의 개요와 운전상태에 있어서 진동계가 서로 다른 것을 나타낸다.

2.1 크랭크축계 모델

학자에 따라서는 크랭크축을 빔(Beam) 요소로 모델화하고, 수법과 동강성 행열법을 사용한 해석을 제안하고 있다. 직렬 4실린더엔진용 크랭크축계의 모델화 사례를 그림 8-1에 나타낸다. 크랭크축은 크랭크저널이 메인베어링의 유막강성에 의하여 단단하게 기초에 지지되어 엔진운전시에 있어서도 강제진동해석이 가능하다.

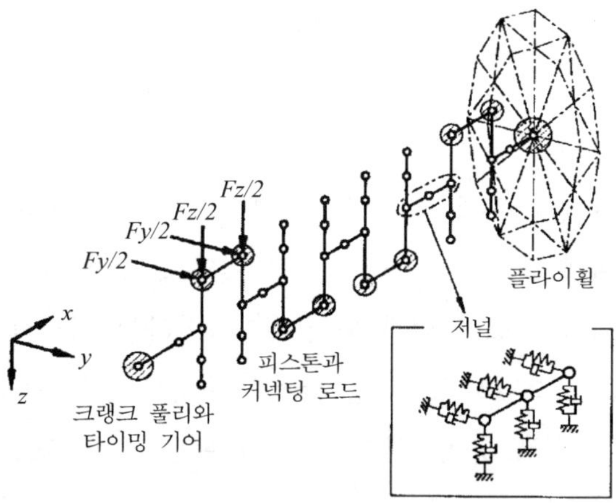

그림 8-1. 크랭크축계 진동모델

2.2 회전체의 해석

크랭크축은 엔진운전시, 회전운동을 하면서 탄성진동을 하고 있다. 그림 8-2는 회전체의 탄성진동을 이상화한 것이다. 일정한 회전속도로 회전하고 있고 회전체의 탄성 진동거동은 그림 8-2의 운동방정식에 의해 기술할 수 있다.

여기서 [M], [C], [K]는 크랭크축계가 회전하고 있지 않은 경우에 계의 특성행렬이다. 정지시와는 달리 회전상태에서는 회전각속도에 의하여 감쇠행렬, 강성행렬 및 작용력이 변화됨을 알 수 있다.

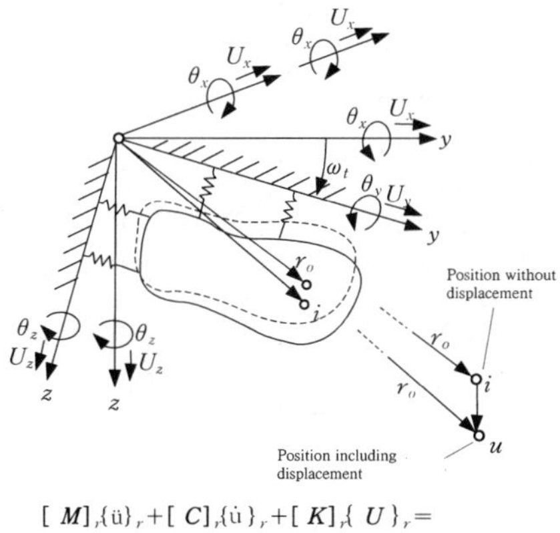

$$[M]_r\{\ddot{u}\}_r+[C]_r\{\dot{u}\}_r+[K]_r\{U\}_r=$$
$$\{f\}_r-\omega[C]\{\alpha\}+\{\omega^2[M][I_0]\}-\omega[C][E]\}\{r_0\}_r$$

$$[E]=\begin{bmatrix}[E]_e & & 0\\ & \cdots & \\ 0 & & [E]_e\end{bmatrix},$$

$$[I_0]=\begin{bmatrix}[I_0]_e & & 0\\ & \cdots & \\ 0 & & [I_0]_e\end{bmatrix}$$

$$[E]_e=\begin{bmatrix}0&0&0&0&0&0\\0&0&-1&0&0&0\\0&1&0&0&0&0\\0&0&0&0&0&0\\0&0&0&0&0&-1\\0&0&0&0&1&0\end{bmatrix}$$

$$[I_0]_e=\mathrm{diag}\{0,\ 1,\ 1,\ 0,\ 1,\ 1\}$$
$$[M]_r=[M]$$
$$[C]_r=[C]+2\omega[M][E]$$
$$[K]_r=[K]+\omega[C][E]-\omega^2[M][I_0]$$

그림 8-2. 회전체모델

2.3 진동해석사례

직렬 4실린더 디젤엔진의 경우 크랭크축 선단의 크랭크 풀리로서 표 8-1에 나타나는 금속제 풀리 및 비틀림 방향 진동동 흡진기 〈토셔널 바이브레이션 댐퍼 : 이하 TVD〉 풀리를 장착한 경우의 진동거동, 소음을 측정하고 있다. 측정기의 레이아웃은 그림 8-3에 나타난다. 진동측정결과의 일부는 그림 8-4, 그림 8-5에 나타난다. 그림 8-4는 크랭크축 선단의 풀리 중심에 있어서의 축방향 진동, 그림 8-5는 No.4 메인베어링 근방의 엔진블록 진동을 나타낸다.

표 8-1. 풀리 질량 · 관성모멘트

	Mass[kg] [ratio]	Moment of Inertia [kg · m²]		
		J_x [ratio]	J_y [ratio]	J_z [ratio]
Type 0 Pulley (Base Pulley)	1.59 [−]	4.347×10^{-3} [−]	2.231×10^{-3} [−]	2.231×10^{-3} [−]
Type 1 Pulley	2.59 [1.63]	7.448×10^{-3} [1.71]	3.792×10^{-3} [1.70]	3.792×10^{-3} [1.70]
Type 2 Pulley	3.59 [2.25]	1.065×10^{-2} [2.45]	5.600×10^{-3} [2.51]	5.600×10^{-3} [2.51]
Type 3 Pulley	4.64 [2.93]	1.500×10^{-2} [3.45]	7.794×10^{-3} [3.49]	7.794×10^{-3} [3.49]
Type 4 Pulley	5.65 [3.55]	1.855×10^{-2} [4.27]	9.904×10^{-3} [4.43]	9.904×10^{-3} [4.43]

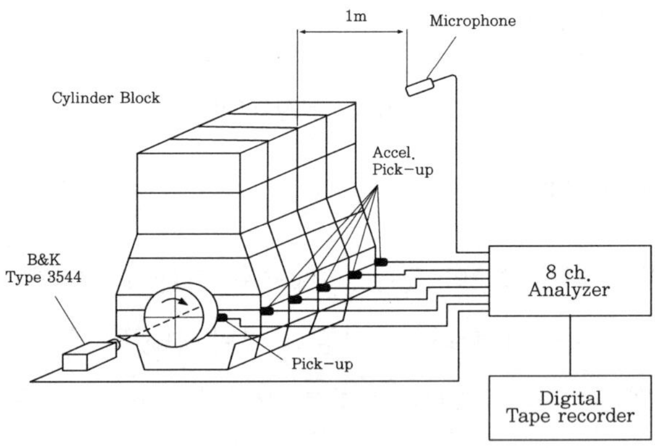

그림 8-3. 측정기 레이아웃

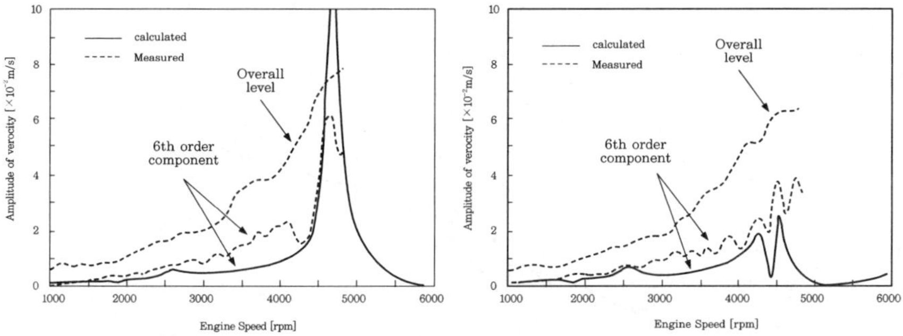

(a) with Type O pulley (b) with Damper pulley

그림 8-4. 축방향진동

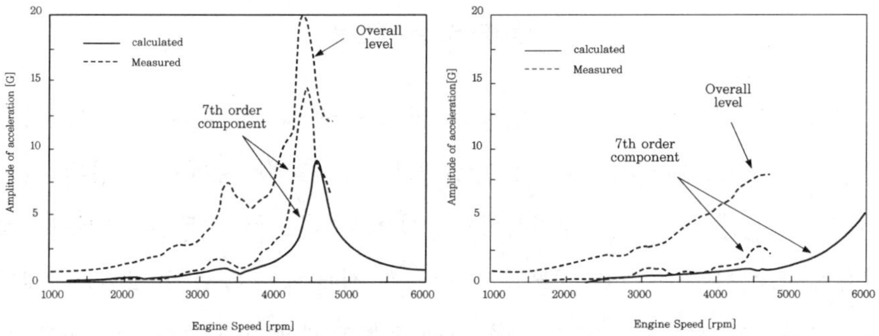

(a) with Type O pulley (b) with Damper pulley

그림 8-5. 엔진블록 수평방향진동

금속풀리를 장착하는 경우 4,000rpm~5,000rpm에서 나타나고 있는 현저한 진동피크로 TVD 풀리를 장착함으로써 저감되고 있음을 알 수 있다.

특히 엔진블록 진동은 저감효과가 크다. 그림 8-6에 엔진 좌측 1m에 있어서의 소음레벨을 나타낸다. 진동과 같이 TVD 풀리를 장착함으로써 소음레벨도 저감됨을 확인할 수 있다.

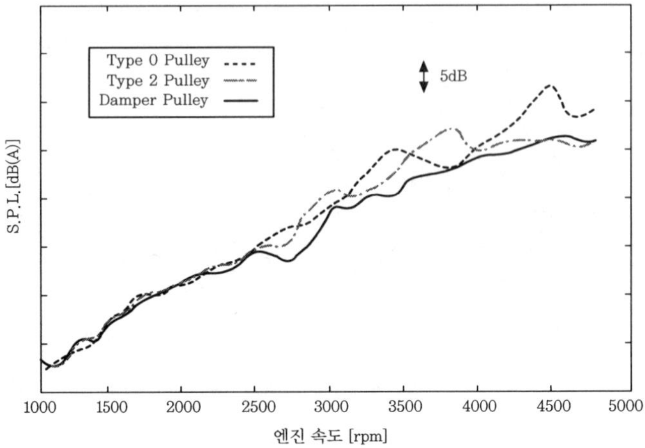

그림 8-6. 엔진소음

크랭크축 좌표계로서 Y, Z방향의 회전 n차 진동성분은 절대좌표계로 측정되는 경우, 회전(n±1)로서 측정된다. 즉, 절대좌표계로 측정된 회전 n차의 Y(엔진 좌우), Z(엔진상하) 방향의 크랭크축 진동은 크랭크축계 좌표에 있어서 (n−1)차 성분과 (n+1)차 성분에서 발생된 것이다. 엔진 블록진동 7차 성분은 크랭크축의 크랭크 좌표계에 있어서의 진동 6차 성분 혹은 8차 성분에 의해 여진되는 가능성이 있다.

3. 크랭크축계의 3차원 진동거동

크랭크축계의 3차원 진동거동의 성질은 크랭크축계의 구조에 기인되는 바가 크다. 크랭크축계의 진동거동을 생각할 때 크랭크축은 평면구조로 크랭크축과 입체구조 크랭크축으로 분류할 수 있다. 그림 8-7, 그림 8-8은 각각의 모델화된 평면구조 크랭크축과 입체구조 크랭크축을 나타낸다.

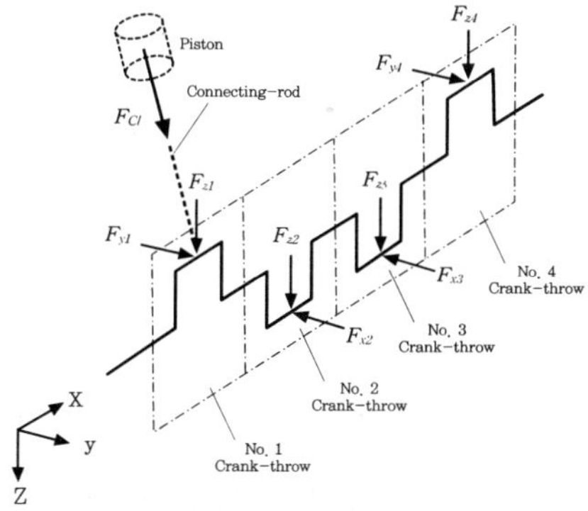

그림 8-7. 평면구조 크랭크축

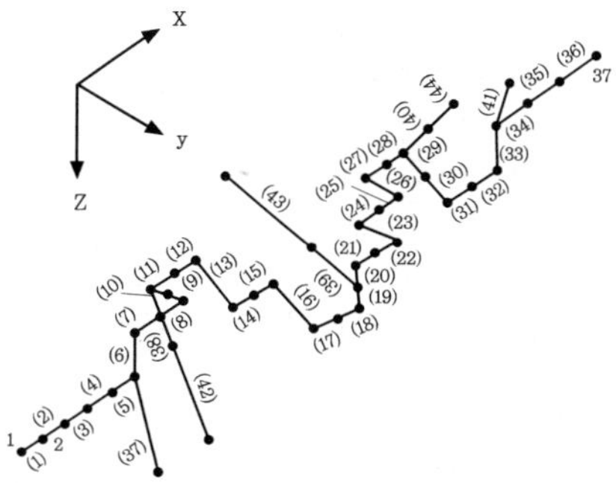

그림 8-8. 입체구조 크랭크축

3.1 평면구조 크랭크축

평면구조 크랭크축은 직렬 4실린더 엔진에 보여지는 것과 같은 구조를 가리킨다.

즉 크랭크암 - 크랭크핀 - 크랭크저널의 축선에 따라 구성되는 크랭크 슬로 평면을 이었을 때의 평면을 이루는 구조이다.

평면 구조 크랭크축인 경우는 크랭크 슬로 - 평면(X - Z 평면)을 베이스로 하면, 비틀림진동과 면외진동, 즉 Y방향진동이 구조적으로 연성된다. 또, 크랭크축의 축방향진동(X축 방향진동)과 Z방향진동이 연성된다.

3.2 입체구조 크랭크축

입체구조 크랭크축은 각 크랭크 슬로로 평면이 평면으로 되지 않은 구조의 것이다. 직렬 6실린더 엔진용의 크랭크축 등이 입체구조 크랭크축이다.

입체구조 크랭크축인 경우는 각 슬로마다 비틀림진동 - 면외진동연성, 축방향진동 - Z방향진동이 연성되기 때문에 크랭크축계에서도 전체로서 전방향진동이 연성된다.

3.3 회전에 의한 진동연성

평면구조 크랭크축인 경우로 구조적으로는 비틀림진동과 면내진동은 연성되지 않는다.

그러면서 크랭크축이 회전하는 데 따라 평면구조 크랭크축계에 있어서도 비틀림진동과 축방향진동(면내진동)이 연성된다.

앞에서 기술한 평면구조 크랭크축인 직렬 4실린더엔진용 크랭크축계에 있어서, 크랭크 풀리의 비틀림방향 관성질량을 변화시킨 경우의 시뮬레이션 결과를 그림 8-9에 나타낸다.

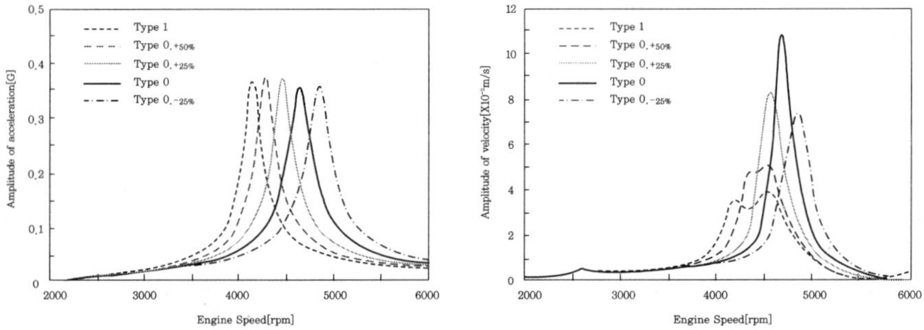

(a) 비틀림진동 (b) x축방향진동

그림 8-9. 비틀림진동과 축방향진동의 연성거동

크랭크축의 축방향진동에 있어서 Type 1 Pulley 장착시, 2종류의 진동피크가 있고, 하나는 비틀림 진동공진피크와 같은 회전속도로 발생하고 있다.

또, 풀리의 관성질량을 변화시켜 비틀림진동과 축방향진동의 고유값이 일치하는 때와 같은 경우에는 비틀림진동은 축방향진동에 크게 영향됨을 알 수 있다.

평면구조 크랭크축에 있어서 비틀림진동과 축방향진동의 연성은 크랭크축의 회전을 고려한 해석에 있어서 현저하게 나타나는 것이고 회전에 의한 연성거동으로 생각된다.

4. 동흡진기에 의한 진동저감

면내, 면외진동은 메인베어링, 스러스트베어링부를 통하여 엔진블록을 여진진동뿐 아니라 소음을 발생시킨다. 크랭크축의 진동을 저감하기 위한 한 수단으로서 동흡진기를 장착하는 방법이 있다.

동흡진기는 이론상 발생하고 있는 진동의 진동모드 중에서도 가장 모드변위가 큰 장소에 배치함으로써 최대의 효과를 발휘한다.

통상 크랭크축계는 엔진후방에 플라이휠이 장착되어 있다.

플라이휠은 크랭크의 회전방향에 큰 관성질량을 가진 것과 같이 설계되어 있기 때문에 1차의 비틀림진동모드에 있어서는 플라이휠의 근방에 모드의 마디가 있고, 플라이휠과 반대쪽의 엔진프론트에 배치되어 있는 크랭크 풀리의 위치에서 비틀림진동모드 진폭은 최대가 된다. 따라서 TVD를 크랭크 풀리인 곳에 배치함으로써 1차의 비틀림진동은 가장 효과적으로 저감된다.

4.1 TVD와 굽힘댐퍼

크랭크축계는 크랭크저널부가 메인베어링에 의해 엔진블록에 지지되어 있다.

메인베어링은 지름방향으로는 높은 강성을 가지나 축방향으로는 거의 강성을 가지지 않는다. 축방향은 스러스트베어링으로 지지된다.

크랭크축의 지름방향은 메인베어링에 의하여 높은 강성으로 지지되어 있기 때문에 메인베어링 위치에 있어서는 지름방향진동, 즉 Y－Z방향의 진동은 비틀림진동, 크랭크축방향 진동에 비교하여 큰 진동진폭은 되기 어렵다. 이를 위해 Y－Z 방향의 동흡진기(쉽게 말해 벤딩댐퍼)를 장착하는 경우는, 통상, 메인베어링 위치로부터 떨어진 부분, 예를 들면 크랭크풀리 위치에 배치함으로써, 고효율의 저감효과를 얻을 수 있을 것으로 추측된다.

한편, 입체구조 크랭크축에 있어서의 3차원 진동, 평면구조 크랭크축에 있어서의 면외진동을 제진대상으로 하는 경우는 연성거동보다 크랭크풀리 위치에 TVD를 배치함으로써 진동을 저감시킬 수 있는 가능성이 높다. 일반적으로 일컬어지고 있는 "TVD 장착에 의해 소음저감효과가 얻어진다"라고 하는 것은 본효과를 뒷받침하는 것으로 생각된다.

4.2 축방향 댐퍼

평면구조 크랭크축계에서는 비틀림진동과 면내진동과는 구조적으로 연성되어 있지 않으므로, 회전에 의한 연성은 있는 것이고, 면내진동이 독립적으로 발생한다.

이 때문에 축방향 진동을 포함하는 면내진동이 발생하고 있고 평면구조 크랭크축계의 경우는 면내 진동을 저감하기 위하여 굽힘방향 또는 축방향의 동흡진기(動吸振器)가 필요하다.

축방향진동은 스러스트베어링의 위치, 강성에 좌우되나 엔진 후방에 스러스트베어링이 배치된 엔진에 있어서는 엔진후방에 축방향 진동모드의 마디가 발생, 엔진전방 크랭크축 선단이 최대진폭을 가지게 된다. 이 때문에 엔진 후방에 스러스트베어링이 배치된 크랭크축계에 있어서는 면내진동을 저감하기 위하여 동흡진기를 배치하는 경우에는 크랭크축 선단, 즉 크랭크 풀리 위치에의 배치가 가장 적절한 것으로 생각된다.

4.3 동흡진기 설계

동흡진기를 설계하는 데 있어서 고려할 내용에 대하여 설명한다.

4.3.1 고유값 설정

측정데이터의 고찰에 있어서 앞에서 기술한 바와 같이 정지 좌표계에서의 회전진동차수와 크랭크축 좌표계에 있어서의 y－z방향 진동의 차수에도 달라지는 것이 있음을 충분히 고려하지 않으면 안된다.

예를 들면 직렬 4실린더엔진에 있어서 상용 회전영역에서는 큰 진동을 발생하는 회전 4차, 6차성분의 비틀림진동에 연성하고 면외진동은 절대좌표계에 있어서 엔진회전속도를 3, 5, 7차 성분으로서 측정된다.

가령 엔진블록 측면에 있어서 Y방향(엔진 좌우방향)의 진동을 측정하여 3,000rpm에서 회전 7차성분이 문제가 되는 경우, 크랭크축계에 굽음진동저감을 목적으로 반경방향 고유값 350Hz의 동흡진기를 장착하여도 이것은 고유값과 일치되지 않으므로 진동저감효과는 그다지 기대하지 못하게 된다.

기대한 진동저감효과를 낳기 위해서는 반지름방향의 고유값은 300Hz 혹은 400Hz의 근방에 설정하는 방법이 있다. 300Hz란 정지좌표계에서 측정된 회전 7차의 진동이 크랭크축 좌표계에서 회전 6차의 진동에 기인하는 경우가 있고, 400Hz란 회전 8차의 진동에 기인하는 경우이다.

크랭크축계에 동흡진기를 장착하는 경우, 크랭크좌표계에 맞추어진 해석이 필요가 된다.

4.3.2 형상설정

사례는 적을 것으로 생각되나, 크랭크축의 진동자체는 동흡진기에 의해 저감되는 것으로 소음은 기대한 것만큼 저감되지 않았다고 평가하는 경우가 있다.

크랭크축 선단에 있어서는 크랭크축의 진동이 크랭크 풀리에 전달, 크랭크 풀리에서 소음이 발생된다.

동흡진기는 크랭크축에 부가적인 진동계를 장착함으로써 진동저감을 실현하고 있다. 진동저감효과는 크랭크축을 저감시키는 대신 진동매스라 불리우는 부분이 진동, 크랭크축의 진동을 저감한다. 이 때문에 진동저감 영역에 있어서는 동흡진기의 진동매스는 소음발생원이 된다.

그림 8-10에 나타나는 것과 같은 정도의 비틀림진동 제진특성을 가진 2종류의 TVD를 장착한 경우의 크랭크 풀리 근접음은 그림 8-12에 나타낸다.

그림 8-13은 크랭크축 선단의 축방향 진동과 전방근접음의 주파수 성분을 나타내고 있다. Type B 풀리장착시의 크랭크선단의 축방향진동은 Type A 풀리장착시의 진동보다 커진다. 풀리 전방 근접음 레벨은 역으로 저하되는 결과로 되어 있다. Type B 풀리는 고무부분보다 외주에 위치하는 부분이 모두 진동매스로 되어 있다.

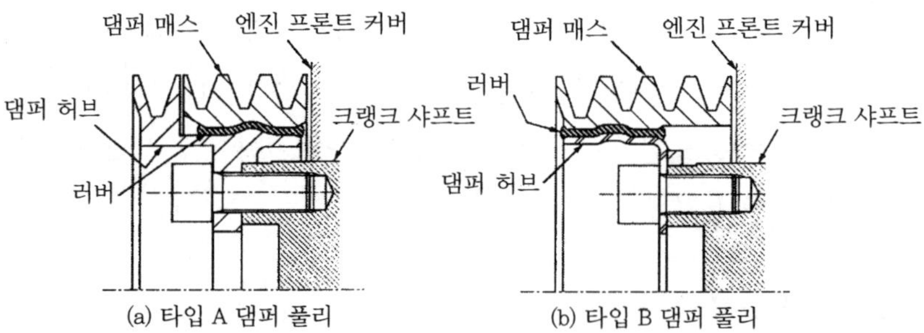

그림 8-10. TVD

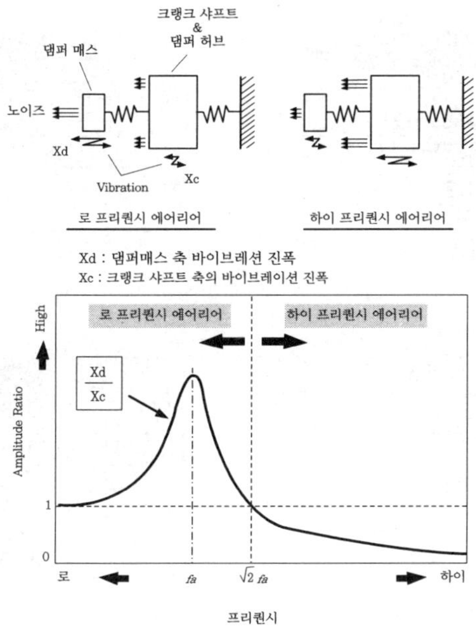

그림 8-11. 댐퍼거동

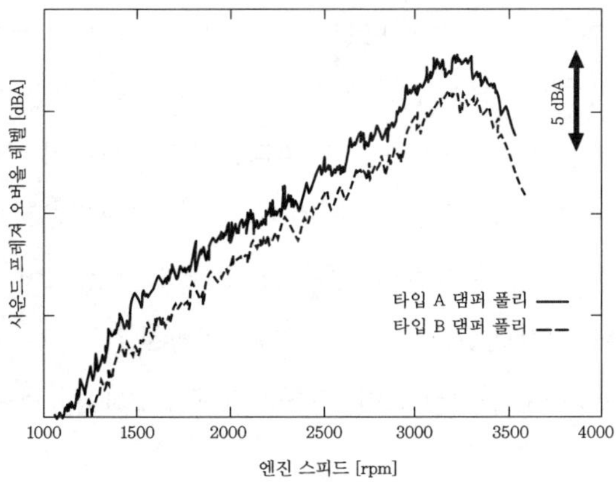

그림 8-12. 크랭크축 전방근접음

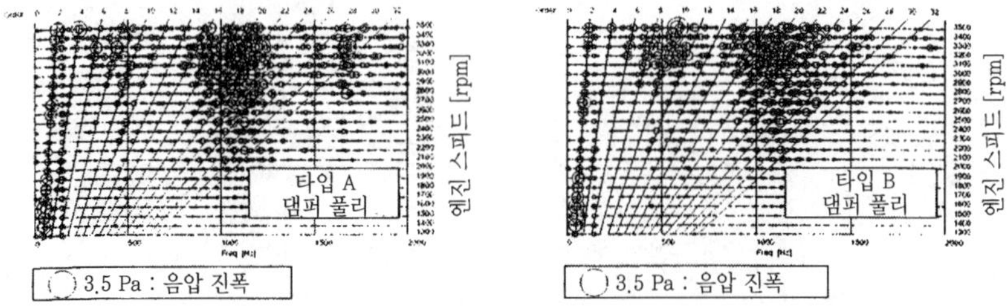

(a) 음압

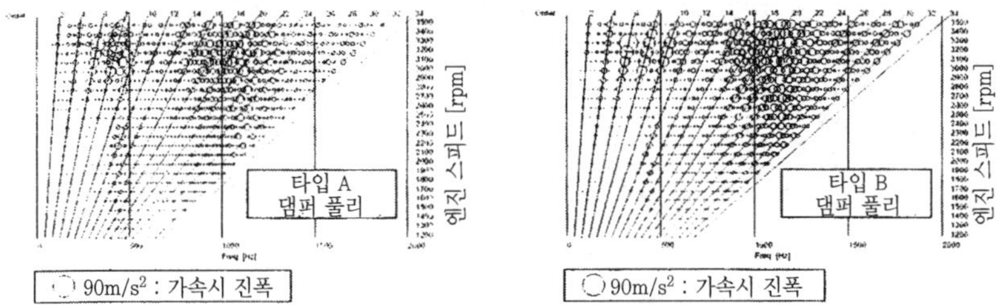

(b) 축진동

그림 8-13. 크랭크 풀리 전방진동 · 근접음압성분

이 때문에 그림 8-11에 나타나는 것과 같이 고주파수 영역에 있어서의 외주 진동매스는 크랭크축 진동에서 절연되어 엔진 전방 방향에 있어서 풀리에 유효방사면적이 저감되는 데 따라, 근접음레벨이 저하된 것이다.

이제까지의 예에 나타내는 것과 같이 특히 엔진프론트의 소음문제를 해결하기 위해서도, 동흡진기의 구조도 고려하지 않으면 안됨을 알 수 있다. 즉 소음이 저감대상으로 되는 경우 대상부위, 대상 주파수 영역을 근본으로 동흡진기의 진동매스의 거동, 형상을 고려한 동흡진기 설계가 필요하다.

Chapter

09 베어링

1. 머리말

베어링은 일반적으로 미끄럼베어링과 구름베어링으로 크게 나누어진다. 미끄럼베어링은 원리적으로 축이 회전할 때 오일을 좁은 간격으로 끌어넣는 데 따라 발생하는 쐐기유막과 축이 베어링에 급격하게 접근할 때 오일을 밀어내는 데 따라 발생하는 죄어짜는 유막에 대하여 부하능력을 발생시킨다. 그 때문에 미끄럼베어링에는

① 소형, 콤팩트하고 부하능력이 높다.

② 유막에 의한 충격흡수능력이 있고 작동이 조용하다.

③ 수명이 길고 반영구적인 것 등의 우수한 특징을 가지고 있다.

따라서 격한 폭발력이나 관성력을 받는 엔진베어링으로서 오래전부터 쓰이고 있다.

엔진베어링의 초기에는 하우징 저융점에서 친화성이 우수한 주석베이스의 합금(화이트 메탈)을 직접 주입하여 사용되었으나 엔진의 성능향상과 대량생산에 대응하여 순차삽입형의 살이 얇은 베어링으로 변경되어 재료도 보다 부하능력이 높은 동연합금이나 알루미늄합금으로 변화가 이어져 왔다.

2. 엔진의 동향과 베어링의 과제

근년 엔진에 있어서 고성능, 고신뢰성, 저연비의 목표를 실현하는 끊임없는 노력하에 여러 가지의 연구개발이 이루어져 오고 있다.

최근에는 지구환경문제가 크게 부각되는 가운데 지구온난화 억제를 위하여 CO_2 삭감이나 납 등의 환경부하물질을 줄이려는 노력이 예상외로 열심이다. 이와 같은 배경 가운데 베어링이 사용되는 환경도 점차 엄해지고 있는 것이 사실이다.

그림 9-1은 그 한 예를 나타낸 것으로 베어링 투영면적당의 엔진출력을 시계열 그래프로 나타낸 것이다. 그림에서 보듯이 20년 사이에 2배 가까이에 달하고 있음을 알 수 있다.

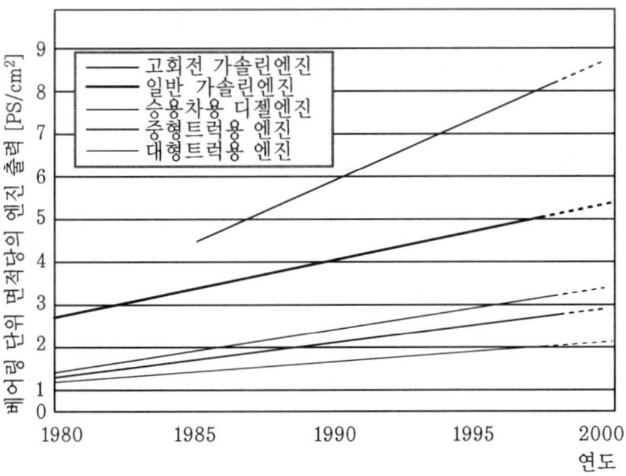

그림 9-1. 엔진출력의 추이(커넥팅 로드 베어링)

다음은 최근의 각 엔진 분야마다의 개발동향 및 베어링에 대한 과제를 나타낸다.

2.1 가솔린엔진

3리터카(연료 3L로 100km 주행하는 차)라 불리는 중・저연비와 배출가스의 크린화를 목표로, 축을 가늘게 하거나 폭을 좁게 하는 등 프릭션 로스 저감이나 알루미늄블록화를 포함하는 소형, 경량화의 엔진으로 발전되고 있다. 한편에서는 린번이나 실린더 내 직접분사 등에 의한 연소개선 등이 이루어지고, 또한 차가 정지할 때마다 엔진을 정지시키는 시스템이나, 모터와 조합시킨 하이브리드시스템 등이 연구되고 차량생산이 되고 있다.

그 때문에 베어링에 있어서는 고면압화에 더하여 여러 가지 과제가 주어지고 있다. 한 예를 들면 알루미늄블록에 대하여 열팽창이 철의 약 2배라고 하는 특징에서부터 오일 클리어런스나 베어링좀새의 영향을 어떻게 하여 흡수해 나가면 좋을 것인가, 그리고 실린더 내 직접분사에 있어서는 일반적으로 피스톤 형상이 복잡하게 되는 것으로부터 중량이 증가되는 외에 관성력이 증가하여 베어링의 부하가 상승되는 데 더하여 베어링 뒷면과 커넥팅 로드 하우징 사이에서의 플러터(Flutter) 문제가 생기기 쉽고, 경우에 따라서는 커넥팅 로드의 파손에까지 이르는 경우도 있다. 기동정지의 증가에 있어서는 알루미늄합금 베어링 보급 이후 거의 문제되지 아니하였던 베어링의 마멸문제가 떠오르고 있는 것 등이 거론되고 있다.

2.2 자동차용 디젤엔진

디젤엔진에 있어서는 원래의 고성능화, 신뢰성의 향상, 배출가스 대책에 더하여 디젤엔진 본래의 열효율이 좋은 것을 살려서 보다 진화시킨 저연비화를 향하여 실린더 내 압력상승이나 직분화 등의 연소개선이 진척되고 있다.

최근에는 실린더압을 종래의 12~13MPa에서 15~20MPa로 비약적으로 높인 엔진이 연구되고 있으며 실차에 적용하고 있다. 거기에 따라 연료분사장치도 종래의 열형의 개량이나 유닛인젝션, 코먼레일방식 등의 새로운 분사 펌프가 적용되어 성능향상, 연비향상에 기여하고 있다. 그리고 대형엔진으로부터 적용이 시작되었던 직분화도 최근에는 2,000cc 클래스의 소형엔진에까지 개발을 하여 시장에 출시하고 있다.

거기에 더하여 소형, 경량화를 향한 연구도 진척되고 있고 FEM 등의 CAE를 활용하면서 종래의 방식을 탈피한 폭협화 등 소형, 경량화의 검토가 활발하게 이루어지고 있다.

이와 같은 움직임에 의하여 커넥팅 로드 베어링에의 면압이 100MPa에 이르기까지 피로 등 엔진축베어링에 있어서 극단적인 부하상승을 초래하고 있다. 그 결과 종래의 베어링 재료로는 피로문제나 마멸수명의 감소 등 대응할 과제가 많이 생겨 새로운 고면압 베어링의 개발이 불가결하게 되었다.

한편 엔진의 진동, 소음저감에 관한 연구도 진척되고 있으며, 베어링의 오일 클리어런스의 컨트롤법 등도 연구가 더욱더 필요하게 되었다.

2.3 육상용, 박용엔진

중・고속 디젤엔진에 있어서도 고성능, 고효율, 저연비화, 긴 수명 등을 향하여 연구, 개발이 이루어지고 있다. 특히 사용조건이 가혹한 고속정이나 상용발전기용에 있어서는 종래의 베어링 수명을 1.5~2.0배로 길게 하고자 하는 요망이 높아지고 베어링의 내마멸성이나 내식성의 향상을 요망하고 있으며 일부 실용화 단계에 있다.

저속 디젤엔진에 있어서는 저연비화는 처음부터 소형, 경량, 고출력화가 진척되어 있고 베어링의 부하가 상승, 종래의 화이트 메탈에 비하여 부하능력이 보다 높은 베어링 재료나 드라이 터닝시의 초기친화성, 비융착성을 향상시킨 베어링 재료 등이 요망되고 있다.

3. 베어링 재료에 대하여

3.1 베어링 재료에 요구되는 특성

베어링 재료가 구비해야 할 특성은 그림 9-2와 같다. 베어링은 반복되는 동하중하에서의 내피로성이나 내마멸성 등 재료의 강도, 경도에 관계되는 부하능력과 친화성이나 이물매수성 등 재료의 유연성과 관련되는 순응성이라고 하는 상반되는 특성을 갖출 필요가 있다. 따라서 베어링 재료는 연질성분과 경질성분이 복합된 조직으로 구성되거나 또는 다층구조로 되는 것이 일반적이다. 그림 9-3은 오버레이(표면층)붙이 3층 동합금 베어링의 구조를 나타낸다.

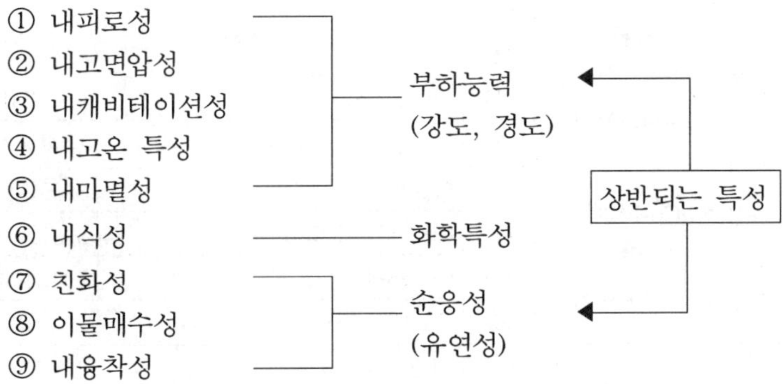

그림 9-2. 미끄럼 베어링재의 필요특성

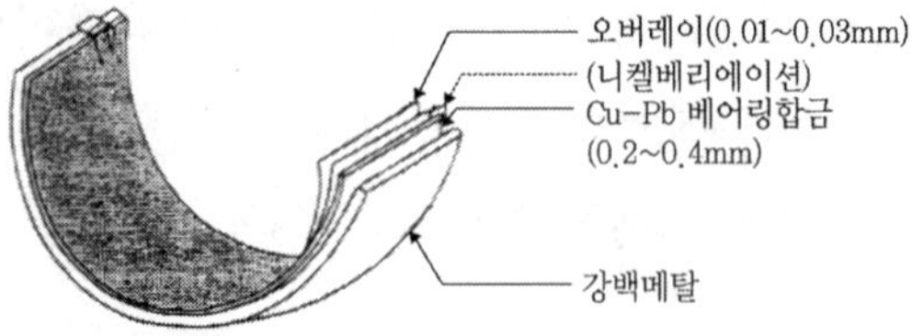

그림 9-3. 오버레이붙이 3층 동합금 베어링의 구조

3.2 엔진용 베어링 재료

각종 엔진용 베어링에 적용되는 대표적인 베어링 재료를 표 9-1에 나타낸다.

3.2.1 화이트 메탈

바빗메탈이라 불리며 주석 베이스와 납베이스의 합금이다. 주석베이스 화이트는 강메탈(steel back metal)과의 접착성이나 내식성에 우수하여 적용범위가 넓다(표 9-1 ①, ②).

표 9-1. 대표적인 엔진 베어링재료

구분	합금계	재료 No.	합금성분(wt)	비고
화이트 메탈	Sn-Sb-Cu계	①	Sn-6Sb-4Cu	KS WJI 상당
		②	Sn-9Sb-4Cu- α, β, γ	강화화이트
동합금	Cu-Pb계 및 Cu-Pb-Sn계	③	Cu-25Pb	SAE49 상당
		④	Cu-23Pb-1.5Sn	SAE49 상당
		⑤	Cu-23Pb-3Sn	SAE794 상당
		⑥	Cu-17Pb-3Sn	고면압
알루미늄 합금	Al-Sn계 및 Al-Sn-Si계	⑦	Al-20Sn-1Cu	SAE783 상당
		⑧	Al-40Sn-1Cu	박용
		⑨	Al-12Sn-2.5Si-Cu-Pb-Sb- α	SAE788 상당
		⑩	Al-12Sn-2.5Si-Cu-Pb-Sb- α, β	강화중간층붙이

알루미늄 합금	Al-Zn-Si계	⑪	Al-4Zn-6Si-1.2Cu-1Pb-α	통상오버레이 붙이
오버레이	Pb-Sn계	⑫	Pb-10Sn	SAE191 상당
	Pb-Sn-Cu계	⑬	Pb-8Sn-2Cu	SAE192 상당
	Pb-Sn-In계	⑭	Pb-9Sn-9In	고부하, 고속
	Pb-Sn-In-Cu계	⑮	Pb-10Sn-12.5In-2Cu	고면압

화이트 메탈은 동합금이나 알루미늄합금에 비하여 연하고 순응성이 좋으며 대형의 박용 디젤엔진이나 터빈, 컴프레셔 등의 회전기기의 베어링으로서 사용된다.

한편 자동차엔진용 베어링으로서는 내열성과 피로강도가 부족하여 현재로는 사용하지 않게 되었다.

3.2.2 동합금

동합금 베어링(표 9-1 ③, ④, ⑤, ⑥)은 고부하능력을 가지고 있으며, 트럭 및 박용 중·고속 디젤엔진이나 고회전의 가솔린엔진 등에 적용되고 있다. 이들 합금은 화이트 메탈이나 알루미늄합금에 비하여 경도가 높기 때문에 담금질한 단단한 경축에 많이 사용되고 있으며, 또 축과의 친화성이나 비담금질성을 향상시키기 때문에 베어링 표면에 얇은 오버레이를 한 3층 구조로 하여 사용된다.

3.2.3 알루미늄합금

알루미늄합금 베어링은 화이트 메탈에 비하여 피로강도가 우수하고, 또한 동합금 베어링에 비하여 유연하고, 내식성이 좋아서 통상 오버레이를 하지 않고 2층 구조로 하여 사용한다. 비열처리성이나 내마멸성이 우수한 Al-Sn-Si 베어링(표 9-1 ⑨, ⑩)이 현재 주류로 되어 있고, 승용차용 가솔린엔진이나 소형 디젤엔진에 광범위하게 적용되고 있다.

한편 박용 엔진의 경우 크로스헤드베어링 등에서 화이트 메탈의 부하 능력에 한계가 있는 경우에는 40% 주석의 연한 알루미늄합금 베어링(표 9-1 ⑧)이 사용된다. 그리고 건설기계 등 산업용 고출력 디젤엔진의 일부에는 오버레이붙이의 Al-Zn-Si 베어링(표 9-1 ⑪)이 오버레이 마멸 후의 비융착성이나 내식성이 우수하므로 3층 동합금 베어링을 대신하여 쓰이고 있는 예가 있다.

3.2.4 오버레이(표면층)

오버레이는 주로 동합금 베어링의 표면층으로서 10~30㎛의 두께로 전착법으로 실시되고, 베어링의 친화성, 이물매수성이나 비융착성을 향상시킨다. 대표적인 성분계로서 Pb-Sn-Cu 오버레이(표 9-1 ⑬)가 사용되고 있으나, 조건이 엄한 디젤엔진이나 고회전 가솔린엔진에는 Pb-Sn-Cu 오버레이(표 9-1 ⑭)가 비융착성이나 내식성의 향상에 상응하는 것으로서 적용되고 있다. 사용시에 오버레이 성분이 베어링 합금에 확산이동하는 것을 저지하고 내구성을 향상시키기 위하여, 그 경계에 두께 1~2㎛의 니켈의 베리에이션층이 시행되는 경우가 많다(그림 9-3 참조).

3.2.5 베어링 특성의 비교

이상으로 열거한 가운데 엔진용으로서 많이 이용되고 있는 대표적인 베어링으로서 3층 동합금 베어링(오버레이/Cu-Pb 베어링 합금/강백메탈)과 2층 알루미늄합금 베어링(Al-Sn-Si 베어링 합금/강백메탈)의 양 타입에 대하여 베어링 특성의 비교를 표 9-2에 나타낸다.

표 9-2. 베어링 특성의 비교

베어링 특성		3층 동합금 베어링	2층 알루미늄합금 베어링
내피로성		◎	○
비융착성	초기상태	◎	○
	오버레이 마멸 후	△	–
내식성	초기상태	○	◎
	오버레이 마멸 후	△	–
친화성		◎	○
내마멸성		○	◎

◎ : 우 ○ : 양 △ : 가

3층 동합금 베어링은 오버레이를 베어링 표면에 시행함으로써 강도에 더하여 친화성을 확보하고 있다. 한편 2층 알루미늄합금 베어링은 열화 오일에 대하여도 좋은 내식성이 있으며, 또 오버레이 없이도 사용이 가능하며 내마멸성에도 우수하다. 엔진의 특성이나 하중레벨에 상응하여 이들 양자의 재료가 나누어서 사용되고 있다.

3.3 베어링 재료의 과제와 그 대응동향

자동차를 비롯하여 엔진의 고성능, 고효율화로의 조합이나 또 베어링 성분의 납(Pb)의 사용 등의 환경문제로의 대응함에 있어서 베어링 재료에는 몇 가지의 중요한 과제가 생긴다. 그들의 과제 중에서 대표적인 것을 예를 들어 그 대응 동향에 대하여 소개한다.

3.3.1 고면압화에 대한 대응

1) 오버레이

오버레이의 고면압화에 대한 동향을 보면 트럭을 비롯한 디젤엔진에 있어서 3층 동합금 베어링의 오버레이에 발생하는 피로크랙이 문제가 되어 이것을 방지하기 위하여 내피로성이 우수한 Pb-Sn-In-Cu 오버레이를 시행하는 방법(표 9-1 ⑮)이 개발되어 부하능력의 향상을 도모하고 있다.

그리고 유럽에서는 Al-Sn 오버레이를 PVD(물리증착법)로 실행한 베어링이 승용차용 등의 고출력 디젤엔진 일부에 채용되어 앞으로의 전개가 주목되고 있다. 한편 가솔린엔진에 있어서는 Pb-Sn-In 오버레이의 조성의 최적화와 Pb-Sn-Cu 오버레이 결정 향배에 의해 미세한 피라미드 형상으로 하는 데 따라 비융착성을 향상시킴으로써 각각의 고회전엔진에서 실용화되고 있다.

최근의 새로운 오버레이를 시행하는 방법에 대한 개발동향으로서는 Sn-Ag나 Sn-Cu 등의 주석계 오버레이나 고체윤활계 오버레이 등이 납(Pb)의 사용규제라는 관점에서 착안하여 그들의 실용화 가능성이 추구되고 있다.

그림 9-4에 Sn-Ag 오버레이를 시행하여 비융착성을 갖도록 한 것과 Pb-Sn-In의 오버레이를 시행한 것을 비교한 시험결과를 나타낸다. 고회전 조건에서도 종래의 납 계통의 오버레이를 시행한 것에 떨어지지 않는 비융착성 특성을 갖고 있어 앞으로 납(Pb)에 대한 사용을 제한한 오버레이를 시행하는 방법이 크게 기대된다.

회전속도 7,200rpm 정하중 3층 베어링(오버레이/Cu-Pb-Sn 베어링 합금/강백메탈)

▨ : 시험결과의 불균일

그림 9-4. 오버레이 재질의 융착시험 결과

2) 동합금

이들의 오버레이의 바닥이 되는 베어링 합금층에 대하여도 내피로성의 향상이나 납(Pb)의 사용규제에의 움직임에 대응하여 동합금중의 첨가되는 납의 양을 감소시키거나, 또는 납이 없어도 오버레이 마멸시에 비융착성이 확보될 수 있도록 합금성분을 다시 수정하거나 미세한 입자의 분산효과를 겨냥한 재료 등의 개발이 진전되고 있다.

그림 9-5에 Cu-Sn 매트릭스 중에 미세입자를 분산시킨 재료의 비융착성을 시험한 예를 나타낸다. 적정한 입자분산상태에서 융착저지효과로 고면압에서의 비융착특성이 향상되고 있다.

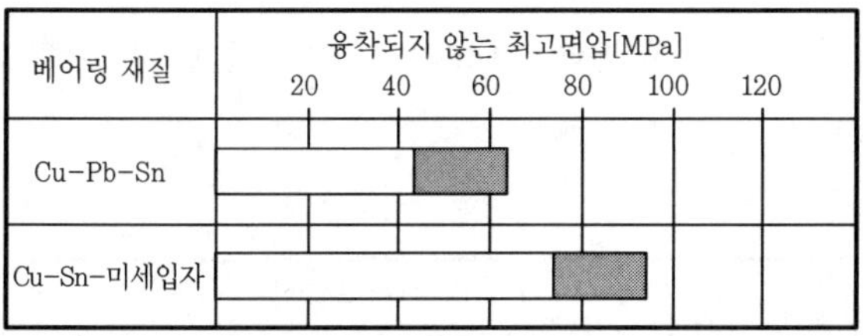

회전속도 3,600rpm 정하중 (오버레이 없음) ▨ : 시험결과의 불균일

그림 9-5. 동합금 베어링의 융착시험 결과

3) 알루미늄합금

Al-Sn-Si 베어링의 부하능력의 향상을 바라는 가운데, 베어링합금의 강화를 도모함으로써 강백메탈과의 경계인 중간접착층에 종래의 순알루미늄에 대신하여 강화알루미늄합금을 채용한 베어링(표 9-1 ⑩)이 개발되어, 보다 높은 면압에서 적용이 확대되어 왔다. 또한 이 성분계는 납성분이 포함되어 있지 않는 합금에 대하여도 실용화 가능성이 엿보이고 있다.

3.3.2 내마멸성의 향상

1) 오버레이

베어링 면압의 상승이나 고회전화에 동반되는 오버레이의 마멸문제에 대한 해결책으로서, 복합도금기술을 응용하여 Pb-Sn-In 오버레이중에 미세한 경질입자를 분산시키는 데 따라 3층 동합금 베어링의 마멸을 크게 감소시키는 기술이 이미 실용화되고 앞으로 새로운 적용의 확대가 예상된다.

그림 9-6에 고회전 가솔린엔진의 커넥팅 로드에 미세경질입자를 분산시킨 Pb-Sn-In 오버레이붙이 베어링과 종래의 Pb-Sn-In 오버레이붙이 베어링과의 혼합 조립으로 180시간의 초고속 내구시험을 한 뒤의 베어링 마멸량의 비교를 나타낸다.

미세경질입자의 첨가효과에 의하여 마멸량이 반분 이하로 감소되었음을 알 수 있다.

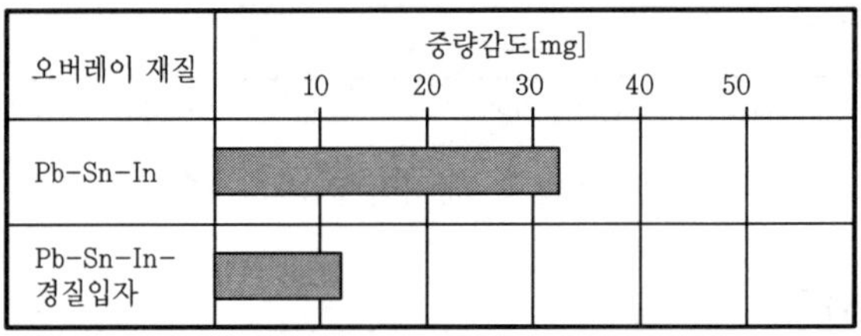

직렬4실린더 가솔린엔진, 3층 베어링(오버레이/Cu-Pu-Sn 베어링 합금/강백메탈)

그림 9-6. 엔진테스트 후의 오버레이 마멸량 비교

2) 알루미늄합금

최근 고도의 엔진제어기술에 의한 급속발진이나 기동정지의 고빈도화에 의한 내마멸에 대해서는 종래 그다지 문제시되지 않았던 오버레이하지 않은 알루미늄합금 베어링에 대하여도 마멸문제가 대두되고 있다.

그 대책의 하나로서 알루미늄합금 성분중의 실리콘 첨가량이나 그 크기에 착안하여 내마멸성 개선이 진행되고 있고, 예로서 그림 9-7에 실리콘 양의 서로 다른 2개의 알루미늄합금 베어링에 대하여 기동정지를 반복한 마멸시험의 예를 나타낸다. 실리콘 양이 많은 베어링을 사용하므로 내마멸성이 크게 개선되고 있음을 알 수 있다.

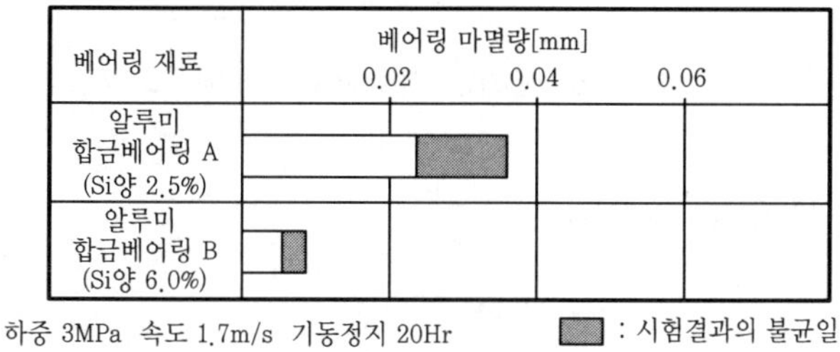

그림 9-7. 기동정지에 의한 마멸시험 결과

3.3.3 베어링 뒷면의 플래팅 대책

베어링 뒷면과 하우징과의 사이에 생기는 플래팅(flatting) 대책은 강백메탈(鋼 Back Metal)의 강화에 의해 죔새를 증대시키고 하우징과의 밀착력을 증가시키는 외에 베어링 뒷면에 특수 표면처리를 부가하여 두 면간의 용착을 저지하는 것을 들 수 있다.

그림 9-8에 뒷면에 각종 처리를 한 베어링을 커넥팅 로드에 조립, 2×10^6의 가진을 시행하는 플래팅 시험의 결과로 나타낸다. 화성처리피막으로 처리한 베어링은 외관 평가에서 플래팅의 발생이 인정되지 않고 플래팅 대책으로서 극히 유효한 것을 알 수 있다. 현재 이 기술은 일부 가솔린엔진 베어링으로 이미 사용되고 있다.

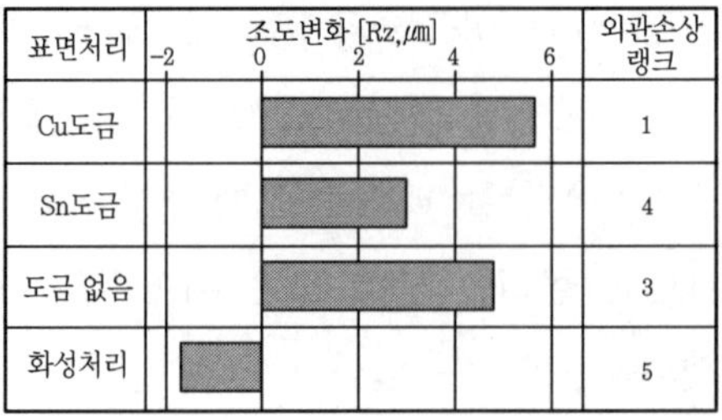

랭크	외관
1	격심한 플래팅 (크랙 있음) 손상
2	격심한 플래팅 손상(크랙 없음)
3	많은 플래팅 손상
4	약간 플래팅 손상
5	플래팅 손상 없음

그림 9-8. 플래팅시뮬레이션 시험결과

4. 베어링 설계에 대하여

4.1 기본 치수와 베어링 재질의 선정

앞에서 기술한 바와 같이 베어링은 각 분야마다 여러 가지 과제를 가지고 있고, 엔진 성능을 최대로 발휘할 수 있도록 설계하는 것이 바람직하다.

엔진베어링을 설계하는 데는 먼저 엔진의 기본 구상 단계에서 축 강도면이나 기관의 전체 길이 면에서 축의 지름과 베어링 폭이 선정된다. 이들을 기초로 베어링의 성능해석을 하고, 그 결과와 시장실적과의 대비 등에 의하여 베어링의 기본치수의 양부 및 베어링 재질의 후보가 선정된다. 양부 판정에는 해석으로부터 구한 최적의 유막압력 또는 베어링 면압(베어링 하중/베어링 투영면적)이 베어링의 내피로성 판정에, 그리고 최소유막두께가 융착의 위험성 판정에 이용된다.

그 외에 그림 9-9 및 그림 9-10과 같이 베어링 폭/베어링 바깥지름(W/D)비나 살두께/베어링 바깥지름(T/D)비도 시장실적과의 대비로 판정의 참고로 삼는다. 통상 L/D는 0.25~0.5가 사용되나 최근의 마찰손실 저감이나 V형 엔진 등에서는 보다 작은 L/D가 적용되는 경향이 있다.

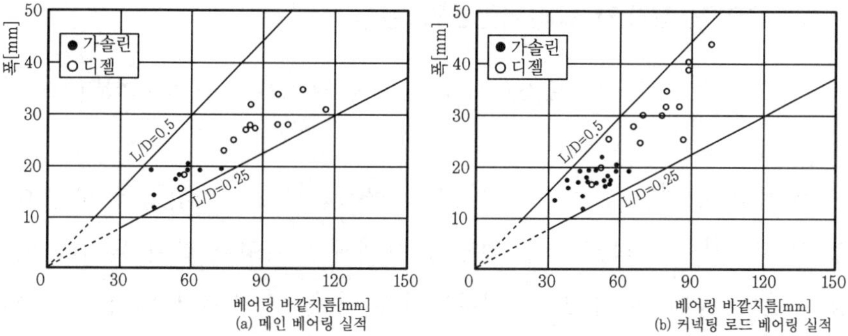

그림 9-9. 베어링폭 / 베어링 바깥지름(L/D) 비례의 실적

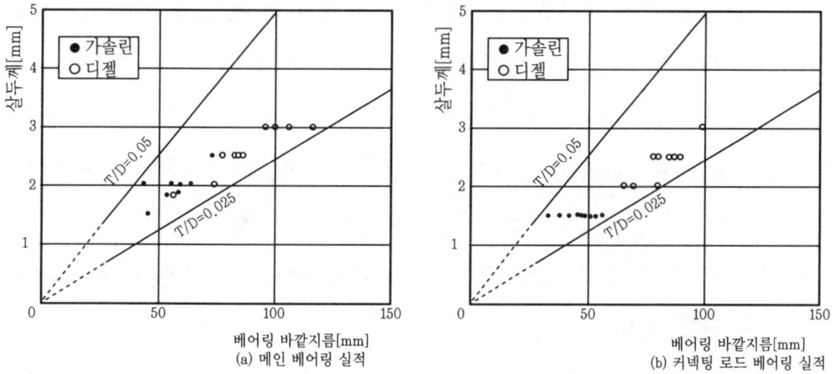

그림 9-10. 살두께 / 베어링 바깥지름(T/D)의 실적

그리고 T/D는 0.025~0.05가 사용되나 커넥팅 로드 베어링의 경우는 운동부품의 경량화를 위하여 보다 작은 T/D가, 또 메인 베어링의 경우는 오일홈을 마련하기 위하여 보다 살의 두께가 두꺼운 것이 사용되고 있다. 또한 최근의 알루미늄블록 등에 있어서는 메인 베어링의 살두께를 더욱이 두껍게 하여 열팽창에 의한 클리어런스의 확대를 억제하는 연구를 하고 있다.

4.2 베어링 죔새와 클리어런스의 설정

다음으로 중요한 설계요소로서 베어링의 죔새와 오일 클리어런스의 설정이다.

베어링의 죔새는 하우징에 베어링을 확실하게 고정시키기 위한 중요한 요소이고, 죔새가 작은 경우 하우징 안에서 베어링이 같이 돌거나 베어링 뒷면에 플래팅이나 오일 열화물의 퇴적 등이 생겨서 베어링 내면에 국부적으로 닿으면 피로, 융착 등의 손상이 발생하는 경우가 있다.

역으로 설정이 큰 경우에 조립시 베어링의 백메탈(Back metal)이 소성변형이 발생되면서 결과적으로 설정된 죔새가 확보되지 못해서 앞에서 기술한 바와 같은 문제가 생기므로 주의하여야 한다.

특히 알루미늄 블록 등의 열팽창의 영향으로 죔새가 변하는 등 충분한 주의가 필요하다. 베어링 죔새는 일반적으로 계산에 의하여 베어링 응력이나 베어링 배면 밀착력으로 변환, 평가된다. 통상 커넥팅 로드 베어링의 경우는 베어링 응력 Min 200MPa, 베어링 배면밀착력은 Min 12MPa로 많이 사용되고 있다.

오일 클리어런스는 축이 베어링 안에서 부드럽게 회전하고 소정의 회전속도까지 융착되는 일 없이 작동하기 위하여 필요한 요소이고, 변동하중을 받는 엔진의 베어링에 있어서는 이것들에 더하여 소리, 진동에 대한 배려가 필요하다.

그림 9-11은 오일 클리어런스 설정에 관해 고찰해 본다. 오일 클리어런스는 통상 축지름의 0.0005배를 최소로 하는 것이 많이 사용되고 있다. 다만, 회전속도가 높을 경우는 보다 큰 클리어런스를 확보할 필요가 있다. 볼트체결력의 불균일을 저감하기 위하여 근년 볼트의 소성영역까

지 체결력을 높이는 경우가 많이 채용되고 있다. 알루미늄 블록의 경우는 이것에 더하여 알루미늄 하우징의 열팽창 영향도 고려할 필요가 있고 보다 엄격한 클리어런스의 조정이 요구된다.

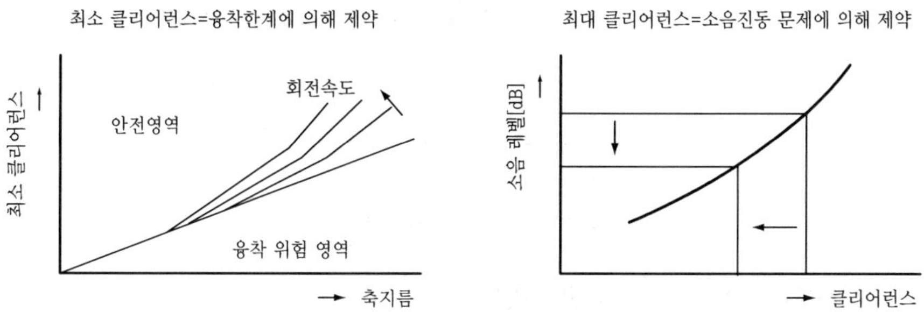

그림 9-11. 오일 클리어런스의 설정

클리어런스의 불균일을 작게 하기 위해서는 선택끼워맞춤을 적용하는 방법을 사용하고 있다. 선택끼워맞춤법에는 하우징 지름과 축지름을 구분하여 각각의 조합에 적합한 살두께의 베어링을 사용하는 방법과 최근에는 컴퓨터를 이용하여 하우징 지름, 축의 지름을 실측값에 대하여 적당한 살두께의 베어링을 선택, 조합시키는 방법 등이 채용되고 있다.

또 알루미늄 블록의 클리어런스 컨트롤에는 앞에서 기술한 각각의 조합에 적합한 살두께 베어링을 사용하고 열팽창의 영향을 억제하는 방법이나 선택끼워맞춤의 적용외, 저온시의 최소 오일 클리어런스를 보다 작게 하여도 융착이나 저온시동형에 나쁜 영향을 끼치지 않는 방법도 연구되고 있다. 한 예로서 그림 9-12에 나타내는 것과 같은 베어링 내면의 원주방향으로 절삭 흔적이 있는 모양의 베어링도 들 수 있다.

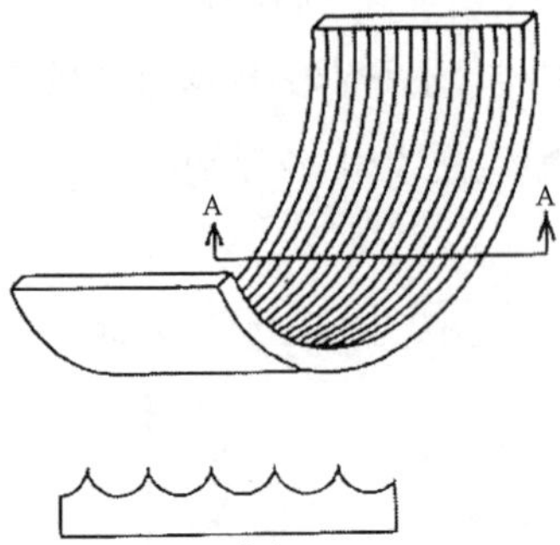

그림 9-12. 보링베어링

4.3 관련부품에 대한 주의사항

베어링은 그 베어링 단독으로만 기능을 다하는 것이 아니고 상대방의 축이나 하우징 등의 조합으로 비로소 기능을 발휘한다. 따라서 관련부품에 대해서도 충분히 주의를 할 필요가 있다. 상대축에 대해서도 형상 및 정확도와 축의 재질과 표면처리가 주목된다.

축에 대한 조도는 일반적으로 R_{max} 0.8이 많이 사용되나, 정확한 사용조건이 될수록 보다 다듬질 거칠기가 좋은 것이 사용되고 있다. 또한 축의 진원도는 부하용량의 저하에 크게 영향이 미치나 검출에 어려움이 많으므로 주의를 요한다.

축재질로서는 스틸 담금질제품이 바람직하나 근년 비용의 저감 등을 감안하여 구상 흑연 주철이나 비조질 쾌삭강 등을 사용하도록 권장하고 있다. 구상 흑연주철축은 조직상 구상의 흑연과 그 주위에 페라이트 층이 존재하기 때문에 베어링을 마멸시키거나 융착을 생기게 할 가능성이 있고 흑연입자의 크기나 가공방법에 주의를 요한다.

통상 흑연 입자의 크기는 평균 20~30㎛ 이하가 많이 사용되고, 다듬질

방법은 축의 접동방향과 같은 방향으로 연삭 및 페이퍼랩핑 하는 것이 좋은 방법이다. 또 비재질 쾌삭강과 페라이트 층이 비교적 재질이 연질이므로 상처가 나기 쉬워서 결과적으로 베어링의 이상마멸이나 융착에 이르는 경우도 있기 때문에 취급이나 이물관리 등에 충분한 주의가 필요하다.

그밖의 박용엔진 등에서는 제조상의 제약으로 담금질하지 않은 연축이 사용되는 경우가 있다. 이와 같은 경우 장시간 작동 후 베어링 오일홈 등에 의해 축에 층층의 단마멸이 발생, 국부적으로 강하게 닿게 되면서 융착이 발생하는 경우가 있으므로 이물이나 마멸분(쇳가루)의 제거 등에 주의를 요한다.

하우징에 대해서는 형상 및 정확도와 강성이 주목된다. 강성에 대하여는 일반적으로 FEM 등에 의한 강도해석 외에 실제의 커넥팅 로드를 사용하여 조립시험이나 인장변형시험 등에 의하여 체결정도에 의한 확대량이나 관성력 상당의 하중에 의한 커넥팅 로드 안지름의 변형량을 계측하여 비교한다.

5. 이론해석

엔진의 개발단계에서 미끄럼베어링의 과혹도를 예측하는 것은 신뢰성이 높고 수명이 오래가는 베어링을 가장 적절하게 설계하는 것이 중요하다. 엔진 베어링의 성능을 예측하는 방법은 베어링을 강체로서 취급하는 유체윤활이론이 일반적으로 널리 쓰인다.

이 이론 해석의 결과는 앞에서 기술한 엔진 베어링 설계 데이터베이스가 되고 설계지표로서 활용되어 왔다. 그러나 해석기술의 발달과 컴퓨터 성능의 기술혁신에 의하여 근년의 과혹한 조건하에서도 탄성변형을 고려한 탄성유체윤활이론(EHL), 특히 탄성변형과 온도분포를 고려한 열탄성 유체윤활이론(TEHL)이 연구되어지고 있다. 또 온도분포를 고려한 열유체윤활이론(THL)이 연구되고 있다.

특히 탄성변형을 고려하여 종래 따로따로 취급되어 오던 하우징과 베어링의 설계는 양방 설계가 제휴하는 것이 가능하게 되어 쌍방 설계의 영향을 베어링 성능에 반영할 수 있게 되었다. 여기서는 유체윤활이론에 의한 베어링 성능예측의 일반적인 해석수법과 EHL의 적용사례를 설명한다.

5.1 해석수법

동하중하에 있어서 미끄럼베어링의 유막특성은 유체윤활의 기초식인 레이놀즈(Reynolds) 방정식에 의해 식 9-1로 표시된다.

$$\nabla\left(\frac{h^3}{\eta}\nabla_p\right)-6\left(\frac{U}{R}\frac{\partial h}{\partial \theta}+\frac{2\partial h}{\partial t}\right)=0 \quad \cdots\cdots\cdots\cdots\cdots\cdots \text{9-1}$$

h : 유막두께　　R : 축의 반지름　　P : 유막압력

t : 시간　　U : 2면의 상대 미끄럼속도

η : 윤활유의 점도　　θ : 원주방향의 좌표계

일반적으로는 계산의 합리성을 고려하여 모델의 대칭성을 이용하여 축방향에 대하여 1/2모델을 적용한다.

해석모델은 베어링의 끝부분에 유막압력 p=0, 축방향에 대칭이기 때문에 베어링의 중앙에서 축방향의 압력구배 dp/dz=0이라 한다. 윤활유는 뉴턴유체로 하고 또 유막의 온도는 일정한 것으로 가정한다.

EHL 해석에 있어서는 점도의 압력의존성을 Barus의 식으로 주어지고, 탄성변형량은 FEM모델의 베어링 표면의 컴플라이언스 매트릭스에 의해 구하여 유막두께의 식에 더한다. 그 유막두께는 식 9-2로 나타낼 수 있다.

$$h = C(1 - \varepsilon_x \cos\theta - \varepsilon_r \sin\theta) + L_P \quad \cdots\cdots\cdots\cdots \quad 9\text{-}2$$

C : 반지름 클리어런스 ε : 편심률

L_p : 컴플라이언스 매트릭스

유막반력과 외부하중과의 평형, 베어링 표면의 각 절점에서 유막압력과 편심량과의 연립방정식은 비선형으로 되기 때문에 뉴턴-라프손법이 적용된다. 답은 이 계산을 1하중사이클에 걸쳐서 반복하는 데 따라 구해진다.

5.2 이론해석의 적용

5.2.1 베어링 설계

종래의 강성이 높은 하우징에서는 강체해석의 결과로부터 접동면적의 감소에 의하여 마력손실의 저감이 우려되는 것으로 생각하여 왔다. 또 엔진의 저연비화의 요구에 의하여 하우징은 소형, 경량 설계가 강조되고 하우징의 강성은 점차 저하되고 있다. 그 위에 베어링 폭의 감소는 하우징을 콤팩트하게 하는 한편, 더욱 강성을 저하시키는 것도 된다. 따라서 하우징 강성과 베어링 치수의 영향을 고려할 수 있는 EHL 해석에서의 검토가 유효하다.

한 예로서 근년 고면압화가 현저한 자동차용 디젤엔진의 커넥팅 로드에 있어서 그림 9-13에 나타내는 것과 같이 하우징 강성과 베어링 치수에 중점을 두어 베어링 성능에의 영향을 확인한 결과를 그림 9-14에 나타낸다.

베어링 폭의 감소는 최소 유막두께를 얇게 하고 최고 유막압력을 증가시킨다. 그러나 마력손실의 영향에 대하여는 연소압력의 크기에 따라 베어링 폭에 대한 경향이 다르다. 높은 연소압력의 조건하에서는 마력손실 저감효과는 작고, 역으로 베어링폭의 과도한 감소는 유막두께의 저하와

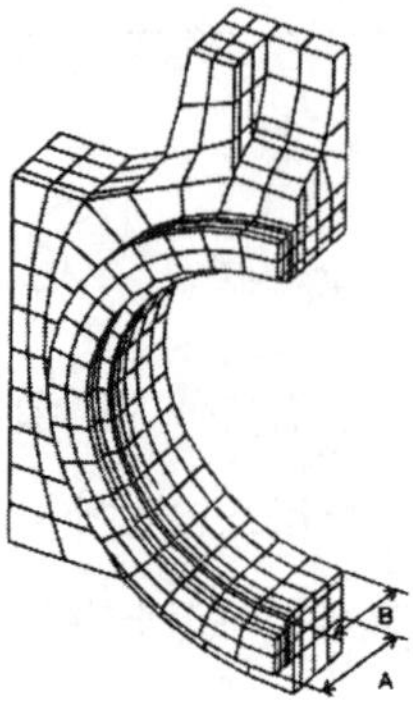

사례	A[mm]	B[mm]
1	13	10
2	15	12
3	17	14
4	19	16
5	21	18
6	23	20

A : 1/2 커넥팅 로드 폭
B : 1/2 베어링 길이

그림 9-13. 하우징 치수와 베어링 폭의 변경모델

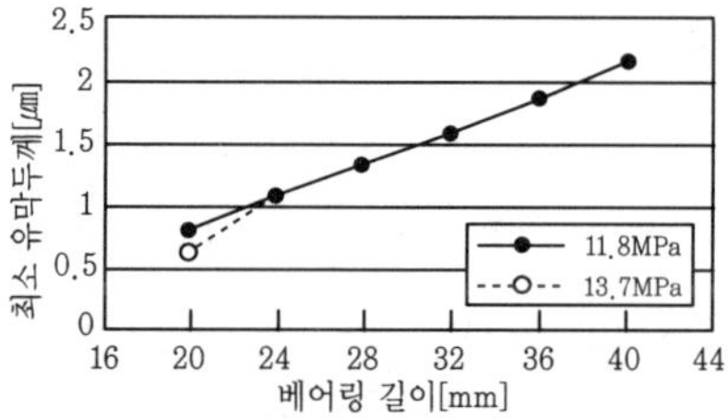

(a) 최소 유막두께

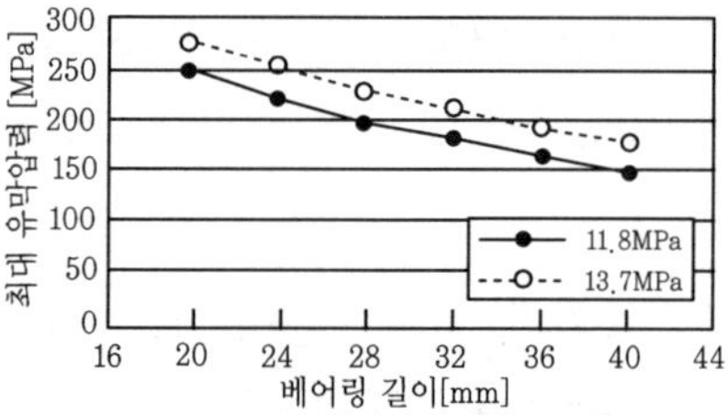

(b) 최대 유막압력

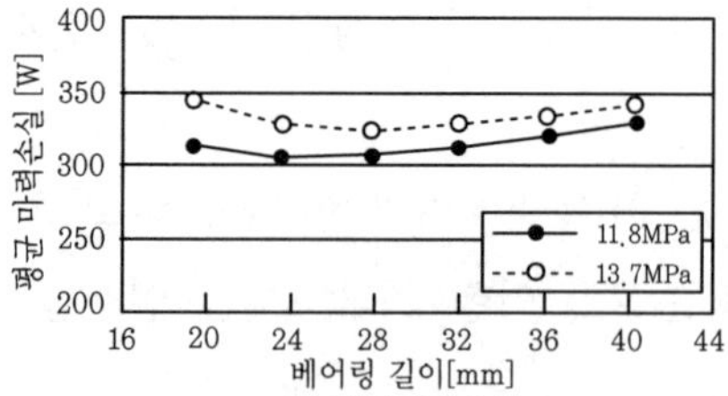

(c) 평균 마력손실

그림 9-14. 베어링 폭이 베어링 성능에 미치는 영향

유막압력의 상승에 의하여 마력손실의 증가를 초래함을 나타내고 있다. 즉, 해석결과로부터 고면압하에서는 하우징의 강성에 매칭되는 베어링 치수의 최적화가 필요함을 알 수 있다.

5.2.2 베어링 손상의 연구

엔진 베어링의 고면압화에 의하여 베어링의 마멸 및 피로 등의 제문제가 발생하고 있다.

고면압하에서는 엔진 베어링의 마멸은 베어링 축방향의 끝부분에서 시작, 점차로 중앙부로 진전된다. 또 피로 크랙은 그 끝부분에 발생하는 경우가 많다. 이들 현상의 이해는 유막두께 분포가 축방향으로 균일하고 유막압력의 피크가 중앙에 위치하는 종래의 강체해석으로는 충분한 해석이 불가하고 축의 휨, 경사의 영향으로 생각하여 왔다.

그림 9-15는 피로시험 후 베어링을 측정한 마멸분포선도와 그 시험조건에서 계산한 유막두께 분포 및 유막압력 분포를 나타낸다.

베어링 표면의 변형은 축방향으로 凹형으로 되고, 유막두께는 중앙부에 두껍고 양끝부에서 대단히 얇은 분포상태로 된다. 그리고 압력의 피크도 끝부분 가까이로 이동하고 그 위치에 있어서의 유막압력의 변동이 대단히 크다. 그렇기 때문에 유막두께가 얇은 곳은 마멸량이 크고 압력변동이 격심한 위치에 크랙이 발생할 가능성이 있고, 실측의 마멸상태와 이론해석과의 좋은 상관성 관계를 얻을 수 있다.

이상으로부터 EHL 해석은 강체해석에서는 곤란하던 베어링 손상문제에 대한 해명의 가능성을 나타내고 있는 것으로 생각되어 앞으로의 활용이 기대된다.

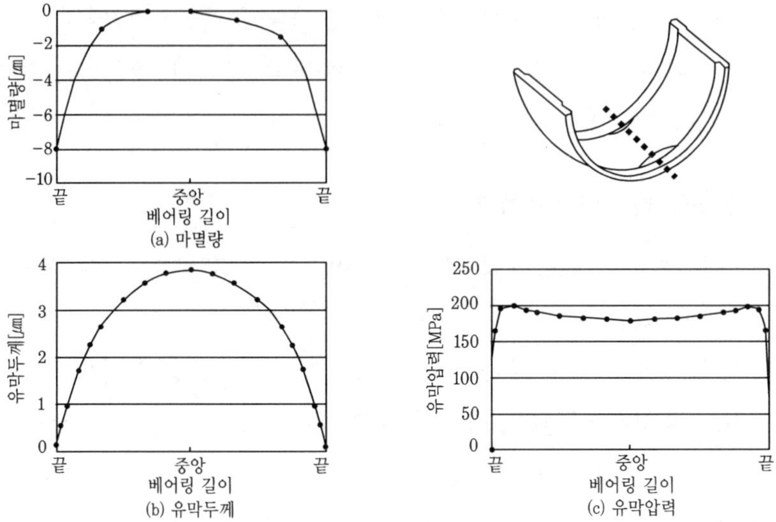

그림 9-15. 실측의 베어링 마멸과 계산상 유막두께 / 유막압력 분포

Chapter 10 밸브작동계

1. 머리말

크랭크샤프트의 회전에 동기하여 흡·배기밸브를 개폐하는 기구를 밸브작동계라 한다. 밸브작동계에 의한 밸브타이밍과 그 리프트 특성은 엔진의 성격을 결정짓는 중요한 요소이고 출력특성, 연비, 배기성분, 공회전시안정성 등의 성능이 결정된다.

그리고 근년에 와서는 지구환경보호의 관점에서 연비향상, 배기가스의 크린화가 더욱 강력하게 요구되고 있다. 그리고 고출력 성능과의 양립을 목적으로 하는 가변밸브기구의 연구, 개발이 활발하게 이루어지고 있다.

여기서는 승용차용 가솔린엔진의 밸브작동계에 대한 기술과 각 부품의 설계시 주의할 점에 대하여, 그리고 가변밸브기구에 대하여도 구체적인 예를 들어서 설명한다.

2. 기본구조와 구성부품의 개요

2.1 기본구조

밸브작동계 기구의 형식을 캠샤프트의 위치나 개수, 캠 플로어의 형식으로 크게 분류하면 그림 10-1과 같은 종류가 있다.

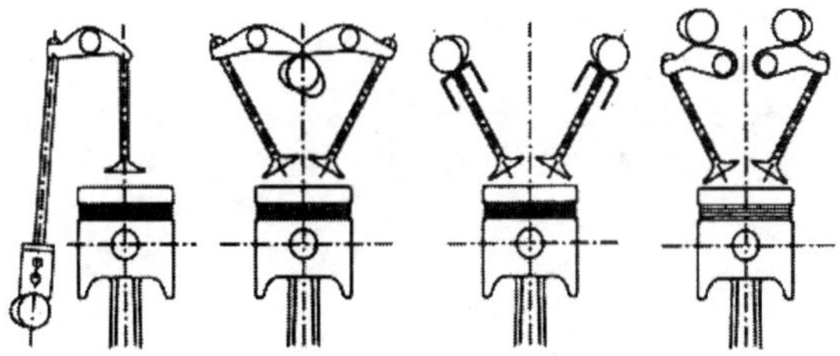

그림 10-1. 각 밸브작동계 형식 개략도

밸브작동계 기구의 특성상 강성과 질량에 의한 관성력이 영향을 미치고 설계된 밸브의 리프트 특성이 얻어지지 못하는 경우가 있다. 특히 고회전역에서 밸브의 작동불량에 의한 파손, 접동부의 융착, 마멸 등의 트러블이 발생되기 쉬우므로 개발하고자 하는 엔진의 요구성능에 걸맞는 적절한 밸브의 작동계 형식을 선정하여야 한다.

이와 같은 관점에서 고회전, 고출력형 엔진의 왕복부 관성질량을 저감시키기 위하여 밸브작동계 형식은 OHV, SOHC, DOHC로 변화되어 왔다.

SOHC와 DOHC에 있어서는 SOHC인 편이 부품의 개수가 적고 비용이 상대적으로 싸고 치수, 전체 질량이라는 관점에서도 좋은 점이 있으므로 엔진특성에 따라서는 SOHC인 편이 합리적인 경우도 있다.

그림 10-2에 밸브작동계의 기본구조와 각부의 명칭을 나타낸다. 주된 구성부품의 기능개요를 아래에 설명한다.

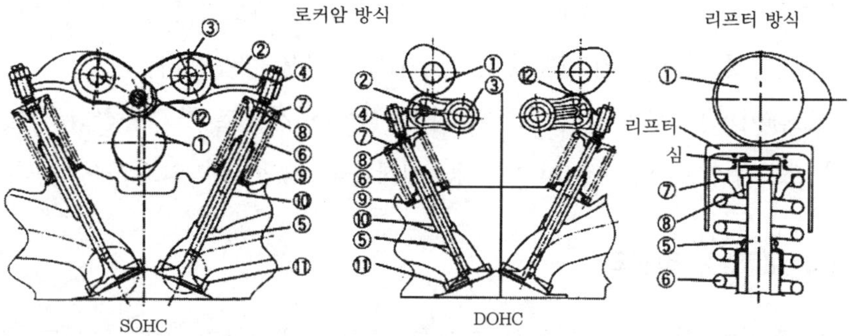

NO	명칭	NO	명칭
1	캠샤프트	7	리테이너
2	로커암	8	코터
3	로커샤프트	9	밸브스프링시트
4	태핏어저스트 스크루	10	밸브가이드
5	밸브	11	밸브시트
6	밸브스프링	12	니들롤러

그림 10-2. 밸브작동계 및 그 주변 각부 명칭

2.2 캠샤프트

캠샤프트는 샤프트부와 각 실린더의 밸브를 구동하기 위하여 점화순서에 맞추어 각 실린더의 밸브를 각 위상에 맞는 캠 로브로 구성되어 있다.

캠 로브의 캠프로필은 출력성능에 미치는 영향이 크고, 밸브계의 거동 나아가서는 내구성에 영향도 크고, 면조도, 프로필 정도 등이 중요 포인트이다. 샤프트부에 대하여도 같은 상태의 밸브계 강성에 기여하는 부분이다. 내구성을 확보하기 위하여 재료와 급유상태에 대하여도 연구가 필요하다.

캠축의 재료로서는 크게 나누면 주철, 주강, 철계소결 등을 들 수 있고 캠 로브면에 대한 면압, PV값 등에 의하여 사용 구분된다.

주조품이 일반적이나 경량화 등의 목적에서 샤프트부의 중공화, 샤프트와 로브부의 조립식 캠샤프트 등 제작하는 방법도 다양화되어 있다.

2.3 로커암, 리프터

캠프로필에 의해 밸브리프트 커브를 충실히 재현하기 위한 것이고, 특히 고회전역에서는 경량, 고강성이 중요하다.

리프트 방식은 로커암 형식에 대하여 강성을 높게 유지시킬 수 있는 메리트가 있으나, 리프트 상면이 접동면이 되므로, 리프트지름에 의하여 밸브의 리프트 양이 결정된다.

로커암 방식은 고(高)리프트(High Lift)화나 저(低)프릭션화(Low Friction)를 위하여 롤러 베어링을 설치하는 것이 용이하고 자유도가 높다.

고부하 구조물이므로 재료에는 단조부품이 주로 쓰이고 있으나, 경량화를 위해 알루미늄 재료로 주로 대치하고 있다.

2.4 밸 브

흡배기 및 압축시의 기밀성을 확보하는 부분으로, 고온, 고부하역에서 사용되기 때문에 밸브작동계에서 가장 내열성이 요구되는 부분이다. 또한 밸브작동계의 질량에 대한 기여도가 크므로 경량화와 내구성을 확립하는 것이 포인트가 된다.

재료는 내열합금강이 일반적이다.

2.5 밸브스프링

밸브작동계의 왕복질량물에 의한 관성력을 억제하고 충실하게 밸브리프트 커브로서 재현시키는 것이다. 스프링의 하중특성은 필요한 엔진 회전속도까지 밸브작동계의 이상거동이 발생시키지 않도록 선정하는 것이 중요 포인트이다. 그리고 내구성으로서는 서징(surging) 특성이 중요하고, 엔진의 회전속도 범위에서 서징이 발생되지 않도록 설정하는 것이 중요하다.

3. 가변밸브타이밍 기구

흡입, 배기효율을 향상시키기 위해서는 엔진의 회전속도와 부하에 의하여 최적의 밸브타이밍과 밸브리프트 커브가 필요하다.

이것을 실현시키기 위하여 가변밸브타이밍 기구를 구비한 밸브작동계 형식이 개발되어 실용화되고 있다. 대표적인 가변밸브타이밍 기구의 작동원리와 특징에 대하여 아래에 기술한다.

3.1 캠프로필 변환기구

로커암 방식에서의 캠프로필 전환기구를 그림 10-3에 나타낸다. 캠샤프트에 서로 상이한 프로필의 캠굽(camlobe)을 장착, 각각에 추종하는 로커암을 유압작동으로 변환되는 피스톤에 의하여 로커암을 접속, 변환하고 캠굽을 선택하는 것으로 달라지는 밸브타이밍이나 밸브리프트의 캠프로필을 구분 사용하는 방식이다.

1개의 흡기밸브만의 작동(한쪽 휴지)이나 저속 및 고속 캠프로필의 사용함이 가능하다(그림 10-4). 연속가변으로 되지 않으나 흡기관의 길이의 변환과 함께 맞추어서 사용함으로써 광범위하게 대응이 가능하다.

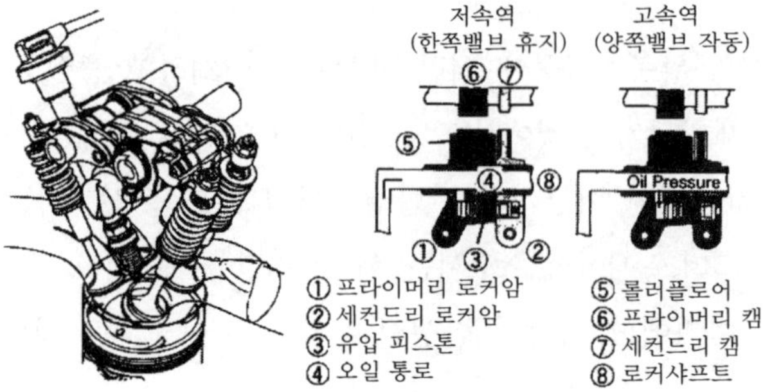

그림 10-3. 캠 프로필 변환 방식

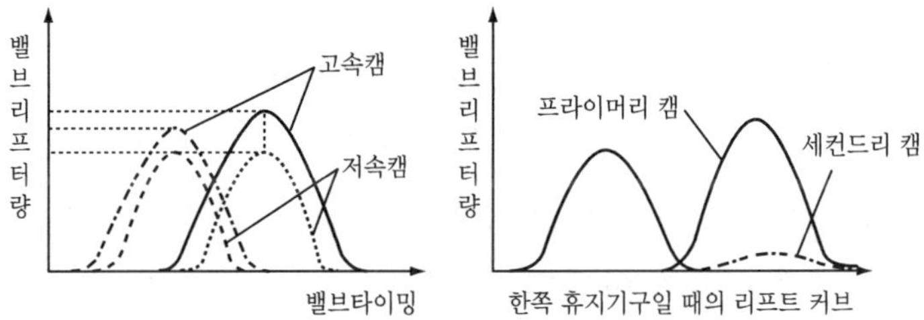

그림 10-4. VTEC-R의 예(혼다 기연)

한쪽 휴지는 저속, 저부하역에서 밸브의 한쪽을 휴지시키고 중, 고속역에서는 2밸브를 작동시키는 변환 방식이다.

한쪽 휴지는 선회류(스월류)를 생성시켜 점화플러그 둘레에는 비교적 농후한 혼합기를, 다른 부분에는 희박한 혼합기가 공급되도록 하여 전체로 희박한 공연비의 상태에서도 확실한 점화와 연소속도의 유지를 가능하게 하고 통상의 흡배기밸브가 각 2개의 엔진에 비하여 연료소비율의 향상과 비 NO_x의 배출량의 저감이 가능하다.

전개출력특성은 저속역에서는 오히려 흡기밸브를 한쪽은 휴지시키는 편이 유리하고, 중속 이상에서는 체적효율로 볼 때 2개의 흡기밸브를 작동시키는 것처럼 변환시킴으로써 출력을 확보할 수 있다.

또, 다이렉트 리프터 방식에서 리프터를 2중 구조로 하여 각각의 리프터를 변환시켜 피스턴에서 분리함으로써 로커암과 같은 형태의 작용을 목표로 한 기구도 채용하고 있다(그림 10-5).

그리고 종래의 리프트 방식과 같이 밸브리프트의 자유도가 낮고 저속용 캠은 리프트가 낮게 되어 있다.

그림 10-5. 리프터식 캠 프로필 변환 기구(PORSCHE911터보)

3.2 캠샤프트 위상 제어기구

캠샤프트 끝부분에 위상변화기구를 조립, 운전조건에 따라 캠샤프트의 위상을 변경하여 밸브타이밍만을 그림 10-6에서와 같이 변화시키는 것도 있다.

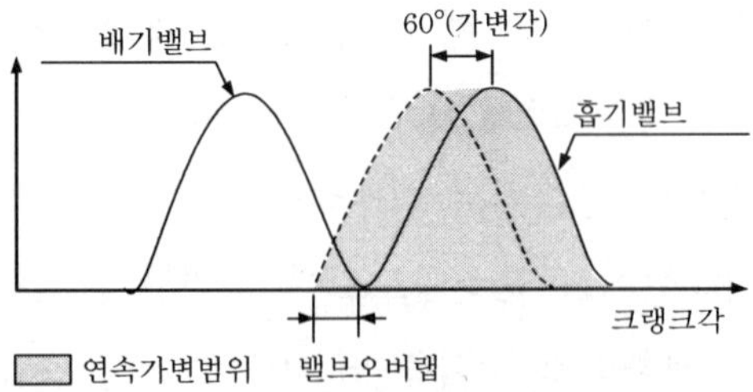

그림 10-6. 캠샤프트 위상 제어기구 도요타자동차 VVT-1)

작동은 유압으로 하고 캠각 센서로 목표변화각에 피드백 제어를 하여 가변각이 크고 연속가변이다. 아이들링 회전속도의 안정성으로부터 그 영역의 오버랩 축소나 부분부하역에서의 오버랩 확대에 의한 내부 EGR의 증대에 의한 연비효과, 전부하에서의 출력 향상까지 여러 가지의 제어가 가능하다.

캠 샤프트의 위상 제어기구로서는 헤리컬기어식, 베인식, 체인텐셔너식 등이 있으나, 작동 중 어느 것이나 목표로 하는 것은 유사하다.

3.3 실린더 휴지기구

기본적으로 로커암식의 캠프로필-변환기구이다. 그러나 흡・배기밸브를 전폐로 하는 모드를 추가하는 것에 따라 휴지실린더는 압축, 팽창을 하는 것만으로 됨으로써 다른 실린더의 부하증가에 따른 펌핑로스 저감에 의하여 연비가 향상된다.

휴지시의 엔진 진동등의 단점도 있으나 최근에는 엔진마운트의 기술등 그 단점을 극복하는 기술이 발전되고 있다.

4. 각부 기능과 설계요령

4.1 요구되는 기능

밸브작동계에는 여러 가지의 형식이 있으나 기본적으로는 회전하는 캠샤프트로 직접, 혹은 로커암을 거쳐서 스프링으로 지지되어 있는 밸브의 단면을 눌러서 밸브를 기계적으로 구동하는 것이 거의 대부분이다. 이밖에 전자(Electric Magnetic) 밸브, 로터리 밸브 등도 예로부터 연구되어 각각의 장점도 있으나, 질량, 치수, 코스트, 내구성, 소음, 밸브의 추종성 등 해결하여야 할 과제도 많다. 아직 실용화되기까지는 이르지 못하였다.

목표로 하는 성능을 달성하기에는 흡·배기밸브가 충분한 유효개구면적을 실현하는 리프트커브로, 저속에서 고속까지 정확한 타이밍으로 개폐하는 것이 필요하다.

그러기 위하여는 각 가동부품의 질량은 가볍고 강성이 높으며, 밸브리프트커브에 대하여는 급격하게 개폐될 수 있을 것, 그리고 동작할 때의 가속도가 낮을 것, 실용적으로는 밸브작동계 전체의 사이즈, 질량, 코스트가 적정할 것 등이 요구된다. 이들의 상반되는 요구를 어떻게 높은 레벨에서 양립시킬 수 있는가 하는 것이 중요하다.

4.1.1 밸브리프트 커브(밸브양정곡선)

그림 10-7은 밸브리프트 커브의 예를 나타낸 것이다. 밸브의 개폐는 급격할수록 유효개구면적이 증가, 흡배기 때의 저항이 작고 또한 급격한 밸브의 개폐에 따른 압력파의 진폭도 증대, 관성효과가 커지고 흡배기효율이 증대된다.

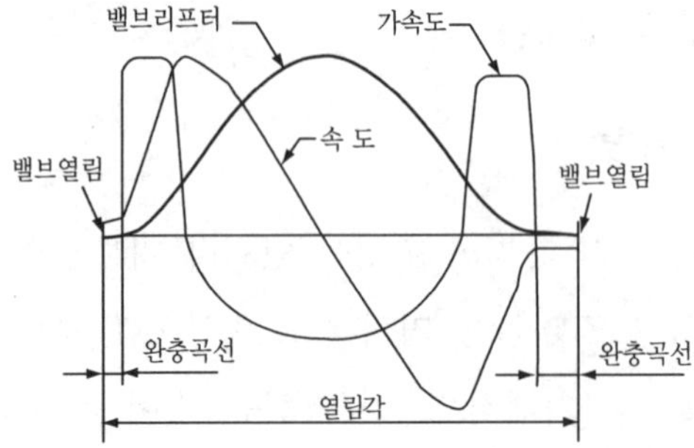

그림 10-7. 밸브리프트 커브의 예

그러나 증대된 정(+)의 가속도에 의하여 좁아진 밸브작동계가 정(+)의 가속도의 감소 또는 부(-)의 가속도 구간에서 신장되므로 고속시에 밸브가 리프트 커브로부터 이탈되는 밸브점프가 발생되기 쉬워진다.

점프된 밸브는 로커암 또는 태핏이 캠로브에 충돌하여 다시 점프하는 것이 되나 첫 번째의 점프가 크면 2번째의 점프 착지 때에는 밸브가 직접 밸브시트에 충돌하고 심하면 밸브의 절손에 이른다. 이 상태를 밸브 바운스라 하고 밸브작동계의 한계회전속도를 결정하고 있다(그림 10-8 참조).

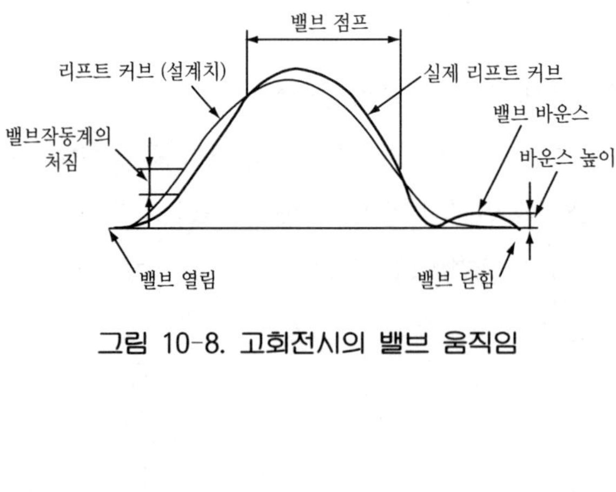

그림 10-8. 고회전시의 밸브 움직임

밸브바운스에 의하여 자유낙하하는 밸브의 속도는 바운스 높이가 1mm인 때에는 적어도 정상시의 수배가 되고 응력도 수배로 되어서 순간적으로 허용능력을 초과하기 때문에 엔진 최대회전속도에 있어서도 0.5m/sec 정도의 속도로 밸브시트에 착좌할 수 있도록 리프트 커브에 완충 곡선부를 마련하고 있다.

레드존을 초과하여 엔진회전속도를 높이면 엔진으로부터 이음이 들릴 때가 있으나 그것은 밸브바운스가 커져 있는 상태의 경우도 있다. 또 정(+)의 가속도가 크면 앞에서 기술한 밸브점프, 바운스 등이 없어도 밸브작동계에 큰 하중이 생겨서 응력적으로 이와 같은 현상은 심하게 발생한다.

이상과 같은 상반되는 요구를 양립시키기 위해서는 여러 가지 리프트 커브가 개발되어 있다. 그 곡선에는 다항식, sin 커브의 조합, 밸브작동계의 휨의 영향을 소거시킨 것, 밸브 스프링을 고유진동시키는 고차원적인 하모닉스를 제거한 것 등이 있다. 최근에는 밸브작동계의 운동을 직접 제어할 목적으로 가속도곡선의 형태를 입력 파라미터에 의하여 제어하고 그것을 적분한 리프트 커브도 쓰여지고 있다.

또 리프트 커브는 통상 열림측과 닫힘측이 대칭으로 있으나 바운스 발생지점에 가까운 닫힘측의 정(+)의 가속도를 다운시키는 것과 같이 비대칭으로 하는 것으로 바운스 특성을 개선할 수 있다. 다만, 로커암 형식에서 닫힘측의 레버비가 열림측에 비하여 작아지는 것과 같은 레이아웃의 경우는 열림측의 정(+)의 가속도가 커진 악영향인 쪽이 강하게 나타나는 경우도 있으므로 설정에는 주의가 필요하다.

그림 10-7은 비대칭인 리프트 커브를 적용한 예이다.

4.1.2 로커암

로커암에는 크게 2가지의 형식이 있다(그림 10-9).

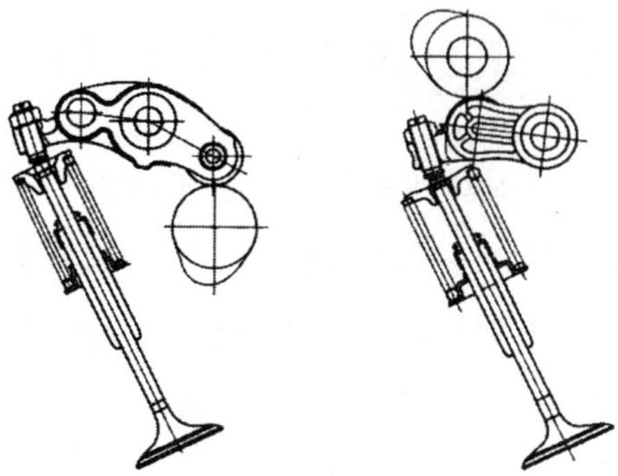

그림 10-9. 로커암 형식

시소 타입은 캠샤프트의 높이를 낮게 할 수 있고 콤팩트하게 된다. 그러나 로커암이 커지게 되고 로커 샤프트에 걸리는 하중도 커서 그들의 강성에 주의할 것이 필요하다. 스윙암 타입은 샤프트를 가늘게 할 수 있고 로커암도 작아질 수 있으나 고회전형이고, 캠샤프트의 위치가 높아진다고 하는 결점이 있다. 어느 경우도 가볍고 고강성을 만족시키기 위해서는 되도록 작게 하는 것이 좋다.

그러나 작게 할수록 각 접동부의 면압이 증가되거나 그림 10-10과 같이 플로워의 R 중심의 이동량이 커지기 때문에 캠로브가 변형되어 凹부가 생기고 캠연삭이 불가능하게 되거나 필요한 밸브리프트 커브를 얻어지지 않게 되거나 하여 한계가 생긴다. 이 한계는 보다 높은 면압으로 쓰여지는 내마멸재료나 작은 지석반지름일지라도 능률적인 가공이 가능한 캠 연삭기의 실현 등에 의하여 끌어올려지므로 신규로 설계를 할 경우는 이들의 주변기술을 받아들이는 것이 필요하다.

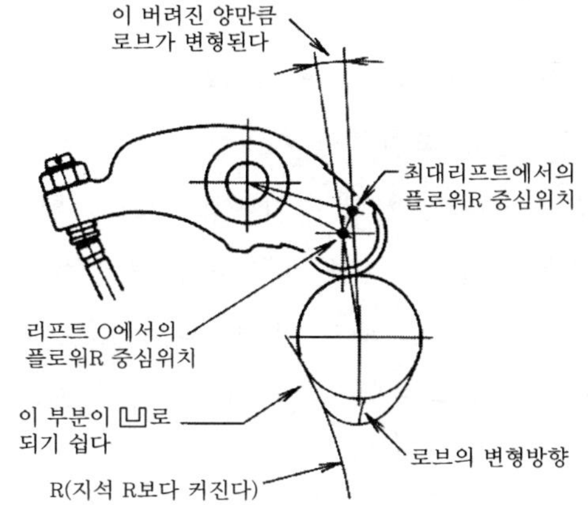

그림 10-10. 플로워의 이동과 로브의 변형

직접 누르는 직압식의 경우 태핏의 반지름은 밸브리프트의 최대 속도에 의하여 결정되기 때문에 흡·배기성능과 태핏의 소형화하고는 상반되는 요소가 되므로 과부족됨이 없도록 설정한다(그림 10-11). 태핏 상면에 R을 붙이면 보다 작은 지름이고 경량으로 레이아웃이 가능하나 회전 멈춤기구가 필요하며 프릭션은 증가한다.

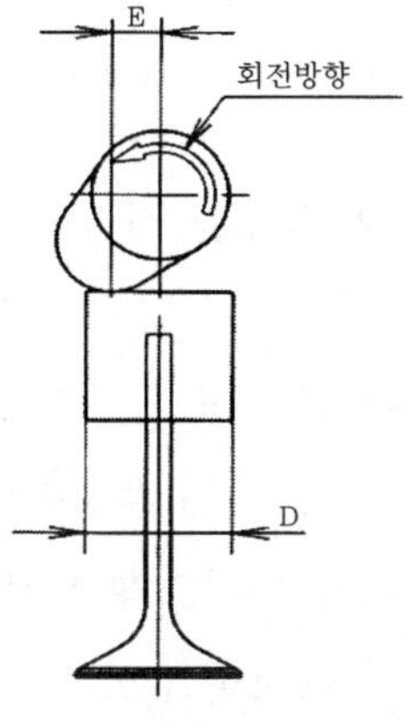

그림 10-11. 직압식의 태핏지름

1) 레버비

로커암 방식인 경우, 그 성격을 나타내는 값으로 레버비가 있다. 리프트와 함께 변화되나 통상 로커암이 최대하중을 받을 때의 레버비는 밸브리프트가 제로(0)인 때의 값과 큰 차가 없으므로 그림 10-12에 나타내는 대표값으로 그 성격을 알 수 있다. 레버비가 크면 플로워부의 암 길이가 짧아져서 로커암은 소형으로 되고 캠리프트도 낮으며 캠로브에 凹부가 잘 생기지 않아서 밸브리프트 커브의 자유도가 증대된다.

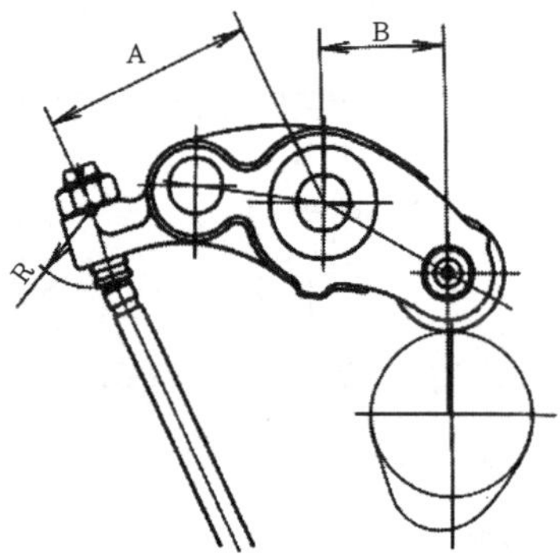

레버비 $\lambda = A/B$

그림 10-12. 레버비의 정의

그러나 지나치게 커지면 로커암과 지지부에 대한 하중이 증대되고, 각부의 변형이 커져서 한계회전속도가 낮아지므로 슬리퍼 타입의 플로워로 1.5~1.7, 롤러 타입의 플로워로 1.8~2.0 정도의 값을 취하는 경우가 많다. 롤러 타입에서 레버비가 큰 것은 플로워반지름이 작은 것이 되고 이에 따라 그림과 같이 캠로브가 톱니모양 부분의 R이 작아져서 캠에 凹부가 생기기 쉬워진다. 따라서 레버비를 크게 하고 캠로브를 낮게 할 필요가 있기 때문이다(그림 10-13).

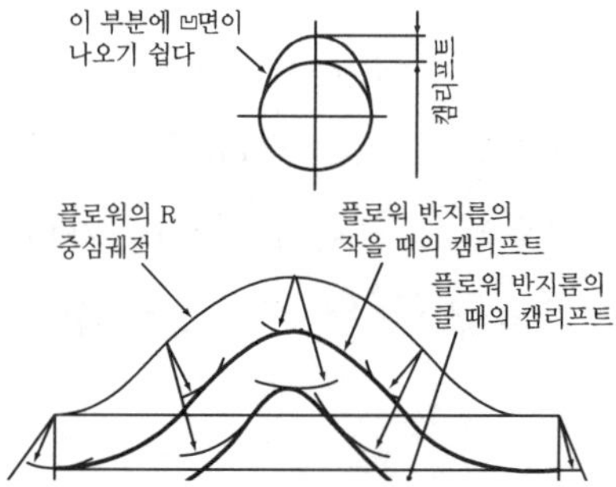

그림 10-13. 같은 리프트커브에서 플로워 반지름을 변경시켰을 때의 캠리프트의 차이

2) 강 성

로커암의 질량을 X축에, 한계회전속도를 y축으로 하면 한계회전속도는 로커암 질량이 지나치게 가벼운 때에는, 강성 부족에 의하여 저하된다. 역으로 강성이 지나치게 있어도 질량에 의해 한계회전속도는 저하되므로 최적값이 존재한다. 그림 10-14의 예에서는 로커암 질량은 75g인 때가 최적값이고 양산 조건으로 되어 있다.

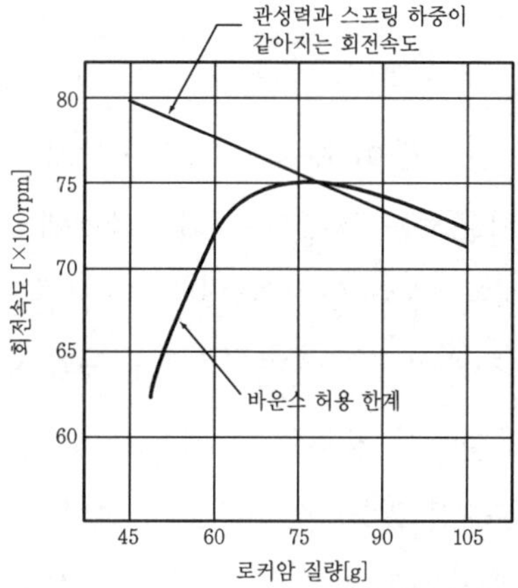

그림 10-14. 로커암 중량과 한계회전속도의 관계

또한 응력은 여유가 있는 경우가 많으므로, 개발에 있어서는 강성확보에 중점을 두는 것이 좋다. 강성의 최적값은 가변기구가 없는 로커암 타입의 경우, 어느 형식에서는 10000N/mm 부근이 된다. 로커암의 알루미늄화는 같은 강성일 경우라도 철제에 비하여 가볍고, 값이 저렴하여 좋은 방법이다(다만, 약간의 스페이스를 필요로 한다).

4.1.3 밸 브

밸브의 응력은 착좌시에 최대가 된다. 그런데 착좌시의 속도로부터 계산한 값에 대하여, 깃부 R부의 실측에서는 2배정도의 절대값으로 정부(+, −)의 응력이 발생한다. 이것은 밸브의 응력은 굽힘진동에 의하여 발생하는 것을 나타내고 진동이나 고온에 의한 강도저하도 고려하여 각부 치수 형상을 설정하여 가는 것이 필요하다.

흡배기의 성능 향상을 위해서는 밸브의 지름은 크고 스템지름은 가늘며 포트는 굵게 할 필요가 있으며, 또 고속화도 더불어 상황은 엄해지게 된다. 한편 높은 고온강도이면서 코스트도 저렴한 재료가 개발되어 성능 향상을 실현하고 있다.

흡기가 300~500℃, 배기 700~900℃가 되는 밸브에는 합금강이 사용되나, 특히 배기측 재료는 비중이 무겁고 고가이므로 스템쪽에는 값이 저렴한 재료를 접합하여 사용하는 경우도 있다. 접합에는 부재의 한쪽을 회전시켜 강하게 눌러 붙여서 마찰열로 용접하는 마찰용접법이 쓰여지고 있다.

종래는 스템엔드, 착좌면 등 마멸이 심한 부분에 고주파 담금질이나 Co계, Ni계 합금을 덧붙여서 용접하는 경우가 있었다. 최근 재료의 성능 향상으로 이들은 사용하지 않는 경우가 많아졌다. 그리고 코스트는 높으면서도 경량이어서 세라믹이나 티타늄 재료도 실용화되고 있다.

4.1.4 밸브스프링

그간 15년 사이에 가장 극적으로 변화된 것이 밸브스프링용의 재료이다. 절손 등의 기점이 되는 제조시 혼입되는 불순물의 제거기술이나 합금조성의 개량, 표면처리기술의 개량(다단계의 숏피닝) 등으로 그 사용응력은 τ_{max}로 800MPa 이하의 레벨부터 현재에는 1000MPa 이상까지 향상되고 스프링의 필요 스페이스를 25%로 축소할 수 있게 되었다.

재료단가가 다소 상승되어도 이러한 스페이스 축소와 상쇄되어 결과적으로 코스트다운이 되었다. 종래 더블스프링이나 단면이 다른 이형단면이 필요하였던 것도 원단면의 싱글스프링으로 바꾸어 놓을 수 있었으며 코스트다운과 엔진성능 향상에 공헌하고 있다.

1) 서징(surging)

밸브스프링은 밸브리프트 커브에 따라 신축을 반복하게 된다. 그러나 500Hz정도의 고유진동수는 리프트 커브의 10~12차의 고차 하모닉스에서 공진하고 리프트하고 있지 않을 때에도 응력이 발생한다. 이것을 서징응력이라 부른다. 고속회전에서는 공진에 의한 응력이 증대되어, 충분한 안전율을 설정하지 않으면 밸브스프링의 절손을 일으킨다. 흡・배기성능향상을 위하여 급격하게 개폐를 하는 리프트커브일수록 고차의 하모닉스가 커지면 밸브스프링의 서징응력이 커지는 것도 주목할 점이다.

서징응력을 내리기 위해서는 밸브스프링에 마찰감쇠를 가지게 하는 방법이나 피치를 바꾸어 조밀한 부분이 리프트와 함께 밀착하여 유효권수를 변화시키는 것으로 고유진동수를 바꾸어서 공진의 레벨을 내리는 방법이다. 여기서 후자의 경우, 최고 스프링정수와 최저 스프링정수의 비를 파라미터로, 발생한 최대응력의 정적응력에 대한 배율을 정리하면 경험적으로 1.37 부근에서 최저값을 가지는 경우가 많다. 이 수치는 뒤에 기술하는 최적의 밸브스프링을 설계할 때에 중요한 수치이다.

2) 밸브스프링의 설계

최소한의 스페이스에서 필요한 하중을 발생시키는 스프링을 설계하는 순서는 다음과 같다.

① 최대하중시에 최대허용응력이 될 수 있도록 스프링의 지름(선경)을 결정한다.

② 목표로 하는 안전율이 되도록 세트하중을 결정한다(안전율의 계산에는 여러 가지 방법이 있다).

③ 부등피치의 경우는 스프링정수비가 1.37이 되도록 세트길이를 결정한다(별개의 값이 서징응력 극소치로 하여 얻어질 수 있는 경우는 그것을 사용한다).

가정한 스프링의 지름(경)에 대하여 이 때가 가장 적은 스페이스의 스프링이고 허용되는 세트길이에 대하여 계산된 세트길이가 지나치게 길어지는 경우는 지름을 크게 하여 조정한다. 허용되는 최대 지름까지 크게 하여도 불가한 경우는 그 하중에 대하여 스페이스가 지나치게 적은 것을 의미하고 있다.

역으로 스페이스가 남아 있을 때에는 보다 소형화될 수 있음을 의미하고 있다. 그리고 검토과정에서 약간 응력이 큰 경우는 스프링지름을 작게 하면 응력이 내려가므로 지름 축소에 의한 세트길이 증가를 선의 지름을 일단 내리는 것으로 흡수가능하면 성립되는 경우가 있다.

스프링지름을 작게 하면 약할 것처럼 보이나 코일스프링은 코일의 평균지름을 모멘트암으로 하는 비틀림 하중을 받으므로 지름을 작게 하면

보다 큰 하중에 견딘다. 혹은 같은 하중을 어느 정도의 보다 가는 굵기의 재료로도 가능할 수 있다.

스프링의 스페이스 설정은 초기 레이아웃일 때 이루어지나 엔진의 그 후의 발전성을 결정하게 되는 중요한 요소이다. 스프링의 필요 스페이스는 위에서 기술한 것과 같이 자동적으로 결정되어지나 지나치게 여유가 없어도 엔진에 대한 발전성이 제한되어 버리게 되고 여유가 지나치게 많아도 허실이 많고 설계자의 생각이 강하게 나타나는 곳이다.

스프링 스페이스가 엔진의 발전성을 결정하는 것을 잘 나타내고 있는 것은 FI용의 레이싱 엔진이다. 1200N 이상의 하중으로 1만 수천r/min라고 하는 과혹한 상황에서는 이미 철로 만든 스프링을 사용함에 한계에 달하였기 때문에 발전성이 없고 고압의 압축공기를 이용한 것이 쓰여지고 있다(그림 10-15).

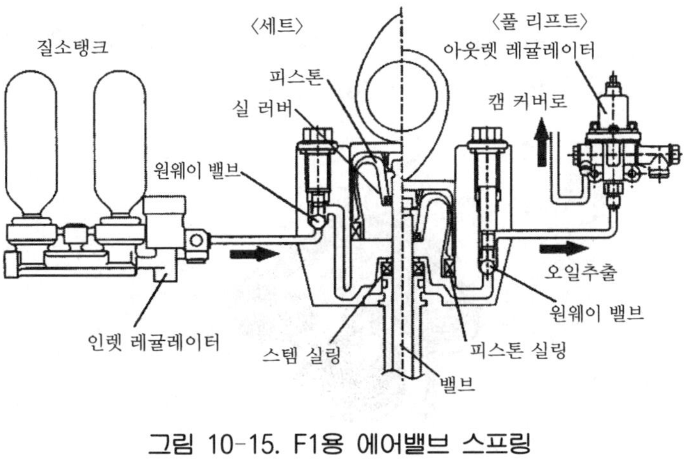

그림 10-15. F1용 에어밸브 스프링

4.2 가변밸브타이밍 기구에서의 설계요령

저속에서 고속까지 미세한 제어를 실현하기 위하여 근년 밸브타이밍이나 리프트의 가변기구를 갖춘 엔진이 증가되고 있다. 구조, 효과 모두 여러 가지 있으나, 여기서는 로커암 변환방식과 캠 위상가변방식에 대하여 설명한다.

4.2.1 로커암 변환 방식

일반적으로 로커암 변환방식에는 변환기구가 없는 것보다 로커암 강성은 저하된다. 그리고 질량도 증가되어, 고속회전에는 불리한 상황이 된다.

그림 10-15에 나타내는 방식의 경우는 결합시에 캠으로부터 전달되는 밸브의 구동력은 결합핀을 거쳐 양측의 로커암에 전달되어 캠을 구동함으로써, 핀의 강성(굵기), 핀구멍의 강성에 더하여 핀의 위치도 중요하다. 구체적으로는 되도록 로커암 샤프트보다 떨어진 위치에 있는 편이 좋은 것으로 되어 있다(그림 10-16).

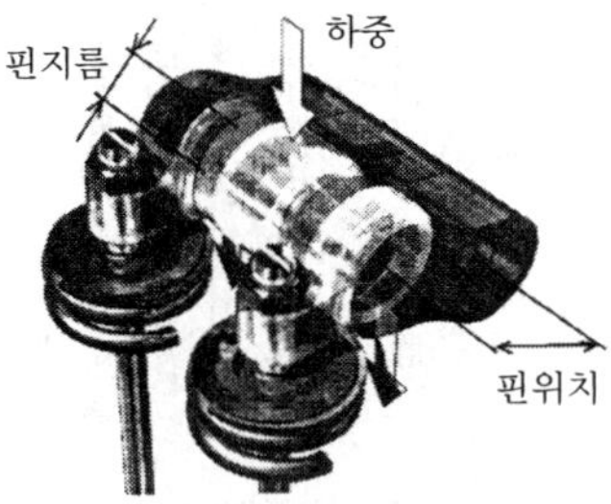

그림 10-16. 로커암 변환방식

변환방식의 로커암 설계에 있어서는 변환시의 강성을 확보하면서 소형 경량으로 설계를 마무리하여야 한다. 따라서 여러 가지 아이디어가 있으나 실용화되고 있는 형식은 아직 적은 것이 현실이다.

또 저속에서 변환을 할 경우 작동유압의 확보를 위하여 메인 펌프에 각 공급부의 유압을 제어하는 기구를 추가설치하거나 서브펌프를 설치하는 경우도 있다.

4.2.2 캠 위상 가변방식

캠을 구동하는 풀리 또는 스프로킷과 캠샤프트 사이에 베인이나 헤리컬 스프라인(그림 10-17)을 사용하여, 유압제어로 캠의 위상을 가변하는 방식의 경우는 밸브작동계의 강성 저하도 없고 연속가변도 가능하다.

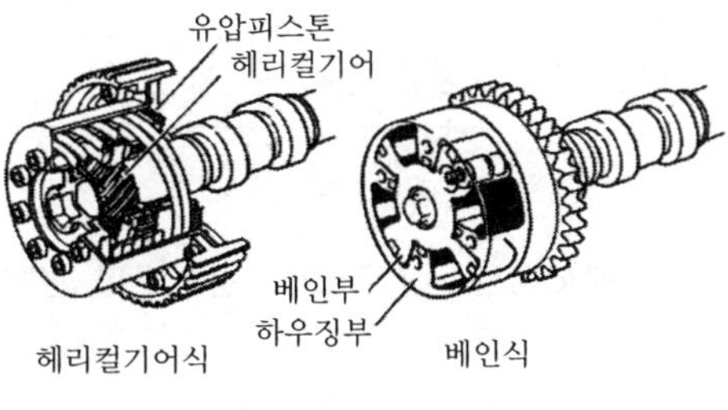

그림 10-17. 캠 위상 가변기구

그러나 리프트가 변화되지 않으므로 최대출력에서의 효과가 작다. 그러나 로커암 변환방식과 병용하여, 보다 넓은 출력범위에서 보다 세밀한 제어를 가능하게 하는 구조도 있다(그림 10-18).

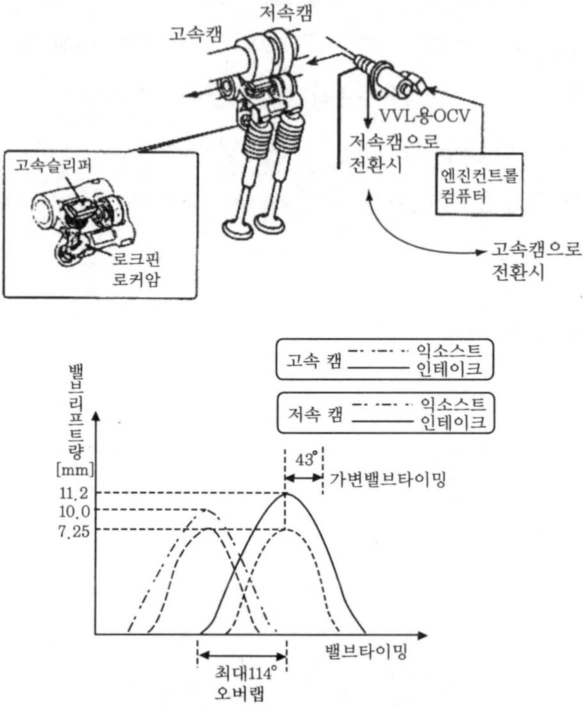

그림 10-18. 캠샤프트 위상제어와 캠프로필 변환 병용기구

헤리컬 방식은 캠축방향에 유압으로 구동되는 피스톤이 헤리컬기어를 움직이게 하여 축방향의 움직임을 위상변화로 변환하고 있다.

이에 대하여 베인식은 그림 10-17과 같이 베인에 의하여 형성되는 유압실에 직접 유압을 작용시켜서 위상을 제어하고 있다. 전자는 구조는 복잡하나 토크변동이 가하여도 헤리컬부의 마찰에 의하여 위상 변동력이 감쇠되어 위상의 보지성에 우수하다. 후자는 구조는 간단하나, 토크변동은 직접 위상 변동력이 되므로 제어계에 연구가 필요하게 되고 최근 후자의 경우 사용이 증가추세에 있다.

4.2.3 유압제어에 대하여

가변기구의 제어는 유압이 주류이므로 각 제어부분에는 온도변화, 오일열화에 의한 점도변화가 있어도 안정된 출력제어가 요구되어 제어밸브의 오리피스 등은 단지 면적뿐 아니라 형상, 길이, 개수 등에 연구가 더욱 필요한 것으로 되어 있다. 이러한 것이 모든 오일회로에 대해서도 같다고 말할 수 있다.

일부 기종에서는 유압, 유온은 처음부터 제어밸브의 온도까지 감시하여 그 변환타이밍을 제어하고 있다.

이물혼입에 대해서는 더스트 혼입오일에 의한 저항이 많고 마멸되기 쉬운 조건이라도 충분한 기능, 내구성을 발휘하는 규격으로 함과 동시에 제어밸브 앞에 필터를 설치하든지 하여 신뢰성을 확보하여야 한다.

4.3 프릭션

근년 지구온난화라 불리우는 에너지 효율향상이 요구되고 있다. 자동차용 엔진에 대하여 설명하면 운전상태의 대부분은 저속이고, 이 상태에서는 엔진 전체의 프릭션에 대한 밸브작동계의 프릭션의 비율은 크고 그 개선이 요구되어고 있다.

밸브작동계의 프릭션은 플로워 형식에 따라 달라지고 롤러가 가장 적으며 슬립퍼 타입이 가장 크다. 직접 누르는 직압식도 접동요소가 있으나 오프셋된 테핏이 회전하기 때문에 슬립퍼 타입보다도 저항은 적다. 롤러 타입은 특히 저항을 감소시키고자 하는 저속구간에 있어서 접동면을 가지는 타입이 유막을 형성하기 어렵고 저항이 많은 데 대하여는 유효하다(그림 10-19).

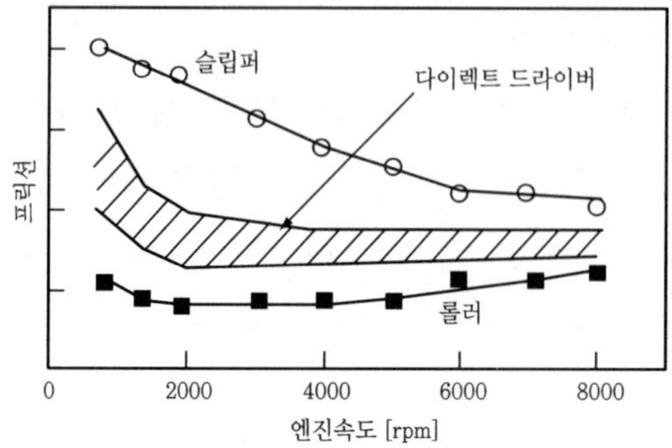

그림 10-19. 프릭션

롤러 타입의 결점인 코스트가 증대되는 것은 급유회로의 폐지나 캠샤프트의 재료에 대하여 그레이드 다운으로 흡수하고 질량에 대하여도 열처리의 개량이나 밸브리프트 커브의 개량에 의한 소형경량화로 대책이 세워져 채용이 증가되고 있는 실정이다.

롤러를 채용하는 경우, 간헐적으로 사이드포스가 발생, 로커암이 좌우로 움직이면서 소리가 발생되는 경우가 있으나 클리어런스를 줄이거나 스프링요소를 추가하여 해결하고 있다.

밸브작동계의 질량을 저감시키고 스프링하중을 저감시키는 것도 프릭션저감에 이어진다. 저속시 예를 들면 한계회전속도의 1/5의 회전속도일 때에는 필요한 스프링하중은 1/25로 되고 스프링하중의 가변기구가 있으면 더욱 프릭션저감이 가능하나 아직 실현되고 있지 않다.

5. 앞으로의 기술동향

밸브작동계의 최종목표는 목적의 밸브리프트 커브를 필요한 타이밍으로 그리는 것이라고 하는 것은 앞에서 기술한 바와 같다.

밸브타이밍에 대해서는 가변화에 의한 효과는 실제로 증명되어 있고 앞으로의 연비, 출력의 새로운 향상을 위하여는 보다 다양한 가변화기구가 필요하다.

현재 기계적인 변환기구는 각 회사에서 양산화되고 있으나 연속적으로 밸브리프트를 가변으로 하는 기구도 최근 양산화되어 더욱 연속 자재밸브 타이밍기구로서 전자 솔레노이드를 사용하는 밸브개폐기구에 대하여도 연구가 이루어지고 있다.

5.1 저프릭션 기술

연비향상을 위한 저프릭션화 기술로서는 현재는 로울러 베어링에 의한 저프릭션화 기술이 주류이다.

로커암, 리프터의 재료를 바꾸는 데 따른 경량화, 접동면의 표면처리기술에 의해, 밸브작동계 자체의 관성질량을 감소시킴과 동시에 체인이나 타이밍밸트 등의 구동계 프릭션도 함께 저감하고 밸브작동계, 구동계 전체의 프릭션 저감이 필요하다.

5.2 밸브리프트 커브의 가능성

밸브리프트 커브는 타이밍, 밸브리프트 양에 대해서만 의논이 집중되나 그 커브의 선택방법으로 엔진출력특성에 대한 효과, 밸브작동계의 내구성에 대한 영향이 있음은 알고 있는 사실이다.

그림 10-20은 전자밸브기구로서의 저속에서의 밸브리프트 커브 특성과 통상의 밸브리프트 커브특성을 비교한 것이다. 이 커브의 차이에 의한 출력에의 효과도 함께 나타낸다.

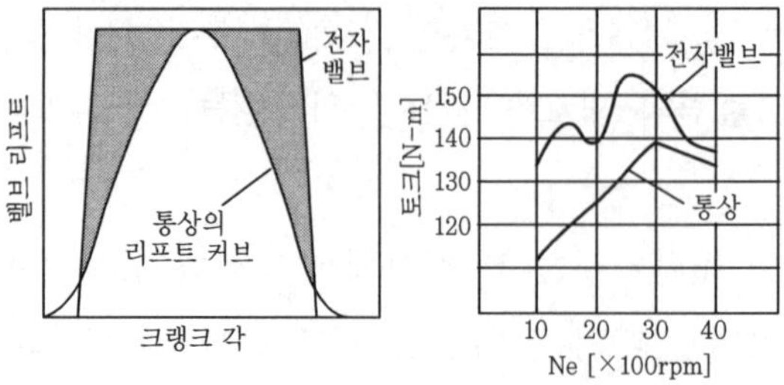

그림 10-20. 리프트 커브 특성에 의한 토크에의 효과

현재 주로 사용되고 있는 캠, 캠플로워, 밸브스프링으로 그리는 것이 가능한 밸브리프트 커브에는 기하학적으로 결정되는 한계가 있고 그 커브의 특성을 크게 바꾸기는 곤란하다.

이와 같은 사실로부터 엔진출력 특성에 효과적인 밸브리프트 커브가 그려질 수 있다고 하는 관점에서 새로운 밸브작동계 구조개발도 필요하게 될 것으로 생각된다.

Chapter 11

가변밸브작동계시스템 (Variable Valve Actuation Systems)

1. 머리말

자동차엔진의 출현 이래 가스교환장치로서 밸브의 작동기구는 여러 가지의 방식이 시도되었다. 결국은 현재의 포핏 밸브 방식에 의하여 도래되었으나, 그 기본원리는 초기의 방식에서 거의 변화되지 않았다. 결과적으로 그리고 엔진의 성능향상과 함께 운전범위가 넓어지면서 고정된 밸브타이밍으로는 최적의 설계가 곤란하게 되어 있었다.

근년에는 환경보호라 불리는 엔진의 출력과 저공해성의 2가지 목표가 절실하게 요구되고 있다. 따라서 저연비, 고출력을 위한 고효율화 및 배기저감의 유력기술로서 밸브작동기구의 가변화가 주목받게 되었다. 여기 20년 정도 앞서부터 간편한 기구로부터 실용화가 시작되고 최근에는 거의 표준적으로 채용되도록 되어 있다.

본편에서도 가변작동밸브의 효과에 대한 메커니즘과 대표적인 가변기구에 대하여 기술한다.

2. 밸브작동기구와 밸브리프트 특성

그림 11-1은 대표적인 밸브작동기구이다. 크랭크에 동기하여 회전하

는 캠에 의하여 로커암을 거쳐서 스프링으로 힘이 모아진 밸브를 밀어서 연다. 가속도를 억제하여 고속으로 캠에 추종시키기 위한 밸브의 리프트 특성은 완만한 커브를 그린다.

그리고 밸브의 착좌시는 타음이나 마멸방지를 위하여 램프부를 형성하고 있다. 이 고속작동이나 램프부 형성의 기구적인 과제가 가변기구의 실현을 어렵게 만들어왔다.

또 밸브리프트는 종래의 고정타이밍인 경우는 일반적으로 그림 11-1과 같이 고속기관에서는 크고 저속기관에서는 작게 설정되어 왔으나 고속기관의 경우 밸브의 오버랩이 커지고 아이들 등의 저부하에서는 연소가 악화되는 문제가 있었다.

또한 고속기관의 경우는 흡기의 닫힘 타이밍이 지나치게 늦어서 저속에서 토크가 얻어지지 못하는 등 오래전부터 설계를 힘들게 하는 과제이었다.

다음은 밸브작동의 가변화의 효과에 대하여 설명한다.

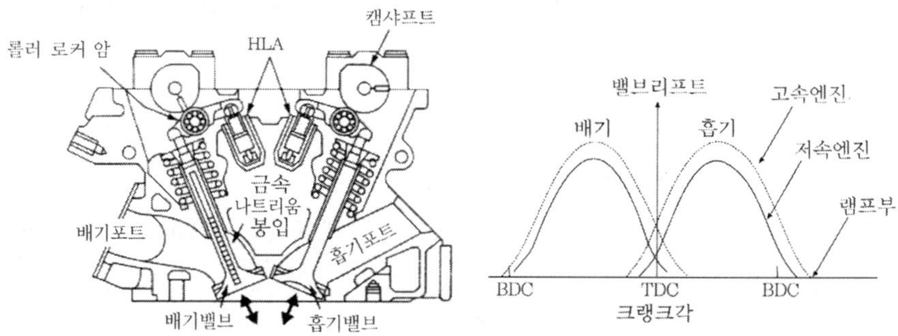

그림 11-1. 밸브동작기구와 밸브리프트 특성

3. 각 성능에 미치는 가변밸브작동의 효과

3.1 출력에의 효과

저공해성이 요구되기까지의 엔진은 한결같이 출력의 향상을 목표로 하여 진보되어 왔다. 출력향상의 요인으로서는 충전효율의 향상, 열효율의 향상, 고속회전화가 있다. 이 가운데에서 충전효율은 흡기의 흡입용이성(체적효율)을 좌우하는 흡 배기계의 저항이나 밸브의 타이밍에 크게 영향을 미친다.

그림 11-2는 각 밸브타이밍의 체적효율에의 영향을 조사한 결과이다. 파선으로 나타내는 종래의 고정타이밍으로부터 체적효율이 가장 향상하는 것이 흡기밸브의 닫힘시기이다. 이것은 그림 11-3에 나타내는 것과 같이 흡기밸브 닫힘시기의 흡기포트부의 압력상승이 흡기의 관성 지연이나 맥동작용의 영향을 받기 때문이다. 그리고 흡배기밸브의 최적의 오버랩시기도 고속역에서는 지연되는 쪽으로 쏠린다.

이와 같은 맥동의 영향은 실린더의 수에 의하여 달라진다. 다음 밸브리프트의 영향을 보면 그림 11-4에서와 같이 저속에서는 통상 수분의 1의 작은 리프트로 체적효율이 포화되거나, 고속일수록 높은 리프트가 요구되어진다. 또 밸브의 열려져 있는 기간, 즉 작동각을 달리하는 경우는 저속에서는 작은 작동각이 체적효율이 좋으나, 고속에서는 역으로 작동각이 클수록 흡입이 쉬워진다. 즉 고속에서는 큰 리프트, 작동각이 큰 것이 필요로 한다.

이상 설명한 것과 같이 밸브의 리프트나 타이밍은 체적효율에 크게 영향을 주기 때문에, 가변밸브 작동시스템의 설계에 있어서는 먼저 엔진의 토크 출력을 확보하는 밸브리프트 특성의 검토가 필요하게 된다.

3.2 연비에 미치는 효과

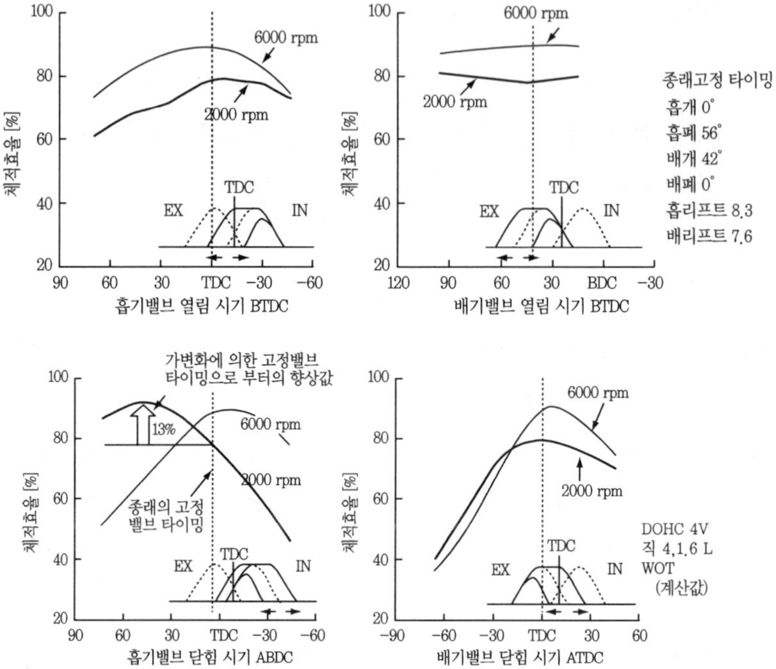

그림 11-2. 체적효율에 미치는 밸브타이밍의 영향

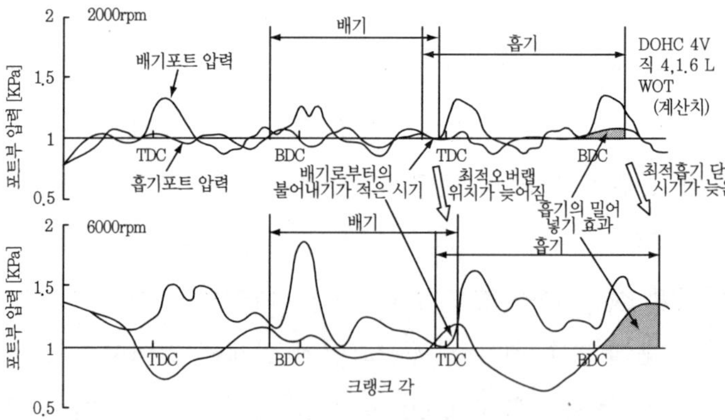

그림 11-3. 흡배기 포트의 맥동과 밸브타이밍의 동기

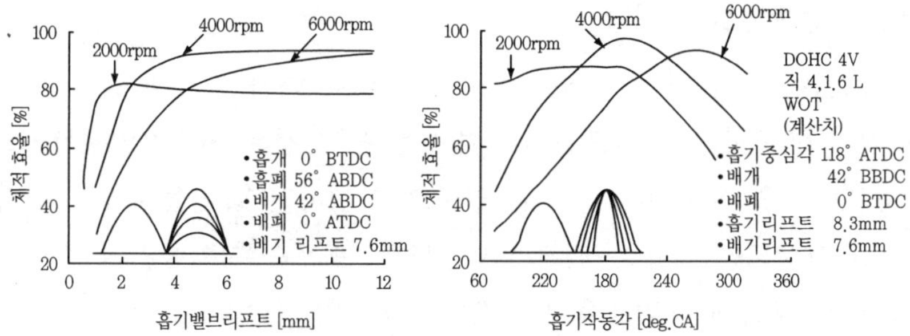

그림 11-4. 체적효율에 미치는 흡기 밸브리프트, 작동각의 영향

엔진의 연비성능을 좋게 하는 것은 열효율을 향상시키는 것이다. 그림 11-5는 가솔린엔진의 열효율에 영향을 미치는 인자를 나타낸 것이다. 이들의 인자 중에는 펌프손실의 저감이나 연소를 빠르게 하는 데 따른 시간 손실의 저감효과 등이 크다.

다음은 대표적인 연비요인인 펌프손실 관련에 대하여 기술한다.

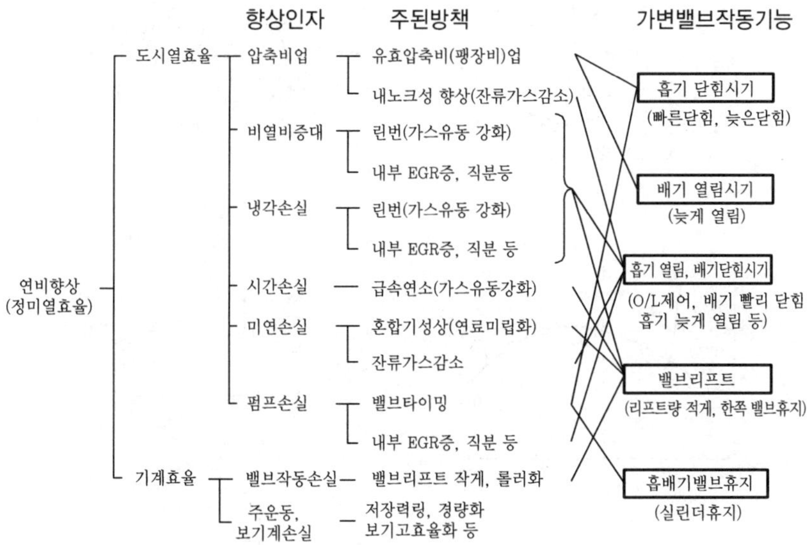

그림 11-5. 연비향상 요인과 가변동밸브 기능의 관계

3.2.1 펌프손실의 저감

가솔린엔진은 출력의 제어를 스로틀 밸브로 하기 때문에 흡기의 스로틀링에 의한 손실, 즉 펌프손실이 발생한다. 이것은 저부하일수록 크다. 이 펌프손실을 제로(0)로 할 수 있다고 가정하면 아이들에서는 연비가 약 40% 향상되는 것으로 되어 있다. 또한, 펌프손실은 흡기의 스로틀링에 의하기 때문에 체적효율이 높은 밸브타이밍일수록 커진다.

그림 11-6은 축토크 일정조건 하에서 흡기밸브의 닫힘 시기를 변화시켰을 경우의 펌프손실의 변화와 실린더내의 PV선도를 나타낸다. 흡기밸브를 통상보다 빨리 닫는 경우와 늦게 닫는 경우의 어느 경우나 펌프손실이 크게 감소한다. 이것은 유효한 흡입행정이 짧아지기 때문에 흡입이 어려워지고 그것에 해당되는 양만큼 흡입량이 적어지며 또한 그에 비례하여 스로틀밸브 개도가 커져서 흡기관내 부압이 작아지기 때문이다.

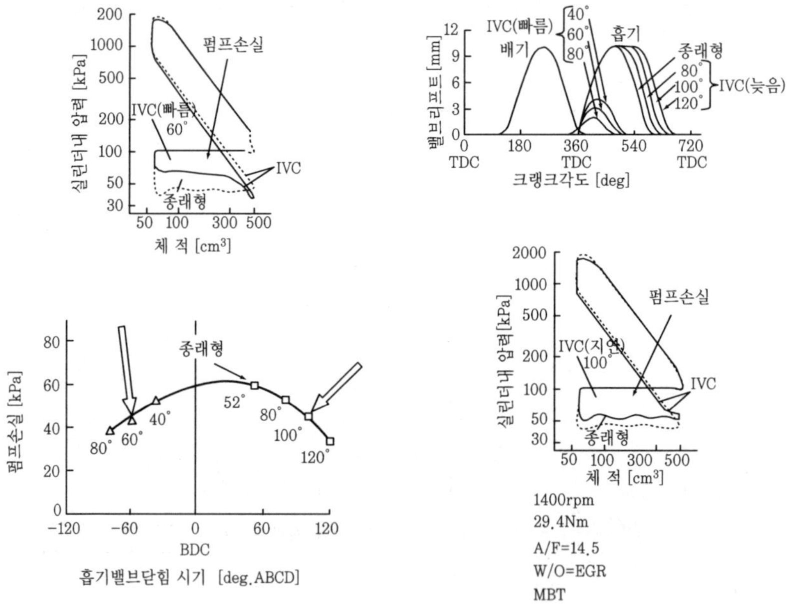

그림 11-6. 흡기밸브 닫힘시기에 의한 펌프손실의 저감

3.2.2 펌프손실 저감시의 연소악화

그림 11-7에 흡기를 빨리 닫히게(BBDC 60°) 하여 외부 EGR에 의하여 NO_x를 감소시켰을 때의 펌프손실과 도시연료소비율(ISFC)의 변화를 조사한 것이다.

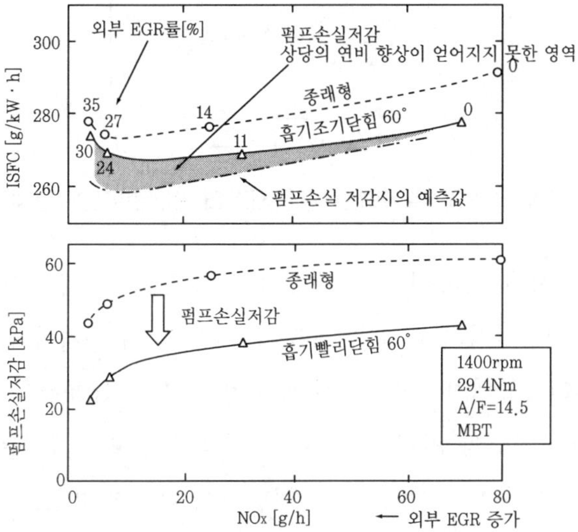

그림 11-7. 흡기 조기닫힘에 의한 펌프손실과 연료소비율의 저감

펌프손실의 저감에 의하여 ISFC도 저감되나 저 NO_x역에서는 저감값이 작아진다. 펌프손실의 저감에 맞추어 연비의 향상이 얻어지는 것이다. 이것은 주로 그림 11-8에 나타내는 것과 같이, 연소속도가 늦어지기 때문이다.

외부 EGR에 의하여 NO_x를 저감시키는 데 따라 그림 11-7의 연비저감값의 감소와 연소기간의 증대경향이 거의 일치하고 있다. 이 연소악화는 흡기밸브 닫힘 시기를 하사점에서 멀리하는 데 따라 유효압축비의 저하에 기인한다.

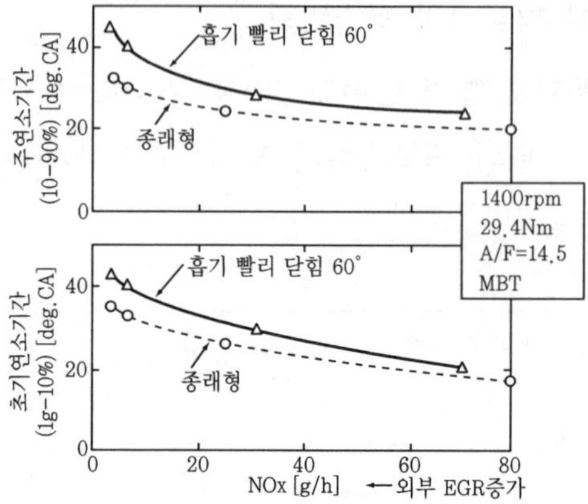

그림 11-8. 흡기밸브 닫힘시기와 연소기간의 관계

즉 유효압축비의 저하에 의하여 연소전의 온도, 압력이 저하되기 때문이다. 또 이 연소악화는 EGR 아래뿐 아니라, 저부하역이나 아이들시 희박A/F시 등 연소상태가 나쁜 상태에서 발생하기 쉽다.

그러므로 이 연소의 악화를 억제, 흡기밸브 닫힘시기 제어에 의한 펌프손실저감의 효과를 끌어내기 위한 방법이 연구되고 있다.

한 예로서 밸브개구부의 마스킹에 의한 실린더내 가스유동강화의 시도가 있다. 또 연소의 개선에는 흡기 2밸브중 한쪽 밸브의 휴지나 리프트를 작게 함으로써 가스유동강화(스월이나 텀블류의 생성) 등도 유효하다.

3.3 배기에의 효과

인체나 환경에 영향을 미치는 배기유해성분으로서 HC, CO, NO_x, PM(입자상물질)이나 CO_2 등이 있다. 여기에서는 종래부터 저감의 큰 과제로 되어 있는 HC, NO_x에 대한 밸브의 가변효과에 대하여 기술한다.

그림 11-9는 배기저감의 요인과 유효한 가변밸브의 움직임 기능의 관

계를 나타낸 것이다. 가변동밸브는 HC, NO_x의 각각에 유효한 기능이 많다. HC는 콜드시와 난기 후에 배출매커니즘이 다르다.

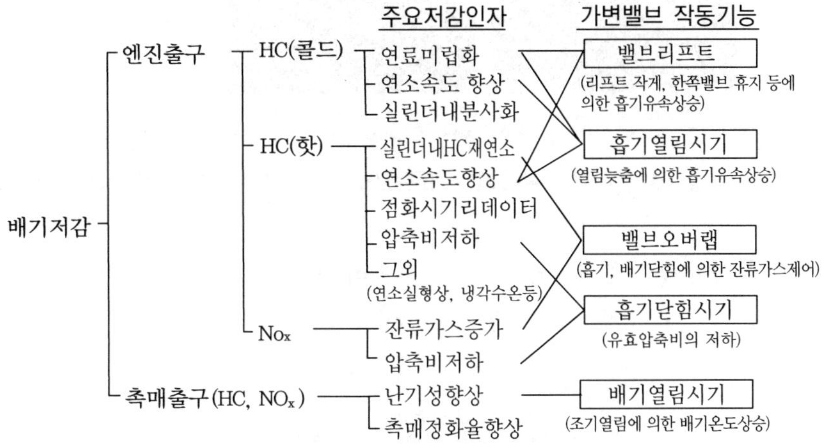

그림 11-9. 배기저감의 요인과 가변밸브작동 기능의 관계

콜드시에는 흡기포트나 밸브 등에의 부착연료가 증가하여 과농A/F가 되고 HC가 증가한다. 부착연료를 저감시키는데는 연료의 미립화가 유효하다. 미립화는 밸브리프트가 작거나 한쪽 밸브의 휴지 등으로 밸브 개구부의 유속을 높이는 데 따라 촉진된다.

그림 11-10은 작은 밸브리프트로 혼합기 입경이 작아졌을 때의 관찰예이다.

그리고 개구부의 유속향상은 미립화에 더하여 실린더내 가스유동도 강화된다. 이에 의하여 연소가 빨라지고 점화시기를 늦출 수 있어서 HC가 감소된다. 또 난기 후의 HC는 A/F의 농후, 희박에서의 불완전연소나 연소실 벽면 근방의 소염작용 등에 의하여 많이 배출된다.

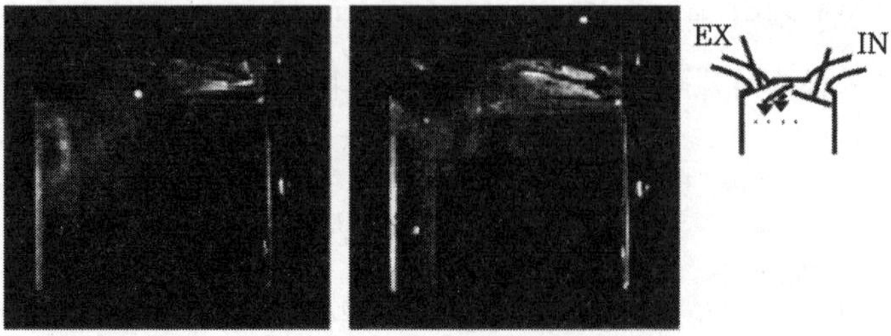

그림 11-10. 작은밸브리프트에 의한 연료의 미립화

소염층에서 발생한 HC는 피스톤에 의하여 훑쳐올라오면서 배기행정말에 높은 농도로 배출된다(그림 11-11).

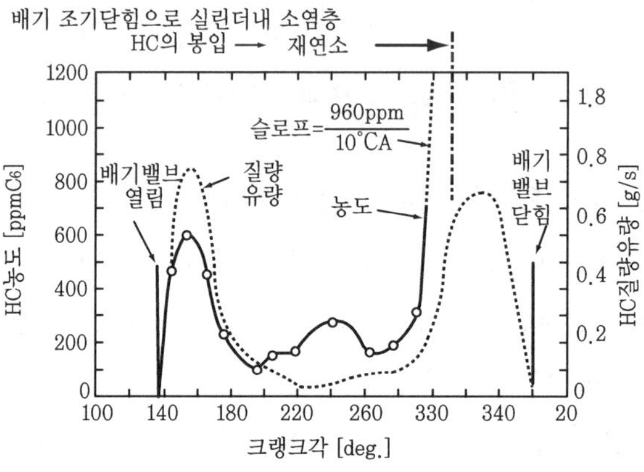

그림 11-11. 배기행정의 HC 배출농도

따라서 배기밸브의 닫힘시기를 빠르게 하는데 따라, 고농도의 HC를 봉입하여 다음 사이클에서 재연소하여 HC배출을 감소시킬 수 있다.

다음에 NO_x는 연소온도에 의하여 그 배출농도가 결정된다. 따라서 실린더 내의 공기를 과잉으로 하거나, EGR로 잔류가스를 증가시켜서 가스의 열용량을 크게 하여 연소온도를 내리면 좋다(그림 11-7).

밸브타이밍으로 잔류가스를 증가시키는 방법으로서 밸브의 오버랩을 크게 하는 것이 배기밸브의 조기닫힘이다. 후자는 뜨거운 잔류가스가 연소실에 머물게 되므로 혼합기가 가열되어 잔류가스를 증가시켰을 때의 연소악화가 적다.

또한 NO_x의 저감에는 압축비의 저하도 효과가 있다. 흡기밸브 닫힘시기를 빠르게 하거나 늦추는 데 따라 연소 전 온도가 저하되고 NO_x의 저감이 얻어진다.

4. 가변기구의 실제

밸브타이밍 가변의 아이디어는 약 100년 전으로 거슬러 올라간다. 그러나 실용화가 시작된 것은 20년가량 되었고, 밸브의 휴지기구가 최초이다. 이후 가변위상, 캠변환으로 이어져서 2001년 중반에 밸브리프트의 연속가변이 실용화되었다.

표 11-1에서와 같이 분류되는 전자나 유압구동의 캠리스방식을 제외하고 한때 실용화되었다. 특히 가변위상은 표준적으로 장착되어가고 캠변환이나 연속가변리프트와의 조합으로 가변의 자유화를 도모하는 움직임이 눈에 뜨이게 되었다.

표 11-1에 각 방식과 그 특징을 기술한다.

4.1 가변위상

흡배기밸브의 타이밍을 바꾸는 가장 간편한 방법이 가변위상이다. 실용화 초기는 헤리컬스프라인을 사용한 타입으로 2단 변환이었다(그림

11-12 왼쪽). 그러나 그후 연속제어가 실용화되었다.

표 11-1. 가변동밸브 방식의 비교

○ : 가능 △ : 일부가능 × : 불가능
제어성능 : 출력, 연비, 배기

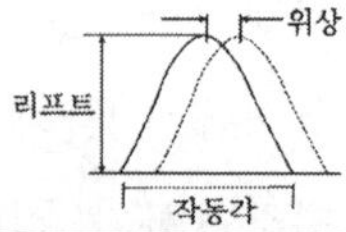

형식		밸브리프트 특성	위상	리프트	휴지	작동각	연속 제어	엔진 성능	제어 에너지	탑재성	코스트
캠 있음	가변위상	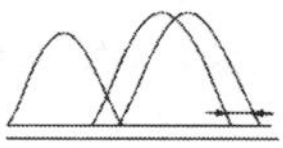	○	×	×	×	○	낮다	작다	좋다	낮다
	캠변환	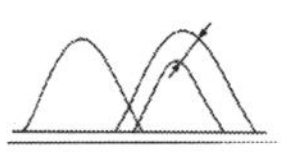	△→ ○＊	○	○	○	×→ △＊	↑	↑	↑	↑
	가변 작동각	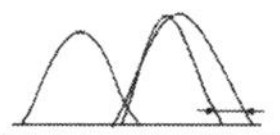	△→ ○＊	×	×	○	○				
	가변 리프트	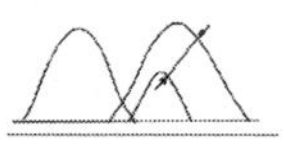	△→ ○＊	○	○	○	○	↓	↓	↓	↓
캠 리스	유압 or 전자구동	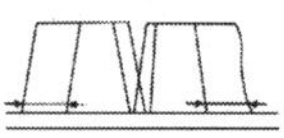	○	○	○	○	○	높다	크다	나쁘다	높다

＊ 가변위상의 조합에 의해 자재성 향상.

그리고 작동응답성의 향상을 구하여 프릭션이 적은 베인타입이 직분엔진에 조합되어, 등장되고 현재 이러한 방식이 주류가 되었다(그림 11-12 오른쪽).

또한 베인타입은 저속까지 작동요령을 넓혀서 흡배기밸브의 오버랩을 제어함으로써 운전조건에 상응하여 최적의 내부 EGR이 작동하도록 되었다.

이에 따라 부분부하시의 펌프손실이 저감됨과 함께 NO_x도 대폭적으로 저감되고 있다.

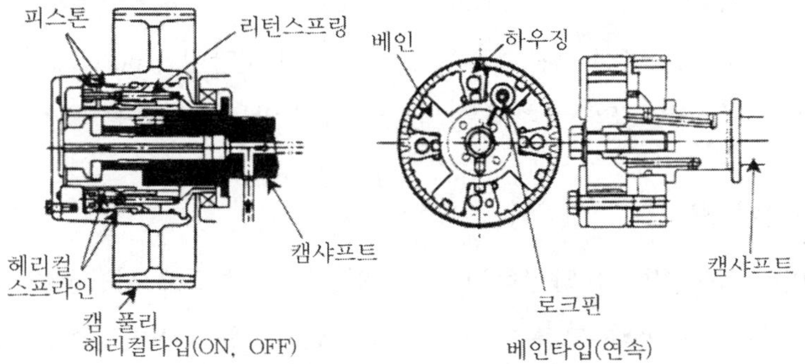

그림 11-12. 가변위상기구(유압방식)

이상의 유압방식으로 응답성이나 제어의 안정성의 향상을 겨냥하여 제어방식의 개발도 진척되고 있다(그림 11-13). 더욱이 작동영역의 확대를 겨냥한 전자구동방식이 실용화되고 있다.

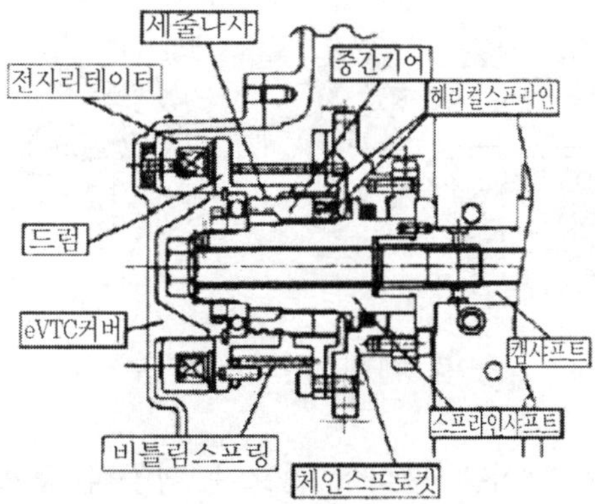

그림 11-13. 가변위상기구(전자구동방식)

이것은 헤리컬 스프라인에 물려서 위상을 바꾸는 중간기어를 전자리테이터로 구동하는 방식이다. 유압방식에 비하여 응답성이 60% 개선되고 있다. 또 엔진유압공급계의 변경을 필요로 하지 않는다고 하는 특징도 있다.

4.2 캠전환

가변위상에 이어서 양산화된 것이 캠을 선택적으로 사용하는 방법이다. 이것은 저속용과 고속용 등, 복수의 캠을 전환시키는 방식으로, 저속에서 고속까지 토크의 플래트화, 아이들시의 밸브오버랩이 작은 데 따른 연소개선 등이 얻어진다. 그림 11-14에 나타내는 것과 같이 암 사이를 연결, 비연결로 전환하는 데는 핀(유압 피스톤)을 사용하는 방식과 레버를 사용하는 방식 등이 있다.

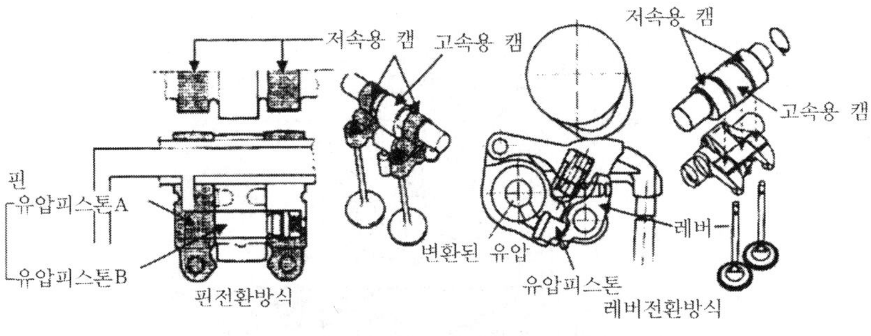

그림 11-14. 캠 전환기구

밸브의 움직이는 형식은 암식이 많으나 직동식 등으로도 실용화되고 있다. 또 캠 전환기구는 실린더수 제어를 위해 밸브 휴지기구에도 적용되고 있다.

과제는 핀이나 레버 등의 연결미스(하지카래 : 속이 차서 넘치는 현상)의 저감에 있다. 연결미스에 의해 타음의 발생이나 연결부의 마멸이 발생된다. 대책으로서 기계적으로 타이밍을 취하여 캠베이스 서클 중에 연결시키는 방법이 있으나 복잡해진다. 간결한 구성으로 연결미스를 방지하는 데는 연결부의 형상이나 내마멸성에 더하여 핀이나 레버의 이동속도가 중요하다. 레버선단의 이동속도와 연결미스의 관계를 나타내면 그림 11-15와 같이 된다. 레버선단의 속도를 높이면 연결미스가 적어진다. 또 연결미스 없는 최소한으로 연결길이를 짧게 하는 것도 유효하다.

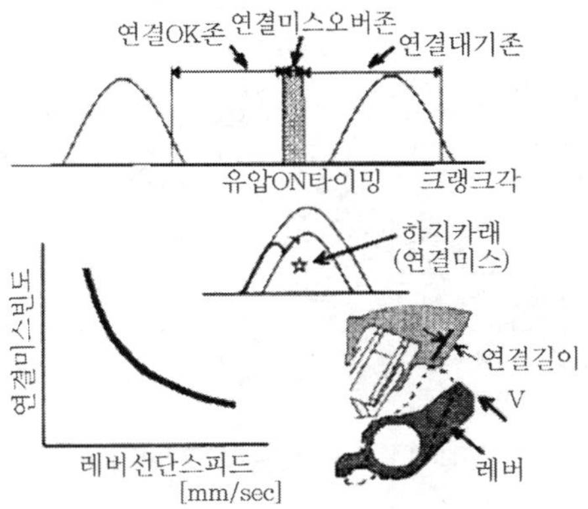

그림 11-15. 변환속도와 연결미스 관계

4.3 가변작동각(연속)

이것은 밸브의 작동각을 연속적으로 바꾸는데, 비교적 간편한 방식이다. 4실린더 전용으로 실용화시킨 예이다. 그림 11-16은 각종 실린더 형식에 대응가능한 개발예이다. 작동원리는 회전축을 편심시키는 데 따라 생기는 각속도의 변동을 이용하고 있다. 작동각의 가변은 캠노즈 방향과 편심방향을 비키도록 하는데 따라, (a) 대칭인 개폐시기변화, (b) 비대칭변화, (c) 열림 또는 닫힘만의 변화와 제어의 패턴이 설정된다.

본 방식에서는 작동각을 작게 제어한 경우 밸브운동의 가속도가 증대되므로 액추에이터 고장 등의 페일세이프(fail safe)를 생각하는 경우 작은 작동각에서의 회전한계의 설계에 주의를 요한다. 또 본 방식은 최근 디젤엔진의 압축비 가변수단으로서 주목받게 되었다. 이것은 가변위상과 달라서 흡기밸브의 닫힘시기만을 바꿈으로써 유효압축비가 바뀌어지기 때문이다.

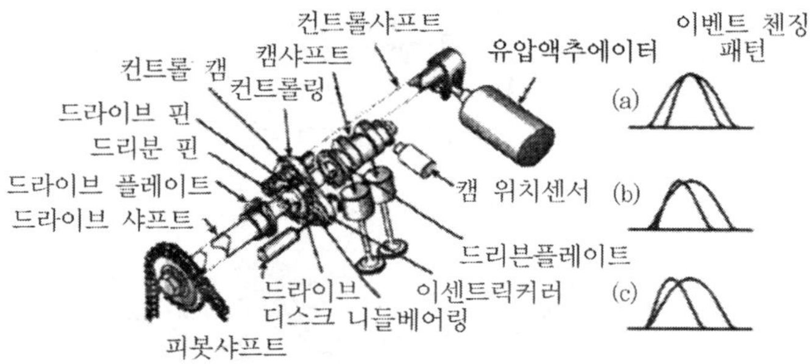

그림 11-16. 작동각 가변기구

4.4 가변리프트(연속)

이 방식은 지금까지 수많은 시행착오가 있었으나 원리적으로는 주로 2가지의 타입으로 나누어진다. 요동하는 캠을 사용하는 방식과 2개의 캠의 리프트를 겹치는 방식이 있다. 최근 전자의 방식으로 처음으로 연속가변리프트가 BMW사에서 실용화되었다(그림 11-17 왼쪽). 이것은 가변위상과 조합하여 스로틀리스화(throttleless)하여 약 10%의 연비 향상을 달성하고 있다.

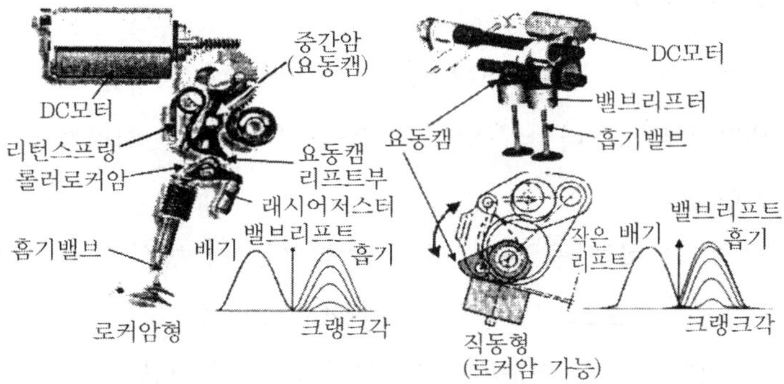

그림 11-17. 연속리프트 가변기구

BMW 방식은 구동캠으로 요동되는 중간암의 아래쪽 하단을 1종의 요동캠 형상으로 하여 요동캠의 리프트 부에서 로커암의 롤러를 내려 누르는 구조이다. 중간암의 위쪽의 지점을 움직이게 하여, 요동캠의 리프트부를 롤러로부터 멀게 하여 리프트를 작게 하고 있다.

이 방식의 경우는 중간암을 항상 구동캠에 추종시키기 때문에, 리턴스프링을 사용하고 있다. 또한 캠축의 위치는 종래의 밸브와 달리 실린더헤드를 신규로 설계하고 있다.

그리고 요동캠형으로 캠축위치가 종래의 것과 같으며 직동으로 움직이는 밸브에도 적용이 가능한 타입의 개발예가 있다(그림 11-17 왼쪽). 이 방식은 요동캠을 링크로 강제구동하기 위하여 앞서 기술한 리턴스프링이 필요하지 않게 되고 그 양만큼 프릭션은 작아질 수 있다.

다음은 2개의 캠의 리프트를 합성하는 방식이 있다. 이것은 캠축이 2개 필요하게 되며 그 가운데에서 한쪽의 캠축의 회전위상을 바꾸는 데 따라 리프트를 제어하는 방식이다. 그러나 본 방식은 실린더 헤드에의 탑재성이 과제이다.

4.5 캠리스방식

앞에서 설명한 기계적 방식에서는 관성질량이나 프릭션으로 작동응답성에 한계가 있다. 따라서 유압이나 전자력을 이용한 캠리스 타입의 개발이 활발해졌다.

그림 11-18의 좌는 유압방식의 개발예이다. 이 방식은 유압에너지를 회수하면서 밸브리프트, 타이밍을 자유자재로 변화시킨다. 그러나 유압방식에서는 엔진오일의 점도변화나 에어혼입 등에 대한 작동이 안정화나 밸브착좌 속도의 저감이 과제이다.

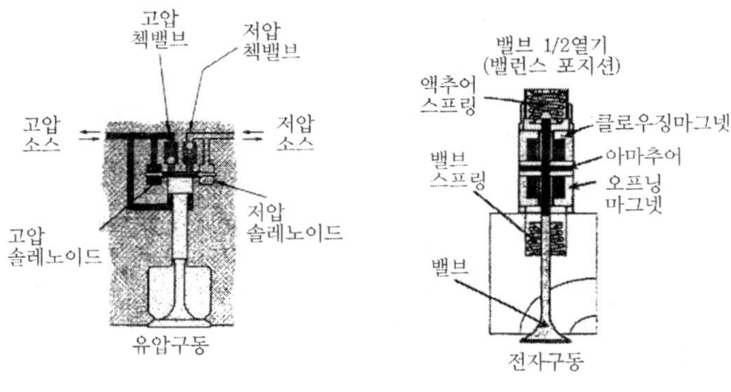

그림 11-18. 캠리스기구

다음 하이브리드 시스템의 실용화로 전자구동밸브(electric valve)에 대한 관심이 높아지고 있다. 대표적인 방식은 그림 11-18의 오른쪽에 나타내는 상하 코일식이다. 밸브의 열림용, 닫힘용의 스프링에 에너지를 축적, 전자력에 의하여 상호 엇갈려서 캐치, 보지하는 원리이고, 긴 스트로크를 고속으로 구동시킬 수 있는 것이 특징이다. 전자방식은 유압방식과 같이 순간적으로 작동휴지, 복귀가 가능하므로 한쪽이 휴지나 가변실린더, 사이클 변환 등이 가능하다.

그림 11-19는 12사이클로 운전되는 콘셉트이고 실린더의 휴지에 의한 펌프손실저감을 목표로 하고 있다. 그러나 밸브착좌음 대책이나 코스트 등 또 실용화에의 뛰어넘어야 할 과제가 많다. 과제는 많으나 해가 바뀌면서 점차로 개량이 진전되고 있다. 금후 전자제어의 진보에 동반하여 실용화의 가능성이 있는 것으로 생각되나 보급까지지는 아직 시간을 요할 것이다.

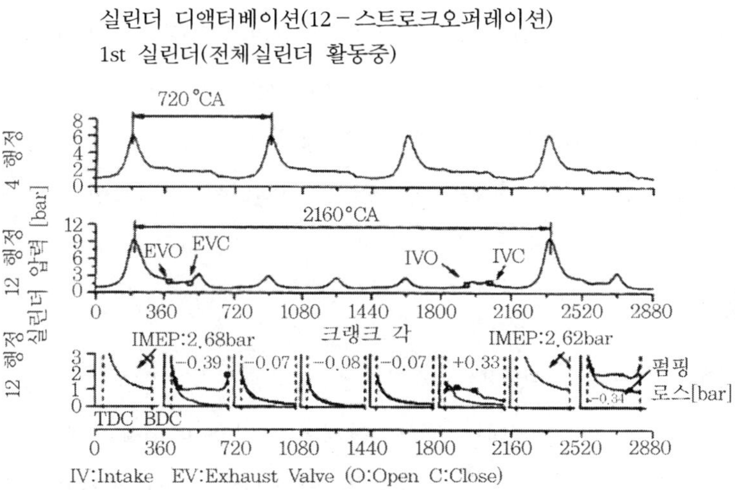

그림 11-19. 가변사이클의 예(12사이클)

5. 금후의 기술동향

가변밸브 작동시스템은 이상 기술한 바와 같이 출력, 연비, 배기 등 모두에 유리하다. 특히 배기에 대한 효과는 촉매에 의한 후처리대책의 부하를 경감시키는 데 중요한 요소기술이다. 앞으로 간편한 가변위상은 표준적으로 보급되고 또한 이것과 조합시킨 캠변환이나 스로틀리스를 가능하게 하는 연속가변 리프트 등의 고기능형의 실용화가 진척될 것으로 예상된다.

또 가변기능의 효과를 끌어내는 데는 작동응답성이 중요하고 지금까지의 유압구동에서 전자구동으로 변환되어 가고 있다. 또한 밸브의 전자구동화(캠리스)가 추구되고 있으나 코스트 퍼포먼스 측면에서 당면 캠식 고기능형의 개발이 우선될 것으로 생각된다.

한편 자동차산업은 재편성시대에 들어와서 생산성, 코스트 및 품질이 최대의 과제로 되어 있다. 가변동밸브는 고기능형일수록 원가상승이 크고, 부품의 원가저감은 용이하지 않다. 따라서 고기능형의 실현에는 아무리 빠르게 성능 메리트의 큰 사용법을 개발될 수 있느냐 혹은 표준적으로 탑재하기 쉽도록 하여 하드 코스트를 억제하는가가 결정의 관건이다.

6. 종 료

움직이는 밸브의 가변화는 극적으로 새로운 것은 없으나 광범위하게 엔진성능을 개선할 수 있다. 코스트면에서는 다소 어려움이 있으나 엔진의 생산성 및 품질개선에는 큰 효과가 있다. 장래 연료전지차가 본격적으로 보급되기까지는 아직 먼 시간이 걸린다. 그때까지는 이러한 활동의 기대가 크다. 고기능형은 신뢰성이나 코스트의 과제가 있으나 나날이 발전되어 극복될 것이다.

Chapter 12

타이밍 드라이브 시스템 (Timing Drive System)

1. 머리말

타이밍 드라이브 시스템은 4스트로크엔진 크랭크축의 회전을 1/2로 감속시켜 캠축에 전달, 밸브개폐의 타이밍을 맞추는 역할을 하는 것이다. 이 방식에는 기어, 체인, 타이밍 벨트의 3종류가 사용되고 있으나 여기서는 소형~중형 엔진에서 주로 쓰이는 체인 방식과 타이밍 벨트 방식에 대하여 기술한다.

2. 타이밍 드라이브 시스템의 역사

현재는 대형 디젤엔진에서 주로 사용되고 있는 기어 방식이 과거에는 주류이었으나, 나라의 사정에 따라 차이는 있으나 1950년대에는 기어에 대신하여 체인이 사용되기 시작하였다.

그 후 1970년까지는 체인구동이 주류였으나 1980년부터는 타이밍 벨트가 체인을 대신하여 주류로 되었고 그 후 고성능 체인개발에 의하여 1990년에는 체인이 다시 부활하여 현재는 체인이 약 40%, 타이밍 벨트가 약 60%라고 하는 분포를 가지고 있다.

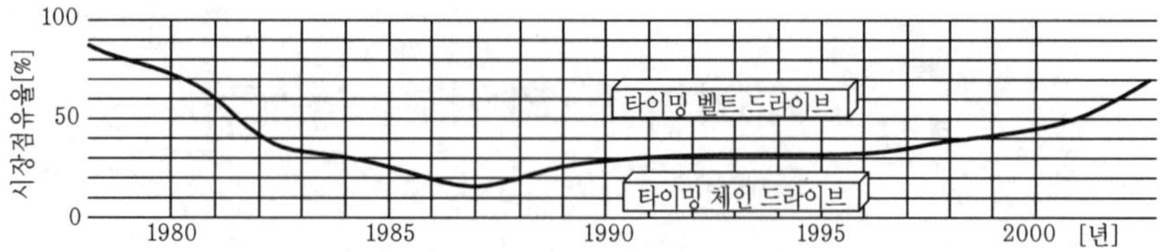

그림 12-1. 타이밍 체인의 변천

3. 타이밍 벨트 시스템

3.1 타이밍 벨트의 구조

타이밍 벨트는 그림 12-2에 나타내는 것과 같이 심선, 치포, 배고무, 치고무에 의하여 구성되어 있고 풀리로부터 벨트의 투스에 전달된 힘은 심선에 의하여 차례차례로 인접하는 투스에 전달되어 동력을 전달하는 구조로 되어 있다.

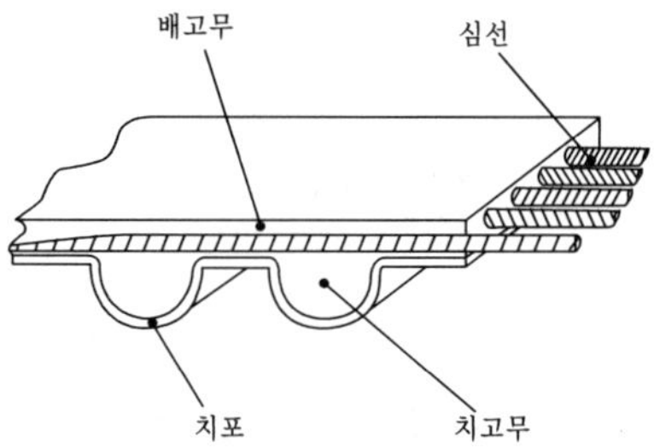

그림 12-2. 타이밍 벨트의 구조

3.2 타이밍 벨트의 고장 모드

타이밍 벨트는 고온, 고습, 고부하의 조건으로 장시간 사용하면 그림 12-3에 나타내는 것과 같은 고장이 발생하는 경우가 있다.

메인터넌스하면서 편리함을 목표로 하여 타이밍 벨트는 이와 같은 고장을 극복하기 위하여 재료, 형상, 레이아웃 면에서 여러 가지의 개량이 이루어져 왔다.

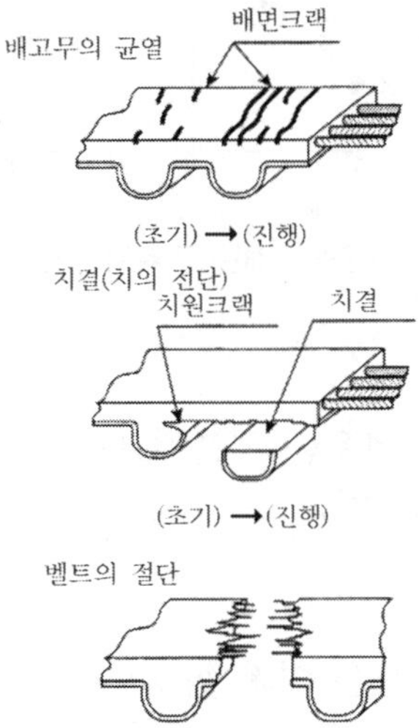

그림 12-3. 타이밍 벨트의 고장모드

3.3 타이밍 벨트의 재료

3.3.1 고무재료

현재의 타이밍 벨트에 사용되는 고무재료는 HSN 고무가 주류이다. 근년에는 엔진의 소형화, 경량화, 고성능화가 한 단계 앞서면서 타이밍 벨트가 장착되어 있는 열적 환경이 악화되었기 때문에 신 HSN 고무가 개발되었다.

그림 12-4에 신 HSN 고무를 사용한 경우의 고무딱딱하기(경도)의 상승을 비교한 것이다.

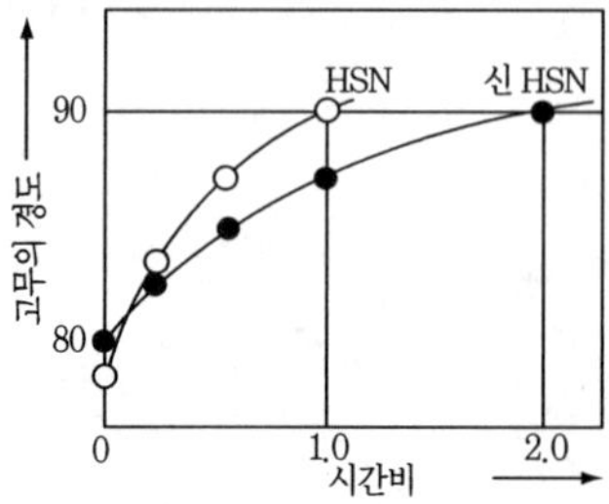

그림 12-4. 배면고무의 경도상승

3.3.2 치포재료

타이밍 벨트의 투스를 씌우는 치포재료는 풀리와 접하여 힘을 전달하는 부품이므로 내마멸성이 우수한 폴리아미드(Polyamide : 나이론66)의 사용이 주류이다.

근년에는 고무재료와 같은 열적 환경의 악화와 메인터넌스프리의 니즈 등에 의하여 새로운 마멸성을 향상시킨 아라미드 포가 개발되었다. 그림 12-5에 폴리아미드와 아라미드 치포의 마멸량을 비교하여 나타낸 것이다.

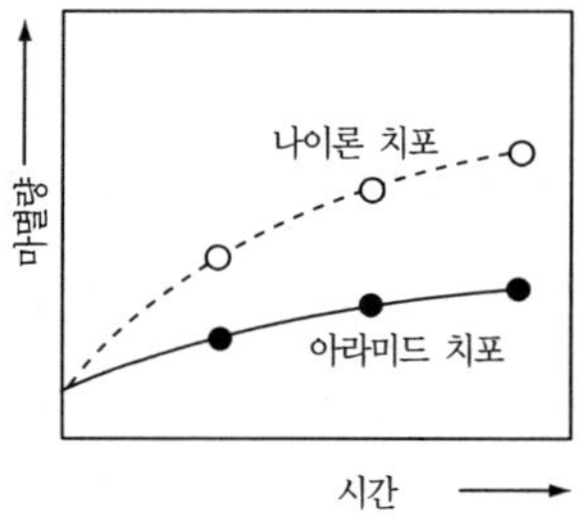

그림 12-5. 종래 치포와 개량 치포의 마멸성

3.3.3 심선재료

타이밍 벨트의 심선에는 글라스 섬유가 사용되고 있다.

글라스 섬유는 내열성이 우수하고 동시에 풀리와 벨트의 이부분(tooth)이 치합하여 힘을 전달하므로 충분한 치수안정성과 강인성을 가지고 있다. 글라스 심선의 내굴곡 피로성은 글라스 섬유 표면에 실시한 표면처리(RFL) 및 소선경에 의하여 개량할 수 있다.

표면처리의 개량 및 소선 세경화에 의한 글라스 심선의 굴곡 피로성 향상 효과를 그림 12-6에 나타낸다. 그리고 아라미드 심선의 사용에 의하여 글라스 심선 이상의 굴곡 피로성(특히 注水時)을 가질 수 있게 되었다(그림 12-7).

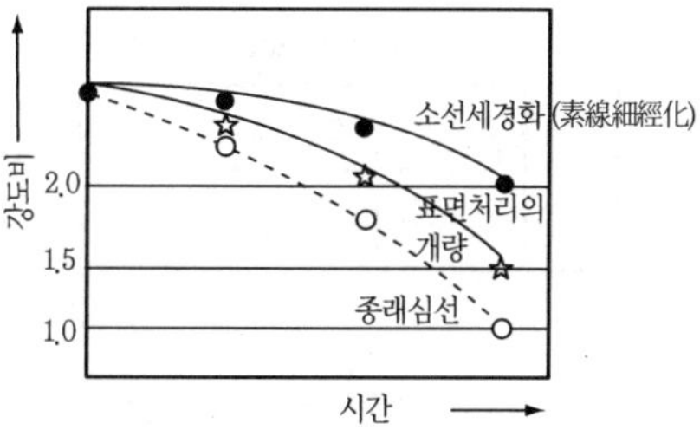

그림 12-6. 글라스 심선의 굴곡률 향상 효과

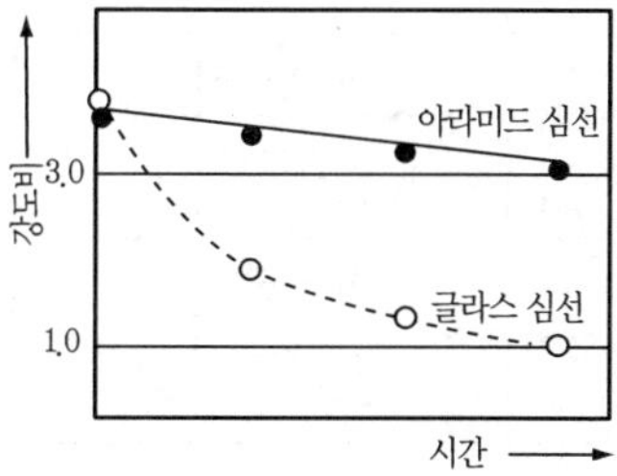

그림 12-7. 글라스 심선과 아라미드 심선의 굴곡피로성 비교

3.4 타이밍 벨트의 치형

최초로 자동차용 타이밍 벨트로서 개발된 사다리꼴형 치형(ZA, ZB 치형)은 치원(이백니)에 응력이 집중되기 쉽고, 고부하시의 내치 비약성(이빨과 이빨 사이를 건너뛰는 것에 잘 견디는 성질)이 낮다고 하는 결점이 있었다. 이 점을 개량할 목적으로 개발된 것이 둥근 치형이고, 마름모꼴 치형과 비교하면 투스는 크고 치원의 R도 커서 내구성을 향상시키고 있음을 알 수 있다.

또한 피치에 대해서는 9.525mm 피치 및 8.000mm 피치가 있고 용도에 맞추어서 선택될 수 있도록 되어 있다. 마름모꼴형 치형도 포함하여 둥근 치형의 종류를 그림 12-8에 나타낸다.

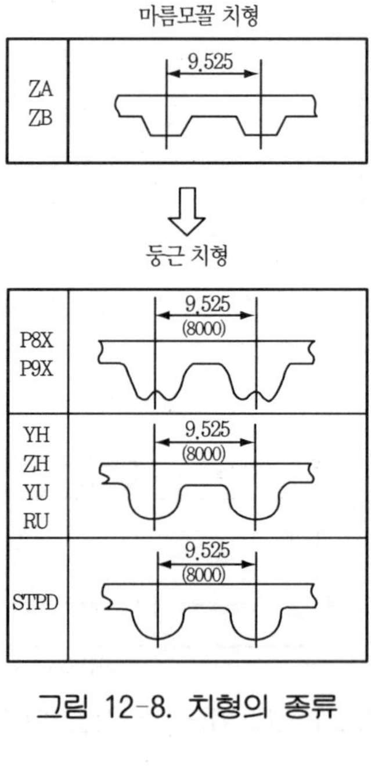

그림 12-8. 치형의 종류

3.5 타이밍 벨트 시스템의 레이아웃

엔진의 고성능화에 따라 타이밍 벨트의 사용환경(부하, 분위기 온도)이 점차 어려워지고 있는 가운데, 타이밍 벨트의 수명향상에 큰 역할을 하는 것이 오토 텐셔너이다.

3.5.1 오토 텐셔너 : Auto Tensioner(그림 12-10 참조)

타이밍 벨트는 사용에 있어서 그 초기 장력이 투스를 건너뛰거나 또는 큰 진동이 생기지 않는 범위에서 작게 하는 것이 바람직하다. 초기 장력은 과대, 혹은 과소일 때 표 12-1에 나타내는 것과 같은 문제가 생긴다.

표 12-1. 타이밍 벨트의 장력과 발생하는 문제

초장력	문제점
과대 (엔진 고온)	1) 벨트강도의 저하 2) 소음레벨 커짐 3) 엔진의 축하중 커짐
과소 (엔진 저온)	1) 투스 뛰어넘기 발생(저온 시동시) 2) 결치 발생 3) 벨트의 진동 커짐(이음 발생)

종래부터 많이 사용되고 있는 고정 텐셔너는 타이밍 벨트의 초기 장력은 운전에 의한 벨트의 늘어남을 생각하여 당초 크게 설정하였다.

이 때문에 타이밍 벨트가 새로운(운전에 의한 늘어남 현상은 발생되지 않았다) 상태에서 엔진이 고온으로 되었을 때는, 알루미늄주철의 엔진에 대하여 글라스 심선을 사용하고 있는 벨트의 열팽창이 상대적으로 작아지는 데 따라 벨트 초기 장력은 지나치게 높아지고, 또 운전에 의한 벨트의 늘어남이 발생되고 또한 엔진이 저온이 되었을 때는 엔진의 수축에 의해 벨트의 초기 장력은 지나치게 낮아지는 것이 된다(그림 12-9 참조).

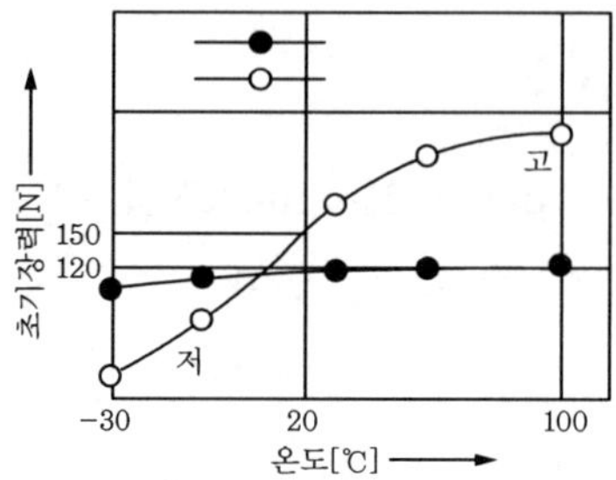

그림 12-9. 벨트 초기 장력 변화의 비교

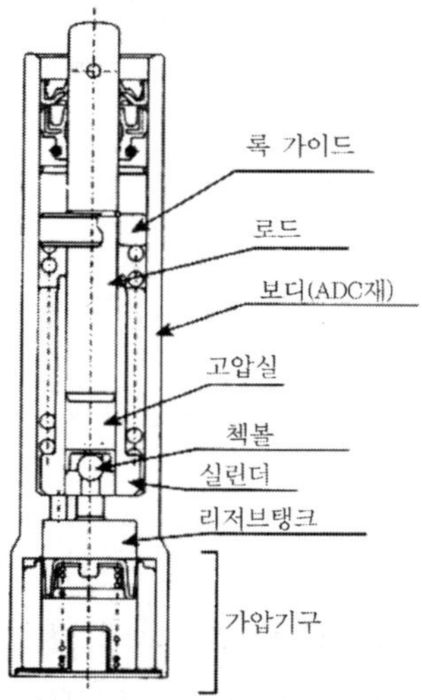

그림 12-10. 오토 텐셔너의 구조

이와 같은 문제가 발생되지 않도록 벨트 장력을 항상 바람직한 상태로 유지하는 것이 오토 텐셔너이다(그림 12-11 참조). 그림 12-12는 오토 텐셔너 채용 엔진의 예이다.

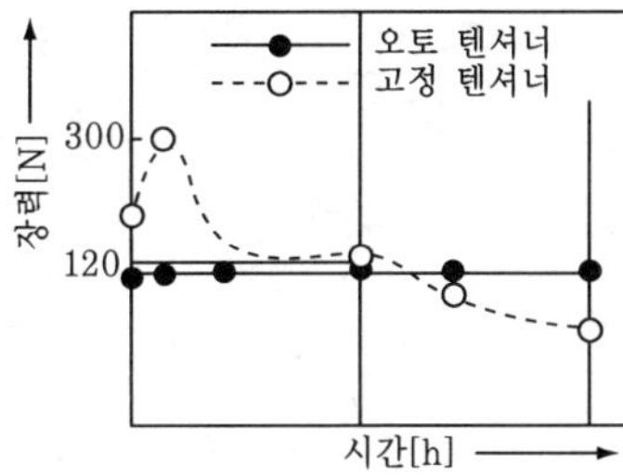

그림 12-11. 장력변화의 비교

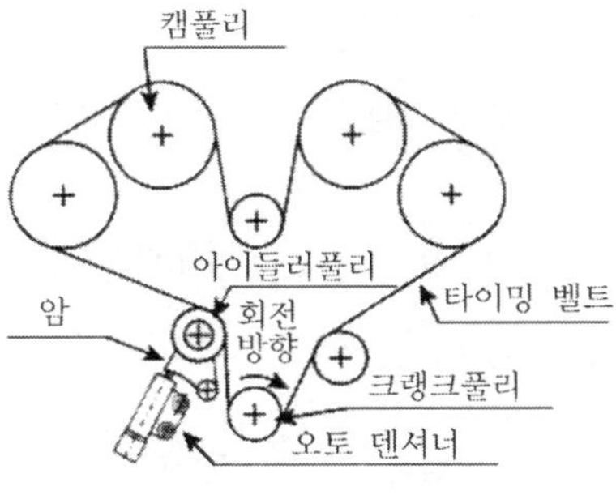

그림 12-12. 오토 텐셔너 채용 엔진의 예

4. 타이밍 체인 시스템

4.1 타이밍 체인의 종류와 구조

타이밍 체인에는 크게 나누어서 롤러 체인과 사이렌트 체인의 2종류가 있다(롤러 체인의 롤러를 생략한 부시 체인이라고 하는 것이 있으나 여기서는 그것도 롤러 체인의 중간으로서 취급하는 것으로 한다). 그 롤러 체인과 사이렌트 체인의 구조를 그림 12-13에 나타낸다.

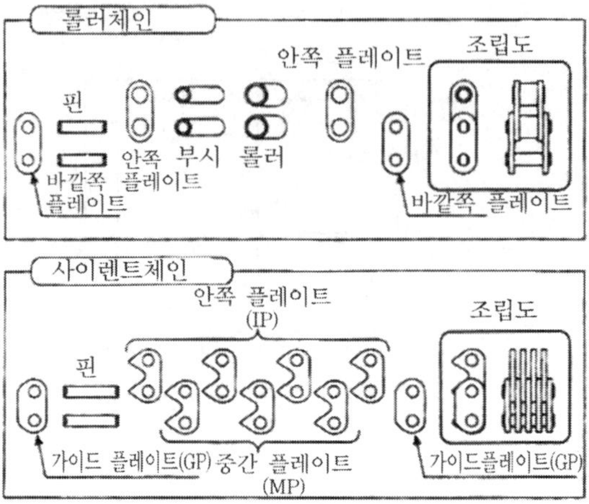

그림 12-13. 롤러 체인과 사이렌트 체인의 구성부품

롤러 체인은 핀, 2종류의 링크 플레이트(아우터 플레이트와 이너 플레이트), 부시 및 롤러로 구성된다. 굴곡은 핀 외주(外周)와 부시내주(內周)와의 사이에서 한다. 아우터 플레이트는 핀에 이너 플레이트는 부시에 각각 압입되어 있고 롤러는 부시 주위를 자유로이 회전할 수 있다.

한편 사이렌트 체인은 핀과 3종류의 링크 플레이트(가이드 플레이트, 이너 플레이트, 센터 플레이트)만으로 구성되어져 있다. 굴곡은 핀 외주(外周)와 이너 플레이트의 홀 내주(內周)와의 사이에서 발생되고, 가이드 플레이트와 핀은 압입되어 있다.

롤러 체인에 있어서는 그 강도를 향상시키기 위하여 2열화한 것도 존재한다. 사이렌트 체인에 있어서는, 플레이트의 매수를 증감함으로써 가는 것으로 강도가 높은 제품을 바리에이션을 만들 수 있다.

재질에 대해서도 각 부품 모두 합금강 또는 탄소강의 열처리가 이용되고 있다. 특히 핀에 대해서는 그 마멸을 저감시킬 목적으로 특별한 표면처리가 실시되고 있는 경우가 많다.

4.2 타이밍 체인 시스템의 레이아웃

그림 12-14에 대표적인 타이밍 체인 시스템 레이아웃의 예를 나타낸다. 타이밍 체인 시스템은 체인, 스프로킷, 텐셔너, 레버 및 가이드로 구성된다. 스프로킷은 축과 체인을 이어주는 것으로 텐셔너, 레버 및 가이드는 체인의 진동을 억제하고 소음과 장력 증가를 방지하는 것이다.

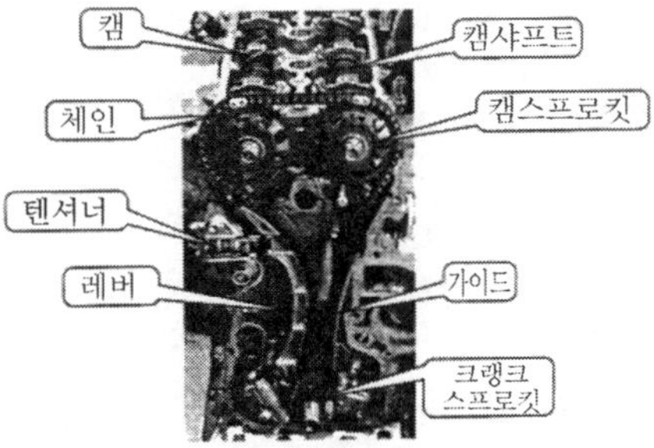

그림 12-14. 타이밍 체인 시스템의 대표 예

4.2.1 스프로킷

스프로킷 잇수는 감속비를 2 : 1로 하기 위하여 크랭크 측이 소치수(캠스프로킷의 1/2의 치수)가 된다. 이때 유의하여야 할 것은 잇수를 지나치게 작게 설정하면 체인의 현진동이 커지고 소음, 진동에 좋지 못한 영향을 주는 것으로 되어 있다. 또 크랭크축의 크기도 고려하여야 하고 이 때문에 일반적으로 18이빨 이상을 사용하고 있다.

또 캠스프로킷에 대하여는 2개의 캠스프로킷이 서로 간섭되지 않도록 잇수를 정하여야 하고 앞에서 기술한 크랭크 잇수의 조건과 겸해져서 잇수가 설정된다.

재질은 주로 소결합금이 사용되고 있으나, 단조품이나 주조품의 경우도 있다.

4.2.2 텐셔너

텐셔너는 체인의 진동을 억제하기 위하여 가장 중요한 부품이고 대부분의 경우 1웨이(way) 기구가 마련되어 있다. 1웨이 기구 가운데에서 가장 일반적인 것은 엔진의 유압을 이용한 체크볼식이 있으나 유압에 의뢰하지 않는 기계식의 것이 병용되는 경우가 많다. 그리고 유압을 공급할 수가 없을 경우는 기계식 1웨이 기구 만으로 된다.

하우징 재질은 주물이 아닌 알루미늄 다이케스트를, 피스톤에는 탄소강이 쓰여지고 있다.

4.2.3 레버, 가이드

레버, 가이드는 체인의 궤적을 형성하고 이와 함께 체인의 프리스판부를 감소시켜 진동을 억제하고 있다. 레버에 대해서는 텐셔너로부터 힘을 전달하는 역할을 한다.

그들의 체인 주행면(이후 슈라고 칭한다)은 합성고무로 만들어지는 것이 일반적이었으나 현재는 그 내구성과 코스트면에서 나이론 66계 또는 나이론 46계 수지로 만들어지는 것이 많다. 응력이 높은 것에 대해서는 슈(shoe) 재료로 일체 성형하는 것이 가능하나 응력이 높아지는 것에 대하여 철강이나 알루미늄 다이캐스트의 백업이 필요로 한다.

4.3 타이밍 체인과 레이아웃의 변천

그림 12-15는 타이밍 체인과 그의 레이아웃의 변천을 나타낸다. 레이아웃으로는 과거 직렬 OHV, OHC 엔진이 주류였으나 DOHC화하거나 V형 엔진의 등장 등으로 변화되어 갔다.

그리고 최근에는 DOHC의 IN과 Ex의 캠축이 좁아져 있고 체인의 레이아웃에도 영향을 미치고 있다.

흡기 및 배기의 캠축간의 거리가 작으면 스프로킷 지름이 제약을 받기 때문에 감속을 2단계로 나눌 필요가 있었으나 최근의 기술에서는 작은 피치체인을 사용하는 것으로서 스프로킷의 소경화가 가능해지기 때문에 1스테이지로 달성될 수 있도록 되었다.

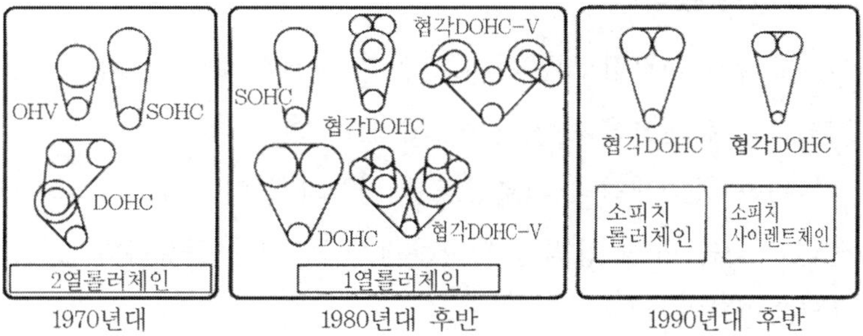

그림 12-15. 타이밍 체인과 그 레이아웃의 변천

체인으로서는 9.525mm 피치의 2열 롤러 체인이 과거의 주류였으나 그후 타이밍 벨트의 등장으로 그 사용예가 줄어들었고, 그 대신 같은 피치의 1열체인(성능은 동등 이상)이 등장하였다.

그리고 그 후 소피치화(8,000mm 피치) 및 사이렌트 체인(6,350mm 피치)의 등장으로 되었다.

사이렌트 체인에 대해서는 2륜차용 엔진의 타이밍 체인으로서 20년 전부터 이미 양산되고 있었으나 그 마멸, 늘어남 성능이 4륜차의 수명에 맞지 않아서 채용이 되지 않았다.

최신의 기술로는 핀에 특수표면처리를 함으로써 시행함에 따라 4륜차에도 채용이 충분히 가능한 레벨까지 내구성이 향상되었다.

4.4 타이밍 체인의 고장 모드와 대책

타이밍 체인의 고장 모드에는 체인의 끊어짐, 마멸 늘어남 및 롤러(부시)의 균열 등 3종류가 있다. 다음은 그들의 현상과 대책에 대하여 기술한다.

4.4.1 체인의 끊어짐

체인은 제각기 피로강도를 가지고 있고 사용장력을 그 피로강도 이하로 유지함으로써 절손을 방지할 수 있다.

그러기 위하여는 체인의 피로강도를 정확하게 알 것과 실제의 엔진에서 운전되고 있는 동적 장력을 정확하게 아는 것이 중요하다. 그들의 평가기술이 포인트가 된다.

체인의 피로강도는 엔진의 회전속도에 의하여 달라지므로 체인을 선정할 때에는 실제 엔진의 장력과 각 회전 속도에 있어서 피로강도를 비교할 필요가 있다(그림 12-16 참조).

그리고 체인 자신의 피로강도를 높이기 위한 재질, 열처리 선정, 각 부품의 살두께 설정 등도 중요하다.

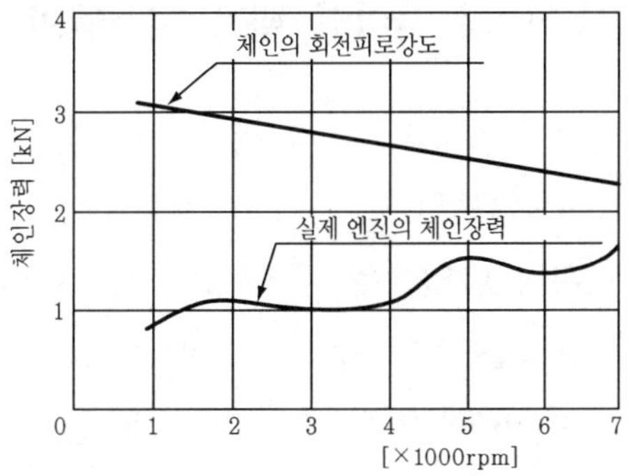

그림 12-16. 실제 엔진의 장력과 각 회전에 있어서의 피로강도 비교

4.4.2 체인 마멸 신장

체인을 장시간 운전하고 있으면 체인의 굴곡부(핀 외주 또는 플레이트의 구멍안둘레)가 마멸되고 그 틈새가 집적되어 체인이 마멸 신장되는 것이 된다. 이 마멸 신장을 저감시키는 데는 핀의 마멸을 어떻게 저감시키는가가 포인트가 된다.

이때 엔진오일이 윤활유로서 공급되므로 경계윤활이 되나 그 윤활유의 양과 질에도 이 마멸 신장에 다소 영향이 있으므로 체인시스템에 오일제트를 실시하는 것이 필요하다. 시장에 있어서는 윤활유의 어느 정도의 열화 상태를 상정하여 둘 것이 필요하고, 따라서 핀에 특수한 표면처리를 실시하는 것이 일반적으로 이루어지고 있다.

4.4.3 롤러(부시)의 크랙

롤러(부시) 체인의 경우는 롤러(부시)가 스프로킷의 치저(이의 바닥)에 충돌하므로 초고속회전역에서는 그 롤러(부시) 자체가 내충격성이 문제로 된다. 이 롤러(부시)의 내구성은 체인의 장력과 회전속도에 반비례하는 것을 알고 있고 이것도 체인 끊어짐과 같은 평가기술이 중요하다.

5. 타이밍 체인 시스템과 타이밍 벨트 시스템의 비교

지금까지 여러 가지의 엔진소음, 프릭션의 평가를 이루어져 왔으나 엔진마다에 레이아웃, 부하 토크 등의 특성, 계측조건이 다르고 시스템 사이에서의 데이터의 횡적 나열들을 비교하는 것이 어렵다.

그 때문에 축의 위치를 동일하게 하고 부하조건은 자동차용 엔진의 DOHC 캠헤드를 사용, 변동부하를 주는 것과 동일한 시뮬레이션 시험기를 제작, 가능한 한 조건을 맞추어서 평가를 하였다. 그리고 다음의 실험은 각 시스템을 커버가 없는 상태에서 가동시켜 측정한 것이다. 체인은 엔진내부에 수납할 것, 타이밍 벨트는 수지제 커버를 창작하였을 때는 엔진전체의 소음레벨은 달라지게 된다.

5.1 소 음

자동차의 저소음의 요구는 최근 점차 높아져가고 있고 엔진에 대하여도 한층 소음저감이 요망되고 있다.

저소음화의 흐름 중에 타이밍 벨트는 1970년대 후부터 '정숙성'의 강조를 더욱 활발하게 하면서 시장을 넓히고 있다.

그러나 최근에는 롤러 체인도 피로강도의 향상으로 2열 체인이 1열로, 다시 피치도 다운 사이징이 가능하게 되어 종래에 비하여 시스템 전체의 소음을 많이 저감시킬 수 있게 되었다.

한편 사이렌트 체인은 롤러 체인에 비하여 소음이 더욱 작게 억제되기 때문에 앞으로 콤팩트, 저소음의 특징을 살려서 채용 엔진이 증가될 것으로 생각된다.

5.1.1 실험에 의한 소음평가

시뮬레이션 시험기를 사용하여 롤러 체인, 사이렌트 체인, 타이밍 벨트의 소음을 비교 평가하였다.

[그림 12-17~19]에 각 재원으로 크랭크 축 회전 속도를 변화시킨 경우의 시스템 전체음(오버올, 이하 OA라 약한다) 및 치합(물림주기)의 1차성분의 소음레벨과 회전속도의 관계를 나타낸다.

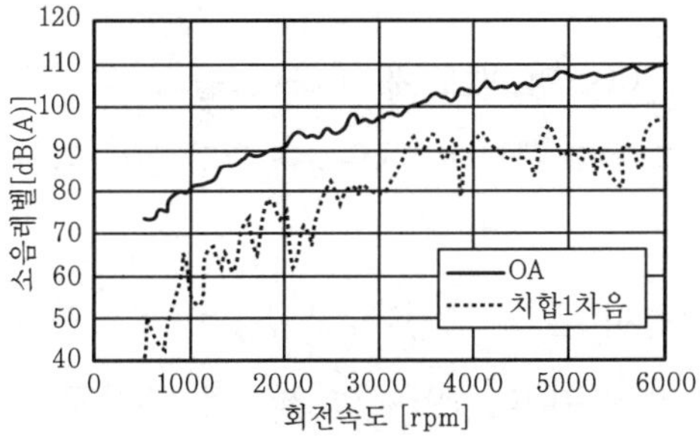

그림 12-17. 롤러 체인의 소음레벨

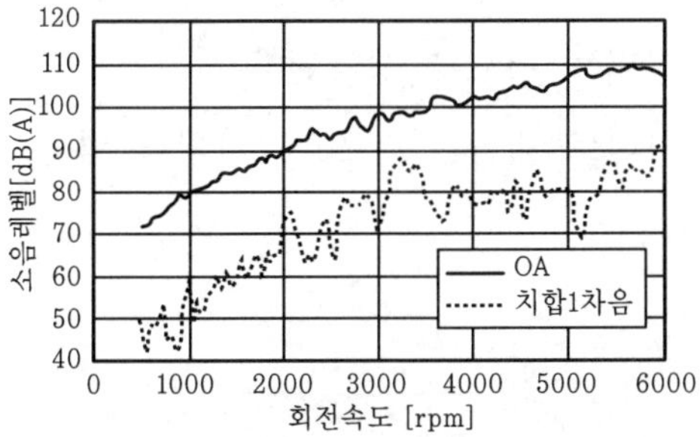

그림 12-18. 사이렌트 체인의 소음레벨

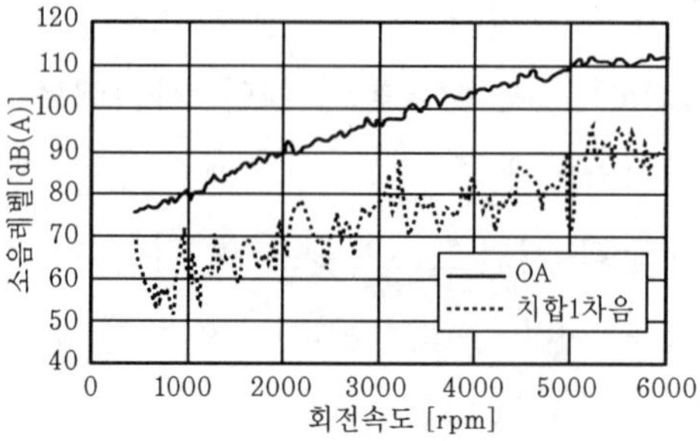

그림 12-19. 이붙이 벨트의 소음레벨

사이렌트 체인과 타이밍 벨트에 비하여 롤러 체인은 OA레벨이 높다. 사이렌트 체인과 타이밍 벨트의 경우는 그 경향이 현저하게 나타나지 않는다.

이것은 이 2 재원이 롤러 체인과 같이 스프로킷의 바닥(치저)에 충격적으로 물리는 것이 아니고 사이렌트 체인은 스프로킷 투스에 미끄러져 들어가는 것과 같은 물림이고 타이밍 벨트는 풀리투스에 변형되면서 물리는데 따라 물릴 때마다의 충격이 잘 발생되지 않고, 충돌 에너지가 억제되는데 따라 기인되는 것으로 생각된다.

롤러 체인과 사이렌트 체인은 스프로킷과의 물림을 그림 12-20, 그림 12-21에 나타낸다.

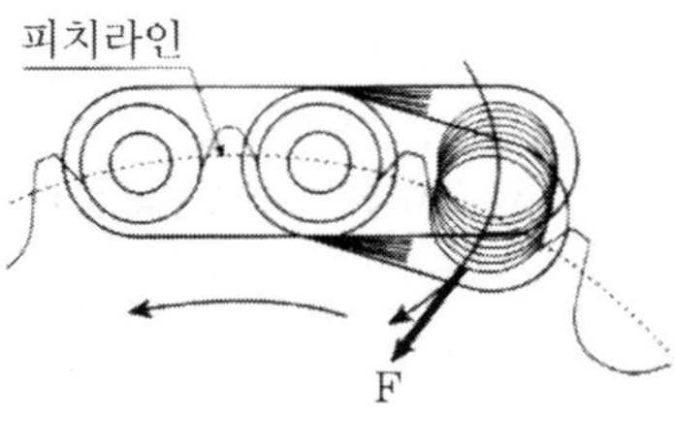

그림 12-20. 롤러 체인의 물림

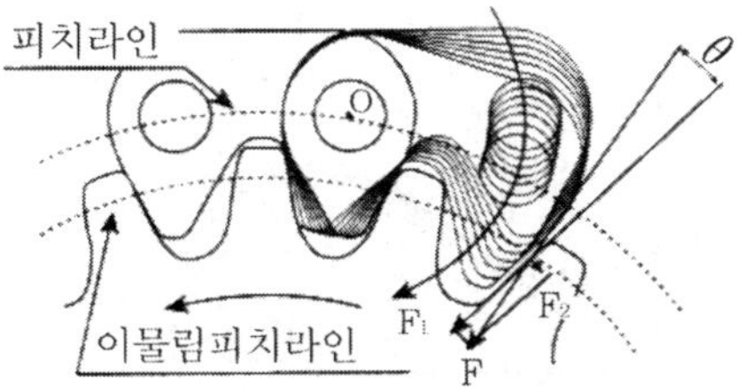

그림 12-21. 사이렌트 체인의 물림

5.1.2 컴퓨터 시뮬레이션에 의한 소음의 예측

앞에서 기술한 바와 같이 체인이나 타이밍 벨트는 물림에 의한 충돌 에너지가 큰 경우나 물림이 원활하지 못한 경우는 소음이 커지게 된다.

최근 컴퓨터의 처리가 고속화되고 종래는 불가능하였던 체인이나 벨트의 거동이나 물림의 원활함을 해석에 의하여 정량적으로 예측 가능하도록 되었다.

최근 다양화되는 수요자의 요구, 개발기간의 단축화에 대응하기 위하여 종래의 시작, 평가주체의 스타일로부터 컴퓨터시뮬레이션의 웨이트가 높아지고 그 성과를 제품설계에 피드백하고 있다.

5.2 프릭션 로스

타이밍 드라이브 시스템에 있어서 프릭션 로스의 저감은 저연비와 관련되는 중요한 항목이다. 여기서의 프릭션 로스란 체인이 가이드 레버 위를 주행할 때의 마찰, 벨트와 아이들러와의 마찰, 물릴 때의 마찰에 기인하는 에너지 로스이다.

소음 측정과 같은 시뮬레이션 시험기에서 각 시스템의 프릭션 로스의 비교를 한 결과를 그림 12-22에 나타낸다.

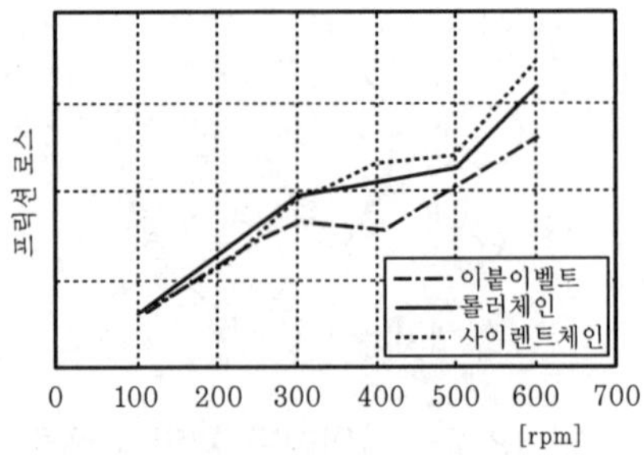

그림 12-22. 프릭션 로스의 비교

타이밍 벨트의 프릭션 로스인 쪽이 2개의 체인과 비교하여 적은 것은 그림 12-23에 나타내는 것과 같이 타이밍 벨트의 배면측 마찰 부분이 아이들러부 만에 있는 것에 의한다. 그 때문에 특히 중~고속역에서의 차가 커진다.

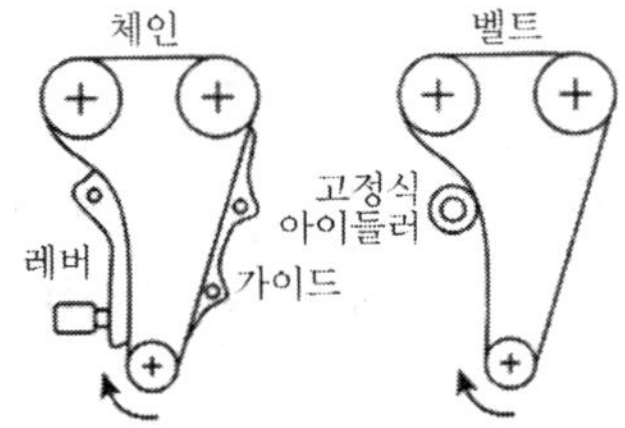

그림 12-23. 레이아웃 비교

롤러 체인에 비하여 사이렌트 체인의 프릭션 로스가 중~고속역에서 약간 커진다. 이것은 그림 12-13에 나타내는 것과 같이 사이렌트 체인은 구조상 플레이트의 매수가 많고, 플레이트 내부에까지 오일이 잘 도달되지 않아서 마찰 저항이 높아지기 때문인 것으로 추측된다.

5.3 단체평가

구성부품 평가 중에서, 특히 중요한 특성으로서 허용장력과 신장을 비교하였다. 그리고 타이밍 벨트는 체인과 달라서 사용환경에 따라 수명, 특성이 크게 변화되므로 강도, 신장의 평가 이외에도 내환경성(내열성, 내한성, 내수성, 내약품성 등)도 중요 항목이다.

5.3.1 허용장력

롤러 체인, 사이렌트 체인으로 다수의 동일부품이 직렬로 이어져서 구성되어 있는 기계요소이므로 그 가운데에서 1개가 파손되어도 체인전체의 강도에 영향을 미치는 것이 된다.

또한 체인의 절단, 벨트의 치결은 엔진의 정지를 가져오는 대단히 위험한 고장이 있다.

롤러 체인, 사이렌트 체인 및 일반적으로 사용되고 있는 25.4mm 폭의 타이밍 벨트는 허용장력을 피치기준으로 비교한 것을 그림 12-24에 나타낸다.

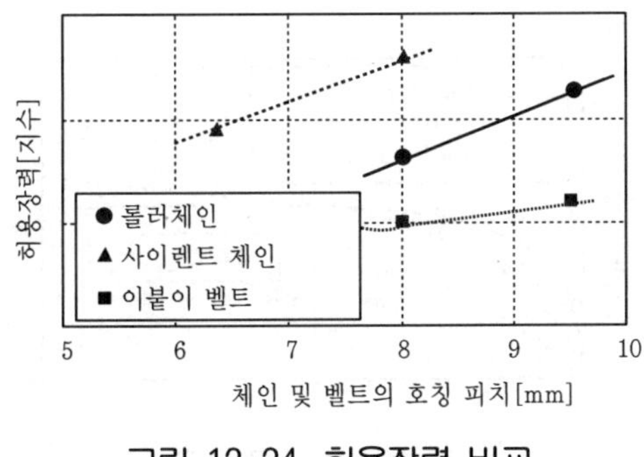

그림 12-24. 허용장력 비교

이 그림으로부터 사이렌트 체인은 소 피치임에도 불구하고 높은 허용장력을 확보하고 있다고 할 수 있다.

타이밍 벨트는 체인과 같은 허용장력을 구하면, 벨트폭이 지나치게 넓어져서 경량화의 이점이 없어지게 된다.

5.3.2 신 장

체인이나 벨트가 신장되는 데 따라 캠축 드라이브의 밸브 작동계의 타이밍이 어긋나게 될 위험성이 있다.

롤러 체인은 핀에 대하여 부시가 베어링의 역할을 다하고 있으므로 핀과 부시 사이의 마멸이 생기고 그 마멸이 진행, 결과적으로 체인의 신장으로 이어지는 것이 된다.

사이렌트 체인은 핀과 링플레이트 구멍 사이에 마멸이 발생되고 이 마멸이 진행되면 신장된다.

사이렌트 체인은 치저부분의 표면을 씌우고 있는 천의 마멸과 강도를 감내하는 심선자체의 신장이 더하여 벨트의 신장이 된다. 롤러 체인, 사이렌트 체인 및 타이밍 벨트의 주행거리에 대한 신장을 그림 12-25에 나타낸다.

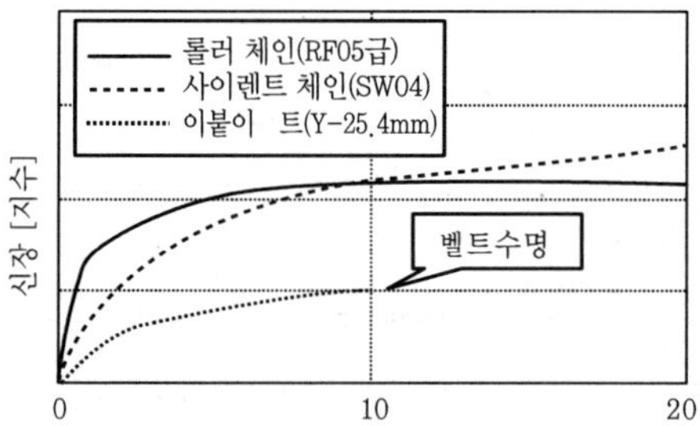

그림 12-25. 신장비교

타이밍 벨트의 신장은 체인에 비하여 약 1/2 정도이나 신장에 의한 고장의 투스는 이의결치 및 절단으로의 고장에 의하여 수명이 끝나는 것이 일반적이다. 사이렌트 체인의 초기단계의 신장은 롤러 체인에 비하여 작으나 최종적으로 롤러 체인 쪽이 신장은 작다.

또 체인의 신장은 공급유량, 오일의 종류(점도 등), 열화상태, 수트(그을음) 등의 개재물에 의한 오염의 정도, 오일의 윤활조건에 따라 크게 영향을 받게 된다.

6. 맺음말

지금까지 타이밍 드라이브 시스템에 대하여 벨트와 체인 또는 롤러 체인과 사일렌트 체인에 대한 각각의 특색을 비교 소개하였다. 앞으로 타이밍 드라이브 시스템은 벨트, 롤러 체인, 사이렌트 체인과 각각의 특징을 살려서 3분화해서 나갈 생각한다.

Chapter 13 흡기시스템(Air intake system)

1. 머리말

승용차 엔진용 흡기시스템은 차의 발전과 함께 항상 진화되고 있고, 또한 계속적으로 개발되고 있다.

1970년대에는 흡입공기중의 먼지를 제거하는 것이 가장 기본적인 기능으로서 흡기시스템을 구성하는 에어 클리너가 제1품목으로 되어 있었으나 승용차의 쾌적성 향상의 요구 및 차실내의 소음저감과 환경보호를 위한 차외로부터의 소음규제가 강화되면서 흡기시스템에 대한 개선의 요구가 한층 강화되었다.

1990년 전후는 소음기에 의한 소음기술과 흡기시스템으로서 최적화 기술의 진보로 이들을 모듈화하고 저코스트화, 콤팩트화하는 데 전력하였다.

근년에는 인테이크 매니폴드를 중심으로 하는 흡기시스템 모듈이 국내용이나 유럽 차에 채용되어 흡기시스템 부품과 타기능 부품과의 모듈화가 발전되어 나가고 있으며 이와 같은 가운데 흡기시스템의 기능과 역할에 대하여 다시 재확인하는 의미에서 본고의 뜻이 있다.

2. 흡기시스템의 변천

승용차 엔진용 흡기시스템의 변천은, 배출가스의 규제강화, 연료공급시스템의 주를 이루고 있던 기화기시스템에서 전자제어 연료분사시스템으로 변화되고, 또한 엔진의 출력향상, 저연비화에 더하여, 차실내의 저소음화나 차외소음의 규제 등이 크게 달라져 왔다.

그림 13-1은 승용차용 엔진에 요구되는 특성들을 나타낸 것이고, 그림 13-2는 흡기시스템을 둘러싸고 있는 환경변화에 의한 추이를 나타낸 것이다.

① 흡기시스템은 에어 클리너 단체에서 에어필터 교환시의 작업성 향상을 위해 소형 경량화로 역하트형으로 변경

② 배출가스 규제에 대응하여, 흡입공기온도 조정장치, 익죠스트매니폴드에 신선한 공기공급, 촉매의 산화환원의 촉진을 위한 2차공기의 도입

③ 전자제어 연료 분사 시스템의 채용으로 자동온도 조정장치나 2차공기 도입장치의 불요

④ 에어플로미터의 보지를 위해서 에어 클리너를 엔진마운트에서 새시 마운트로 탑재 장소의 변경

⑤ 저연비화의 대응을 위해 에어 클리너의 수지화에 의한 경량화로 저코스트화나 소형 경량화의 요구에 대응, 그리고 소음성능의 최적화와 통기저항의 저감

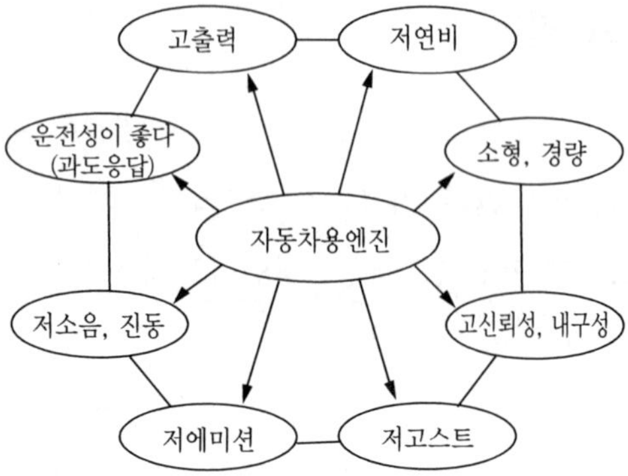

그림 13-1. 자동차엔진에 요구되는 특성

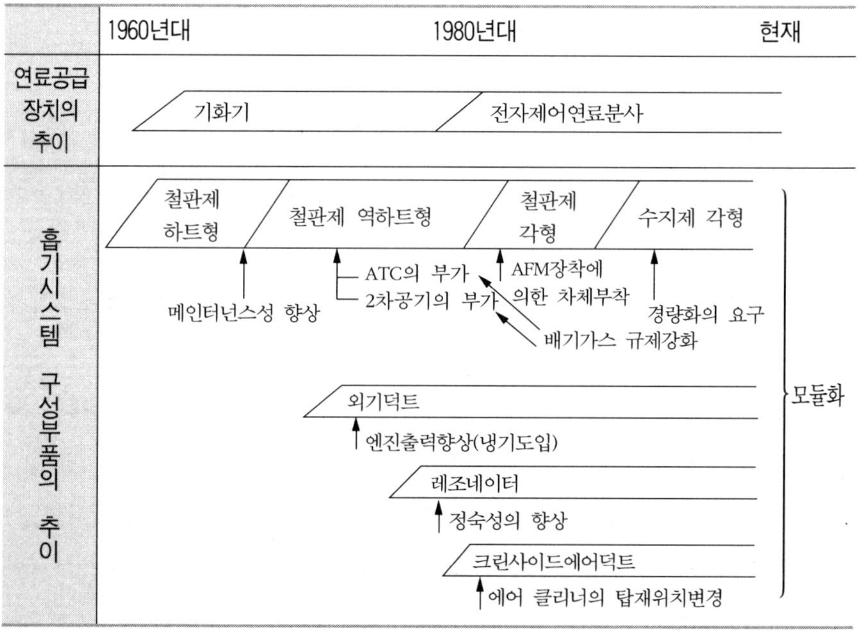

그림 13-2. 흡기시스템의 추이

3. 흡기시스템의 개요

흡기시스템은 청정한 공기를 엔진에 공급하기 위한 시스템이고 그 기능은 다음과 같다.

① 공기의 도입과 그 유도
② 흡입 공기 중의 먼지 제거
③ 소음

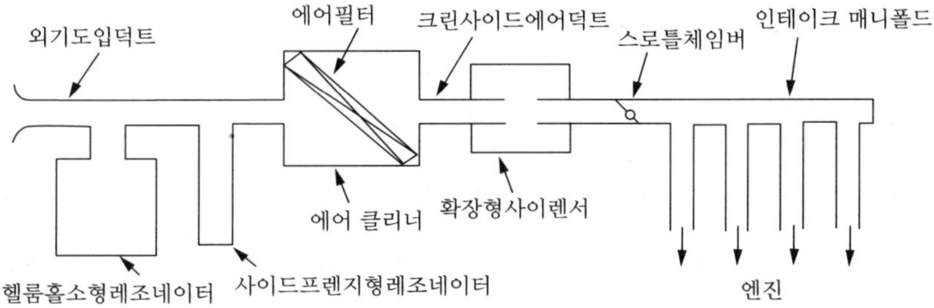

그림 13-3. 흡기시스템 모듈

1) 연소에 필요한 산소를 엔진에 공급, 단, 그 속에 물의 침입을 방지하고 되도록 저온의 공기를 도입할 필요가 있으며 이를 위하여 흡입구의 위치선정에 유의할 것과 또한, 엔진성능을 충분히 발휘할 수 있도록 에어덕트의 길이, 지름, 형상의 최적화를 도모하고, 흡입저항의 저감을 할 필요가 있다.

2) 흡입 공기 중에 혼입되어 있는 분진의 제거 기능과 일정 이상의 청정효율을 보존하고 흡입저항의 증가를 최소화한다.

3) 현재의 흡기시스템은 많이 진화된 기능이다. 그리고 이 기능의 최적화를 위하여 흡기부품의 개발은 부품단체의 개발에서 시스템으로의 개

발이 변화되어가고 있다. 흡기소음의 음원은,

① 흡기밸브의 개폐에 따른 공기의 맥동에서 발생된다. 이 소음의 저감을 위해서는 에어 클리너를 확장실로서 사용, 음압레벨의 저하 외에 각종 소음기를 흡기시스템에 장착한다.

② 에어덕트의 길이, 지름, 형상의 최적화로 전체 레벨을 다시 저감시킨다.

4. 흡기시스템의 성능과 기능

4.1 여과성능(흡입공기 중의 분진제거)

여과성능의 제고를 위한 것이 에어필터 또는 에어엘리먼트이다. 에어필터는 분진의 보지용량, 청정효율에 의하여 그 성능이 평가된다. 이 성능의 파라미터로 되는 것이 여과재의 거칠기(bore size), 여과면적, 여과재료다. 이들은 사용환경이나 교환 인터벌 및 통기저항값 등에 의해 결정된다.

그림 13-4. 흡기시스템의 사례

4.1.1 메쉬의 크기(bore size)

엔진의 마멸에 영향을 크게 미치는 것으로 알려진 20~30 μ의 더스트를 100% 가까이 제거할 수 있도록 설정한다.

4.1.2 여과면적

엔진의 배기량(흡입공기량)이나 사용환경에 의해 크게 좌우되나 엔진룸내의 한정된 스페이스를 유효하게 활용하기 위하여는 여러 가지 형상의 것이 사용되고 있다. 그림 13-5에 그 대표적인 형상을 표기한 것으로 종래의 역하트 형상 에어크리너의 형상을 나타낸다.

그림 13-5. 에어필터의 종류

에어 클리너를 엔진의 상부에 부착하는 경우는 후드의 높이에 제약을 받게 되어서 높이를 낮게 하고 스페이스 효율이 좋은 축류형으로 변환되었고 현재는 엔진마운트, 새시마운트 등 스페이스 효율이 좋은 각 형이 주류를 이루고 있다. 또한, 여과면적을 유효하게 활용하기 위하여 흡기유입시 에어 필터의 전면을 한쪽으로 치우치는 일 없이 통과할 수 있도록 에어클리너의 형상을 결정하는 데 유의하고 있다.

4.1.3 여과재

여과재는 종이와 부직포가 주류이다. 종이로 된 드라이 타입(건식)과 비스커스 타입(습식)의 2종류가 주로 사용되며, 먼지가 많은 지역(예를 들면 중동, 호주)에서는 드라이 타입이 많이 사용된다.

그리고 드라이형 여지는 표면여과로 인하여 눈막힘이 발생되기 쉽고 대개의 경우 교환지정 거리까지 몇 번인가의 청소를 필요로 한다. 그리고 최근에는 눈막힘이 적어지도록 밀도구배를 가지게 한 여지도 있다.

한편, 비스커스형은 여지에 오일을 함침시킨 것으로, 부착된 오일에 먼지가 붙어, 이것이 새로운 여과층을 형성하기 때문에 눈막힘이 덜 일어나고 따라서 교환지정 거리까지 청소하지 않고 사용할 수 있는 이점이 있다.

그리고 부직포는 다층화하는 데 따라 밀도 구배가 형성되고 더스트의 크기에 상응하여 각각의 층에서 먼지입자의 크기에 따라 더스트의 보지용량을 증가시키고 있다.

4.2 통기저항

엔진의 고출력화와, 저연비화를 위한 통기저항이 극히 낮은 것은 지극히 중요하게 요구된다. 종전의 기화기식으로 제작한 엔진과 동일배기량의 전자제어 연료분사 시스템으로 제작한 엔진에 사용한 엔진용 에어클리너의 통기저항을 비교한 것이 그림 13-6에 나타나 있다.

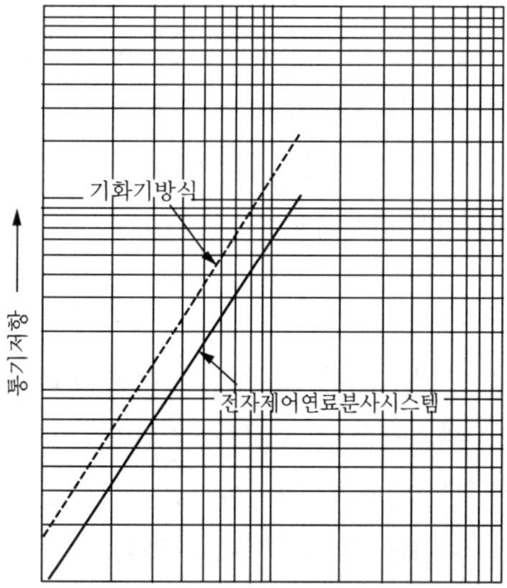

그림 13-6. 통기저항값의 변화

그림에서 알 수 있는 바와 같이, 같은 배기량의 엔진에 있어서도 통기저항은 대폭적으로 저감되고 있다.

통기저항의 저감을 위해서는 흐름의 직선화, 유로의 기본 단면적의 확대, 급격한 단면적의 폐지, 만곡부의 R부크기, 각 접합부의 단차 폐지등 흡기시스템으로서의 개선이 필요하다. 그러나 기본성능은 소음성능과 불가분의 관계에 있고 설계할 때 고려해야 할 필요가 있다. 통상 에어필터의 통기저항의 기여율은 그다지 크지 않아서 폐지를 하면 난류가 발생하고 역으로 통기저항의 증대를 초래할 경우가 있다.

근년에는 통기저항의 저감을 위한 해석에 CAE에 의한 시뮬레이션 기법을 사용, 통기저항의 증가원인이 되는 난류의 발생부위 등의 대책을 설계시 고려하도록 함으로써 개발기간의 단축, 최적설계에 기여하고 있다.

4.3 소음성능

앞에서 기술한 바와 같이 소음성능의 면에서는 기술의 진보가 현저한 면이 있다. 그림 13-7은 약 10년 전과 근년의 동일차량에서의 흡기시스템의 소음성능을 삽입손실의 데이터를 비교한 예이다. 여기서의 삽입손실이란 소음기를 부착, 그 효과를 평가하는 실제적인 방법의 하나이다.

덕트의 개방단계에 소음기를 삽입하였을 때와 하지 않았을 때의 차이(dB)를 취한 것으로 본 데이터에서도 명확하게 알 수 있는 것과 같이 소음성능을 향상시키고 있는 것을 알 수 있다. 즉, 소음성능을 코스트, 레이아웃의 성립성능을 포함, 최적화하기 위해서는 레조네이터나 에어클리너만의 부품단체의 개발에 의존하는 것만으로는 불가능하고 앞에서 기술한 것과 같이 흡기시스템의 개발이 불가결하다.

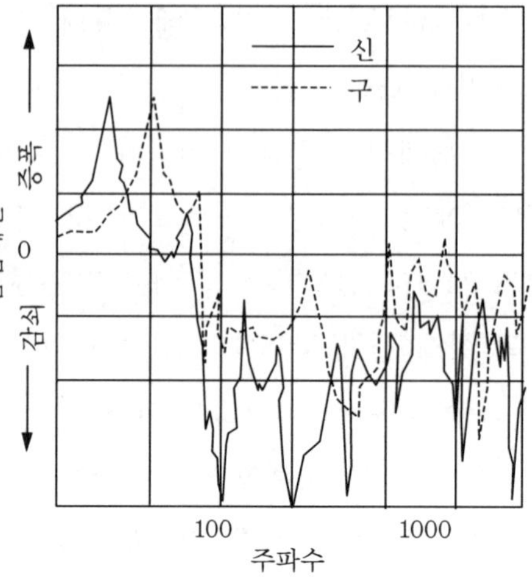

그림 13-7. 삽입손실의 변화

차에 있어서 소음시스템에 구해지는 소음성능은 다음의 2개 항목이다.

1) 차 실내에서의 소음저감

2) 차 외에서의 소음저감

1)항에서 대표적인 것이 저주파의 울림음이다. 이것은 사용자의 쾌적성에 관련되고 차의 상품성 향상에도 이어진다.

그리고 근년에는 음색에 대하여도 연구되고 있으며, 어느 주파수영역에서는 굳이 소음되지 않고 사용자에 쾌적감을 준다고 하는 경우도 가능하게 되고 있다.

2)항의 가속시의 차외소음은 주로 고주파음이고 이 요인으로서도 흡기계소음, 엔진소음, 냉각계소음, 배기계소음, 타이어소음, 구동계소음 등을 들 수 있다. 그 가운데에서도 흡기계 소음의 기여율은 10~20%로 알려지고 있으며 큰 비율을 차지하고 있다.

흡기시스템으로부터 발생되는 소음은 크게 다음의 3가지로 분류된다.

1) 흡기구로부터의 토출음

2) 각 구성 부품으로부터의 방사음, 투과음

3) 이상을 음원하여 차체를 통해 전달되는 개체 전파음

이상의 소음을 저감시키기 위해서는 흡기시스템으로서 여러 방법의 시험을 실시하고 있다. 그리고 소음성능의 최적화는 종래부터 실험에 의해 실시하고 있는 예가 많으나 근년에는 CAE법을 사용하는 FEM 등의 시뮬레이션 기법을 도입, 개발기간의 단축 및 최적의 설계에 기여하기 시작하고 있다.

4.4 내구 · 신뢰성

엔진룸 내에 장착되고 있는 흡기시스템은 고온에서 사용됨과 함께 엔진, 차체의 진동을 받는 매우 엄한 환경에 놓여 있다.

최근의 흡기시스템은 P.P(폴리프로필렌)로 대표되는 수지제품이 거의 대부분이고, 내열성의 평가는 수지재료의 아레니우스선도로부터 열화 가속도를 구하고, 실제 사용온도보다 높은 온도에서의 열화가속시험을 실시하여, 평가기간의 단축화를 도모하고 있다.

또, 진동내구성에 대하여는 실차에서의 내구시험은 당연한 것이나 흡기시스템에서의 가진내구시험도 실시하고 있다.

이 시험에서는 실차의 조건을 가능한 한 충실하게 가진판 위에서 재현하므로써 제품원가에 크나큰 영향을 준다.

종래 가진내구시험은 정현파 진동평가가 주류를 이루었으나, 정현파에

서는 충실하게 실차조건을 재현하는 것은 곤란하므로, 많은 경우 과혹한 평가를 하고 결과적으로 과잉품질이 되고 또한, 부품개발에 많은 공수를 지불하여야 한다.

보다 실차조건을 충실히 가진 판위에서 재현할 수 있고 랜덤진동평가법이 확립되어, 과잉품질을 수정하고 경량화, 저 코스트화에 공헌하였다.

또, 근년 CAE에 의한 진동해석도 사용함으로써 개발기간을 단축시키고, 최적설계에 기여하기 시작하였다.

4.5 메인터넌스성

에어필터는 정기교환부품이어서 그 메인터넌스를 하기 쉽게 만드는 것이 에어 클리너로서 필요한 기능의 하나이다. 현재의 에어 클리너의 메인터넌스의 기본은 공구를 사용하지 않고 에어필터의 교환이 가능하다는 것이다.

따라서 종래는 볼트 등으로 체결하던 것이 클립으로 변화되고 다시 에어클리너 상부의 작은 커버를 여는 것만으로 필터를 교환이 가능한 구조로 에어클리너를 교환할 수 있다.

5. 흡기시스템 구성 부품 구조

본 장에서는 흡기시스템을 구성하는 부품의 종류, 구조, 재질 등을 소개한다. 앞의 장에서 많은 부분을 설명하였으나, 흡기시스템에서 소음성능의 설계 검토에서 빼놓을 수 없는 인테이크 매니폴드에 대하여 간단히 소개한다.

5.1 에어 클리너

5.1.1 에어 클리너의 종류

에어 클리너를 형상에 따라 크게 나누면 다음의 3종류가 된다.

1) 하트형 : 기화기 제원

2) 원통형 : 주로 디젤엔진용으로 흡입 공기량이 많은 것에 사용한다.

3) 사각형 : 주로 전자제어 연료분사장치 제원에 주로 사용한다.

이 밖에 공기의 유동방식에 따라 구심류형과 축류형으로 나눌 수 있고 그 대표적인 예가 그림 13-8에 나타내져 있다.

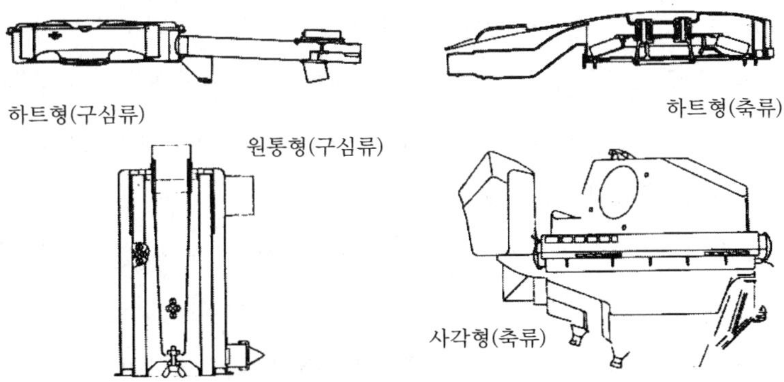

그림 13-8. 에어 클리너의 종류

5.1.2 에어 클리너의 구조

에어 클리너는 에어 필터 및 더스트 사이드와 크린 사이드를 형성하는 케이스로 되어 있으며, 에어 필터를 들어내고 청소 또는 교환이 가능한 구조로 되어 있다. 엔진 마운트형의 하트형의 경우는 엔진 본체의 진동이 에어 클리너에 전달되지 않도록, 그리고 사각형이나 원통형의 새시마운트 형에는 흡기의 맥동에 의한 진동이 차체에 전달되지 않도록 각각 고무부시를 사용하는 소프트마운트로 되어 있다.

5.1.3 에어 클리너용 재료

에어 클리너용 재료는 20여년 전까지는 철판, 알루미늄 다이캐스트가 주류를 이루고 있었으나, 저연비화를 목적으로 경량화 및 부품의 일체화에 의한 저코스트화를 위하여 수지화 재료로 전환되었다. 전자제어 연료분사의 채용에 따라 에어 클리너의 탑재위치가 온도, 진동 공히 편한 조건이 될 수 있는 새시마운트로 된 것도 수지화의 촉진에 박차를 가하는 요인이 되었다.

그리고 수지기술, 재료의 진보에 따라 온도, 진동조건 공히 까다로운 엔진마운트의 하트형 에어 클리너도 수지화되어 최근의 생산 수량으로 수지제 에어 클리너가 승용차용의 경우 95%를 초과하는 데 이르고 있다. 수지화에 의한 경량화율은 50%에 이른다.

에어 클리너에 사용되는 수지재료로서는 PP가 거의 100%를 점유하고, 일부 미국 등에서 PA(폴리아미드 : Polyamide)를 사용하는 예도 있다. PP재도 미강화로 사용되지 않고 재료강도의 향상, 성형의 안정화 등을 목적으로 각종 강화재를 첨가하고 있다. 첨가재로서는 탤크(활석), 글라스필러 등이 일반적이고 그 첨가율은 10~40% 정도이다. 성형 방법으로는 인젝션 성형이 100%이다.

5.2 에어 덕트

5.2.1 에어 덕트의 종류

에어 덕트는 장착위치 및 기능의 관점에서 아래의 2종류로 대별된다.

1) 외기 도입 덕트

2) 크린사이드 에어 덕트

외기 도입 덕트는 공기흡입구를 가지며 에어 클리너의 더스트 사이드에 접촉된다. 재료는 대부분 수지이고 PP 또는 PE(폴리에틸렌)이 사용되고 있다.

일부 엔진요동을 차체에 전달하는 것을 방지할 목적으로 자바라 형상으로 설치되고 있는 것이 있으며 일반적으로 강화되지 않은 상태로 사용되고 있다. 성형방법으로는 3차원 프로성형이 일반적인 방법이나, 그 외에는 2차원프로성형, 인젝션성형을 하고 있다. 그리고 에어 덕트의 일부에는 폴라스모양의 소재를 사용, 소리를 줄이는 타입의 것도 있다.

크린 사이드 에어 덕트는 에어 클리너와 스로틀체임버 사이에 위치하고, 크린에어의 유도를 담당하고 있다. 그리고 크린에어의 통로에 있기 때문에 에어 클리너 등과 접합부로 어느 일정이상의 기밀성을 보지할 필요가 있고, 다른 부품과의 접합부에는 호스밴드에 의해 체결하는 것이 일반적이다.

엔진과 새시마운트의 에어 클리너 사이의 엔진요동을 흡수할 기능이 필요하여, 자바라형상이 설정되었다. 재료는, 고무가 일반적이고 NBR(뉴트럴 고무), CR(크루드 고무 crude rubber) 등이 사용된다. 최근 재생하여 사용하는 것을 고려하여 올레핀(Olefin)계 어라스트(arrest)마나 폴리에스텔계 어라스트(arrest)마 등을 사용하는 예도 있다. 또한 연질 PP와 경질 PP의 변환으로 일체성형될 수 있는 익스체인지 프로 성형도 채용되어 부품점수의 삭감에 공헌하고 있다.

5.3 공진기(레조네이터 : resonator)

에어 클리너의 체적에 의한 소음효과만으로는 흡기소음을 개선할 수 없을 때는 에어 클리너와 에어 덕트의 도중에 레조네이터를 설정하는 경우가 많다. 그리고 1개의 흡기시스템에 복수의 레조네이터를 사용하는 경우도 있고 서로 상이한 종류의 레조네이터나 공명주파수의 다른 것을 복합화로 사용하는 것도 있으며 종류가 다른 레소네이터와 공명주파수가 다른 것을 복합화(일체화)함으로써 소형경량화, 저코스트를 도모하는 사례도 많다.

5.3.1 레조네이터의 종류

레조네이터는 공명형의 레조네이터와 확장형 레조네이터(에어 클리너도 확장형 레조네이터로 볼 수 있다)로 크게 분류된다. 레조네이터의 종류를 그림 13-9에 나타낸다.

다음에 공명형 레조네이터의 공명 주파수를 구하는 계산식을 종류별로 나타낸다.

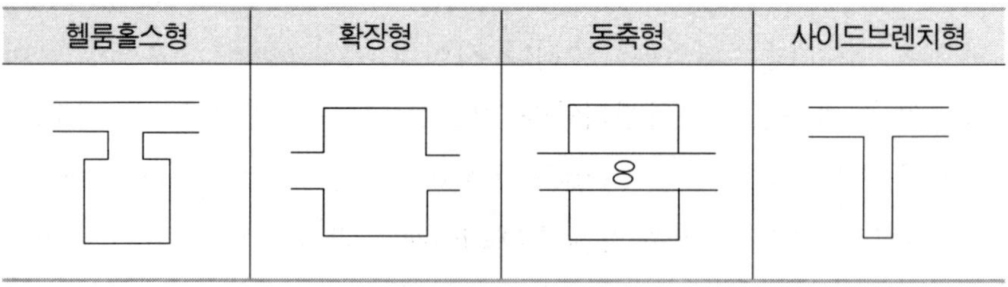

그림 13-9. 레조네이트의 종류

1) 헬룸홀스형

헬룸홀스형 레조네이터의 공명주파수는 다음 식으로 구할 수 있다.

$$f=\frac{C}{2\pi}\sqrt{\frac{S}{VL}} \quad \cdots\cdots 13\text{-}1$$

C : 음속
S : 연통파이프 단면적
V : 레조네이터 볼륨
L : 연통파이프 길이

2) 동축형

동축형 레조네이터의 공명주파수는 다음 식으로 구할 수 있다.

$$f=\frac{c}{2\pi}\sqrt{\frac{C_0}{V}} \quad \cdots\cdots 13\text{-}2$$

C_0 : 음속

$$C_0=\frac{n\pi a^2}{L} \quad \cdots\cdots 13\text{-}3$$

C : 음속
a : 구멍의 반지름
L : 구멍의 길이(판두께)
h : 구멍의 개수

3) 사이드 브랜치형

사이드 브랜치형 레조네이터의 공명주파수는 다음 식으로 구할 수 있다.

$$f=\frac{C}{4L} \quad \cdots\cdots 13\text{-}4$$

C : 음속
L : 사이드 브랜치 길이

아래 확장형 레조네이터의 최대감쇠량을 나타내는 주파수의 산출식을 나타낸다.

$$f=\frac{C}{4L}(2n+1) \quad \cdots\cdots\cdots\cdots \quad 13\text{-}5$$

C : 음속
L : 확장부 축방향 길이
n : 0, 1, 2, ………

5.3.2 레조네이터용 재료

레조네이터용 재료는 수지가 대부분이며, PP 또는 PE가 사용되고 있다. 일반적으로 미강화인 상태로 사용된다. 성형방법으로는 2차원 블로 성형, 인젝션 성형이 사용되고 있다.

5.4 인테이크 매니폴드

인테이크 매니폴드에 필요한 기능은 흡기, 연료 및 블로바이가스나 EGR가스를 각 실린더에 균등하게 분배할 것과 체적효율을 높여서 엔진의 출력성능을 향상시키기 위하여 보다 많은 공기를 실린더내에 공급하는 것이다.

연료의 분배에 대하여는 근년 주류인 멀티포인트인젝션에서는 인젝터가 실린더 근방에 배치되므로 인테이크 매니폴드 형상의 영향은 적다.

그리고, 흡기토출음에 대하여도 인테이크 매니폴드의 영향은 크고 인테이크 매니폴드의 흡기도입구로부터 각 실린더까지의 동등하지 않을 경우 매 실린더의 흡기맥동이 고르지 못하기 때문에 기본차수 성분 이외의 차수성분이 두드러져서 쾌적성을 잃게 되는 경우가 있기 때문에 흡입도입구를 각 실린더로 흡기관 중앙에 배치하고 흡기관은 그것을 중심으로 하여 대칭형상으로 하여 각 실린더의 지름, 길이, 구불어짐의 정도를 동등하게 하는 것이 좋고, 흡기의 균등분배화에도 좋다.

흡기량을 많게 하려면 크게 다음의 2가지 수단이 있다.

1) 정적효과

흡기관의 지름확대나 구부러짐을 완만하게 할 것. 내면을 매끄럽게 하는 것 등에 의해 통기저항을 저감하는 방법

2) 동적효과

흡기관내의 압력변동을 유효하게 이용하는 방법으로 관성과급효과와 공명과급효과가 있다.

5.4.1 재료와 공명

인테이크 매니폴드용 재료는 알루미늄합금, 수지, 철이나 알루미늄의 강관이 대부분을 차지한다. 최근은 경량화, 내면평활성에 의한 통기저항 저감 및 수지재료의 단열성을 이용한 흡입공기온도의 상승방지에 의한 체적효율 향상을 목적으로 인테이크 매니폴드의 수지화가 급속히 진전되고 있다.

인테이크 매니폴드의 수지화는 1980년대 후반에 유럽에서 채용되어 일본에서는 1997년 이후 본격적으로 채용되기 시작하였다. 수지제품의 인테이크 매니폴드는 금속제에 대하여 내열성 및 재료내력이 떨어지므로 설계시 충분한 고려가 필요하다.

수지제품 인테이크 매니폴드의 공법은 아래에 기술된 3종류로 대별될 수 있다.

1) 로스트 코어식

용융 코어식이라고도 하며 비스마스 합금 등 융점이 낮은 합금으로 코어를 제작한 다음 코어를 금형에 세트하여 수지를 인젝션 성형한 후, 코어를 고주파유도 가열 등으로 용융시켜, 수지성형부분을 제품으로 하는 공법이다. 수지재료는 PA66에 글라스 필러를 30~35% 첨가한 것이 주류이다.

2) 진동용착식

인젝션 성형으로 케이스 부분을 2~3분할 정도로 성형 후, 진동용착기에 세트하고 접합 방향으로 가압하면서 한 쪽의 부품을 진동시키면 마찰열이 발생되어 수지를 용융하여 접합시키는 공법이다.

수지재료는 PA66에 글라스 필러를 30~35% 첨가한 것이 주류이다.

3) 다이슬라이드 인젝션(DSI)식

하나의 금형에서 케이스부분을 2~3분할 정도로 동시에 인젝션 성형하고 성형품을 보존, 유지시킨 상태에서 금형을 슬라이드시켜 접합시키는 위치에 배치한 후 접합부에 수지를 사출하여 성형품끼리를 접합하는 공법이다.

또는 금형이 회전, 같은 공정으로 성형품끼리를 접합시키는 공법을 다이로터리 인젝션(DRI)이라고도 한다. 수지재료는 PA6에 글라스 필러를 30~35% 첨가한 것이 주류이다.

이들 이외에도 브로우성형품을 코어로 하여 이용하는 공법이나 분할하여 성형한 케이스를 스냅휘트로 접합하는 공법의 것이 있다. 그림 13-10에 수지제 인테이크 매니폴드의 사례를 나타낸다.

로스트코어식 진동용착식 다이슬라이드인젝션(DSI)

그림 13-10. 수지제품 인테이크 매니폴드의 사례

6. 금후의 동향

차전체의 최근의 동향으로서 모듈화의 움직임이 주목되고 있다. 흡기시스템의 모듈화는 엔진부품 가운데에서 가장 앞선 것의 하나인 것으로 생각된다.

일반적인 모듈화는

① 관련되는 부품을 어셈블리한다.

② 기능이 다른 부품을 조합하여 하나의 제품화하는 것이다.

앞의 것은 유럽에서 발전되어온 모듈화이고 딜리버리 부품수의 저감을 목적으로 한 로지스틱 모듈이라 하는 것이다. 흡기시스템도 레조네이터와 에어덕트와의 일체화 등으로 모듈화를 실시하여 왔다.

후자는 앞으로 발전되어 나갈 시스템 모듈로 일컬어지고 있다. 모듈화의 목적은

① 부품의 소형, 경량화

② 부품의 코스트 저감

③ 차의 조립공수의 삭감

④ 기능 통합에 의한 부가가치 창조용

등을 들 수 있다. 그러나 앞으로 ④가 키포인트가 된다. 흡기시스템의 경우도 인테이크 매니폴드를 축으로 하여, 스로틀 보디 등의 흡입공기 제어부품이나 듀얼 딜리버리 파이프 등의 연료계 부품을 모듈화한 것이 유럽에서 채용하고 있으나 앞으로는 모듈화하는 데 따라 더욱 부가가치의 향상이 도모되는 흡기시스템의 개발이 진척될 것으로 생각된다.

에어덕트와 레조네이터의 모듈화 된 사례를 그림 13-11에 나타내고 수지 인테이크 매니폴드와 흡기시스템의 모듈화의 사례를 그림 13-12에 나타낸다.

앞으로 흡기시스템은 모듈화나 글로벌화 등에 대응할 수 있도록 고성능, 고품질, 저코스트화, 경량화 및 콤팩트화 등에 대한 기술진보가 가속될 것으로 생각된다.

그림 13-11. 모듈화의 사례 ①

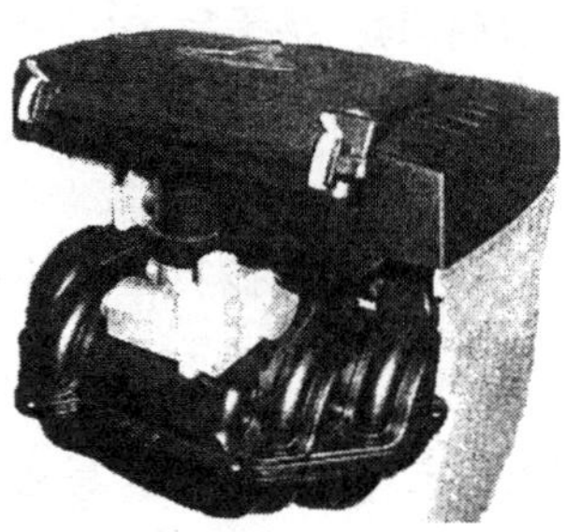

그림 13-12. 모듈화의 사례 ②

Chapter 14

흡기계의 출력향상기술 - 가변흡기 시스템

1. 머리말

근래 엔진에 요구되는 기술로서 아래의 2가지 요소를 높은 차원에서 밸런스시키는 것을 필요로 하게 되었다.

1) 지구환경의 보전과 에너지소비의 억제를 위한 에미션 저감 및 연비 개선
2) 주행에 대한 즐거움을 추구하기 위한 출력향상

엔진의 흡, 배기시스템의 기술은 이들 요구에 상응하기 위한 충전효율이나 열효율의 향상에 크게 기여하는 중요한 기술이다. 여기서는 출력성능에 크게 영향을 미치는 흡배기관내의 공기흐름에 대하여 해설한다. 그리고 그 중에서 출력 향상에서 가장 중요시 되는 동적효과의 활용을 가변흡기시스템의 채용예를 들면서 기술한다.

그리고 여기서 가변흡기시스템은 출력을 향상시키는 시스템으로 한정하고 스월컨트롤 밸브 등의 가스유동을 강화하는 시스템에 대해서는 언급하지 않는다.

2. 출력향상기술

엔진의 출력성능을 규정하는 주요한 인자는 다음의 2가지이다.

1) 충전효율 : 실린더내에 얼마만큼의 신기(혼합기)가 들어갔는가.
2) 열효율 : 연료의 에너지가 얼마만큼 효율적으로 일로 전환되었는가.

열효율은 여러 가지의 엔진사이에 기본적으로 큰 차이는 없으나 충전효율은 천차만별이다. 그 충전효율은 흡, 배기계의 제원(밸브 타이밍도 포함)에 의하여 결정되므로 결국 엔진의 출력성능에 관한 부분은 흡배기계로 규정하고 있다.

2.1 충전효율/체적효율

실린더로의 공기의 들어가는 정도를 나타내는 기준으로 ① 충전효율, ② 체적효율로 정의한다.

2.1.1 충전효율(Charging Efficiency)

η_c(흡입공기의 질량)/(표준상태에서 총행정체적을 채우는 신기 질량)× 100%

표준상태 $P_0 = 99\text{kPa}$

$T_0 = 25℃(298\text{K})$

충전효율은 흡입신기의 질량비를 나타내는 것이므로, 엔진의 열발생량을 정량화 하는 것이고, 절대량의 축토크, 출력성능, 동력성능을 비교하는 경우에 한한다.

2.1.2 체적효율(Volumetric Efficiency)

η_v=(P, T에 있어서 흡입신기의 체적)/(총행정체적)×100%

P, T : 흡기계 입구의 압력, 온도

체적효율은 흡입능력을 나타내므로 흡, 배기계의 성능을 비교할 경우에 잘 사용된다. 예로서 1실린더 당 500cc의 엔진에 있어서 실제로 흡입된 공기량이 500cc이면 체적효율은 100%가 된다.

2.2 충전효율/체적효율 향상 방법

표 14-1에 나타내는 것과 같이 흡배기계에서 충전효율, 체적효율을 향상시키는 방법을 종합하면 다음의 4가지가 된다.

표 14-1. 체적효율/충전효율의 향상

	아이템		방 책
체적효율·충전효율의 향상	흡입공기 온도의 상승억제 (열적효과)		흡입구는 엔진룸 밖에 설치 흡기계내 열전달의 억제 인터쿨러의 채용
	통기저항 저감 (정적효과)	흡배기계의 통기저항저감	지름은 굵고, 굽은 이음매는 완만하게
		흡입부의 면적확보	밸브직경을 크게 멀티밸브화 밸브리프트 up 캠작동각의 확보
	압력맥동의 이용 (동적효과)	관성효과 맥동효과 공명효과 (실린더간 간섭)	이하의 최적화를 도모한다. • 밸브타이밍 • 흡, 배기프랜지 경, 길이 • 콜랙터 용량 • 프랜지 합류부까지의 길이
	흡기압의 상승		과급기의 채용

2.2.1 열적효과

차가운 신기를 흡입, 실린더내까지 덥지 않게 넣는다. 또는 신기를 냉각한다(열적효과라는 용어는 여기서 새로이 만든 말이다).

2.2.2 정적효과

실린더까지 신기는 통기저항이 낮은 흡기관에 들어가고, 배기가스는 통기저항이 낮은 배기관에서 배출된다.

2.2.3 동적효과

압력 맥동을 이용하여 신기는 연소실에 압입되고 배기가스는 실린더로부터 배출된다.

2.2.4 과 급

과급하여 신기를 압입한다. 여기서는 과급(터보차저, 스퍼차저)에 관해서는 생략한다.

2.3 열적효과

열적효과는 흡배기관이나 연소실의 벽면과 공기와의 전열에 의해 생기는 것이다.

2.3.1 실린더내 열전달

신기가 실린더내로 유입하면 신기가 실린더의 벽면으로부터 더워져서 온도, 압력이 상승한다. 그 결과, 신기가 더워지지 않은 경우에 비하여 흡입공기량은 감소한다.

열전달률은 고회전인 쪽이 크나 전달시간이 짧으므로 결과로서 열전달에 의한 체적효율의 감소정도는 작은 편이 크다.

2.3.2 배기관의 열전달

배기계의 쪽이 유속 및 연소가스와 벽면과의 온도차가 크기 때문에 열전달의 영향도 크다. 연소가스가 냉각되는 데 따라 압력이 내려가고 배기압력의 저하에 기여하는 것이 된다.

2.3.3 연소의 기화

연료입자가 포트, 실린더의 벽면에 부착하면 그 부분만 열전달률이 커지게 되고 연료는 벽면으로부터 기화열을 빼앗겨서 증발한다. 그것에 대하여 연료입자가 공기중에서 기화하는 쪽이 받는 열량보다 작고 그 온도는 낮다.

혼합기가 벽면으로부터 받는 열량보다 작고 그 온도 또한 낮다. 연료가 가지고 있는 기화열은 흡기행정에 있어서 실린더내의 전열량과 거의 같은 크기의 열량이므로 이것이 어디서 기화하는가는 체적효율이나 내노크성에 큰 영향을 끼친다.

2.4 정적효과

정적효과는 공기의 유동에 따르는 것이고 흐름이 정상/비정상의 구별없이 생기는 저항이다.

2.4.1 통기저항(밸브 제외)

통기저항의 저감에는 만곡을 크게 하며 내면을 매끄럽게 한다. 이음새면의 단차를 작게 하는 등 일반적으로 이루어지고 있다. 다만, 유로의 형상은 레이아웃부터 여러 가지의 제약을 받으므로 그것과의 양립이 과제가 된다.

2.4.2 흡배기 밸브

흡배기 밸브에 있어서의 저항에는 스로틀링 손실, 초킹 등이 있다. 밸브 둘레의 유량증대를 도모하기 위하여 스로트(throat) 지름의 확대나 밸브의 축부의 지름을 줄이거나 밸브페이스부의 편평활 등이 이루어지고 있다.

2.5 동적효과

동적효과는 흡배기관 내의 흐름에 비정상성이 강하고, 흡배기계내에 진폭이 비교적 큰, 압력파가 생기게 되면서 일어나는 것이다.

동적효과에는 단실린더/다실린더의 양쪽에서 생기는 관성효과, 맥동효과와 다실린더에 있어서만 생기는 공명효과, 실린더간의 간섭이 있다.

표 14-2에 각 동작효과가 체적효율에 기여하는 감도를 나타낸다.

표 14-2. 체적효율의 기본특성을 규정하는 모든 효과의 기여도

		흡기계				배기계			
		저속	중속	고속	초고속	저속	중속	고속	초고속
		−	−	△	○	−	−	△	○
동적효과	관성효과	−	←	◎~○	→	−	○	△	○~◎
	맥동효과	−	−	△	○~◎	−	−	−	−
	공명효과	○	○~△	×	×	?	?	?	?
	실린더간섭	−	−	×	×	××	×	△	△

◎ : 크게 효과가 있다 10% 이상　　− : 효과 없음
○ : 효과가 있다 5~10%　　× : −의 효과가 있다
△ : 조금 효과가 있다 5% 이하　　? : 불명

2.5.1 흡배기관성 효과

① 메커니즘

• 발생원

그 사이클의 흡기행정초에 흡기에 의하여 생긴 부압파의 반사를 이용한다. 흡기행정의 초기에 흡기관내의 밸브부근 공기는 실린더로 흡입되면서 그곳에 부압이 생긴다. 이 부압이 흡기관내를 전달, 대기쪽(또는 콜렉터 쪽 서지탱크 쪽)에 달한다. 그런데 부압파는 역위상의 정압파로 반사되어 밸브 쪽으로 전파된다.

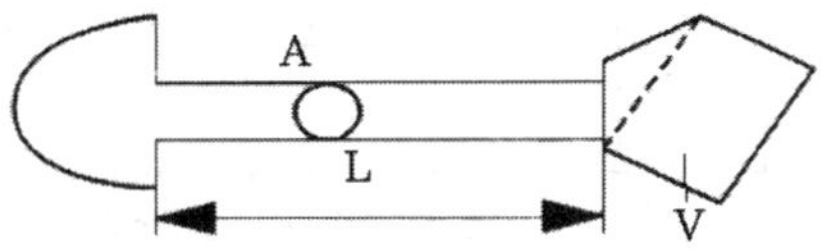

그림 14-1. 관성효과를 지배하고 있는 요인

• 실린더내의 상황

흡기행정후반(BDC 후)에서 피스톤이 상승, 실린더내에 일단 흡입된 신기를 흡기관 쪽으로 불어낸다. 그 타이밍에 반사되어 되돌아온 정압파가 밸브의 위치에 오면 불어내기가 억제되어 체적효율은 향상된다. 이것이 흡기 관성효과이다.

관성효과를 지배하고 있는 요인

$$f = a/(2\pi) \times \sqrt{(A/(V L)} \times (1/2)$$

f : 주파수 　　　V : 행정체적
A : 흡기관단면적 　　　L : 흡기관 길이
a : 음속

위의 식으로부터 그림 14-2에 나타내는 것과 같이 흡기관의 단면적, 길이 및 실린더 체적이 이 주파수(관성과급점 : 관성효과가 나타나는 엔진회전속도)에 영향을 미친다.

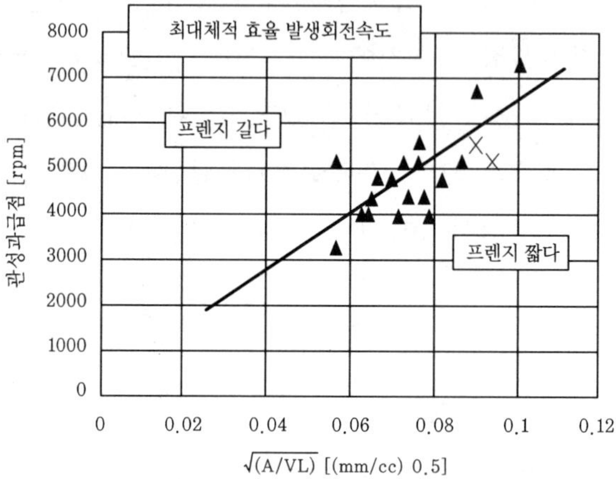

그림 14-2. 최대체적 효율의 발생회전속도

따라서 주파수를 높인다. 즉 엔진의 고회전역에 관성효과를 동조시키려면 흡기관을 짧게, 단면적(흡기관지름)을 크게 하는 것이 필요하다.

② 특성

불어내기를 억제하기 위해서는 흡기관내의 압력맥동이 아래와 같은 조건을 만족시켜야 한다.

• 타이밍이 적절할 것

BDC 후, 흡기밸브 위치에 정압파가 온다. 흡기/밸브가 열리고 있는 동안은 그 정압이 지속된다.

• 크기가 충분할 것

정압파의 크기가 실린더 내의 압력상승을 상회한다. 그리고 흡기관에 만곡(구부린 점)이 있으면, 압력파는 거기에서 회석하는 성분과 반사하는 성분으로 나누어진다.

이 때문에 만곡이 없는 경우에 비하여 압력진폭이 작아지고 관성효과가 나오기 어렵다.

이들이 만족하면, BDC 후도 실린더내에 신기는 유입된다. 경우에 따라서는 체적효율은 100%를 상회한다.

대체로 크게 보아서 관성효과의 피크회전속도보다도 저회전쪽에서 불어내기에 의해 체적효율은 내려가고 고회전역에서는 불러내기양의 부족 상태에 있기 때문에 체적효율은 낮아진다. 그리고 저회전역에 있어서도 흡기관내의 압력맥동이 작으므로 관성효과가 거의 나타나지 않는다.

2.5.2 흡기맥효과

① 메커니즘

• 발생원

앞의 사이클의 흡기행정에서 생긴 흡기관내의 압력 맥동을 이용한다. 흡기밸브를 닫으면 흡기관에 생긴 압력맥동은 다음의 흡기행정까지 자유진동하여 남는다(단실린더의 경우. 다실린더의 경우는 그 자유진동에 실린더간의 간섭이 중복된다).

다음의 사이클의 흡기행정 개시 때는 이 자유진동이 어떻게 되는가. 즉, 흡기밸브 위치에 있어서 흡기관내의 압력의 크기나 타이밍이 어떻게 되어 있는가에 따라 체적효율에 차이가 생긴다. 그 효과는 회전속도에 따라 정(+)으로 되거나 부(−)로 되거나 한다.

• 실린더 내의 상황

흡기행정 초기에 있어서 흡기포트(밸브위치), 실린더내, 배기포트(밸브위치)의 압력은 거의 같은 정도의 값이 되고, 회전속도에 의하여 그의 대소관계가 바뀐다. 이 대소관계에 의하여 흡기공정에서 초기 흐름의 방향(연소가스가 흡기계에 불어내기인가의 여부 등)이 결정된다. 이것이 맥동효과이다.

② 특성

밸브오버랩이 많이 있는 쪽이 효과는 크게 나온다(정, 부). 또, 압력맥동이 클 경우에 현저하게 나온다. 즉,

• 고회전역이다.
• 흡기관이 길다.

흡기의 실린더 사이의 간섭이 작을 경우 발견하기 쉽다. 즉,

• 1콜렉터에 연결된 실린더수가 많다.
• 콜렉터의 체적은 크나, 레이스용 엔진에서 볼 수 있듯이 독립흡기관이다.

맥동효과는 통상 엔진에서는 발견하기가 어렵다. 그러나 자연흡기(NA)의 레이스용 엔진에서는 이러한 맥동효과를 유효하게 활용할 수 있도록 튜닝을 한다.

또한 가변밸브, 리프트가 사용되는 엔진에서도 고회전측에서는 맥동효과를 목적한 대로 이용하는 것이 중요하다.

2.5.3 배기 관성효과

① 메커니즘

• 발생원

그 사이클의 배기행정초에 배기에 의하여 생긴 정압파의 반사를 이용한다. 배기행정의 초기에 배기관내의 밸브부근의 공기는 블로우다운에 의하여 압축되어 그것에서 정압이 생긴다. 이 정압이 배기관내를 전달, 대기쪽(또는 분기측)에 달한다. 이때 정압파는 역위상의 부압파로 되면서 반사되어 밸브쪽으로 전파된다.

• 실린더내의 상황

배기행정 후반(BDC 후)에 피스톤이 상승, 실린더내의 연소가스를 배기관으로 밀어낸다. 배기행정의 후반은 부압파가 오면 펌핑로스가 감소된다. 배기행정의 끝에는 부압파가 오면 실린더내의 잔류가스가 감소되고 체적효율은 향상된다. 이것이 배기 관성효과이다.

② 특성

배기행정의 끝이 달라지도록 배기관의 길이를 결정하면 배기행정후반의 배기관내(배기밸브 위치)의 압력은 커지고, 펌핑로스가 증가된다. 따라서 시판차용의 엔진 배기관은 압력파가 왕복을 두 번 한 타이밍에서 배기행정의 끝에 압력파가 도달되도록 하는 길이를 선택하고 있다.

2.5.4 배기맥동효과

흡기맥동효과와는 다르게 배기맥동효과는 나타나지 않는다. 그 이유는 표 14-3과 같이 앞에서 보아온 것과 같이 관성효과도 맥동효과도 단실린더 엔진에서 나타난다.

표 14-3. 맥동효과의 조건의 차이

흡기	흡기밸브를 열 때의 실린더 내압은 흡기관내의 압력과 같은 정도	양자의 대소 관계에 의하여 흡기행정 전반에서 실린더에 신기가 유입되고 잔류가스가 흡기포트로 불어내거나 한다. 즉, 맥동효과가 나타난다.
배기	배기밸브 열림시의 실린더 내압은 배기관 내의 압력보다 훨씬 크다.	배기행정전반에서는 반드시 개연가스가 배기포트에 흐른다. 즉, 맥동효과는 나타나지 않는다.

다실린더엔진에서도 이러한 효과는 기본적으로 남고, 그것에 실린더 사이의 간섭에 의한 여러 가지 영향이 겹쳐진다.

2.5.5 공명효과

① 메커니즘

• 발생원

각 실린더가 만들어내는 압력파가 흡기계 전체를 가진하여 그 결과 흡기계에 생긴 압력맥동이 각 실린더에 영향을 준다.

흡기계(흡기 콜렉터로부터 상류 모두에)는 흡기 콜렉터에 있어서

$$(\text{엔진회전속도}/2) \times \text{실린더수}$$

의 주파수로 가진되고 있다. 이 주파수가 흡기계의 고유진동수에 가까울 때는 공명되고, 흡기 콜렉터내에 큰 압력맥동이 생긴다.

이 고유진동수는 통상의 레이아웃에 있어서 최저차의 것은 엔진의 저속역(2,000~3,800rpm) 부근으로 온다. 이 회전역에 있어서는 관성효과, 맥동효과에 대응하는 압력맥동은 작고, 흡기행정 후반의 블로아웃(Blow out)이 체적효율을 규정하고 있다.

그런데 앞에서 기술한 동조에 의하여 흡기계 전체에 생기는 압력맥동의 흡기 콜렉터에 있어서의 진폭은 관성효과, 맥동효과에 대응하는 그것보다도 커지므로 타이밍이 맞으면 흡기행정 후반의 블로아웃을 억제할 수 있다.

일반적으로 과급이 콜렉터의 압력을 항시적으로 높이고 있는 데 대하여 공명효과는 블로아웃을 억제하는 곳에서만 압력을 높이고 있다.

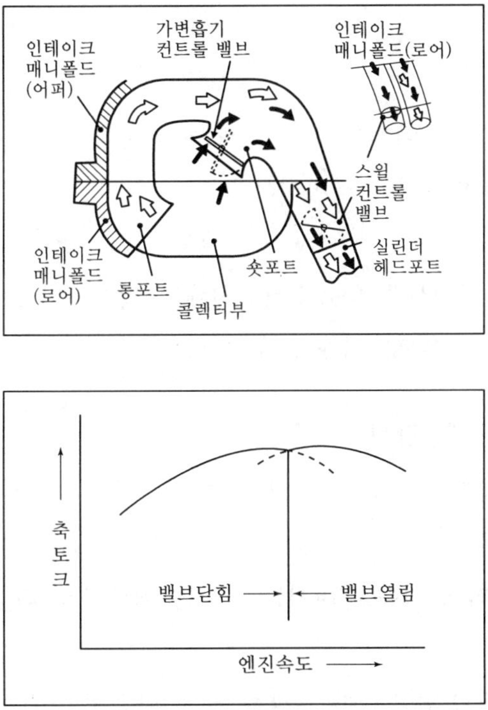

그림 14-3. 가변흡기시스템

② 특성

• 엔진회전속도의 영향

실용적인 효과를 이용할 수 있는 것은 저속역(1500~3800rpm)에 한정된다. 회전속도가 높아질수록 효과는 작아진다.

• 실린더수의 영향

실용적인 효과를 이용할 수 있는 것은 3, 4 실린더(6, 8 실린더의 2계통흡기계도 포함)에 한정된다. 실린더수가 증가될수록 효과는 작아진다.

• 디메리트

공명효과에 의하여 어느 회전역에서 체적효율이 높아지는 반면, 그 전후의 회전역에서는 낮아진다.

• 기타

4실린더 엔진에서는 밸브오버랩시에도 정압파가 오게 되므로 잔류가스 저감의 효과도 기대될 수 있다.

2.5.6 실린더간의 간섭

공명효과도 실린더간 간섭의 일종이다. 그러나 메커니즘을 보면 간접적인 간섭이라 할 수 있다. 그것에 대하여 어느 실린더가 만든 압력파가 직접 다른 실린더에 영향을 미치는 경우는 명료하게 '간섭'으로서 구별하였다.

흡기계에서 직접적인 간섭이 작은 것은 다음의 이유이다.

표 14-4. 공명과급과 실린더간 간섭의 차이

	간섭의 매체	간섭의 메커니즘
공명과급	정재파	흡기 또는 배기에 의해 발생된 압력맥동이 흡배기계에 정재파를 만들어 그 정재파가 실린더에 영향을 준다.
실린더간섭	진행파	흡기 또는 배기에 의하여 생긴 압력 맥동이 흡배기계에 전파하여 직접 다른 실린더에 영향을 미친다.

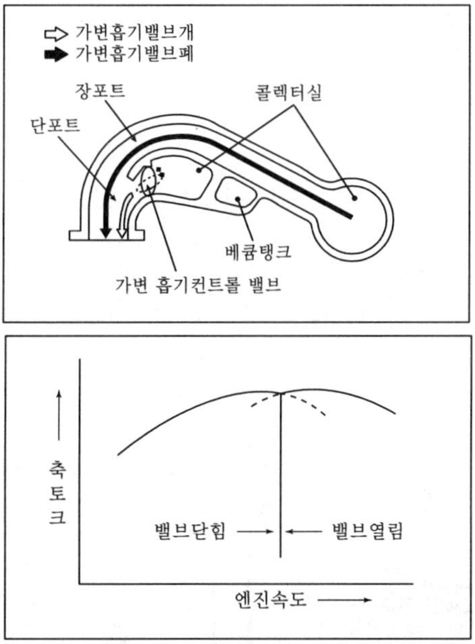

그림 14-4. 가변흡기시스템

3. 가변흡기시스템

제13장에서 동적효과에 대하여 기술하였으나 동적효과가 나타나는 엔진회전속도, 즉 동조회전속도는 흡기관의 길이와 안지름, 단실린더체적 등에 의해 결정된다. 그리고 동조회전역이 좁고 동조회전역을 벗어나면 역효과가 되는 경우가 있다. 이 때문에 동적효과를 이용할 수 있는 엔진의 회전역을 확대하기 위하여 가변흡기시스템이 널리 채용되고 있다.

그러면 가변흡기시스템으로서 널리 이용되는 동적효과중 관성과급과 공명효과타입에 대하여 정리한다.

3.1 관성효과

관성효과는 흡기관의 지름, 길이에 크게 의존한다. 그 결과 저중속토크를 중시하는 엔진의 경우는 가늘고 긴 흡기관을, 고속출력을 중시하는 엔진의 경우는 역으로 굵고 짧은 흡기관을 조합시키는 것이 필요하다.

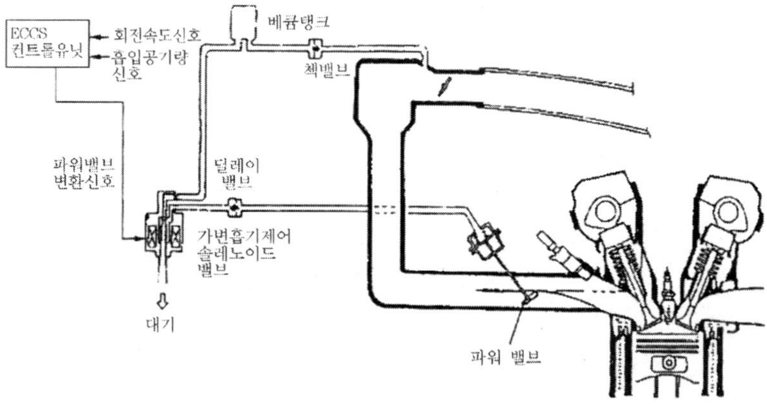

그림 14-5. 흡기시스템

이 특성을 보다 넓은 운전영역(엔진의 회전속도역)에서 활용하기 위해서는 흡기관의 길이나 굵기를 가변으로 하는 가변흡기시스템이 채용되고 있다.

3.1.1 흡기관 길이의 가변형

저속용의 긴 흡기관과 도중에 연통실을 마련하여 각각의 흡기관을 연통실로 도통시키거나, 닫거나 하는 데 따라 관성과급의 동조화된 회전속도를 제어하고자 하는 것이다. 시판되고 있는 엔진에 가장 많이 채용되고 있다(레이스용에서는 흡기관 길이를 가변으로 한 타이프도 채용되고 있다).

표 14-5. 흡기계와 배기계의 간섭의 차이

	관의 연결형태	펄스의 크기	펄스의 특징과 타이밍
흡기	대용량의 용기	작다	피스톤 스피드 최대시에 유입량이 최대로 된다. 콜렉터가 인매니로부터 받는 펄스는 1산이다. 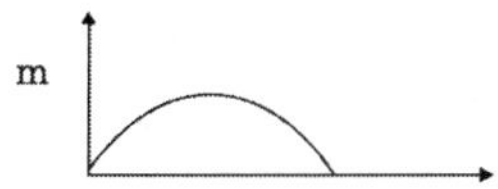
배기	소용량의 분지	크다	블로다운시가 유출량이 최대이다. 이어서 피스톤에 의한 긁어내기가 이어진다. 분지위치에 있어서 펄스는 2산이다. 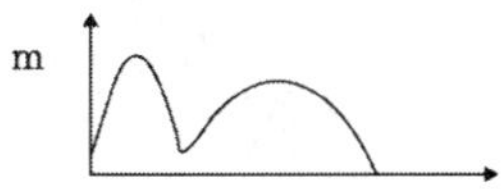

인테이크 매니폴드와 실린더헤드의 흡기포트를 독립시켜 별개의 기류제어 밸브를 사이에 끼워넣은 구조로 되어 있다. 엔진의 난기시 및 저회

전 고부하시에는 밸브를 닫는 것으로서 연소실내의 기류를 강화, 연료의 무화 및 확산을 촉진시켜 연소의 안정을 도모한다. 그리고 포트유효경을 축소시킴으로써 저회전역의 체적효율도 향상시켜서 토크의 향상을 도모하고 있다.

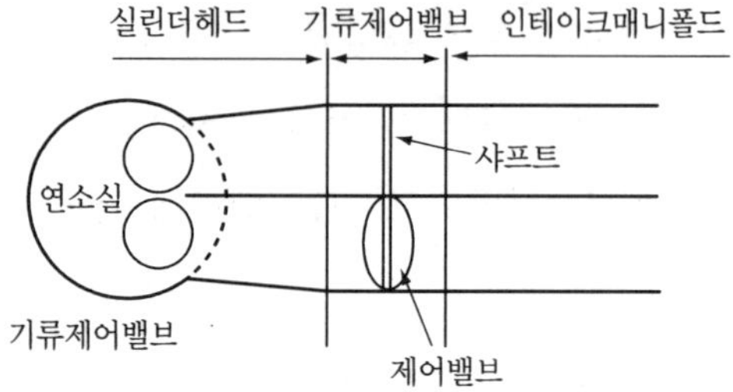

그림 14-6. 도요타 가변흡기시스템

- VK45DD엔진용

  2001년 시마에 탑재된 VK45DD엔진(V형 8실린더 4.5L DOHC 32밸브 직분엔진)에 채용된 가변흡기시스템이다.

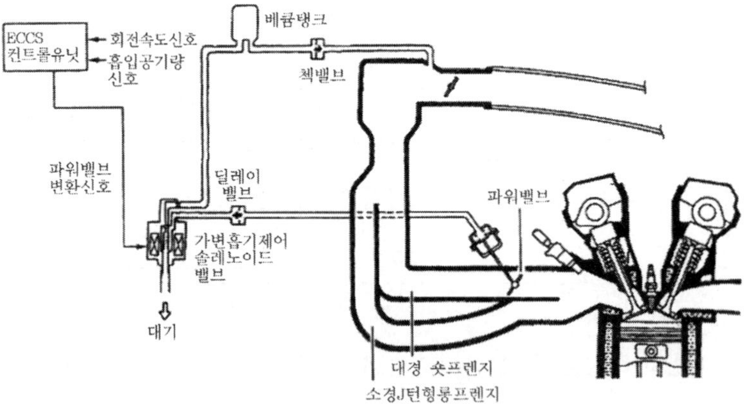

그림 14-7. 닛산 가변흡기시스템

구조는 콜렉터를 둘러싸는 흡기관의 중앙에 차단밸브를 마련, 밸브를 닫으면 흡입공기는 마침내 멀리 돌게 되어 흡기관을 길게 사용하여 저·중속토크를 높이고, 열면 가까운 쪽에서 흡기관의 길이가 반으로 되면서 고속출력을 높이고 있다.

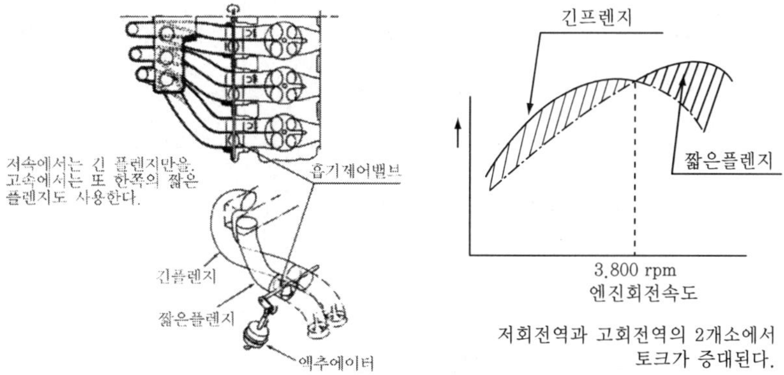

그림 14-8. 닛산 가변흡기시스템

닛산 VQ20PE엔진용은 1998년 세피로에 탑재된 VQ20DE엔진(V형 6실린더 2L, DOHC 24밸브 MPI엔진)에도 가변흡기시스템이 채용되고 있다. 구조는 흡기관의 길고, 짧음을 수지재질의 로터리식 밸브로 개폐시켜 변환하는 시스템이다.

3.1.2 흡기관 단면적 가변형

1실린더의 흡기관을 흡기 콜렉터로부터 2분할로 형성하고, 한쪽의 흡기통로위에 개폐밸브를 설치한다. 저속시는 개폐밸브를 닫아서 닫힌 한쪽으로만 흡기를 받아넣는 것으로 하여 체적효율을 향상시키고 고속역에서는 개폐밸브를 열어서 양쪽에서 받아들이도록 된 것으로 체적효율을 향상시킬 수 있다.

닛산 CA16DE 엔진용

1986년에 펄사에 탑재된 CA16DE엔진(직렬 4실린더 1.6L, DOHC 16 VALVE MPI엔진)에 채용된 시스템이다. 1실린더당 2개의 흡기통로를 사용하며, 한쪽의 통로상에 차단밸브가 마련되어 있다. 저속에서는 닫혀져 있어서 관성과급의 동조회전이 저속쪽으로 움직인다. 그리고 밸브가 닫혀져 있을 때에는 한쪽의 흡기밸브로부터 흡기가 도입되지 않게 되어서 스월의 발생이 강화되어 가스유동이 촉진된다.

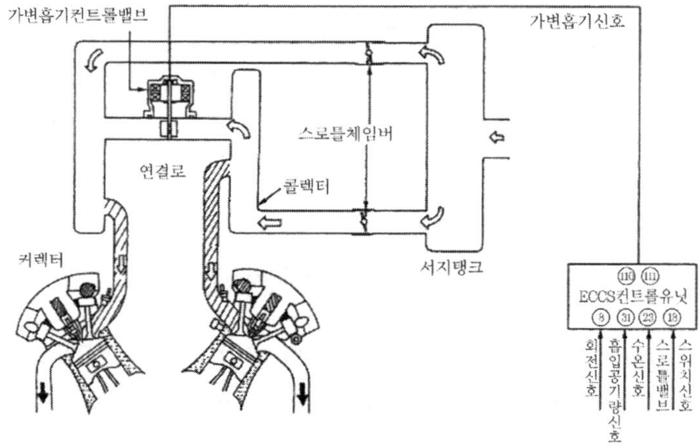

저속에서는 투인콜렉터로서 가능하도록 하여 공면효과를 인출하고
고속에서는 2개의 콜렉터를 통과시켜 1콜렉터로 상당의 관성과급을 하도록 한다.

그림 14-9. 가변흡기시스템(닛산)

도요타 IAZFSE엔진용

2000년에 RAV4에 탑재된 IAZ-FSE엔진(직렬 4실린더, 2L, DOHC 16 VALVE 직분엔진)에도 위에서의 CA16DE 엔진과 같은 시스템이 채용되고 있다.

3.1.3 흡기관길이, 단면적 가변형

1실린더당 2개의 서로 다른 제원을 가진 흡기통로를 마련하는 것으로 관성효과의 동조점을 바꾸는 것이 가능하다. 예를 들면, 한쪽은 길고 지름이 가느다란 흡기통로로 하고, 다른 한쪽을 반대로 짧고 굵은 형상으로 한다. 짧고 굵은 흡기관에 개폐밸브를 마련, 저속시에는 닫히도록 하면 저속시의 체적효율이 향상되고 고속시 밸브를 열면 체적효율이 향상된다.

닛산 CA18DET엔진용

1985년 블루버드에 탑재된 CA18DET(직렬 4실린더 1.8L, DOHC 16VALVE TURBO)에 채용된 시스템이다. 굵고 짧은 메인 흡기통로에 가늘고 긴 통로를 추가하고, 메인통로에 차단밸브가 마련되어 있다. 저속시에는 차단밸브를 닫아서, 서브 통로만으로부터 흡입되고, 고속시에는 차단밸브를 열어서 양쪽의 흡입관으로부터 흡입하도록 되어 있다.

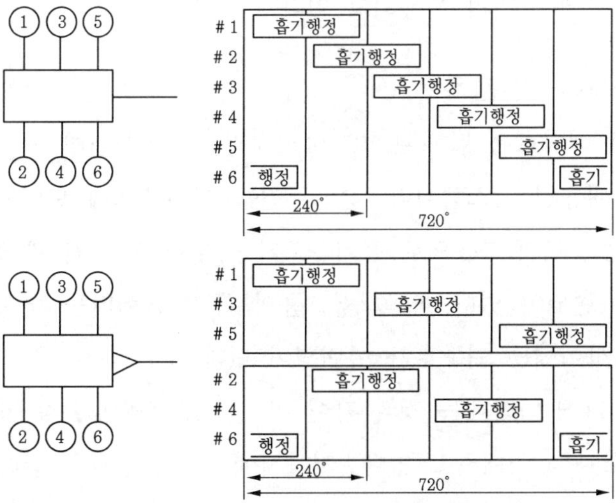

그림과 같이 콜렉터를 분리하면 다른 실린더와의 흡기행정의 오버랩이 없어지고
콜렉터 상류의 공명관집합부를 세분하는 압력진동에 의한 공명효과가 얻어진다.

그림 14-10. 6실린더 엔진의 흡기행정 오버랩

닛산 RB20DET엔진용

1985년 스카이라인에 탑재된 RB20DET엔진(직렬6기통, 2L, DOHC24 VALVE)에 채용된 시스템이다. 한쪽의 흡기관은 가늘고 길게 설정하고, 한쪽의 흡기관은 굵고, 짧게 설치되어 있고 차단밸브가 설치되어 있다. 저속시에 차단밸브를 닫아서 가늘고 긴 통로로만 흡입되고, 고속시에는 차단밸브를 열어서 양쪽의 흡기관으로부터 흡입하도록 되어 있다.

3.2 공명효과

공명효과는 흡기 콜렉터 상류의 압력맥동이 각 실린더에 영향을 미치는 것이다. 그 결과 공명동조 엔진회전속도는 콜렉터 하류의 체적과 상류의 관지름, 길이에 강하게 의존한다.

주로 공명효과를 이용하는 시스템은 실린더간의 흡기간섭이 발생하는 6실린더 이상에서 널리 채용되고 있다.

닛산 VG30DE 엔진용

1986년에 레버트에 탑재된 VG30DE엔진(V형 6실린더 3L, DOHC 24 VALVE)에 채용된 시스템이다. 흡입공기는 서지탱크에 도입되고 서지탱크의 하류는 좌우뱅크용으로 흡기통로가 나누어지고, 각 뱅크에 스로틀 체임버가 마련되어 있다. 양쪽 뱅크용의 흡기 콜렉터는 벽으로 칸막이 되어 있고 사이에는 연통로가 마련되어 있다.

그림 14-11에 나타내는 것과 같이 이 연통로 차단밸브를 개폐하는 데 따라 공명효과를 억제하고 있다. 저속시에는 차단밸브를 닫아서 각각의 뱅크내에 맥동이 남도록 한다. 각 뱅크의 흡기는 매번 240°마다 반복되므로 다른 실린더에 의한 맥동의 영향을 크게 받도록 된다.

이 공명효과에 의하여 저속시의 체적효율이 향상된다. 이 공명효과는 중속이상에서는 관성효과를 상쇄시키므로 중속이상에서의 엔진회전속도에서는 차단밸브를 열어서 공명효과를 감소시킨다. 차단밸브가 열리면 좌우에 흡기 콜렉터가 연통하여 각 실린더가 일으키는 맥동을 평활화한다. 흡기 콜렉터에 들어오는 맥동주기는 120°로서 짧아져서, 맥동의 진폭이 작아지기 때문이다.

흡기 콜렉터의 체적이 2배로 되는 효과도 더해져서, 차단밸브를 열면 관성효과를 사용할 수 있다.

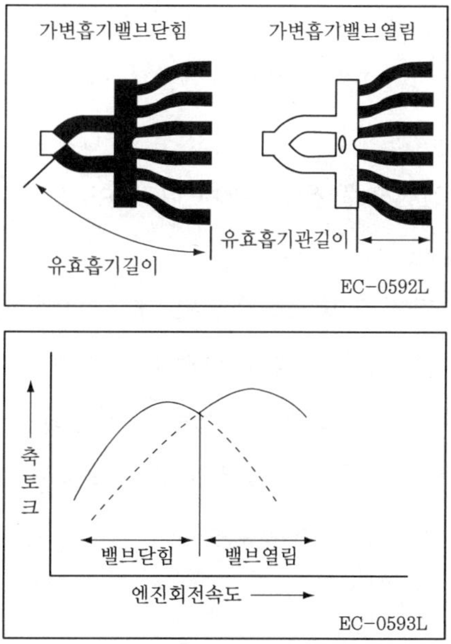

(RB20/25DE엔진)

그림 14-11. 닛산 가변흡기시스템

닛산 RB20DE 엔진용

1997년에는 로레일에 탑재된 RB25/20DE엔진(직렬 6실린더, 2.5L, 2L, DOHC 24VALVE)에 탑재된 시스템이다. 흡기 콜렉터를 앞뒤 3실린더씩 2분할하고 그 벽에 차단밸브를 부착하고 있다. 스로틀 체임버(스로틀보디)의 하류에서 흡기 콜렉터의 바로 앞까지 공명관을 마련하고 있다.

이 공명효과를 보다 강하게 얻기 위한 작동원리나 효과는 뒤에서 기술한 VG30DE엔진과 같다.

4. 마감글

가변흡기시스템은 1980년대 전반에 4밸브 DOHC 엔진이 되고부터 얼마동안 각 회사에서 성황리에 채용되었다. 종래의 SOHC 2밸브엔진으로부터 DOHC 4밸브엔진으로 되는 데 따라 낮아지기 쉬운 저속토크를 보완하기 위하여 고안한 시스템이다.

그러나 근년에는 가변동 밸브시스템의 채용 등에 의해, 이전보다 가변흡기시스템으로 저속토크를 만회할 필요성이 많이 와해되고 있다. 이 때문에 염가형 엔진으로는 가변흡기시스템이 채용되지 않고 있다.

다만, 보다 저속에서 고속까지 고성능이 요구되는 엔진을 중심으로 앞으로도 가변흡기시스템이 채용되어갈 것으로 생각된다.

Chapter

15 배기시스템

1. 머리말

배기시스템은 새 기술, 새 재료의 연구개발이 진척, 소음의 저감, 배기가스유해성분의 저감, 연비의 향상이 도모되어 왔다. 자동차의 내연기관에는 머플러를 중심으로 한 배기시스템이 필요하고 배기시스템이 다해야 할 역할은 환경보전 면에서도 크다.

자동차의 배기시스템은 엔진으로부터 배출되는 연소가스를 냉각시키면서 안전하게 외부로 배출시킴과 함께 배기시스템의 저항에 의한 엔진출력의 손실을 억제하면서 배기 소음을 저감시키고 있다. 그리고 배기시스템에 부가되어 있는 촉매장치 등의 배기가스 정화장치는 배기가스중의 CO, HC, NO_x 등의 유해성분을 저감시키고 있다. 다음은 이와 같은 중요한 역할을 담당하고 있는 배기시스템의 기본기능 및 성능평가 기술에 대하여 기술한다.

2. 배기시스템의 변천

자동차의 보급이 더해지고 자동차에 의한 교통사고, 소음, 배기가스오염 등이 큰 사회문제로 되면서 이것에 대응하여 자동차에 대한 각종 법

규가 시행되어 그 규제도 단계적으로 강화되고 있다.

자동차의 소음규제, 배기가스규제의 강화에 대응하여 배기시스템에 대한 기능개선요구는 해가 거듭할수록 증가되어 왔다. 그러면서도 개선요구의 크기에 비교하여 배기시스템의 허용되고 있는 자유도는 차량측의 제약에 따라서 너무나도 작다.

그리고 배기시스템의 내구수명에 대한 시장요구의 변화에 동반하여 재료에 대하여도 크게 변천되어 왔다. 다음은 배기시스템의 구성 및 구조의 변천에 대하여 기술한다.

2.1 소음규제강화에 대응하는 배기계의 변천

표 15-1은 1971년 이후의 승용차의 가속주행소음에 대한 규제값의 추이를 나타낸 것이다(일본의 예).

표 15-1. 가속주행 소음규제값 추이

규제연도	'71~	'77~	'79~	'81~	'97~
가속주행소음규제값[dB(A)]	84	82	81	78	76
소음에너지[%]	100	63	50	25	16

표 15-1에서 1971년에 비교하여 자동차의 가속주행소음은 8dB(A)로 저감되어 소음에너지로 환산하면 84% 저감한 것이 된다.

자동차의 소음규제강화에 대응하여 배기시스템소음의 저감을 도모하기 위하여 개선이 실시되었으며 그 대표적인 것은 다음과 같다.

① 머플러의 용량증가

② 머플러 내부구조의 개량

③ 서브 머플러의 장착

④ 흡음재의 사용 확대
⑤ 제어배기시스템의 채용
⑥ 배기방사음의 저감대책

머플러의 용량은 당초 엔진배기량의 5배 정도였으나 현재는 12배 정도로 되어 있다. 이 배경에는 차실내 거주공간확보를 위한 언더 플로워형상의 플레이트화에 의하여 최적인 머플러의 장착위치, 공간이 얻어지지 않고 머플러가 분산화된 것과 머플러가 소음효가를 얻기 어려운 후방에 비치하도록 된 영향이 있다.

2.2 배기가스 규제에 의한 배기계 구성의 변천

배기가스규제의 대책으로서 엔진의 개량만으로 배기가스정화가 불충분하고 배기가스 정화장치가 배기계에 조합되도록 되었다. 당초는 각 메이커의 배기가스 대책방식이 다르고 배기가스정화장치로서 촉매컨버터, 서멀리엑터 등이 채용되었으나 현재는 촉매컨버터를 채용하고 있다.

촉매담체도 필랫 담체로부터 모노리스 담체로 변혁되어, 오늘날에 이르고 있으나, 재료도 최근에는 세라믹재 외에 얇은 금속재도 사용되기에 이르렀다. 또한, 엔진개량기술의 향상에 따라 산화촉매로부터 3원촉매로 이행되어 오고 있다. 또한, 촉매컨버터의 장착위치도 상하놓기(상하부착)이 주류이었으나 용량이 큰 엔진의 차를 제외하고는 매니폴드 직후에 장착되는 차종이 증가되고 있다.

2.3 배기시스템 재료의 변천

배기가스의 규제가 실시되기까지는 일반적으로 냉간압연강판 및 보통강판이 사용되고 있었으나 고도성장경제의 물결에 타면서 승용자동차의 보급과 내구수명의 향상요구가 높아지면서 아연도금강판과 알루미늄도금강판이 채용되었다.

배기가스 규제의 시행으로 엔진의 개량과 함께 배기계에 배기가스정화장치가 장착되고 미국에서 5년~5만마일 보증의 요구기준을 만족시키기 위하여 정화장치의 재료 및 고온부위에는 스테인리스 스틸을 주체로 하는 내열합금을 채용, 머플러 등 그 외의 구성부품은 내고온산화성에 강한 알루미늄도금강판의 채용이 이루어졌다.

그리고 배기시스템에 대한 내구수명연장이 강하게 요구되는 외에 현재의 배기관 및 머플러에는 SUS409, SUS410 등의 스테인리스계 재료를 사용하고 있다.

3. 배기시스템의 개요

배기시스템의 한 예를 그림 15-1에 나타낸다. 배기계는 주로 익죠스트 매니폴드 플렉시블튜브, 촉매컨버터, 머플러 등으로 구성되어 있다.

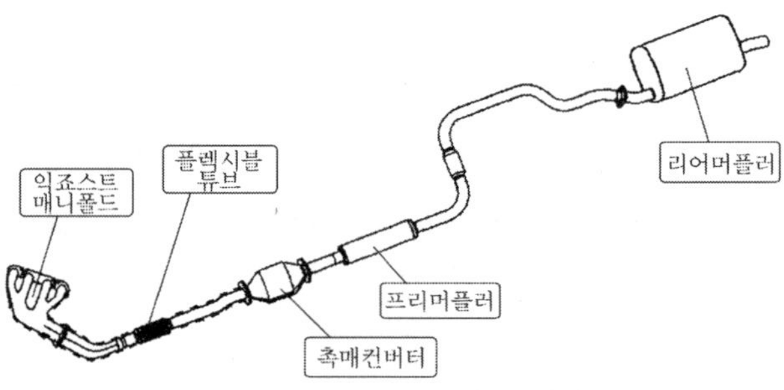

그림 15-1. 배기시스템도

현재 사용하고 있는 머플러는 보기에 복잡하고 대단히 많은 소음구조인 것 같이 생각된다. 그 구조를 분류기능별로 정리하면 기본구조로서 (1) 확장형, (2) 공명형, (3) 확장공명형(분지형), (4) 간섭형, (5) 흡음형, (6) 저항형의 6종으로 집약할 수 있다.

배기시스템에 있어서는 감쇠특성의 계산 방법으로서는 전달매트릭스법, 경계요소법, 유한요소법 등이 있으나 일반적으로는 각종 기본구조의 조합적인 계산이 용이한 전달매트릭스법이 사용되고 있다.

전달매트릭스법에 의한 음향 시뮬레이션을 활용, 소음특성 및 압력손실특성을 예측하기 위한 설계수준은 표 15-2에 나타낸 바와 같다.

표 15-2. 배기시스템 설계수순

검토내용	검토방법
A 기본튜브 지름의 선정	•삽입손실계산 •압력손실계산
B 머플러위치선정	•소음기최적장착위치계산 •삽입손실계산
C 머플러용량선정	•삽입손실계산 •투과손실계산
D 머플러내부구조의 선정	
D-1 머플러기본구조선정 D-2 공명 확장 확장⊕공명	•음압모드계산 •삽입손실계산
D-3 출구, 입구, 파이프의 삽입 길이선정 D-4	•최적삽입길이계산 •투과손실계산 •삽입손실계산
실활선정	•투과손실계산 •삽입손실계산
머플러파이프의 형상선정(지름, 길이, 작은 구멍 등)	•투과손실계산 •삽입손실계산 •차수분석계산 •압력손실계산

기본 튜브지름의 선정은 시스템음향의 소음량 및 압력손실, 기류음에 미치는 영향을 고려하여 설계할 필요가 있다. 즉, 압력손실 및 기류음에 대하여 튜브지름을 크게 할수록 저감효과가 얻어지고, 시스템음향의 소음량에 대해서는 작게 할수록 소음효과가 얻어지므로 이 상반되는 특성의 최적화설계가 포인트이다.

머플러 위치의 선정은 한정된 차량레이아웃에 의해 필연적으로 결정되어지는 경우가 많으나, 장착위치가 소음특성에 주는 영향이 크고 자동차용 배기계와 같은 소음기에 비교하여 도관이 충분히 긴 소음계에 있어서는 그림 15-2에 나타내는 것과 같이 머플러의 장착위치에 따라, 소음계의 공명특성이 극단으로 변화하는 특성을 가지고 있다.

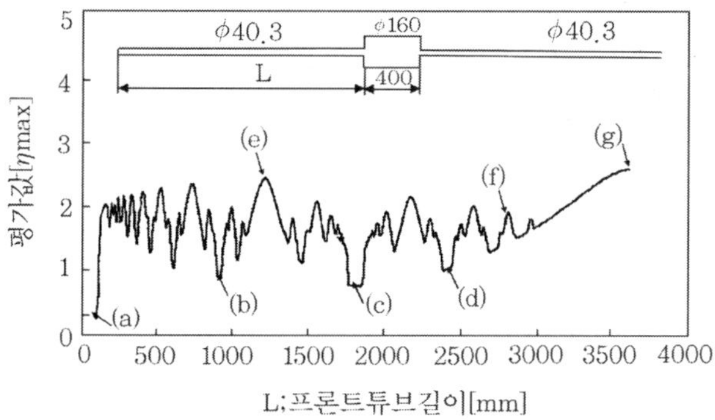

그림 15-2. 머플러 최적장치 위치계산

Y축의 "Evaluating Value η max"는 소음의 난이도를 나타내는 평가치이고 숫자가 작을수록 소음이 발생하기 쉽고 (a), (b), (c), (d)의 위치는 공명적합도가 적은 좋은 위치라 할 수 있고, 역으로 (e), (f), (g) 위치는 공명적합도가 크고 장착에 적합하지 않는 위치라 할 수 있다.

머플러용량의 선정은 차량 레이아웃 제약에 의해 한계가 있으나 그림 15-3에 나타내는 것과 같이 머플러용량이 커지는 데 따른 소음저감효과는 대단히 크기 때문에 소음량을 규제하는 목적으로 한정된 차량스페이스를 제한없이 활용하기 위해서는 형상이 다른 형태의 머플러의 사용도 유효하다.

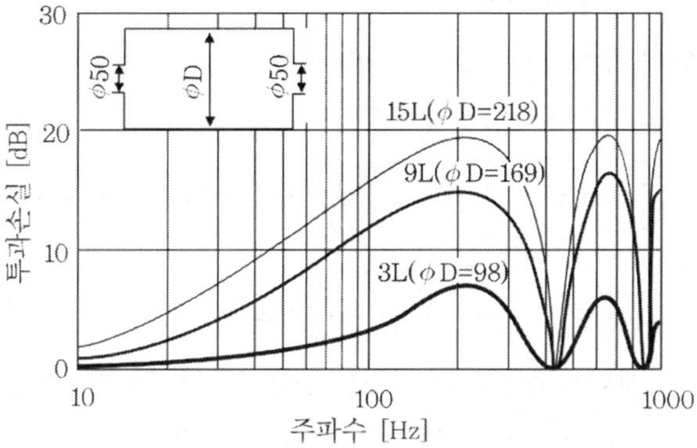

그림 15-3. 머플러용량과 소음량

머플러내 내부구조의 선정은 정해진 소음내용에 상응하여 기본구조의 선정(공명, 확장 등) 후 출입구 파이프의 삽입 길이선정에 의한 최적화를 이루게 하여 실내, 머플러 파이프의 형상선정(지름, 길이, 작은 구멍)을 하고 있으나 이들은 과거의 기술적 경험에 근거하는 이음, 음색, 신뢰성의 설계를 고려한 다음 최적화를 이루어 나갈 필요가 있다.

4. 각 부품의 기능과 설계의 포인트

4.1 익죠스트 매니폴드

익죠스트 매니폴드(이하 배기매니)의 기능으로서는, 다실린더 엔진의 각 실린더로부터 배출되는 배기가스를 집합시켜서, 머플러에로 유도하는 부품이다. 즉 실린더 내에 남아있는 연소가스를 효율적으로 배출시켜 출력향상에 기여하는 것이다.

배기매니폴드의 성능 설계요건으로서는, 배기저항을 작게 하는 것이 중요하고 충분한 가스통로단면적을 가지며, 각 플렌지의 굽음을 완만하게 하여 원활하게 배기가스가 유출되는 형상이 바람직한 것으로 생각된다. 그리고 배기의 블로다운에 의한 배기압력파의 간섭을 피하기 위하여 점화순서가 연속되는 실린더로부터의 배기관의 집합을 피하는 방법이나 블로다운에 의한 배기관내에 유기되는 맥동의 부압파를 배기공정중이나 밸브오버랩에 동조시키는 방법 등 배기의 동적효과를 고려하는 것도 중요하다.

익죠스트 매니폴드는 실린더헤드에 접속되어 엔진으로부터 배출되는 고온의 가스에 시달리는 부품이므로 높은 내열성능과 엔진의 진동이나 냉열사이클에 대한 내구성의 확보가 설계의 포인트이다.

따라서 배기매니폴드의 구조 및 재료선정에 있어서는 내고온산화성, 내진성, 내열피로강도의 확보가 중요하다.

현재 쓰이는 배니매니폴드의 구조로서는 종래 사용되고 있던 주물제에 더하여 작금의 배기규제에 대응하여 웜업(Warm up) 성능의 향상을 목적으로 한 2중관 구조의 배기매니폴드나 촉매컨버터와 용접 일체화한 매니폴드 촉매의 채용도 다양한 사양으로 사용되고 있다.

그리고 앞에서 기술한 배기의 동적효과에 의한 엔진의 출력향상을 목적으로 플랜지관의 길이를 길게 한 것이나 같은 길이로 한 것도 채용되고 있다.

그림 15-4, 그림 15-5, 그림 15-6은 그 실제예이다.

그림 15-4. 2중관 배기매니폴드

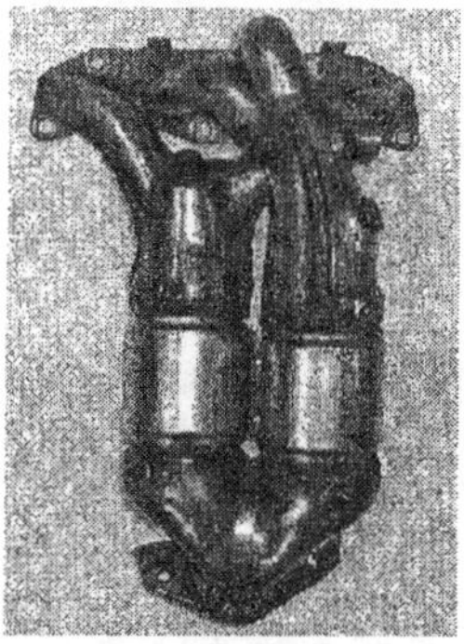

그림 15-5. 롱듀얼타입 매니폴드 촉매

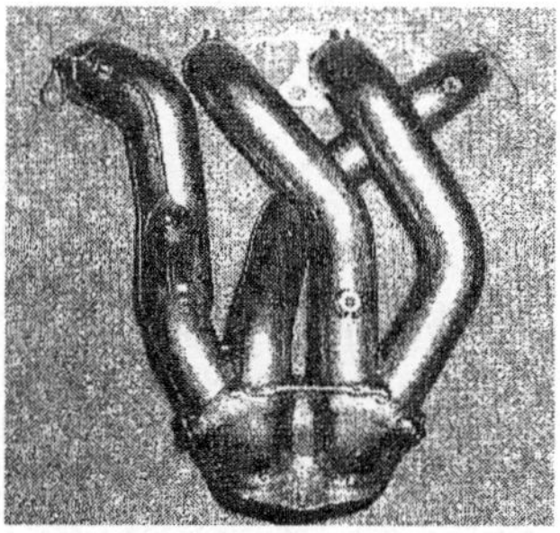

그림 15-6. 길이가 같은 롱 플랜지 머플러

이와 같이 배기매니폴드는 엔진의 출력과 배기성능의 영향이 큰 부품인 동시에 가혹한 사용환경에 견디는 내구신뢰성이 요구되는 부품이다. 따라서 성능, 진동, 열에 대한 예측, 평가기술과 품질의 확보가 중요하다.

4.2 컨버터(매니폴드, 언더플로워)

배기가스의 정화장치에서 배기가스중에 포함되는 HC, CO, NO_x 등의 유해성분을 촉매반응에 의하여 무해한 H_2O, CO_2, N_2로 바꿔서 제거하는 장치이다.

북미 TierO, 유럽 Stage－Ⅰ 등의 배기규제 대응을 위해 채용되어 현 시점에서도 일본, 미국, 유럽 등에서 판매되고 있는 가솔린차의 대부분이 사용되고 있다.

최근에는 LEV규제를 비롯하여 엄한 배기규제에 대한 대응, 린번이나 직분엔진에서의 희박연소에 대한 대응으로 위에서 기술한 기본시스템에 더하여 3원촉매의 기능을 강화한 촉매시스템이나 언더플로워 바로 아래에 배기매니폴드의 촉매를 배치하고 있다.

허니컴 촉매는 세라믹스제 또는 금속제품의 다수의 가스통로를 가진 담체에 귀금속을 혼합한 알루미늄 등을 담지시킨 것으로 촉매작용을 하는 본질부문이다. 이 허니컴 촉매를 배기계에 탑재하기 위하여는 스테인리스제의 용기로 덮어 싸는 것이 되나, 세라믹스제의 담체를 사용할 경우는 셀과 촉매 사이에 라디얼 방향의 완충재로서 쓰여지는 서포터와 스러스트 방향의 완충재로서 쓰이는 와이어메쉬, 배기가스가 촉매통로 이외를 통과하는 것을 방지하는 실 매트(seal mat)가 조립된다.

그림 15-7은 그 실제예를 나타낸 것이다.

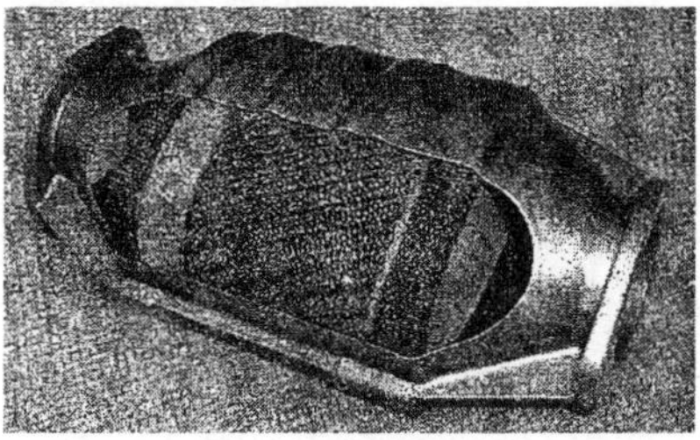

그림 15-7. 언더플로워 컨버터

금속제의 담체(메탈 담체)를 사용하는 경우는 앞에서 기술한 완충제는 없고 직접 용기로 금속담체를 감싸고 보호하는 구조로 되어 있다.

그리고 최근의 컨버터의 구성으로서 원가저감이나 경량화를 위하여 앞뒤의 디퓨져(diffuser : 확산부)부를 스피닝가공하여 일체성형한 것도 사용되고 있다(그림 15-8). 구성부품에 대하여도 실 매트에 촉매보지형식을 가지도록 하여 와셔나 서포터를 사용하지 않고 전면 매트에 촉매보지형식의 것도 존재하고 있다.

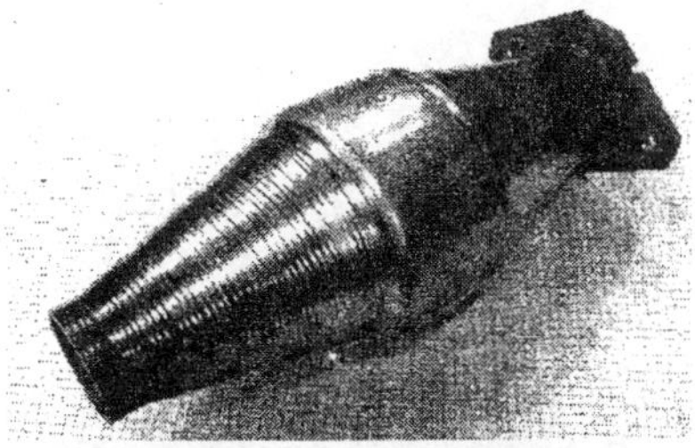

그림 15-8. 일체형 컨버터

담체는 촉매작용을 가진 활성성분을 보존유지하는 역할을 가지고 있고 그 재질에 따라 세라믹스 담체와 메탈 담체가 있다. 각각 서로 다른 특징이 있고 목적에 따라 적당한 것을 나누어 쓰여지고 있다.

4.2.1 세라믹스 담체

자동차용 담체는 가혹한 사용환경에 견딜 수 있는 내열성, 내충격성 및 기계적 강도를 함께 가지는 것이 필요하다. 이들의 조건을 만족시키는 재료로서는 코디라이트(Al_2D_3, SiO, MgO가 주성분)를 써서 압출성형에 의한 세라믹스 담체가 개발되어 널리 사용되고 있다. 현재 벽두께와 셀밀도를 어느 정도 변경한 담체를 성형될 수 있도록 기술이 개발되어 있다. 셀구조는 배기성능뿐 아니라 압력손실도 변화시키므로 담체규격에는 다방면으로부터의 검토가 필요하다.

최근에는 웜업성능향상이나 기하학적 표면적(SGA)을 증대시키는 목적으로 벽두께가 얇은 담체(박벽담체)의 개발이 활발하게 이루어지고 있다. 벽두께가 얇고 셀밀도가 높은 담체를 사용한 경우 활성성분이 같아도 히트매스의 저감과 활성표면적의 증가에 의해 에미션 저감을 도모하게 되므로 보다 철판이 얇고 셀밀도가 높은 담체의 활용이 넓어지고 있는 것으로 생각된다.

4.2.2 메탈 담체

세라믹스 담체와 상이한 특징을 가진 메탈 담체(그림 15-9)가 실용화되고 있다.

그림 15-9. 메탈 담체

메탈 담체의 큰 메리트는 세라믹스보다 강도상 벽두께를 얇게 할 수 있으므로 통기저항이 작고 담체 보존유지에 완충재가 필요하지 않다고 하는 점에서 케이싱을 포함하여 소형화가 가능(설계 자유도가 크다)한 것들이다.

표 15-3, 그림 15-10에 세라믹스 담체와 메탈 담체의 특질을 비교한 것이다.

표 15-3. 메탈 담체와 세라믹스 담체의 특질비교

	메탈 담체	세라믹스 담체
셀 형상	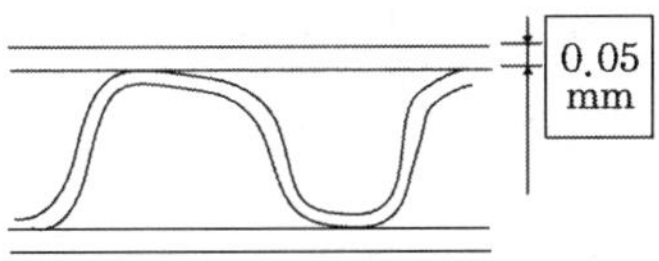	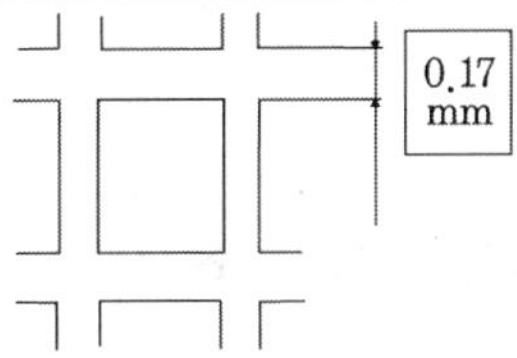
재 질	페라이트계 스테인리스	코디라이트
비 열	0.5kJ/kg · ℃	1.0kJ/kg · ℃
개구율	90%	75%
GSA	$32cm^2/cm^3$	$27cm^2/cm^3$

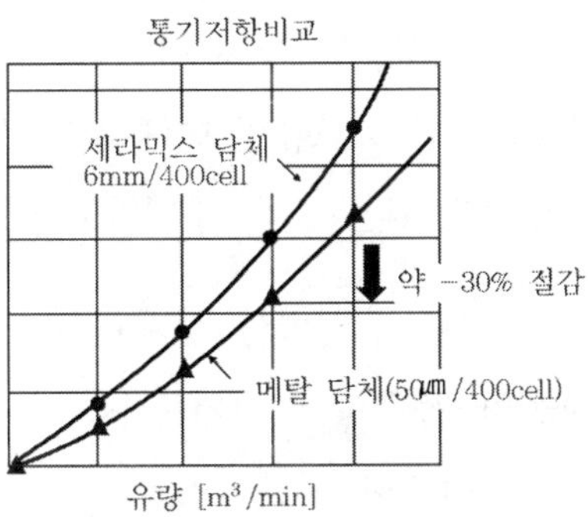

그림 15-10. 메탈 담체와 세라믹스 담체의 특질비교

통기저항이 작다고 하는 특징은 고출력을 요구하는 엔진에 적합하고, 배압이 낮은 데 따른 최고압력의 향상이 가능하다. 그리고 소형화가 가능하다고 하는 면은 충분한 스페이스를 취할 수 없어도 매니폴드 촉매의 적용이 유리한 특징이 있다. 매니폴드촉매는 언더플로워의 밑에 장착된 촉매에 비하여 보다 고온이고, 또한 온도차도 큰 배출가스 분위기에서 사용되기 때문에 높은 내산화성과 내열충격성이 요구된다. 이들의 요구에 응답하기 위하여 메탈재료나 구조면에서 기술개발이 활발히 이루어지고 있다.

현재 메탈 담체의 벽두께는 30㎛까지 실용화되고 있으며 앞으로 새로운 벽두께가 얇은 것이 등장할 것으로 생각된다.

4.3 진동흡수장치

배기시스템은 엔진의 배출가스를 정화, 소음, 방열하여 대기중에 방출시키는 것이다. 그러나 차체에 대해서는 엔진과 같이 마운트러버를 거쳐서 소프트마운트로 되어 있다.

이것은 엔진의 진동이 자동차의 실내로의 전파됨을 방지하고 쾌적한 차실내 환경을 만들어내는 데 필요한 구조라고 할 수 있다. 그러면서도 근년 승용차의 트레버스 라인의 경우는 그것에 더하여 엔진롤변위에 대응이 가능한 가소장치가 배기시스템의 강도유지 면에서도 필수로 되어 있고 진동흡수장치로서 넓이 사용되고 있는 것은 주지하고 있는 바와 같다.

* TL : Traverse line(자동차 길이방향 설계기준)

BL : Bow Line(자동차 폭방향 설계기준)

WL : Water Line(차바퀴부터 지붕까지의 설계기준)

※ 각 TL BL WL은 100mm 기준이다.

4.3.1 진동흡수장치의 필요성과 기능

1) 저주파수 진동 및 변위의 감쇠

엔진 롤진동, 아이들링진동을 감쇠하고 배기시스템의 발생응력을 저감시킴과 함께 차실내로의 울림음이 들어오는 것을 억제한다.

2) 고주파수 진동감쇠

엔진의 진동에 기인하는 배기시스템의 공진에 의한 시스템의 동적발생응력을 저감함과 함께 그것에 동반되는 방사음을 억제한다.

3) 배기시스템의 위치적 오차의 흡수

열팽창이나 제조공차에 의한 구성부품의 얼라이먼트의 치우침을 흡수하여 발생응력을 저감시킨다.

4.3.2 진동흡수장치의 구조와 특징

현재 사용되고 있는 대표적인 진동흡수장치에 대하여 설명한다.

1) 구면 커플링

구면 베어링(그림 15-11)에 凹 구면 플랜지를 스프링 장력을 거쳐서 미끄럼마찰접속으로 가스의 기밀성을 보존하면서 가요성(구부림이 가능한 성질)을 확보함으로써 기본적으로 굽힘 방향진동과 변위의 흡수에 작용하므로, 장착위치는 제약을 받으나 시스템의 분할위치를 설정함으로써 플랜지 커플링으로 바꿈으로써 코스트를 낮출 수 있다.

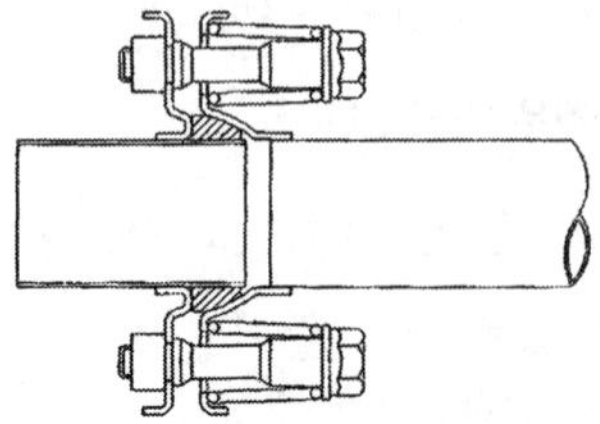

그림 15-11. 구면 커플링

본 커플링은 주로 엔진의 가장 가까운 배기매니폴드와 배기프론트 튜브의 사이에 장착, 엔진롤 변위를 흡수하나 배기시스템의 고유진동모드 튜닝을 위해 특히, 중량을 떠받치는 메인 머플러 앞에도 설치하여 시스템으로서 2개 사용하는 예도 있다.

2) 플렉시블 튜브

살이 얇은 박육관을 벨로즈로 가공한 플렉시블 튜브(그림 15-12)는 기본적으로 신축, 굽음, 전단(shearing)의 전방향으로 구부러짐과 기밀성을 가지고 있다. 또한 그 구부러짐의 특성은 벨로즈(bellows)관 길이, 관의 강판두께와 그밖의 구성부품에 따라 선택 및 선정이 가능하다.

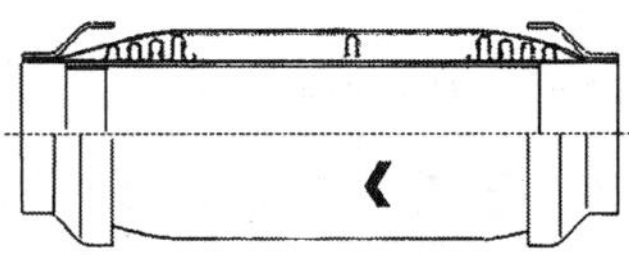

그림 15-12. 플렉시블 튜브

4.3.3 진동흡수장치의 특성

1) 구면 커플링

가스의 기밀성은 스프링에 의한 베어링 미끄럼면의 면압으로 유지되므로 굽힘 방향 스프링특성은 그림 15-13에 나타내는 바와 같고 히스테리시스를 가지고 있다.

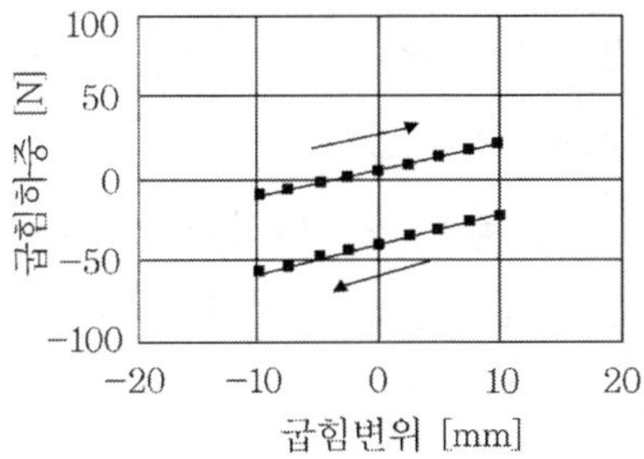

그림 15-13. 구면 커플링 굽힘 방향 정적스프링 특성

2) 플랙시블 튜브

진동차단 요구로부터 입력이 비교적 작은 진폭 범위에서는 낮은 스프링특성(유연)을 유지하면서 진폭이 클 때에는 높은 스프링특성으로서 변위를 억제하는 구조로 하여 진동차단과 강도를 양립시키고 있다.

그림 15-14에 신축방향의 스프링특성 예를 나타낸다.

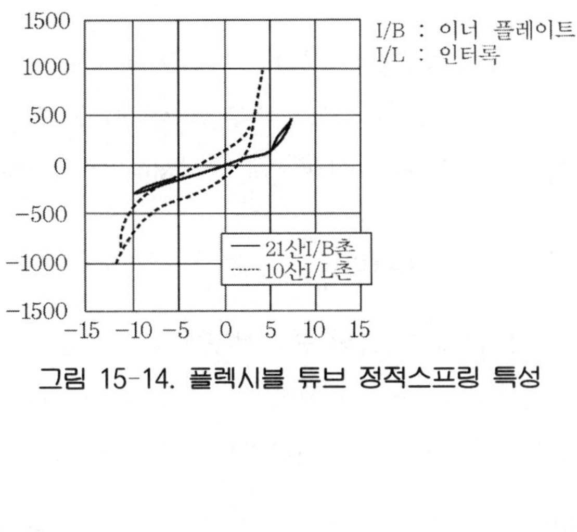

그림 15-14. 플렉시블 튜브 정적스프링 특성

실선은 일반적으로 낮은 스프링정수재원의 특성을 나타낸다. 인장변위만의 아우터플레이트의 장력이용으로 높은 스프링특성을 가지게 하고 있다. 또한 파선은 단척형의 높은 스프링정수제원을 나타낸다. 벨로즈의 허용변위량이 작으면서 강도확보를 위하여, 내관에 인터록을 사용하여 압축방향의 변위 억제를 하고 있다.

그림 15-15는 동적스프링정수를 나타낸다. 낮은 스프링정수제원은 벨로즈공진에 의한 피크가 200Hz 이하에서 나타내고 있으나, 단척형의 높은 스프링정수제원은 그것보다도 고주파 수역으로 치우치는 특성으로 되어 있다.

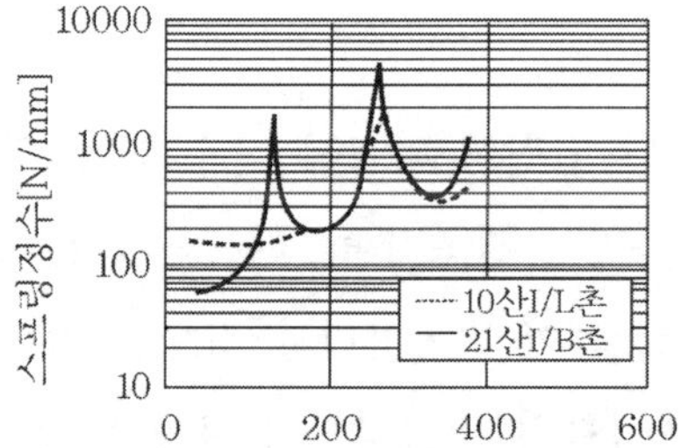

그림 15-15. 플렉시블 튜브 동적스프링 특성

따라서 배기시스템제원설정에 있어서는 이들의 유닛특성을 충분히 참조한 다음에, 시스템 진동 고유값의 유무를 진동차단 특성뿐 아니라 시스템의 강도 특성을 포함하는 양면에서 추구하는 것이 필요하다.

4.4 배압감응형 제어 머플러

배기소음을 저감시키고자 하면 배기계통의 압력손실이 높아지기 때문에 동력성능이 저하된다. 이 이율배반적인 성능을 동시에 만족시키는 기술로서 전자제어를 사용하는 유로변환머플러가 주로 고급차의 정숙성 향상이나 동력성능향상을 목적으로 약 12여년 전부터 등장하였다. 그후에도 다른 방식의 전자제어형 머플러를 비롯하여 몇 개의 제어 머플러가 개발되었으나, 제조원가가 높은 등의 이유에 의하여 극히 일부의 차량에만 탑재되었다. 그러나 근년에는 차의 그레이드에 상관하지 않고 저소음화, 고출력화에 더하여 저연비화의 요구도 확대되어 있고, 배압감응형 제어 머플러에 대한 기대도 크다. 저코스트이고 고성능의 머플러인 배압감응형 머플러에 대하여 설명한다.

4.4.1 머플러 내부구조

저속용과 고속용 2계통의 배기유로를 확보하고 그 한쪽의 유로에 배기의 압력에 상응하여 개폐하는 밸브를 마련하여 2계통으로 유로제어를 한다.

1) 제어밸브 닫힘시의 구조

배기유량이 적은 저속역에서는 테일파이프의 확장비를 확보하여 저주파음을 효율적으로 소음될 수 있도록, 제어밸브를 스프링의 닫힘세력에 의해, 폐색상태로 유지하고, 배기를 제2실경유로 제1테일파이프에서만 배출시킨다(그림 15-16(a)).

그리고 제3실을 공명요소로서, 작용시켜서 다시 저주파수역의 소음량을 확보한다.

2) 제어밸브 열림시의 구조

배기유량이 많은 고속역에서는 압력손실 및 기류소음의 저감을 도모하기 위해 배기유량에 상응하여 제어밸브를 열리도록 하여, 저속역에서의 유로에 더하여 제3실에서 패스파이프, 제어파이프 및 제1실을 경유하여 제2테일파이프로부터도 배기가 유출되도록 하였다(그림 15-16(b)).

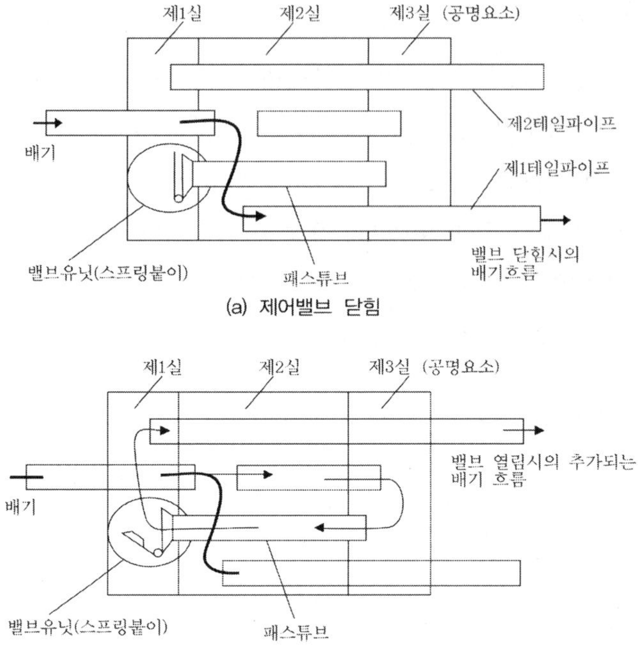

(a) 제어밸브 닫힘

(b) 제어밸브 열림

그림 15-16. 머플러 내부구조와 배기가스의 흐름

그 때문에 제3실은 공명요소로부터 중, 고주파수로 소음량이 큰 확장요소로 변화한다.

4.4.2 성 능

본 머플러의 특성을 제어밸브전폐, 전개의 특성과 비교하면, 양자의 특성보다도 본 머플러의 특성쪽이 낮게 되어 있음을 알 수 있다(그림 15-17).

이것은 간섭효과에 의한 것이고 이와 같이 제어밸브를 열어도 토출음의 악화를 초래하는 일이 없기 때문에 종래 저속역으로 설정하는 것이 어려웠던 밸브의 변환점을, 본 머플러에서는 2,000rpm으로 설정하는 것이 가능하였다. 그 결과 배압특성도 2,000rpm 이상에서 저배압화가 도모되고 있다(그림 15-18).

이들의 특성은 배기의 압력에 상응하여 개폐하는 밸브에 의해 제어되어 있기 때문에 대단히 원활한 특성으로 되어 있다.

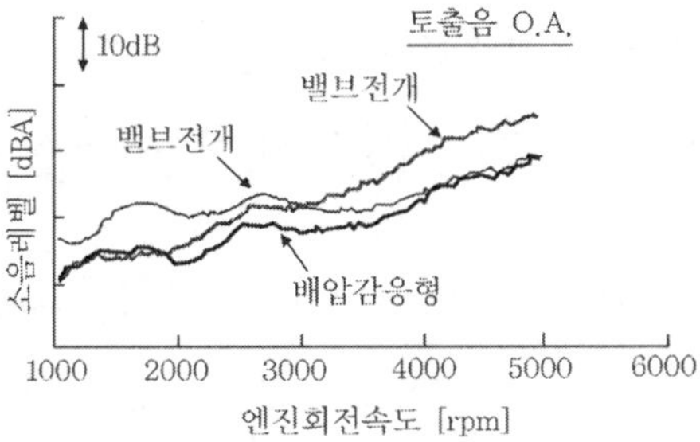

그림 15-17. 배기감응형 제어 머플러의 토출음 특성

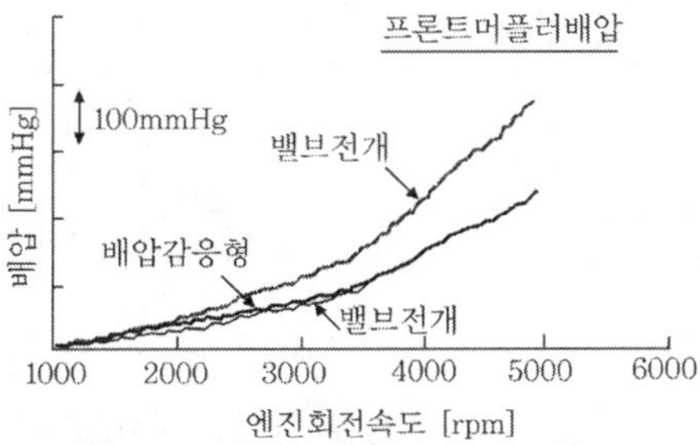

그림 15-18. 배기감응형 제어 머플러의 배압 특성

5. 배기시스템 성능평가

자동차의 배기시스템은 엔진에 직결되는 기능부품이고, 차량에 매칭되는 고품질, 저코스트의 제품을 시의적절하게 평가하기 때문에, 기능 및 신뢰성의 평가에 있어서는, 독자적인 평가수법에 따라 목적에 상응하는

수법을 선택, 실시하는 등 엄한 품질평가를 실시하고 있다.

그리고 유닛베이스로 시장의 차량요구품질을 실험실에서 평가하고 이를 바탕으로 주기적으로 시장조사를 통하여, 소음성능이나 내구성능에 대한 평가 해석을 하여 단기간에 개선사항에 대한 실험체제를 갖추고 있다.

또 환경조건의 차이로 기존의 평가기술로서는 대응이 불가한 새로운 기술과제에 대하여는 이것을 해결하기 위하여 최적의 실험수법의 개발을 하고 있다.

배기시스템이 성능평가기술을 그림 15-19에 나타낸다. 그리고 대표적인 평가항목인 소음성능(그림 15-20), 정화성능(그림 15-21), 진동강도성능(그림 15-22)에 대하여는 그 개요를 설명하고 있다.

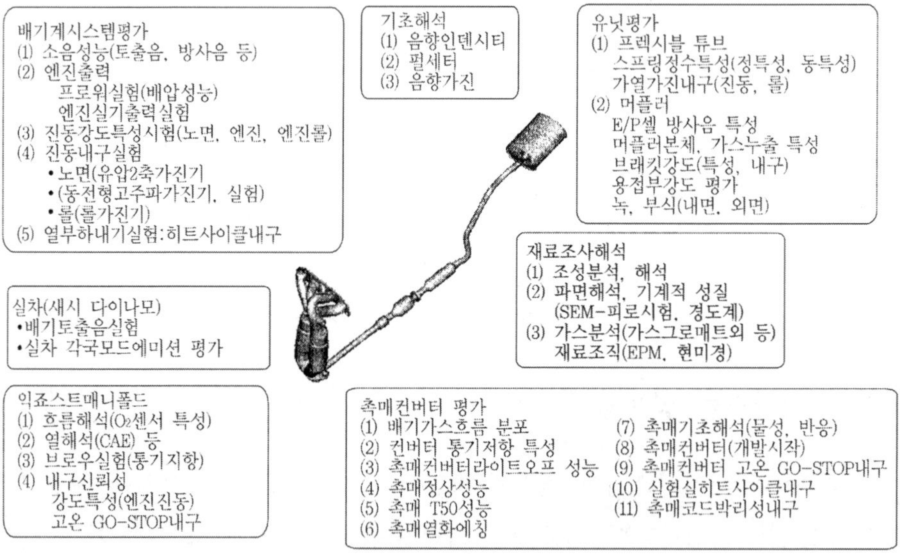

그림 15-19. 소음성능 평가실험 시스템

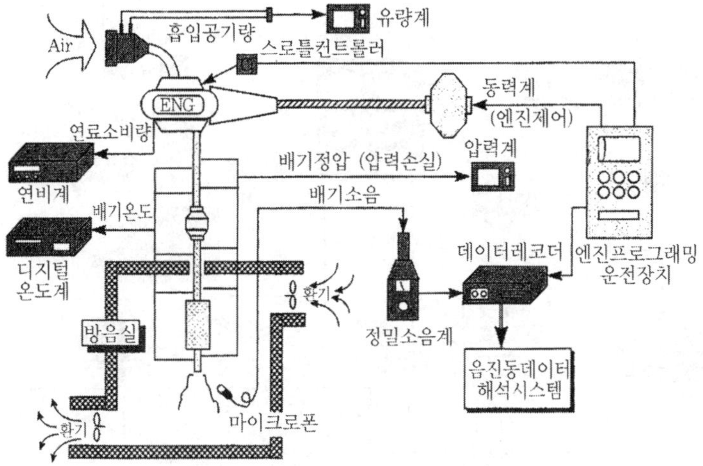

그림 15-20. 소음성능 평가실험 시스템

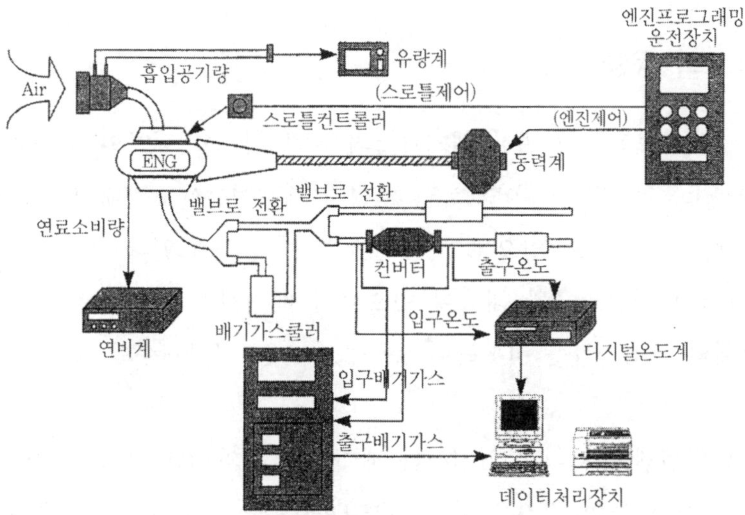

그림 15-21. 정화성능 평가실험 시스템

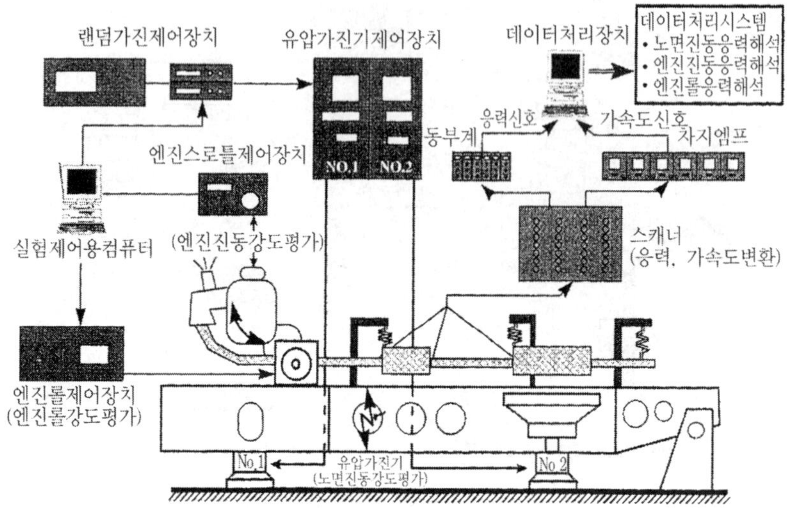

그림 15-22. 진동강도 평가실험 시스템

6. 앞으로의 동향

지구환경을 보전하기 위한 배기가스의 저감 및 연비절약의 요구에 더하여 환경소음의 저감, 나아가서는 차실내 쾌적성향상 등 배기시스템의 저소음, 저진동 요구도 앞으로 점차 높아지는 경향에 있다.

배기가스의 저감요구에 대하여 앞으로의 배기시스템으로서는 촉매컨버터 담체의 고성능화를 비롯하여 용량증가(또는 장착개수의 증가)가 예상된다.

그리고 디젤엔진 트럭에 있어서는 배기가스 중의 스모그를 주체로 하는 입자상 물질 등의 집진을 하고 DPF(Diesel Particulate Filter)를 유럽에서의 일부채용, 일본에서도 채용이 확대되고 있다. 미국에서는 SULEV 대응의 HC흡착시스템도 시작하였다.

그리고 소음저감 및 연비향상에 대하여 앞으로의 배기시스템으로서는 튜브의 지름의 크기 및 소음기의 용량이 향상될 것으로 생각되나, 차량의 레이아웃 제약상 유효스페이스가 적으므로 제어배기시스템의 증가 및 튜닝기술 향상에 의한 최적화를 하여야 한다.

이 튜닝 기술에 있어서는 표준화, 저코스트화, 경량화 등이 배기시스템에 요구되고 있고 앞으로 점차 기술진화가 가속될 것으로 생각된다.

Chapter 16

과급기 (Supercharging and Turbocharger)(1)

1. 머리말

과급기라고 하는 말 자체가 일반적으로 쓰이는지는 모른다. 자동차공학 교과서를 보아도 과급이라는 말이 나오는 것은 비교적 장이 진첩된 곳에 있다. 영어로는 Supercharging이라 하고 다른 표현으로는 자연흡기(natural aspiration)라 하는데 엔진의 흡기상태를 분류하는 말이다.

최근에는 자연흡기 대신 '무과급'을 쓰는 경우도 많다. 간단하게는 실린더 내의 피스톤이 흡기행정에서 내려가는 데 따라 내부압력이 저하되고, 그 압력차만큼 신기가 실린더내로 흡입하는 것이 자연흡기방식, 흡기밸브의 상류에 무엇인가의 공기 압축기를 가지는 것이 과급방식이다.

과급기의 기능은 실린더가 흡입하는 공기의 밀도를 높이는 것으로 그것에 의하여 엔진의 출력 향상을 도모하거나 디젤엔진과 같은 유해 배출가스의 저감에도 공헌한다.

2. 과급기의 종류

지금까지 실용화된 과급기를 중심으로 분류하면 그림 16-1과 같고, 압축기의 구동방식으로 분류하면 배기터빈식, 기계식, 배기맥동식으로 대별된다.

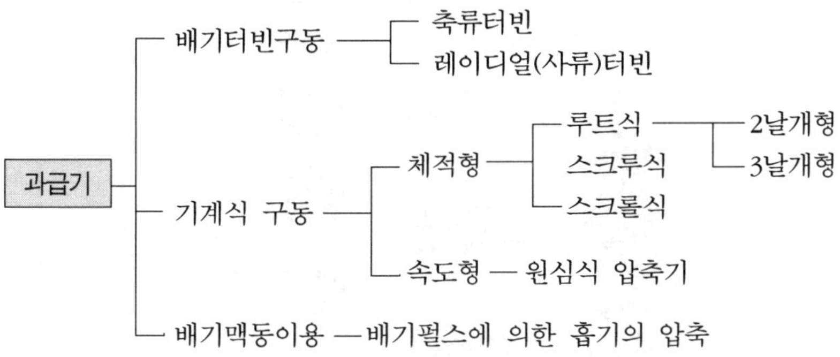

그림 16-1. 과급기의 형식에 의한 분류

2.1 배기터빈식

터빈과 압축기를 1개의 축에 체결된 구조를 가진 과급기를 일반적으로 터보차저라 불리고 있다. 박용 대형 엔진에는 축류터빈, 중·소형 엔진에는 레이디얼 터빈이 사용된다. 압축기는 박용차량용과 같은 원심식의 임펠러를 가진다. 박용 대형 엔진용으로서는 케이싱의 높이가 약 2m까지 되는 것이 있다. 한편 차량용의 가장 작은 것은 한 손으로 다룰 정도의 크기이고 엔진 배기량에 맞춘 각종 사이즈가 생산되고 있다.

2.2 기계식

그림 16-1에 나타낸 것과 같이 압축기구의 차이에 따라 많은 종류로 분류된다. 원심식 압축기를 구동하는 것은 1900년 초 이미 존재하고 있었으나 현재 자동차용으로서는 양산되고 있지 않다. 그림 16-2는 기계식 과급기의 대표적인 형식을 나타낸다.

루트식 기계식 과급기의 경우, 로터가 3날개로 비틀려져 있는 것이 있고, 스크루식(Lysholm식)과의 구별이 곤란한 경우가 있다. 그러나 루트

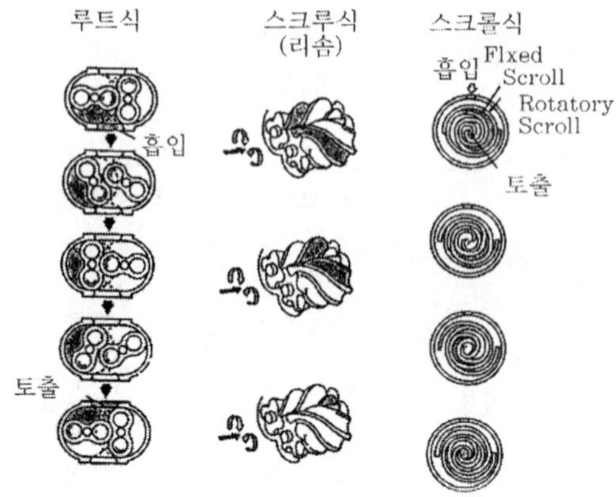

그림 16-2. 주로 사용되는 슈처차저

식은 압축기 내부에서 압축이 되지는 않으나, 스크루식은 내부압축이 가능하기 때문에 토출압력이 높은 작동점에서 고효율이 얻어지나 토출압력이 낮은 작동점에서는 역으로 구동력이 증대되는 경향이 있다. 자동차 에어컨의 압축기에서 채용되고 있는 것과 같은 형상을 가진 스크롤식도 일부에서 실용화되었으나 현재는 사용되지 않고 있다. 그림 16-3은 세계에서 처음으로 실용화된 가솔린 엔진용의 스크루식(Lysholm식) 과급기의 컷 모델을 나타낸다. 스크루식(Lysholm)은 루트식에 비하여 전면 투영 면적이 작고, V형 엔진의 양 뱅크의 가운데에 수납될 수 있는 좋은 점을 가지고 있다.

그림 16-3. 가솔린엔진용 Lysholm식 슈퍼차저

2.3 배기맥동식

배기맥동을 이용하는 과급기는 그림 16-4에 나타낸 것과 같은 허니컴 모양의 회전체를 크랭크축 혹은 배기에너지로 회전시키면서 각 셀의 반대측에서 공급되는 공기를 배기펄스로 압축하는 구조이다. 디젤엔진에 드물게 적용되는 예가 있으며, 본과급기는 터보래그와 같은 응답지연은 없다.

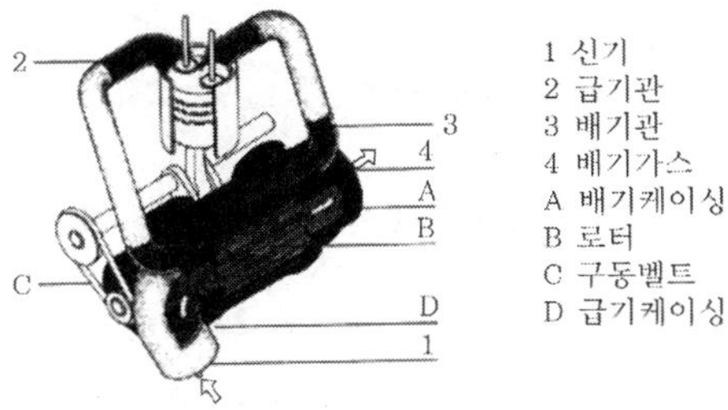

그림 16-4. 과급기의 형식에 의한 분류

3. 과급기의 역사

3.1 초창기

여기서는 배기터빈식 과급기(이하 터보차저)의 역사를 되돌아본다. 터보차저의 기원은 놀랄 만큼 오래되었고, 1900년대까지 거슬러 올라간다.

그림 16-5는 1900년까지의 각종 동력원의 열효율 변화를 나타낸다. 오토(가솔린)엔진이나 디젤엔진이 발명되어 얼마되지 않은 시기에 그들의 열효율은 급격히 높아졌고, 과급의 개념은 그 직후에 현실화되었다.

선행된 것은 기계구동식 과급기로 MAN사가 원심 압축기를 엔진자신이 구동하는 특허를 1903년에 취득, 당시의 레이싱카 엔진에 이용하였다. 그리고 Junkers사도 같은 특허를 취득하였다.

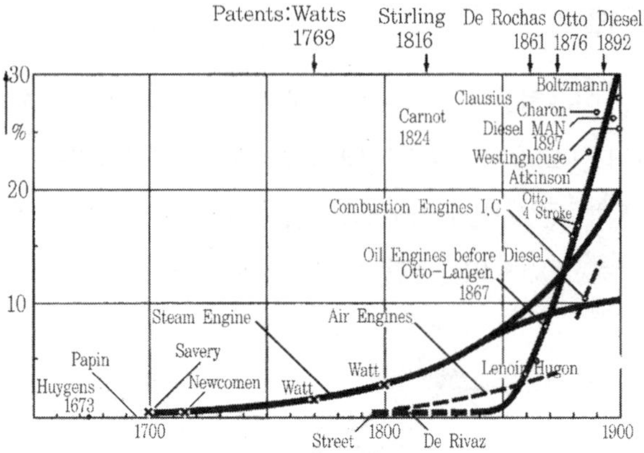

그림 16-5. 1900년 이전의 열기관과 효율의 관계

한편 터보차저는 가스터빈의 개발을 하고 있던 Alfred Buechi(그림 16-6)의 발명에 처음으로 밝힌다. 당시 일반적으로 동력원은 피스톤식 증기기관에서 증기터빈으로의 이행기였다. 이 시기에 Buechi는 대학 졸업 후 근무한 벨기에의 회사에서 가스터빈의 개발에 종사하였다. 그러나 1900년대 초기의 압축기나 터빈은 효율이 낮고, 재료에 의한 터빈 입구온도의 제한에서 개발은 만족스럽지 못한 것이었다. 그림 16-7은 재생기를 가지지 않은 가스터빈 사이클의 열효율을 나타낸다. 압축기와 터빈 효율을 이용하지 않은 값과 터빈 입구온도를 파라미터로 나타냈으나

그림 16-6. Alfred Buechi

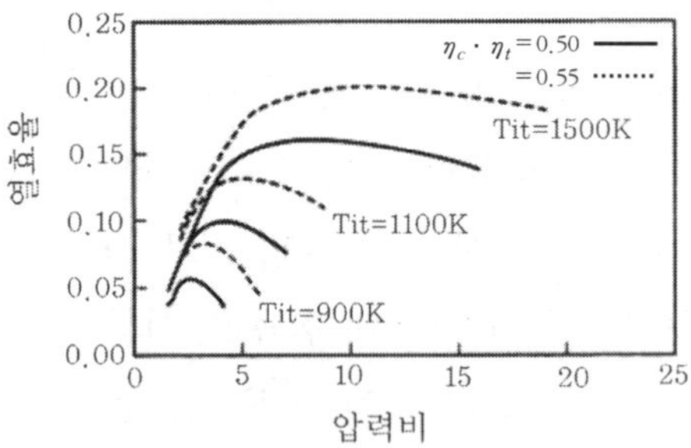

그림 16-7. 가스터빈 요소효율, 가스온도와 효율의 관계

터빈입구온도가 900K정도에서는 압축기, 터빈효율이 거의 70%라고 하여도, 열효율은 5% 정도밖에 되지 않으나, 가솔린엔진이나 디젤엔진에도 문제가 되지는 않았다. 그의 특허로는 가스터빈의 고온, 고압부분을 제외한 기계(왕복동식엔진)로 바꾸어 놓는 것이었다. 그림 16-8은 1905년에 발명된 특허의 설명도이다.

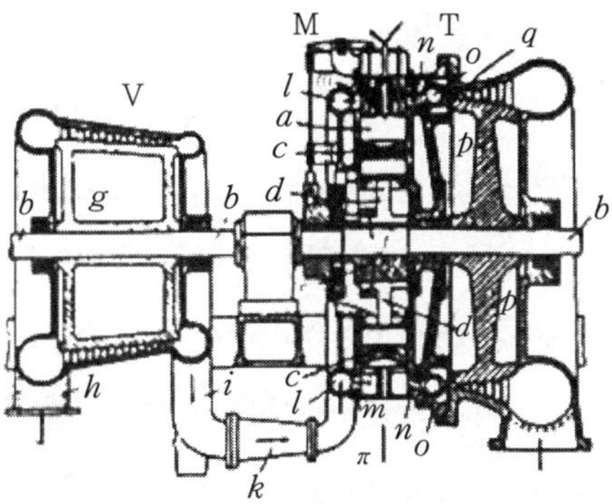

그림 16-8. Alfred Buechi에 의한 1905년의 특허

축류압축기(V)의 하단에 4스트로크 디젤엔진(M)을 배치하고 그 배기가스를 축류터빈(T)에로 유도하고, 이들 3요소는 동일한 축으로 회전하도록 되어 있다. 마치 가스터빈의 고압압축기, 연소기, 고압터빈을 왕복동식엔진으로 바꾸어 놓은 것 같은 형태이었다. 가스터빈의 개발을 하고 있는 중이었으며, 왕복동식엔진은 연소가 간결적이므로 최고연소온도는 높아도 연소의 다음에는 공기로 냉각되어 재료온도는 그다지 고온으로 되지 않기 때문에 당시의 재료일지라도 감내가 가능하였고, 그림 16-5에 나타내는 것과 같이 효율이 30%로 유지되는 것도 그 때문이다.

현재와 같이 크랭크축과 터보차저의 축이 분리된 발명은 1909년에 발표되었다. 이와 같이 터보차저의 아이디어가 가스터빈 개발에서부터 발전되었다는 것은 흥미가 깊다.

터보차저의 최초의 시험은 August C.E. Rateau & Santord A. Moss가 1917년경에 하였다. 제1차 세계대전중에 항공기용으로는 수명이 짧았으나 원심식압축기로 압력비2를 달성하고 있었다. 그림 16-9는 Moss의 터보차저를 나타낸다. 박용으로서는 1923년 MAN이 육상용으로는 1924년에 BBC(현 ABB)가 실용화하였다.

그림 16-10은 BBC 당시의 터보차저를 나타낸다. 원심2단 압축기와 축류1단의 터빈으로 되어 있고, 중앙에는 스러스트를 지우는 밸런스 피스톤, 베어링은 축단, 케이싱은 조립하는 데 용이하도록 수평 분할되는 구조로 되어 있다. Moss의 터보차저와 상이하며, 압축기의 압력비는 1.3 정도로 저압이나, 10만 시간의 내구성을 목표로 설계되어 있다. 이때의 압축기 주속은 100m/s 정도로 일컬어지고 있다.

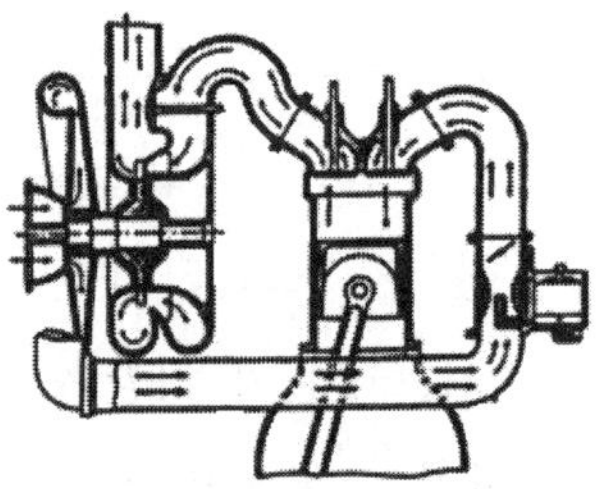

그림 16-9. Moss의 과급기

그림 16-10. BBC 1924년 당시의 과급기

3.2 제1차 붐

전후 역시 박용 터보차저부터 일본내에서 독자 개발의 생산이 시작되었으나 한편 각사는 유럽 메이커로부터 기술 도입도 이루어지고 있었다.

MAN-미쓰비시 중공업, Napier-니가타철공, BBC-이시가와 중공업이 그것들이다. 이들은 어느 것이나 박용 터보차저이다.

차량용으로서는 1936년에 스위스에서 트럭용으로 시작된 것이 최초로 알려져 있다. 그러나 실용화된 것은, 래이디얼터빈을 채용하여 소형화한 1950년대에 들어와서부터이다. 일본에서도 1957년경부터 작은 붐이 일었으나 엔진, 터보차저의 신뢰성이나 성능문제로 일단 붐은 사그러들었다. 이때쯤의 터보차저의 한때를 그림 16-11에 나타낸다.

그림 16-11. 1950년대의 차량용 과급기

벤트노즐을 붙인 터빈, 벤트 디퓨저붙이 래이디얼 압축기라고 하고, 구성으로는 대체로 현재의 박용 터보차저와 같은 제원으로 되어 있었다. 벤트식 노즐과 벤트 디퓨저를 채용하고 있기 때문에 피크효율은 비교적 높으나 유량레인지가 좁아 엔진 부분부하의 성능은 그다지 좋지 못하였다.

그리고 당시의 과급압은 높지 않았고, 회전속도도 그다지 높지 않아 베어링은 하우징에 직접 메탈을 고정시킨 저널형이 사용되고 있었다.

조그마한 붐이 있은 뒤에도 신뢰성의 개선이나 압력비의 향상책이 채택, 트럭이나 건설기계에 채용되고 있었다. 컴퓨터가 터빈설계 등에 사용되기 시작하고, 다음에 이어서 제2차 붐의 기반을 구축하였다.

3.3 제2차 붐

승용차에 탑재된 것은 1978년 닛산의 세드릭이 최초이다. 이것은 미국의 가렛사에서 제작한 터보차저이었다. 일본도 초기엔 미쓰비시 갸란 디젤이었다. 일본 내에서는 제2차 붐이 시작되고, 그 후 각 자동차 메이커는 최고출력의 향상을 목적으로 터보차저 탑재차가 투입되기 시작하였다. 이때쯤에 탑재된 터보차저의 한 예를 그림 16-12에 나타낸다.

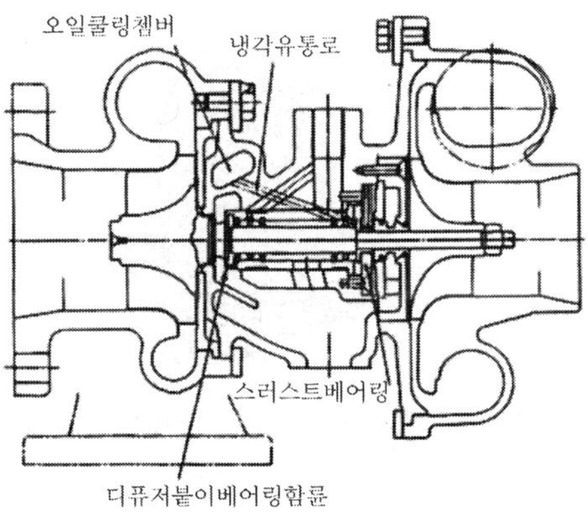

그림 16-12. 1979년 경의 승용차형 과급기

1950년대 말과의 큰 차이는 터빈, 압축기 공히 베인리스 타입의 노즐, 디퓨저를 채용한 것이다. 이것에 의하여 차량의 폭넓은 운전범위를 커버될 수 있게 되었다. 그리고 과급압 상승에 따른 고회전 속도화에 맞추어 저널 베어링의 풀 로드화가 이루어지고, 베어링내 외주의 2중 유막에 의한 효과는 회전안전성의 향상을 다하는 동시에 상대 미끄럼 속도의 저하에 의한 기계손실의 저감이 가능하게 되었다. 이 무렵 이미 압축기의 주속의 최대값은 480m/s에 달하고 있었다.

또한 1981년에는 그림 16-13에서와 같은 세계에서 처음으로 터보차저가 탑재된 오토바이가 개발되었다.

그림 16-13. 세계최초의 터보과급 오토바이

497cc의 엔진으로 무과급의 900cc의 출력을 얻을 수 있고, 더구나 무과급의 500cc엔진보다도 연료소비율이 우수하였다. 임펠러 외경 48mm의 당시로서는 세계에서 가장 작은 터보가 채용되어 주로 유럽쪽으로 수출하는 것을 목표로 생산되었다.

그 후 400cc 클래스 등에 임펠러 외경 36mm 클래스의 터보차저도 개발되었으나 오토바이사고의 증가라고 하는 사회문제가 야기되면서 업계의 자율규제에 의하여 자동적으로 생산이 중단되고, 그 후 경자동차용 터보차저로 널리 이용되었다.

현재의 터보차저는 대체로 그 시기에 구조가 결정되었다. 그러나 그 뒤에도 약점으로 지적돼 온 터보랙(과급압력의 상승이 가속페달의 개도가 변화되는 데 따라 늦어지는 현상) 해소책으로는 회전부의 관성모멘트 저감과 베어링의 효율 향상 등이 이루어졌다.

저관성 모멘트화로서는 형상 그 자체에 의한 레이디얼터빈, 재료면에서는 세라믹, TiAl터빈, 수지임펠러가 적용되고 있다. 베어링으로서는 고온에서의 강도를 확보한 재료를 사용한 메인베어링이나 세라믹 전동체가 적용되도록 하였고, 그때의 터빈이 F1레이스용의 터보차저었다.

그림 16-14는 그 단면을 나타낸 것이고, 세라믹 터빈과 볼베어링 이외에 극한까지 경량화를 할 목적으로 마그네슘 압축기 케이싱과 살두께 2mm의 정밀주조 터빈케이싱이 사용되었다.

그림 16-14. FI용 세라믹 볼 베어링 과급기

그리고 엔진회전속도는 저속역에서 고속역까지 넓은 범위에서 효율적으로 과급할 목적으로 터빈용량을 가변으로 하는 가변용량 터보차저도 1986년에 본격적으로 실용화되었다.

그림 16-15에 트럭용으로 가변용량 터보차저를 조립된 단면도를 나타낸다. 트럭용으로서는 가변노즐 개도식이 승용차용으로는 터빈케이싱의 크기를 바꾸는 방식도 채용되었다. 그러나 현재까지 남아있는 것은 성능면에서 가변노즐 개도식의 것들이나 그림 16-16은 디젤승용차용으로 유럽을 중심으로 시장에 급격하게 확대되고 있는 임펠러 지름 50mm 정도의 가변용량 터보차저이다.

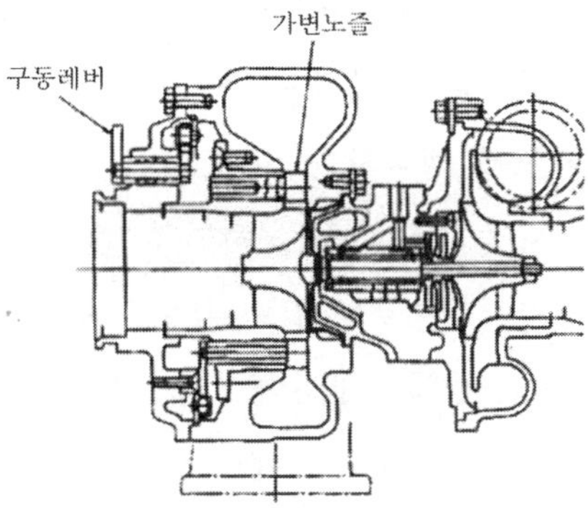

그림 16-15. 트럭용 가변과급기

그림 16-16. 디젤승용차형 가변용량 과급기

4. 과급기의 역할

가솔린엔진이나 디젤엔진이 공히 실린더내에서 연료가 간헐적으로 연소되기 위해서, 실린더내부에서 닫혀진 상태에서의 산소량에 따라 연소 가능한 연료량이 제한되어 버린다. 그것을 편이적으로 공기의 질량과 연료의 질량의 비를 취하여 공연비로 나타내면 예혼합연소가 가능한 가솔린엔진의 경우는 약 11~15, 확산연소의 디젤엔진의 경우는 약간 희박한 22~50인 부하비율로 변화한다. 엔진의 배기량(V_{cyl})이 결정되면, 실린더 내부의 공기(산소)량(W_a)는 흡기매니폴드의 공기의 압력(P_{in})과 온도(T_{in})로 식 16-1과 같이 나타내어진다. 실린더가 흡입하는 공기의 체적비율인 체적효율(η_{vol})과 공연비를 일정으로 하면 과급기에 의하여 공기의 압력을 높이는 것이 출력 증가에 기여할 수 있음을 알 수 있다.

$$W_a = \frac{P_{in} V_{cyl} \cdot \eta_{vol}}{R \cdot T_{in}} \quad \cdots\cdots 16\text{-}1$$

그러나 압축기가 가령 단열효율 100%로 압축이 되었다고 하여도 공기의 온도도 상승되므로, 실린더내의 공기질량은 압력에 비례하는 것은 아니다. 과급기도 함께 인터쿨러가 급기온도를 냉각하는 것으로, 공기밀도를 높여서 실린더내의 공기질량을 증가시키는 것이 가능하다.

그림 16-17에 나타내는 것과 같이, 압축기만으로는 압력비(=토출압력/흡입압력)가 2로서 약 1.5배, 압력비가 3으로 약 2배의 공기를 실린더에 공급하는 것이 되나 인터쿨러를 사용하면 이상적인 등온변화에 근접, 압력비 3의 경우는 약 2.7배의 공기가 공급될 수 있음을 알 수 있다.

그림 16-17만 가지고 판단하면, 인터쿨러를 채용하면 압축기의 효율은 그다지 문제가 없는 것으로 느껴지나 압축기의 구동동력의 저감 때문에도 압축기 효율은 높은 편이 좋다.

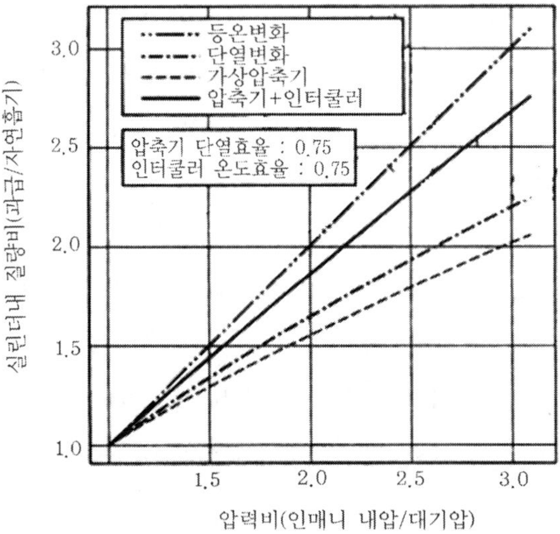

그림 16-17. 압력비(인매니 내압 / 대기압)

그림 16-18에 배기량 10L, 엔진의 회전속도 2000rpm으로 운전되는 터보 과급 디젤엔진에 있어서 터보차저 압력비에 대한 엔진 출력과 압축기 구동 동력, 연료소비율을 몇 가지로 가정한 다음 계산한 결과를 나타낸다.

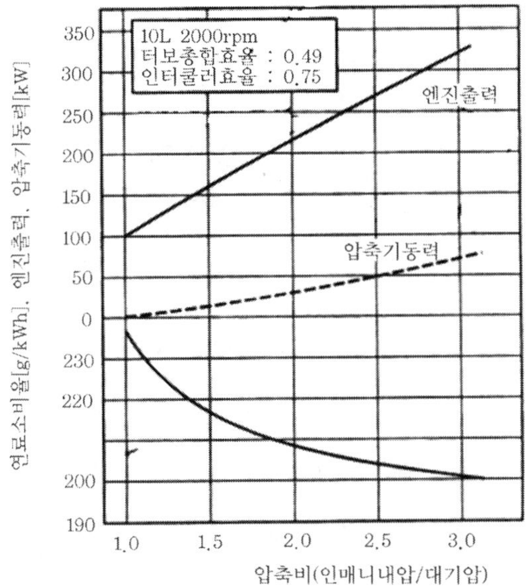

그림 16-18. 압력비와 엔진성능

압력비가 3인 때에도 엔진출력이 3배 이상으로 되어 있는 것은 연료소비율이 향상되었기 때문이고 실제로는 실린더내 최대압력이나 냉각능력, 고온부재 강도에 의한 제한 등으로 여기까지 출력은 향상되지 않는다.

압축기 소비동력은 69kW에 달하고 엔진출력의 22%에 달한다. 실제 엔진의 경우 출력이 낮아지는데서 그 비율은 다시 높아진다. 불과 지름 80mm 정도의 터빈이나 압축기가 69kW의 에너지를 발생, 소비하고 있는 것이 된다. 이 클래스의 과급기는 약 12kg이나, 이만큼 작은 기계로 출력이 큰 것은 가스터빈의 비출력(kW/kg)이 큰 것과 같고 속도형 기계의 특징이다.

그림 16-19에 출력과 비출력의 관계를 엔진 종류별로 나타낸다. 항공용 터보 샤프트엔진은 5~10kW/kg로 차량용의 가솔린 엔진의 10배 정도이다.

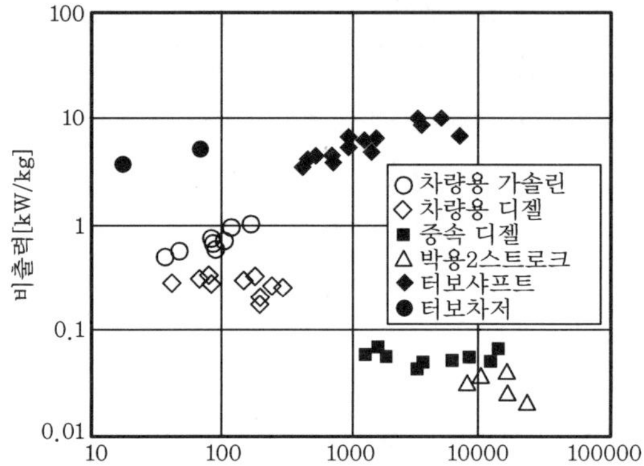

그림 16-19. 엔진 종류와 비출력 비교

터보차저는 연소기와 출력축을 붙이면 가스터빈이 된다. 여기서는 비교를 위하여, 압축기 구동마력으로 나타낸다. 가스터빈으로 사용하면 비출력은 약 1/2 정도가 되지만 가솔린엔진에 비하여도 비교적 비출력이 높다고 하는 것을 알 수 있다.

그림 16-18에서는 연료소비율이 16% 저하되어 있다. 이것은 배기량이 일정할 때도 엔진의 마찰손실이 상대적으로 작아지는 것과 과급압력과 배기압력의 차이에 의하여 얻어지는 펌핑일이 증가되는 것이 된다.

그림 16-20에서 실린더내의 체적과 압력의 관계를 모식적으로 나타낸다. 무과급시에는 흡배기행정에서 부(−)의 일이 되나, 과급상태에서는 흡배기행정의 일이 정(+)으로 된다. 터보차저의 효율이 높을수록 이 일은 커진다. 그리고 기계식 과급기의 경우는 배기측 압력이 다시 낮아지

므로 펌프일은 더욱 커지고 그 구동일의 약 1/3은 회수된다.

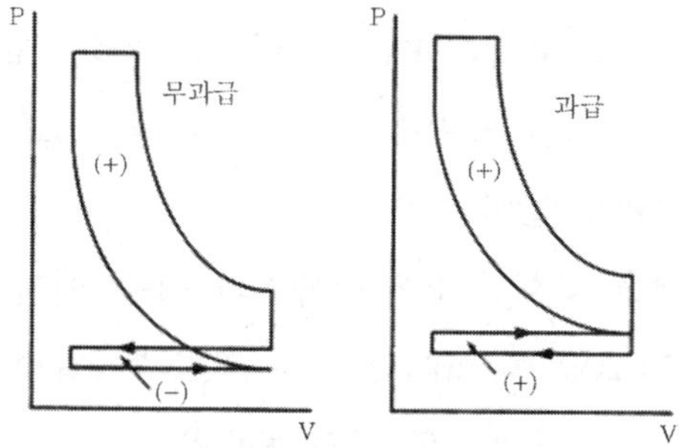

그림 16-20. 인디케이터 선도(모식도)

실제의 예로서 그림 16-21은 1987년 경(일본) 근년의 디젤엔진의 배기량과 최고출력점의 평균유효압력의 관계를 나타낸다.

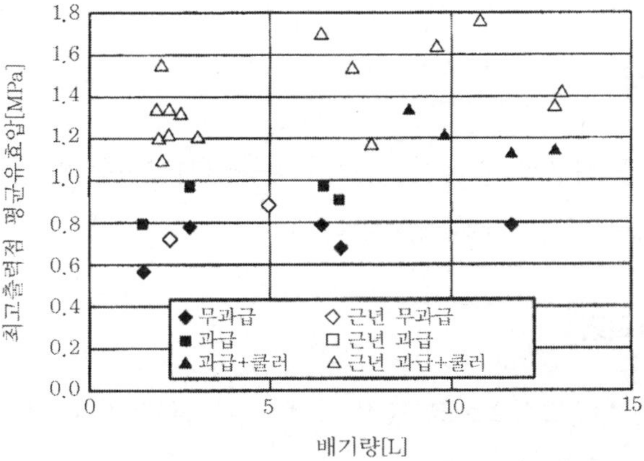

그림 16-21. 엔진배기량과 최대출력점 평균유효압과의 관계

평균유효압력이란 엔진 1사이클마다의 일을 엔진배기량으로 나눈 값이다. 이 값을 사용함으로써 배기량이나 회전속도에 영향을 받지 않고 엔진의 출력의 크기를 비교할 수 있다. 1987년과 현재 무과급의 평균 유효

압력은 그다지 변화가 없고, 최고 0.8MPa 정도, 인터쿨러 없는 과급엔진의 경우는 최대 1.0MPa 정도이다. 그러나 인터쿨러가 장착된 경우도 1.2MPa 정도의 것이 최대 1.8MPa 가까이까지 상승되고 있다. 이를 고평균 유효 압력 엔진의 과급 압력비는 3 이상에 달하고 있고, 출력은 무과급에 비교하여 2.3배에 달하고 있다.

터보차저가 위력을 발휘한 1988년까지의 F1용 엔진의 경우는 배기량 1.5L의 엔진으로 742kW @ 12000rpm(1987년 과급압력 4bar), 504kW @ 12500rpm(1988년 과급압력 2.5bar)의 출력을 발생한 것으로 되어 있다. 이때의 평균유효압력은 실로 4.95, 3.22MPa이 된다.

그림 16-21과 비교하면 얼마나 높은 값인가를 읽을 수 있다. 과급압 4bar인 때의 임펠러 주속은 단기간의 레이스용이라고는 하지만, 580m/s에 달한다.

5. 과급방식

터보차저를 사용한 과급에는 크게 나누어서 2종류의 방법이 있다. 여기서는 그 특징을 간단히 정리한다.

5.1 정압과급

이 방식은 박용2스트로크 엔진 등 비교적 큰 엔진에 채용되고 있는 과급방식이다. 영어로는 constant pressure turbocharging이라 불린다. 특징은 그림 16-22(a)에 나타내는 것과 같이 비교적 큰 체적을 가진 배기밸브를 실린더와 터빈 사이에 가지며 배기밸브열림시의 가스의 유입에 의한 압력 변동을 극력 억제, 터빈 입구 압력을 거의 일정하게 유지하는 것이다. 이렇게 하는 데 따라 터빈의 작동점은 1점이 되는 것으로부터 밴트터빈노즐과 같이 작동레인지는 좁으나 효율이 높은 터빈을 이용하는 것이 가능하다. 이 방식은 배기밸브 체적이 크기 때문에, 과도응답성은 높지 않다. 그리고 배기밸브가 열린 직후, 유효에너지의 손실이 커진다.

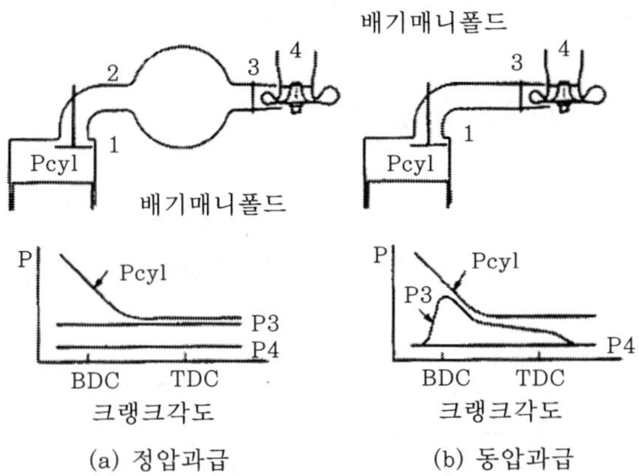

그림 16-22. 과급방식과 터빈입구압력 비교

5.2 동압과급

차량용으로 넓게 사용되고 있는 것이 이 방식이다. 영어로는 pulse turbo charging이라 불리우는 이 방식은 배기밸브가 열리기 시작하였을 때의 실린더 내부의 압력이 터빈입구의 압력보다도 충분히 높은 데서 착안, 이 높은 유효에너지가 배기관내에 분출되는 블로우다운 에너지의 유효이용을 목표로 한 것이다.

그림 16-22(b)와 같이 배기관의 지름도 작고 체적도 작다. 배기밸브로부터 여세가 좋은 상태로 분출되는 배기가스가 체적이 작은 배기관내 압력을 상승시키면서 압력파로서 터빈을 향해 나간다. 그것에 의해 터빈입

구에는 정압과급보다 에너지 밀도가 높은 가스가 도달하게 된다.

이 방식은 배기관이 소형경량으로 될 수 있을 것, 과도응답성이 좋은 데서 부하변동이 많은 차량용으로 적합하다. 그러나 터빈은 순간순간적으로 작동점이 크게 변동하고 상시 비정상적인 유동장에서 사용되기 때문에 터빈의 효율로서는 반드시 높아지는 것은 아니다.

6. 엔진과 터보차저와의 매칭

그림 16-23은 2L의 웨스트게이트(배기 바이패스밸브)붙이 터보 과급 엔진과 2.7L의 무과급 엔진의 토크 특성을 간략히 산출, 비교한 것이다.

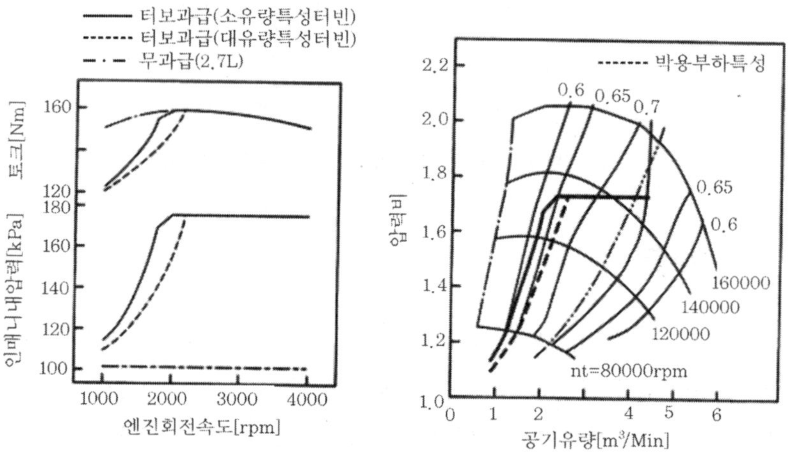

그림 16-23. 과급압력특성과 압축기작동선

다만 터보효율, 연비, A/F 등은 일정하다는 조건하에서이다. 최대 토크가 동일해지도록 무과급 엔진의 배기량을 조정하였다. 낮은 엔진회전 속도를 과급 엔진의 토크가 대배기량 무과급 엔진에 비하여, 낮은 것은 가스유량이 적은 영역에서 속도형 기계의 터빈이 압축기를 구동함에 충분한 출력을 내지 못하기 때문이다. 터빈을 흐르는 유량과 압력의 관계는 노즐과 등가로 생각되어, 출력을 높이는 데는 등가 노즐 면적이 작은 터빈을 사용할 필요가 있다.

한편, 박용 엔진의 압축기 작동선의 예를 맵상의 2점쇄선으로 나타내었다. 프로펠러의 구동력은 회전속도의 3승에 비례하는 것으로부터 터빈의 출력 특성과 매칭이 좋고 부분 부하로부터 전부하에 걸쳐서 압축기의 효율이 좋은 곳에서 사용하는 것이 가능하다.

매칭면에서는 일반적으로 터보차저에 요구되는 사항은 저속에서 고속까지 널리 사용되는 와이드 레인지이고 고효율, 소형, 경량이다. 최근에는 특히 그림 16-21의 고평균 유효압력에 대응하기 위하여 디젤엔진과 유사한 높은 압력비화가 요구되고 있다. 그들에 대하여 임펠러나 케이싱의 형상의 유체역학적이나 응력면의 최적화, 재료, 제조기술의 향상이 짜여져 있다.

터보차저와 엔진의 가장 적당한 조합을 결정하는 데는, 2개의 기계 특성을 잘 파악하는 것이 중요하다. 예를 들면 엔진의 저속 토크업을 시도하는 것을 목적으로 그 영역의 압축기 효율이 향상되는 임펠러를 선택한다. 그렇게 하면 압축 동력이 감소되기 때문에 과급 압력이 상승되나, 다음에는 그것에 따른 공기 유량의 증가가 터빈에 유입하는 가스유량의 증가를 가져와서 터빈출력이 상승되고 따라서 과급압력이 상승된다.

터보차저와 엔진의 매칭에는 이와 같은 현상을 고려한 계산이 필요하다. 또한 동압과급방식을 사용하는 차량용에는 터빈쪽이 맥동류하에 사용되어 문제가 복잡하다. 일반적으로 터빈은 정상류하에서 단체 성능 시험을 실시하나 그 성능 커브와 맥동류하의 성능과의 사이에는 차이가 있기 때문이다.

터보엔진의 성능계측을 한 일이 있는 사람은 경험이 있을 것으로 생각되나 터빈효율(η_{tm})은 일반적으로 압축기의 구동력(Lc)를 압축기쪽의 성능계측값을 사용(식 16-2), 터빈입구온도(T_t)와 압력비(π_t)로부터 산출된다(식 16-3).

이렇게 하여 얻어진 값은 어디까지나 겉보기의 효율이다. 그 이유는 맥동되고 있는 압력과 온도를 시간 평균적으로 계측하고 있는 것, 또한 가스유량이 균일한 것으로 가정한 것으로부터 진실된 효율이 될 수 없기 때문이다. 압축기 쪽은 터빈 쪽에 비교하여 맥동이 크지 않으므로 실용상 문제는 되지 않는다.

$$L_c = W_a \cdot C_{pa} \cdot T_a\left[\pi_c^{\frac{k-1}{k}} - 1\right]/\eta_c \quad \cdots\cdots\cdots\cdots\cdots\cdots \ 16\text{-}2$$

$$\eta_{tm} = \frac{L_c}{W_g \cdot C_{pg} \cdot T_t\left\{1 - (1/\pi_t)^{\frac{k-1}{k}}\right\}} \quad \cdots\cdots\cdots\cdots \ 16\text{-}3$$

여기서 C_{pa} : 공기의 정압비열　　T_a : 압축기 입구온도
π_c : 압축기 압력비　　η_c : 압축기 효율
W_g : 가스유량　　C_{pg} : 가스의 정압비열

단체의 성능과 엔진 상에서의 성능의 차이점을 설명하기 위해서는 컴퓨터를 이용한 엔진계 전체의 수치 시뮬레이션이 유효하다. 그 예로서 시뮬레이션 결과와 터보회전속도의 사이클 중 변동계측으로부터 구한 순간적인 터빈출력의 비교를 그림 16-24에 나타낸다.

각 실린더로부터의 배기펄스(블로다운 에너지)에 의하여 터빈출력의 변동되고 있음을 잘 알 수 있다. 이와 같이 작동점이 순간 순간 변동되고 있기 때문에 터빈의 설계점에서 이탈된 작동점에서 운전되는 비율이 증가, 평균 터빈효율은 저하된다.

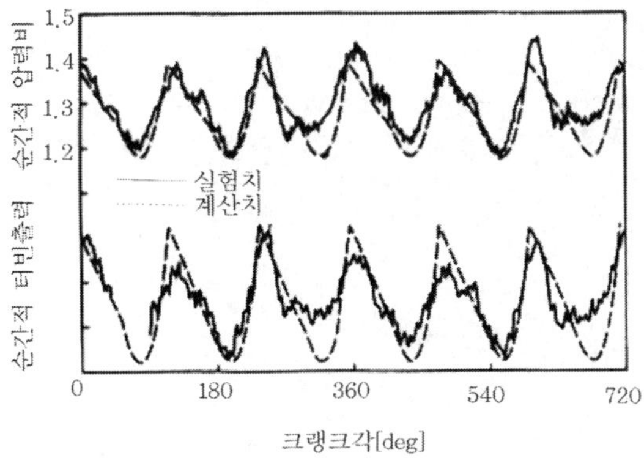

그림 16-24. 과급방식에 의한 터빈 입구 압력의 차이

불로다운 에너지의 유효이용과 터빈의 효율저하의 최적화를 도모하는 것이 필요하다. 차량용 엔진에 있어서 압력, 온도, 유량을 사이클 평균값으로 하여 계측하는 경우에는 맥동의 효과에 의하여 그 값으로부터 터보차저의 매칭계산을 하는 것은 맥동의 효과에 의하여 곤란하게 된다.

Chapter 17 과급기(2)

1. 머리말

주로 터보차저의 구조나 구성요소인 압축기, 터빈, 베어링에 관한 기술을 소개한다. 또한 일부, 기계식과급기에 대하여 기술한다.

2. 구 조

그림 17-1에 대형 선박 혹은 소형 경자동차용 터보 차저의 단면도를 나타낸다.

터보차저는 압축기와 터빈이 하나의 축에 체결되어, 그 안쪽 혹은 바깥쪽에 베어링이 있는 구조로 되어 있다.

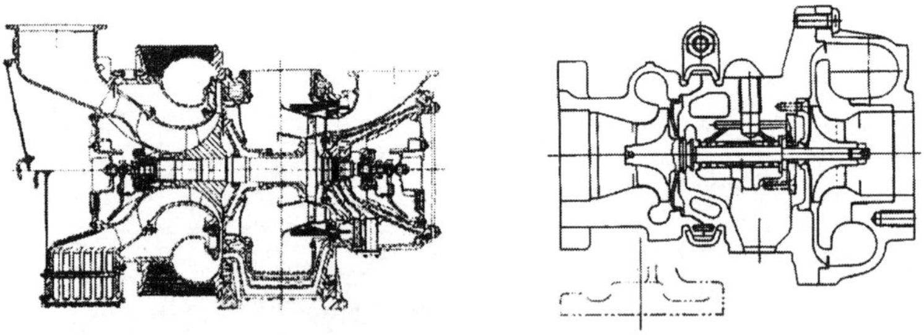

(a) 대형선박용 터보차저 (b) 경자동차용 터보차저

그림 17-1. 터보차저 구조

대형선박용 과급기는 터빈에 축류식이 채용되고 차량용의 소형과급기에는 레이디얼 터빈이 사용되고 있다. 압축기는 현재는 박용, 차량용 공히 원심식이 사용되고 있다. 베어링은 선박용의 경우는 양단 지지구조가 주류를 이루고 있다.

근년에는 양 요소의 유체역학적인 성능향상에 유리한 중간지지 구조의 기종도 개발되어 있다.

그리고 선박용과급기는 전용 부착 스탠드에 의해 지지대에 고정되고 차량용의 경우는 터빈 입구의 플랜지에 고정되어 한쪽지지 상태에 사용된다.

2.1 원심식압축기

원심식을 채용하는 메리트는 단단(單段 : Single Stage)으로 고압력비를 얻을 수 있는 점이 있다. 터보차저에 사용되는 원심식 압축기는 경량화를 위하여 일반적으로 알루미합금이 사용되고 있다. 박용의 대형 터보차저의 경우는 차량용에 비하여 고압력비에서 사용하게 되는 등 조건이 가혹하기 때문에, 재료강도가 높은 단조재가 사용되고 5축 NC 머신에서 블레이드를 매 한 장씩 절삭해서 제조된다. 한편 차량용에서는 양산성을 고려하여 주조법으로 만들어진다.

압축기 임펠러에는 특수한 주조법이 필요하다. 그 이유는 원심압축기 임펠러가 3차원적인 곡면으로 구성되어 주형이 빠지지 않기 때문이다. 이 문제를 해결하는 데는 플러스터 몰드법이라 불리우는 주조법이 채용되고 있다.

먼저 알루미늄의 수축률을 고려한 특수한 고무제품의 임펠러를 만든다. 이어서 그 주위에 석고를 흘려서 고착시킨다. 석고가 굳어진 후에 유연한 고무의 특성을 살려서 형을 회전할 수 있도록 하여 빼내면 복잡한

3차원 형상을 한 주형이 완성된다.

그림 17-2는 석고형의 사진이다. 날개 1장씩과 상이한 좁고 깊은 홈이 나뉘어진다. 여기에 알루미늄을 주입하고 냉각 후에 석고를 파괴하면 정밀도가 높고 또한 낮은 원가로 제조할 수 있다. 그리고 본 방법으로는 주물 표면의 면조도가 낮고, 또 날개 두께가 1mm 이하의 얇은 블레이드도 제조가 가능하다.

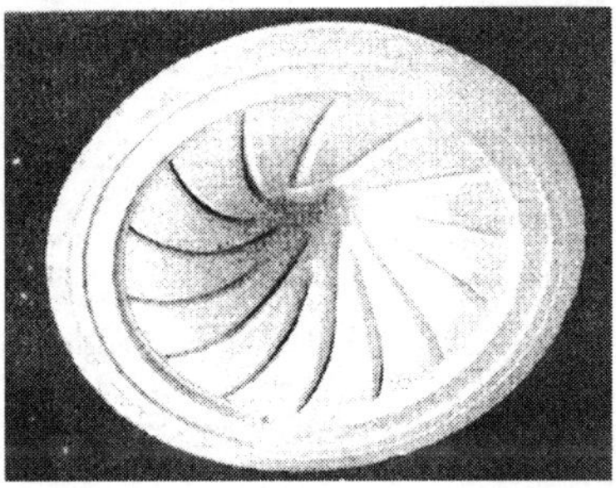

그림 17-2. 원심압축기용 석고형

2.2 터 빈

선박용 터보차저에서 사용되는 축류터빈은 터빈블레이드를 터빈디스크라 불리는 부품에 1매씩 끼워 넣어서 구성된다. 이것은 대형 가스터빈의 터빈과 같은 구조이다. 한편, 차량용의 경우는 일체구조의 레이디얼 터빈이 채용된다. 소형화, 저코스트화에는 제조가 용이한 레이디얼 터빈이 적합한 구조라 할 수 있다.

터빈 임펠러도 압축기와 모양은 같으면서 복잡한 형상을 하고 있다. 고온 가스하에서 사용되는 터빈축 중심에 수직인 면에서의 날개중심선은 모두 직선으로 축중심에 교차되도록 설계하여, 응력저감을 도모하고 있다.

그림 17-3에 원심식 압축기의 경우와 비교하여 날개 중심선을 나타낸다. 이것은 설계시의 제약조건에 의해 방사상으로 형을 뽑는 것이 가능하다.

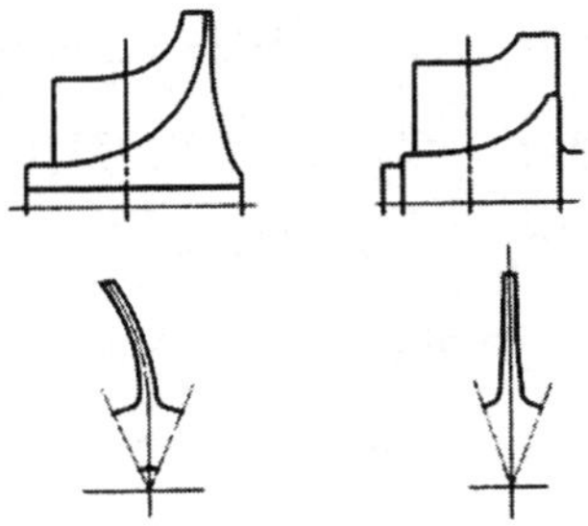

그림 17-3. 임펠러 단면형상

터빈의 경우에는 로스트 왁스법이라 불리는 정밀 주조기술이 채용되고 있다. 먼저 수축률을 고려하여 금형에 의해 왁스를 사출성형하고 그것을 몇 개이고 모은 왁스제의 휴리모양의 물건을 만든다. 이어서 그 주위에 내화재를 몇 겹으로 붙여서 소성하고, 내부의 왁스를 용출시킨다. 그 금형의 속에 진공상태에서 Ni계 합금의 용탕을 주입, 냉각후에 휴리로부터 끊어내어 사용한다.

2.3 베어링

베어링은 박용에는 미끄럼베어링과 볼베어링이 예로부터 채용되고 있다. 박용터보 차저에서 유한수명의 볼베어링이 채용가능 하였던 것은 양단지지 때문에 온도제어가 용이한 것과 차량용과 달리 심하게 사용회수가 적은 것, 정기적으로 보수, 점검으로 베어링을 교환부품으로 설정하는 것이 이유이다.

한편, 차량용의 경우는 배기가스 온도가 높고 터빈과 압축기와의 거리가 가깝기 때문에 베어링부의 온도조건이 엄하다. 그러므로 미끄럼베어링의 일종인 베어링 자체가 회전하는 플로우팅 메탈식이 일반적으로 채용되고 있다.

소형 터보차저의 베어링은 축의 주속이 70m/s 이상에 달하고 약 20m/s인 2L클라스 가솔린 엔진의 크랭크 축의 메인 저널부에 비교하여 3배 이상으로 대단히 고속인 것이 특징의 하나이다.

플로팅 메탈식의 경우는 베어링의 내외주에 유막이 형성되어 있으므로 베어링 부의 감쇠가 커진다. 그리고 오버행에 의하여 불안정으로 되기 쉬운 회전계의 안정성의 향상이나 축과 베어링간의 상대속도 저하에 의해 되기 쉬운 회전계의 안정성의 향상이나 축과 베어링 간의 상대속도 저하에 의한 기계손실저감에도 기여하고 있다.

한편, 기계효율의 향상이나 급유지연 등 한계조건하에서의 내구성 향상을 목적으로 볼베어링도 채용되고 있다. 볼베어링의 채용에 있어서는 고온에서의 강도가 높은 베어링재료의 채용이나 베어링 하우징의 수냉화에 의한 온도상승의 억제가 필요하다.

미끄럼베어링을 사용하는 경우는 스러스트 베어링이 필요하다. 대형 터보차저에는 틸팅 패드식의 베어링이 채용되고 있으나, 중소형 터보차저에서는 저코스트의 테이퍼랜드식 미끄럼베어링이 쓰여지고 있다. 볼베어링의 경우에는 앵귤러 베어링이 채용되고, 액시얼 하중과 레이디얼 하중을 동시에 받는 구조로 되어 있다.

2.4 기 타

회전축은 마찰용접이나 전자빔용접에 의해 터빈 임펠러와 일체화된다. 마찰용접법에 의한 터빈 임펠러를 큰 관성을 가지는 턴테이블에 고정시켜 회전하고 거기에 축이 되는 재료의 환봉을 밀어붙여서 발생하는 마찰열로 용착시키는 방법이다. 세라믹 터빈의 경우에는 세라믹 제의 임펠러와 금속제 축의 선팽창계수의 차이를 흡수하도록 완충재를 끼우고 열박음 용접한다.

소형 터보차저의 경우는 베어링과 압축기와 터빈과의 거리가 가깝다. 그 약간의 스페이스에 베어링에는 충분히 윤활유를 공급할 필요가 있다. 압축기와 터빈유로에는 누출이 없어야 한다. 이 때문에 축의 기밀성에는 각사가 여러 가지 연구를 하고 있다.

최근의 가솔린엔진의 경우는 전자연료분사장치가 일반화되어 스로틀이 압축기의 밑부분에 배치되도록 되었다. 그 때문에 압축기 입구가 큰 부압으로 되는 경우가 없이, 축의 기밀성에는 피스톤 링식이 일반적으로 사용되고 있다. 피스톤 링 식의 경우, 링부의 부압이 약 －15KPa까지는 실링이 가능하다.

압축기의 앞에 스로틀이 있고 부압이 커지는 경우에는 카본페이스식 미커니컬실이 필요하게 된다. 다만, 본 방식은 터보차저 회전 속도가 낮은 엔진의 저회전속도나 부분부하역에서, 기계효율이 저하를 초래하는 결점이 있다. 그리고 이들 실링의 경우, 모서리 형상에는 축의 회전에 의한 원심력으로 윤활유를 실링부에서 멀리 뿜어낼 수 있도록 연구도 함께 하고 있다.

차량용의 경우 코스트 절감을 위해 부품수를 줄이고, 자동조립대응화 등이 진척되고 있다. 그림 17-4에 자동조립에 대응하는 터보차저의 분해 사진을 나타낸다. 1세대 전의 물건과 비교하여 보면 부품수는 거의 반감되고 있다.

대단히 고속으로 회전하는 터보차저의 회전부는 밸런스 수정이 필수사항이다. 이것도 현재는 자동화되어 필요로 하는 정도 이상으로 밸런스를 얻을 수가 있다.

그림 17-4. 차량용 터보차저의 분해사진

3. 요소기술

3.1 원심압축기

터보차저용 압축기를 설계하는 때 유의하여야 할 사항을 그림 17-5에 나타낸다.

압축기의 설계에는 그림 17-6에서 보여주는 유체역학적인 검토와 기계적인 검토를 동시에 실시하면서 설계 작업이 이루어진다. 각 스테이지 간의 데이터를 주고받기를 간편하게 하고 보다 짧은 주기에 설계 작업이 완료될 수 있도록 여러 가지 노력이 이루어진다.

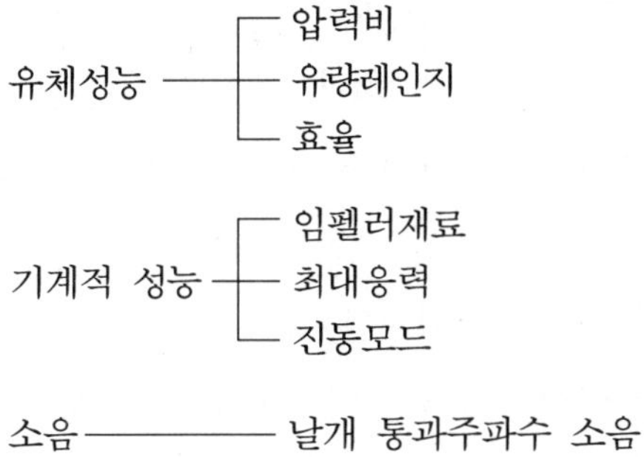

그림 17-5. 압축기설계의 유의사항

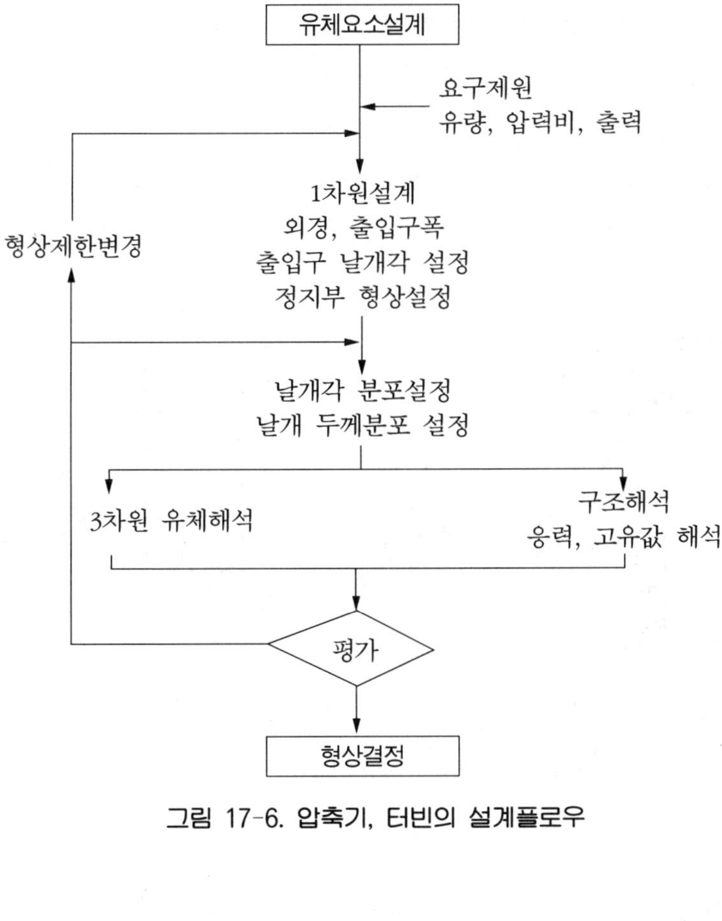

그림 17-6. 압축기, 터빈의 설계플로우

유체역학적 특성이란 회전속도의 제한하에 입구와 출구의 압력비, 최소유량을 나타내는 서지유량으로부터 최대유량을 나타내는 초크유량까지의 유량레인지, 그것에 효율이다. 서지란 유량이 감소되었을 때 압축기 출구부터 입구를 향하여 내부에서 역류가 발생하는 현상으로 그것에 의하여 소 유량역에서는 블레이드의 여진원이 되고, 소음이 커짐으로써 운전이 곤란해진다. 초크란 임펠러 흡입부의 형상으로 결정되는 목부(스로트부)에서 흐름의 폐색(초크)이 일어나는 현상으로 그 이상의 양을 흐르게 하는 것은 불가하다.

압축기의 설계에는 처음에 1차원 설계로서 임펠러의 계략적인 형상을 결정하는 속도 3각형의 검토가 이루어진다. 속도3각형이란 그림 17-7에 나타내는 것 같이 임펠러 입구와 출구에서의 공기흐름과 날개의 속도와 상대관계를 나타내고 있다. 이 검토에서 날개의 입구, 출구의 높이와 각도가 대체로 결정된다.

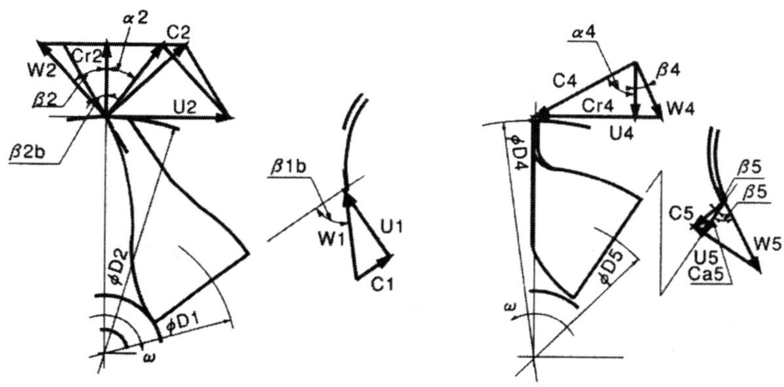

(a) 압축기 (b) 레이디얼터빈

그림 17-7. 압축기, 레이디얼터빈의 속도주형

압력비와 유량레인지의 관계는 임펠러의 출구의 날개각도 β_{2b}(백워드 각도)에 크게 영향을 끼친다. 식 17-1은 이론 양정H_{th}와 구동력 L의 관계, 식 17-2는 압력비 π와 구동력의 관계를 나타내며, 식 17-1과 식 17-2에서 백워드 각도와 압력비의 관계를 몇 가지의 가정으로 구한 것이 그림 17-8이다. 백워드 각도가 커지면[통상(－)의 값을 나타낸다] 압력비가 저하된다. 그림 17-9에는 외경 92mm인 실제 압축기에 있어서, 초크 유량을 동일한 것으로 할 경우의 백워드 각도의 영향을 나타낸다. 그림 17-8에 대응한 경향을 나타내는 것이 확인된다. 압축기의 효율은 백워드 각도가 큰 쪽이 넓은 범위에서 높은 효율이 얻어지고 또 유량레인지도 넓어지는 경향이 있다.

$$H_{th}g \cdot W = W[(1-\mu)U_z^2 + U_2 C_{r2}\tan(\beta_{2b})] = -L \quad \cdots\cdots\cdots\cdots\cdots \text{17-1}$$

$$L = \frac{WC_pT_{c01}}{\eta_b}(\pi^{(k-1)/k} - 1) \quad \cdots\cdots\cdots\cdots\cdots \text{17-2}$$

여기서 g : 중력가속도　　W_l : 질량유량
μ : 미끄럼계수　　T_{c01} : 압축기 입구온도
C_p : 정압비열　　η_b : 압축기효율
k : 비열비

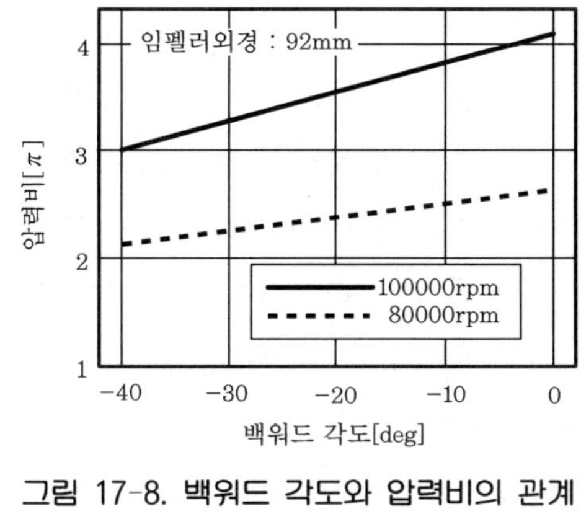

그림 17-8. 백워드 각도와 압력비의 관계

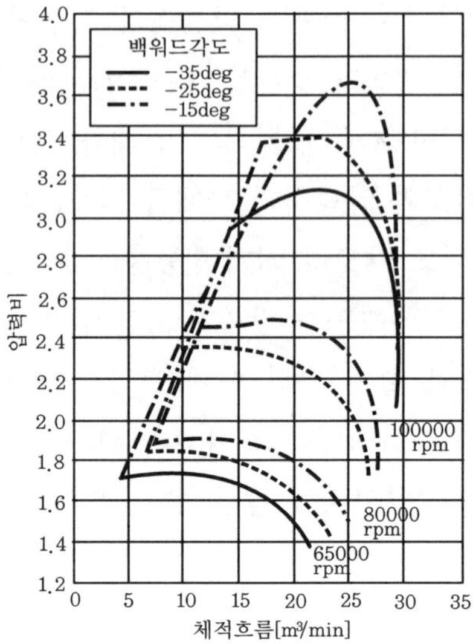

그림 17-9. 백워드 각도와 압축기 성능

일반적으로 가솔린엔진에 대하여는 노킹발생의 문제가 있기 때문에 고압력비보다도 유량의 와이드레인지가 필요로 하게 되고, 디젤엔진의 경우는 대체로 압력비가 중요하게 된다. 최근의 유럽에서는 소형 디젤엔진이 저연비차로서 주목되어 보급되는 경향이 현저하나, 그들의 평균유효압력(P_{me})은 최대 2MPa에도 달할 수 있게 되었다.

이들 엔진에는 승용차용으로서의 회전레인지도 필요하고 그것에 상응하여 터보차저에도 와이드 레인지가 필요하고, 그것에 상응하여 터보차저에도 와이드레인지가 요구되어, 고압력비와의 양립이 과제로 되어 있다. 상용차용 터보 차저에서는 보다 높은 P_{me} 화가 진전되어 있기 때문에 압축기의 고압력비화가 과제로 되어 있다.

이와 같이 터보차저의 원심압축기가 요구된다. 소형 그리고 대유량이라고 하는 특성은 식 17-3으로 나타내는 비속도 NS가 크다고 하는 것을 의미한다. 가스터빈 등 다른 애플리케이션에서 쓰여지는 원심압축기에 비하여 가장 큰 비속도가 요구되고 있다.

$$NS = \frac{N\sqrt{Q}}{[C_p T_{01}(\pi^{(k-1)k} - 1)]^{3/4}} \quad \cdots\cdots\cdots\cdots\cdots\cdots\cdots\cdots\cdots\cdots \quad 17\text{-}3$$

여기서 Q : 유량 N : 회전속도

이들의 요구에 대응하기 위하여 압축기의 설계에는 컴퓨터가 적극적으로 이용되고 있다. 설계에 쓰여지는 소프트웨어는 유량, 압력비, 회전속도로부터 개략 형상을 결정하는 1차원 해석 소프트로 시작, 유한체적법을 사용한 나비에스 독스식을 3차원으로 푸는 흐름해석(CED)가 많이 사용되고 있다. 수년 전까지는 하나의 조건 계산에 EWS로 여러 날의 시간을 요하였으나, 수퍼 컴퓨터의 이용이나 수퍼PC로 대표되는 계산기 능력의 진보에 의해, 수시간으로 처리가능한 것으로 되어 있다.

앞으로도 계산기의 처리능력의 향상과 함께 이용이 앞서나갈 것은 의심의 여지가 없다. 현시점에서는 임펠러, 디퓨저, 스크롤의 단독해석이 중심이나 금후에는 임펠러와 디퓨저와 같은 연성해석의 진전이나 압축기 전체해석도 실용화될 것으로 예상된다. 또 종래의 계산수법과는 역으로 어프로치하여 흐름패턴을 입력시켜 형상을 해석하여 얻는 역해법의 이용기술도 진전이 기대된다.

수치해석을 설계에 반영하여 실용화하여 가는 데는, 실제의 흐름과의 검증작업도 중요하다. 정지유로의 흐름계측의 경우는 3구멍 또는 5구멍 피드관이나 열선유속계를 사용한 트레버스 등에 의해 계측가능하나, 임펠러 내부의 흐름의 계측에는 레이저톱프라유속계(LDV)가 유효하다. 그 경우, 날개의 움직임에 동기한 신호처리를 함으로써 임의단면의 속도분포를 알 수 있는 것이 가능하다.

그림 17-10은 임펠러 중앙부단면에서의 유속에 대하여 CFD해석결과와 LDV계측결과를 비교한 것이다. 임펠러 직경은 130mm, 회전속도는 55,000rpm으로, 작동점은 압축기 성능맵에서 최고효율점이다. LDV에서는 블레이드 끝면으로부터의 반사광이 외란이 되기 때문에 날개 직근부분의 유속을 계측하기는 곤란하나, 흐름의 패턴으로서는 실측과 계산에 좋은 대응이 있음을 확인된다.

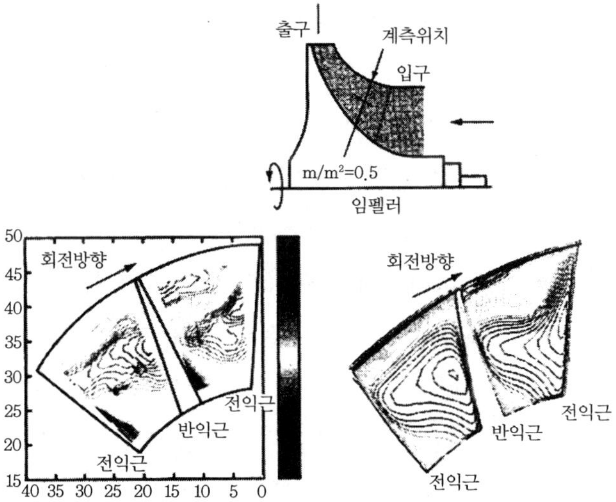

(a) 계측결과 (b) 계산결과

그림 17-10. 원심압축기 내부의 흐름계측과 수치해석 결과의 비교 예

또한 임펠러 단독에서의 와이드 레인지화뿐 아니라, 그림 17-11에 나타내는 것과 같은 케이싱 트리트먼트도 실용화되어, 특히 소 유량측에서의 작동영역확대에 효과를 올리고 있다. 이것은 소 유량역에서 블레이드

입구를 통과한 공기의 일부가 슬릿(Slit)을 통해 압축기 입구로 되돌아오는 순환류에 의해, 흐름의 박리를 억제하는 효과가 있기 때문이라고 생각되고 있다. 또 고압 대 유량역에서는 날개입구의 슬롯을 넘어서 캐이싱 쪽에서 임펠러로 유입하므로 대유량화에도 효과가 있다.

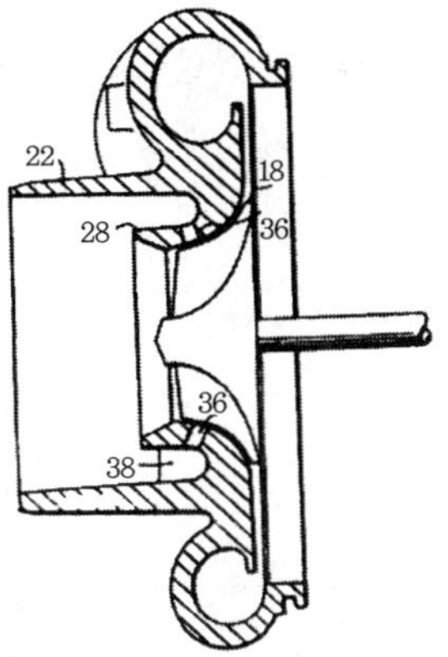

그림 17-11. 케이싱트리트먼트

기계적인 검토사항에서 가장 중요한 것이 임펠러의 응력이다. 최외경부의 주속이 500m/s 가까이에 달하는 임펠러는 대단히 큰 원심력하에 사용된다.

또한 날개의 형상은 그림 17-3에 나타낸 것과 같이 축중심으로부터 방사상에 아니기 때문에 원심력에 의한 굽힘력이 작용하여, 응력은 더욱더 엄해진다. 또한 고회전이 될수록 고압력비로 되므로, 임펠러 출구부근의 유체온도도 200℃ 정도로 상승되고 단지 응력뿐 아니라 내크립성능도 평가할 필요가 있다. 그림 17-12에서 소형 터보차저의 압축기 임펠러의 응력 해석 결과를 알 수 있다. 해석은 날개 1매분만을 굽힘쪽으로 맞추어서

빼어낸 비틀린 부채모양으로 이루어진다. 날개부도 판요소가 아닌 솔리드(Solid) 요소로 취급, 디스크부의 응력도 정확하게 구하고 있다. 최대응력은 보스 안쪽에서 발생한다. 설계 허용 응력은 그 사용상황에 따라 부하빈도해석에서 저사이클 피로(LCF)를 고려하여 결정한다.

압축기의 효율은 표 17-1에 나타내는 여러 가지 손실의 적산으로 표현된다. 실제의 설계에는 이들의 손실을 최소한으로 유지하면서 그림 17-5에 나타내는 유체역학적인 요구스펙과 기계강도의 양립이 도모된다.

임펠러 입구부	충돌손실, 충격파 손실
임펠러 내부	벽면마찰손실, 날개끝면 누설손실, 혼합손실
임펠러 출구	후류손실
그 외	원반마찰손실, 배기손실, 외부누설손실

표 17-1. 압축기, 터빈에 관계되는 각종 손실

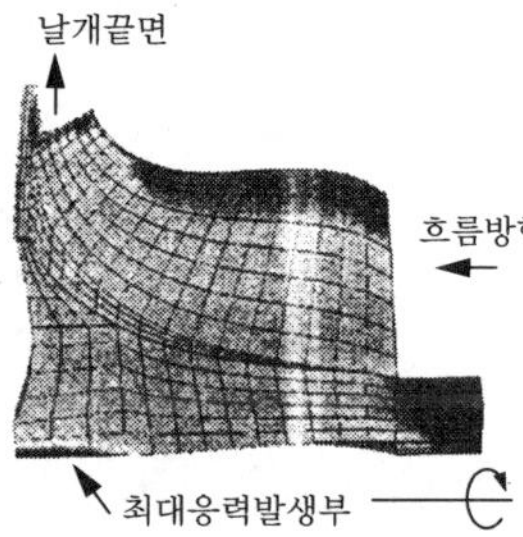

그림 17-12. 원심압축기 임펠러해석 예

그림 17-13은 압축기외경과 최고효율의 관계를 나타낸다. 외경이 작아질수록 날개의 크기에 대한 간격의 비율이 커지는 사실로부터 날개선단 누출 손실이 증가되어 효율이 저하되는 경향이 있다.

이것을 해결하는 수단으로서 간격을 최소한으로 설정하고 가령 접촉하여도 그대로 사용이 가능한 에브레이터실(ablator seal) 구조가 실용화되고 있다. 에브레이터 구조로서는 용접에 의한 방법도 있으나 최근에는 코스트 면에서 수지제의 실링재를 끼워 넣은 형으로 적용되고 있다. 그림 17-14에 예를 나타낸다.

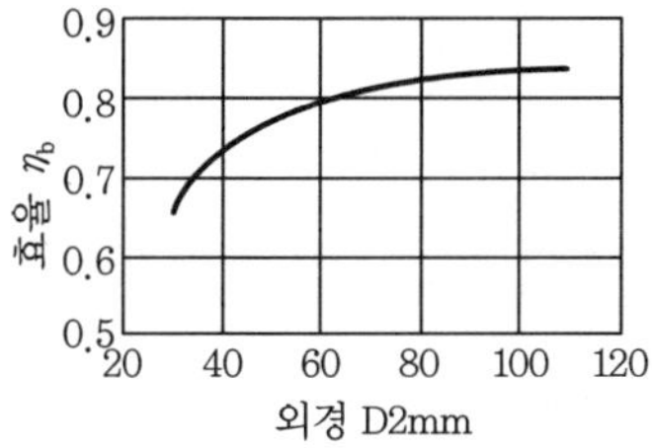

그림 17-13. 압축기외경과 최고효율의 경향

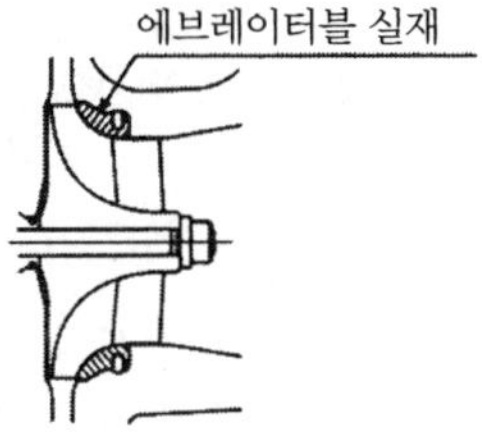

그림 17-14. 수지제 에브레이터블실의 구조

3.2 터 빈

그림 17-15에 터빈설계에 대한 요구항목을 나타낸다. 정상상태에서는 압축기와 터빈의 사이에는 질량밸런스, 에너지 밸런스, 회전밸런스가 성립되어 있다. 그런데 터빈설계는 압축기의 작동점을 고려하면서 설계할 필요가 있다.

그림 17-6, 그림 17-7에 나타내는 것과 같이 터빈의 경우에도 속도삼각형을 사용한 1차원 설계로 개략 형상을 결정한다. 그 후 3차원 흐름 해석을 하고, 날개의 굽힘쪽을 결정해간다. 터빈은 고온가스하에서 사용되는 사실로부터, 축중심을 통과하는 직선요소로 설계되어 날개형상에 대하여 자유도가 압축기보다도 적다.

한편 관성모멘트를 작게하여 소형으로 대유량의 가스를 흐르게 하는 메리트에 착안한 사류터빈도 실용화되었다. 이 경우 날개입구가 경사져 있는 것 때문에 날개입구부의 흐름에 대한 날개각도를 레이디얼 터빈과 같이 반지름 방향이 아닌 각도를 가지게 하는 것이 가능하게 되고 설계의 자유도가 증가된다고 하는 이점도 있다. 그림 17-16에 유량과 관성모멘트의 관계를 나타낸다. 사류터빈의 경우 관성모멘트를 최대 40% 정도 삭감할 수 있는 것이 가능하다.

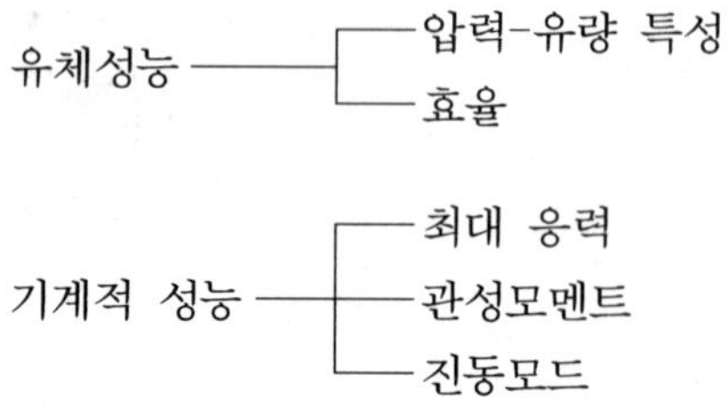

그림 17-15. 터빈설계시의 요구사항

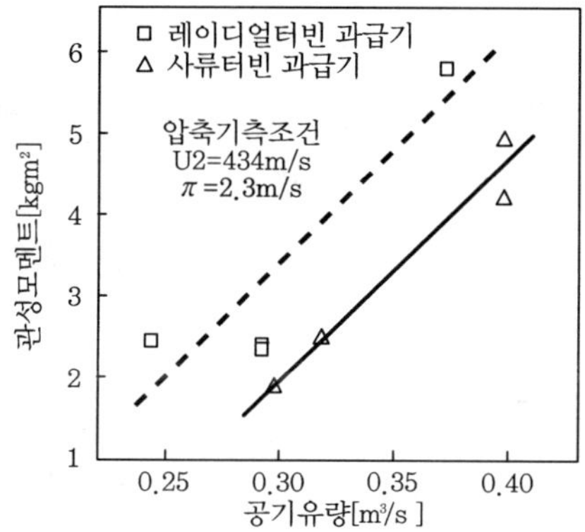

그림 17-16. 사류터빈의 관성모멘트 비교

터빈은 기본적으로 노즐과 등가의 유량특성을 가진다. 그 때문에 유량과 압력비의 관계는 압축기 같은 2차원적으로 넓지는 않다. 터빈의 경우에는 유량을 $W\sqrt{T_{01}}/P_{01}$이라고 하는 수정유량으로 나타내는 것이 일반적이나, 그것에 의하여 터빈입구조건이 변화되어도 같은 맵상에 나타내는 것이 가능하다.

이 수정유량은 단열조건하의 노즐의 유량특성을 나타내는 식 17-4로부터 유도된다. 그림 17-17에 노즐의 목부면적 0.001㎡의 수정유량과 압력비의 관계를 나타낸다.

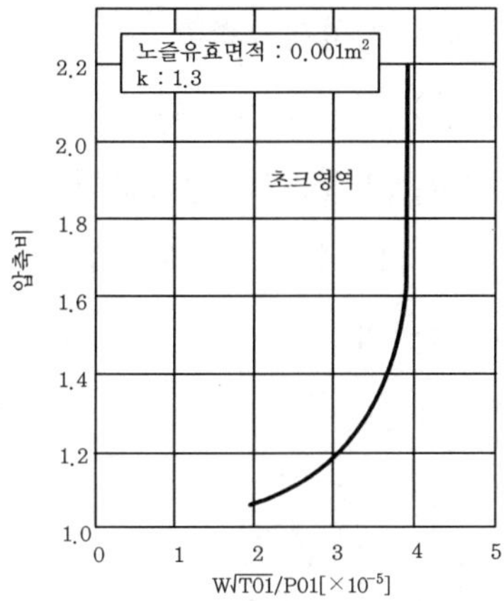

그림 17-17. 노즐의 유량특성

$$\frac{W\sqrt{T_{t01}}}{P_{t01}} = A\sqrt{\frac{2k}{k-1}\frac{1}{R}\left[\left(\frac{P_5}{P_{t01}}\right)^{\frac{2}{k}} - \left(\frac{P_5}{P_{t01}}\right)^{\left(\frac{k+1}{k}\right)}\right]}$$

$$= A\sqrt{\frac{2k}{k-1}\frac{1}{R}\left[\left(\frac{2}{k+1}\right)^{2/(k-1)} - \left(\frac{2}{k+1}\right)^{(k+1)/(k-1)}\right]} \quad \cdots\cdots\cdots\cdots \ 17\text{-}4$$

$$\frac{1}{\pi_{cr}} = \frac{P_{cr}}{P_{t01}} = \left(\frac{2}{k+1}\right)^{\frac{k}{(k-1)}} \quad \cdots\cdots\cdots\cdots \ 17\text{-}5$$

여기서 T_{t01} : 터빈입구온도

P_{t01} : 터빈입구압력

A : 노즐 목부면적

P_{cr} : 임계출구압력

P_5 : 터빈출구압력

R : 가스상수

π_{cr} : 임계 압력비

가스온도 900K 정도에서는 임계압력비 π_{cr}은 약 1.83 정도로 되나, 실제로 레이디얼 터빈의 경우에는 임펠러의 회전에 의한 원심력이 발생되므로 보다 높은 값이 되고, 그 값도 회전속도의 영향을 받는다. 회전속도는 통상 $N/\sqrt{T_{t01}}$이라고 하는 수정회전속도를 표시하나 이것은 식 17-6에 나타내는 것과 같이 터빈외경 D_4의 주속도를 터빈입구온도 T_{t01}에서의 음속에 대한 마하수 M으로 환산한 것에 비례하고 있다.

$$M = \frac{ND_4\pi/60}{\sqrt{kRT_{t01}}} = \frac{N}{\sqrt{T_{t01}}}\frac{D_4\pi/60}{\sqrt{kR}} \quad \cdots\cdots\cdots\cdots\cdots\cdots\cdots\cdots \text{17-6}$$

그림 17-17과 같이 유량특성이 1개의 곡선으로 표현되는 것만으로는, 차량의 폭넓은 운전작동범위에 있어서 유효하게 압축기를 구동할 수는 없다. 그 때문에, 차량용으로는 터빈을 바이패스하는 배기도피밸브(wastegate valve)를 병용한 소용량의 터빈 스크롤을 사용하는 것이 일반적이다. 차량용 터보차저가 채용하는 날개가 없는 노즐을 채용한 스크롤은 터빈임펠러에 적절한 유동각으로 가스를 분출하는 기능이 있다. 그 각도 α_4는 통상기준면적 A_1과 그 무게중심까지의 반지름 r_1을 사용한 식 17-7로 표시된다. 날개입구 폭 b_4가 결정되면 a_4는 유량에는 관계없이 A_1/r_1만으로 결정된다고 하는 것을 의미한다.

$$A_1/r_1 = 2\pi b_4 \cot(a_4) \quad \cdots\cdots\cdots\cdots\cdots\cdots\cdots\cdots \text{17-7}$$

날개붙이 노즐을 사용하면 노즐 출구 각도의 영향을 받는다. 노즐 각도를 가변하므로 여기서 유입각도 a_4를 변경시켜 터빈의 출력특성을 변경하는 것이 가변용량터빈이다.

그림 17-18에 소형 디젤 가변용량 터보차저의 단면적을 나타낸다. 레버위치를 달리하는 데 따라 링크기구에 의하여 전체 노즐의 각도가 변화한다. 그림 17-19에 소형 가변용량 터빈의 유량 특성을 예로 나타낸다.

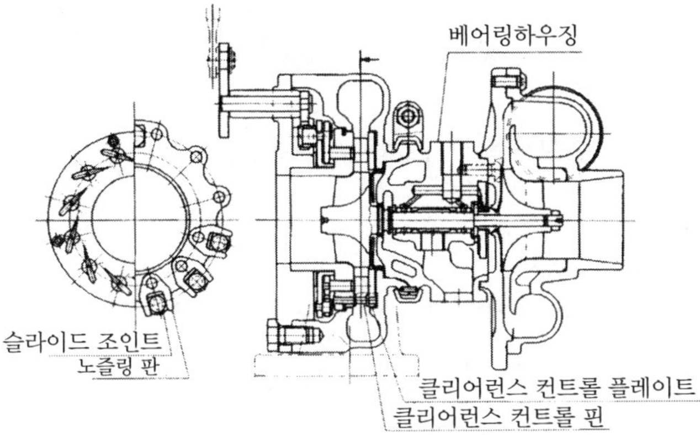

그림 17-18. 소형 VS 과급기

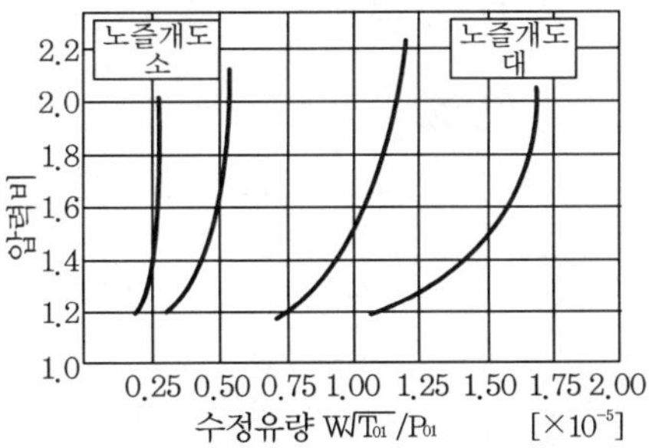

그림 17-19. 소형 가변용량터빈의 유량특성

터빈도 압축기와 같이 유체설계와 동시에 기계적 설계가 진행된다. 그림 17-20은 기계설계의 한 예로서 날개의 진동모드를 해석한 예이다. 실용운전역에 공진 회전속도가 없다고 하는 것을 확인한다.

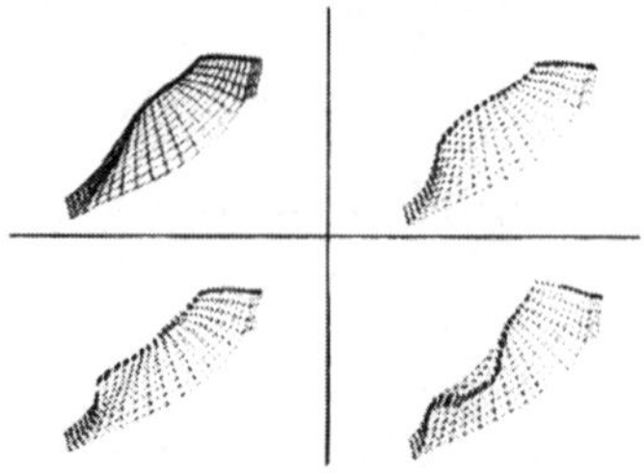

그림 17-20. 터빈날개 진동모드 해석 예

3.3 베어링

구름베어링에 있어서 최근에는 전동체에 세라믹 볼을 사용, 고경도, 고온에서의 내구성, 밀도가 작은 전동체에 의한 저원심력에서 얻어지는 접촉면압 저감에 의한 수명을 오래하고 있는 것도 있다. 표 17-2에 베어링 재료의 비교와 그림 17-21에 수명비교를 나타낸다.

표 17-2. 볼베어링 재질 비교

재질/사양	세라믹스볼/Si_3N_4	금속/AISI M50
밀 도	3.2	7.85
영 률 [GPa]	298~318	207
푸아송비	0.28~0.30	0.30
선팽창계수×10^{-6}/K	2.9~3.2	10.6
경 도 [Hv]	1400~1750	674~800
허용온도 [K]	1073	673

차량용 터보차저의 경우, 베어링 내경과 회전속도를 곱한 값으로 나타내는 *dn*값은 최근 184만에 달하고 제트엔진급이 되는 사실로부터 볼 베어링의 정밀도는 T·S 4급 혹은 그 이상의 것이 사용조건에 따라 사용됨

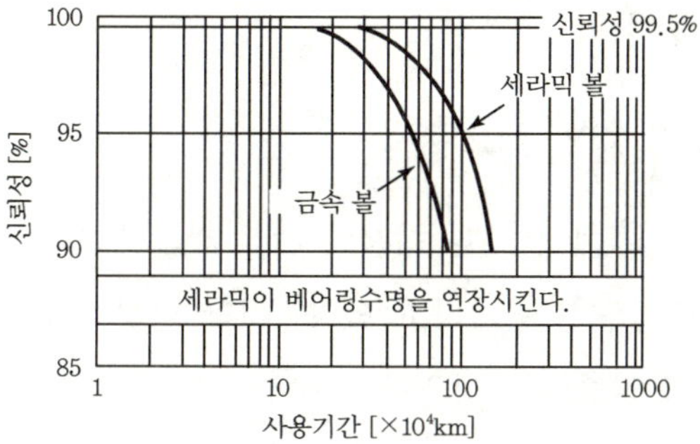

그림 17-21. 세라믹스전동체 볼베어링에 의한 수명연장 효과

을 알 수 있다. 과급기의 베어링에 의한 기계손실이 많이 발생하는 것은 스러스트 베어링에서 발생한다. 따라서 그 손실을 저감시킬 목적으로 스러스트 베어링의 개량이 이루어졌다.

그림 17-22는 스러스트 베어링에 대한 급유량과 축방향 간격의 최적화를 이룩한 개량 전후의 스러스트 베어링 구조의 비교를 나타낸다. 이것에 의하여 베어링계 전체에서의 기계손실은 30% 감소하였다.

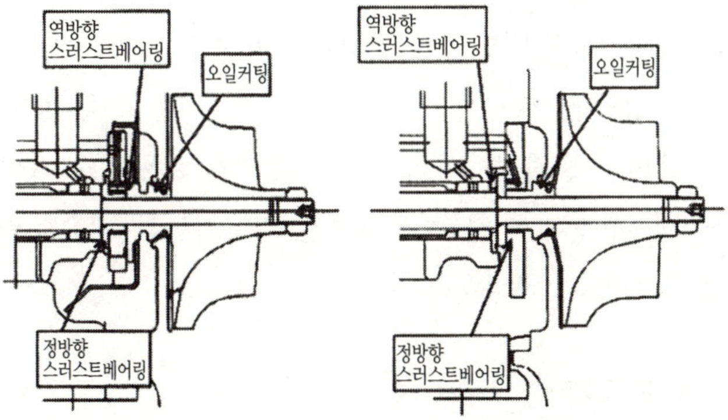

그림 17-22. 스러스트 베어링의 개량

4. 그 밖의 과급기

4.1 EGR 포트가 있는 터보차저

근년의 배기가스 규제 강화와 더불어 CO_2 배출량 억제정책으로 유럽을 중심으로 디젤엔진차량이 증가하고 있다. 이들 디젤엔진은 커먼레일 시스템으로 대표되는데 적합한 고압력을 분사장치의 채용에 의해, 퍼티큘레이트 배출량을 저감하고 있다. 한편 NO_x 대책으로서 소형 디젤엔진에서는 가솔린엔진과 같이 배기가스 재순환(EGR) 장치가 채용되고 있으나 대형 엔진에서는 터보차저의 총합 효율이 높으므로 흡기매니폴드내에 압력이 배기 매니폴드내보다도 높은 운전조건이 많아 EGR를 걸기 힘들다.

이것을 해결하기 위하여 흡기스로틀이나 배기스로틀에 의한 압력 밸런스의 변경이나 벤트리를 사용한 저정압부분으로의 환류가 실시되고 있다. VGS 터빈도 압력 밸런스를 변경하여 유용하게 적용해 나가고 있다. 그림 17-23은 중·대형엔진에 적합한 압축기 디퓨저 입구부의 유속이 빠르고 정압이 낮은 부분으로 배기를 도입하는 것을 가능하게 한다. EGR 포트붙이 터보차저의 단면도를 나타낸다. 이것에 의하여 단지 스로틀링 등보다도 낮은 정압을 효율적으로 얻을 수 있고, EGR을 용이하고 더구나 고효율로 달성 가능하다. 이러한 터보차저의 실용화를 위해서는 인터쿨러의 부식이나 오염에 의한 효율저하를 경감가능한 저유황분연료의 실용화와 스모그 저감이 기대된다.

4.2 기계식 과급기의 최근동향

기계식 과급기는 그 운전의 ON-OFF를 위해 전자클러치가 사용된다. 그러나 엔진회전속도가 비교적 높아지면, 접속시의 충격이 커지고 전자

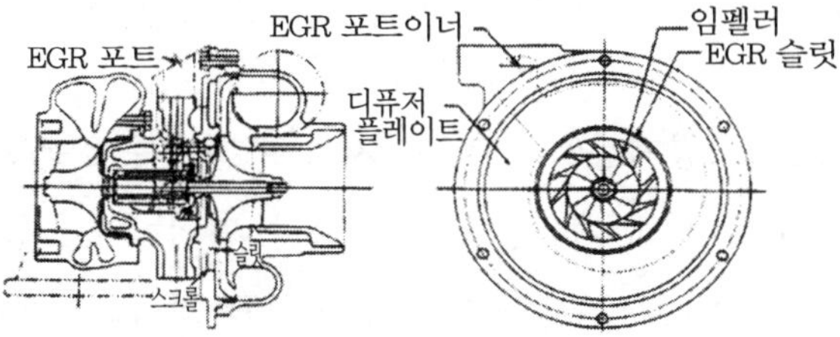

그림 17-23. EGR 포트붙이 터보차저

클러치의 강도나 운전감각에 문제가 발생한다. 이 문제를 경감하는 목적으로 관성모멘트의 저감책이 취해지고 있다. 루트형 과급기의 경우 형상이 단순하므로 중공로우터가 예로부터 이용되고 있다. 스크루식 과급기의 경우는 로우터가 크게 비틀려져 있기 때문에 제조가 곤란하였다. 그러나 최근에는 그림 17-24에 나타내는 것과 같이 다이캐스트제의 중공수로터가 개발되어 과급기 전체에서 관성모멘트를 30% 이상 저감하는데 성공하였다.

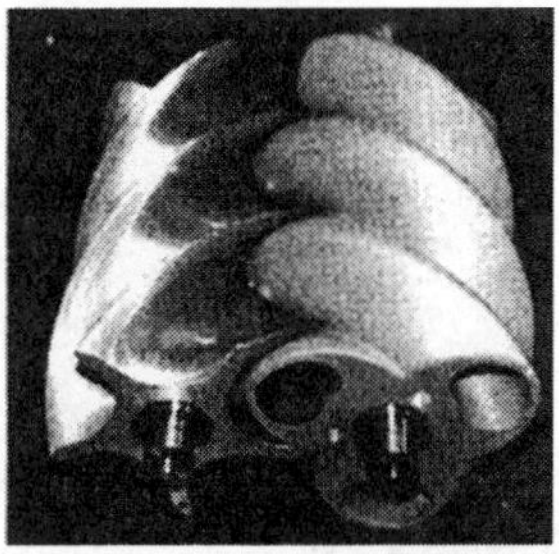

그림 17-24. 다이캐스트제 중공수로터

그리고 엔진 메이커의 강한 요구에 의하여 로우터의 단면적을 크게하고 회전속도를 낮게 억제함으로써 외부에서의 급유 없이도 운전가능한 기종도 개발되어 있다. 한편, 고체고분자막을 사용한 연료전지가 차세대의 차량용 전원이나 분산형 발전용으로서 착안되고 있다. 이들 연료전지의 경우는 산화제로서 공기를 압축하여 공급할 필요가 있으나 전지출력이 20kW 정도로는 공기량이 적고, 전지가 부분부하로 운전되는 것을 상정하면 원심압축기에 대응하는 것이 곤란한 영역이다. 기계식 과급기의 경우 토출압력 일정으로 넓은 공기유량 범위를 회전속도제어로 운전가능한 이점 등이 있어 사용되고 있다. 그림 17-25는 연료전지용으로서 전동기로 직접 구동하는 Lysholm식 과급기의 단면도를 나타낸다. Lysholm식 과급기는 루트식 과급기에 비하여 효율이 높고 연료전지의 출력을 보다 부하측으로 배분이 가능하다고 하는 특징이 있다.

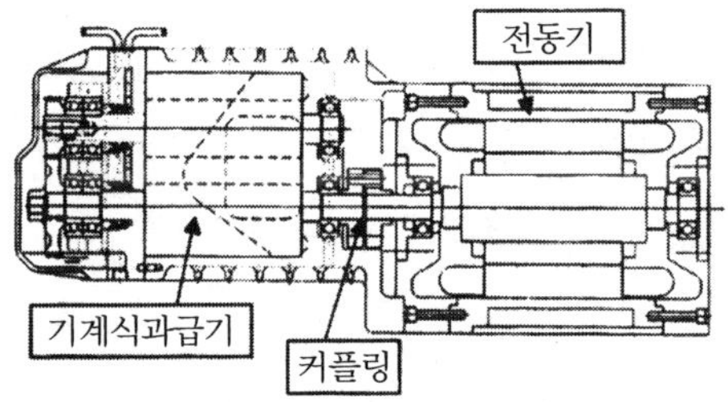

그림 17-25. 전동기구동기계식 과급기

5. 맺음말

차량용 터보차저를 중심으로 과급기 기술의 소개를 하였다. 터보차저는 1900년대의 특허를 시작으로 현재에 이르러서는 연간 200만 대 이상의 생산내수를 달성하고 있다. 터보차저는 Buechi의 고안함에 의해, 연소기가 없는 가스터빈과 같은 기계가 있다. 그것은 유체역학, 재료역학, 구조역학, 윤활생산기술 등 대단히 많은 기술에 관여되어 감각의 고도의 기술레벨을 필요로함을 요구하고 있다.

Chapter 18 윤활계

1. 머리말

승용차용 엔진은 연소압을 피스톤, 베어링, 밸브작동계 등의 엔진부품에 의하여 회전운동으로 변환하고 있다. 이들 부품의 접동부는 엔진오일로 윤활되는 데 따라 원활하게 운동하고 있고, 이 기능전반을 윤활계라 부른다. 윤활계는 이들 부품의 마멸, 융착 등의 신뢰성뿐 아니라 엔진내부의 세정부터 마찰손실, 진동소음, 밸브작동계의 유압 작동 기구에 이르기까지 큰 영향을 끼치고 있는 중요한 기능이다.

윤활의 가장 단순한 방법으로서 그림 18-1에서와 같은 오일펌프가 없는 비말식의 방법이 있다. 이 수법도 저출력의 엔진에 대하여는 유효하나 큰 출력을 발생하는 현재의 승용차용 엔진에는 오일펌프를 사용, 각 부품에 강제적으로 충분히 급유를 하는 것이 필수로 되어 있다. 또한 최근의 엔진은 보다 콤팩트하고 고출력 설계를 하고 윤활계가 담당하는 역할이 점차 높아지고 있다.

2. 윤활계

2.1 윤활계의 역할

① 엔진오일의 안정적인 공급

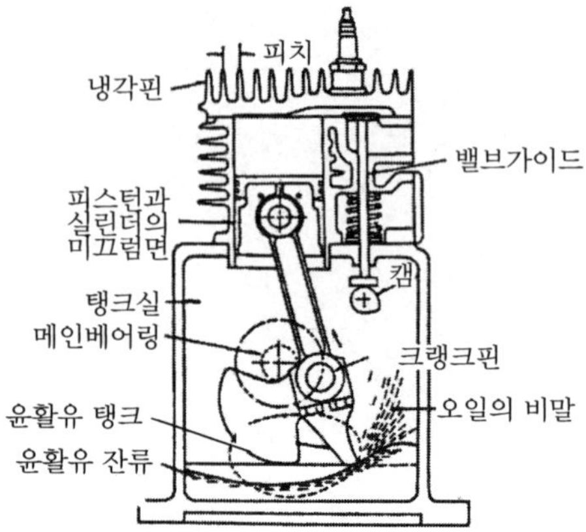

그림 18-1. 비말식 윤활방식의 예

② 엔진오일의 청정화

③ 마찰열이나 연소열의 냉각

④ 밸브작동계의 유압작동부품의 작동

⑤ 메인터넌스성(엔진오일, 필터의 점검, 교환)

이 가운데에서 가장 설계적인 배려가 필요한 것은 ①의 안정공급이다. 엔진은 차량에 탑재되기 때문에 여러 가지 환경에 대하여 대응하여야 한다. 또한 ④의 가변기구의 작동도 근년의 윤활계에 있어서는 중요한 역할을 하고 있다.

한편 엔진의 메인터넌스 ⑤로서 가장 빈번하게 하는 엔진오일, 오일필터의 점검, 교환을 쉽게 할 수 있는 것도 윤활계의 설계에서 생각할 필요가 있다. 그리고 윤활계와 관계가 깊은 시스템으로서, PCV시스템이다. 크랭크 케이스내의 환기, 블로바이와 엔진오일의 분리를 시행한다. 엔진오일의 열화나 소비를 경감시킨다.

2.2 윤활계의 구성

윤활계는 크게 다음과 같이 나누어진다.

① 엔진오일의 공급, 회수시스템, … 오일펌프 등

② 부품의 윤활, 냉각, 작동 … 베어링, 피스톤, 가변밸브작동계 등

③ 엔진오일

그림 18-2에 가솔린엔진의 윤활계의 한 예를 나타낸다.

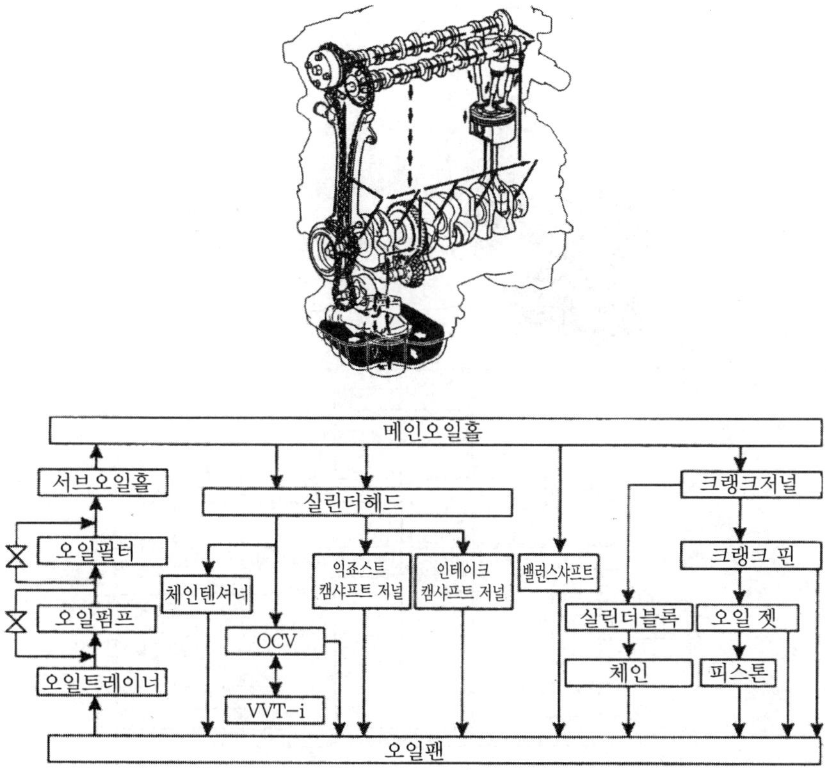

그림 18-2. 가솔린엔진 윤활계의 예

엔진오일은 오일팬에서 오일펌프에 의하여 스트레이너를 통하여 흡입된다. 그리고 오일펌프로 가압시키고, 오일필터에서 여과된 다음 메인 오일홀에 들어가서 각 분배통로로 나누어진다. 분배통로를 통한 엔진오일은 각 부품에 공급하게 된다. 실린더 헤드에 올라간 오일은 리턴 홀에 의하여 오일팬으로 회수된다.

디젤엔진의 윤활계(그림 18-3)도 가솔린엔진과 대체로 같은 구성으로 되어 있으나, 표준적으로 피스턴 냉각용 노즐, 터보차저나 베큠 펌프 등

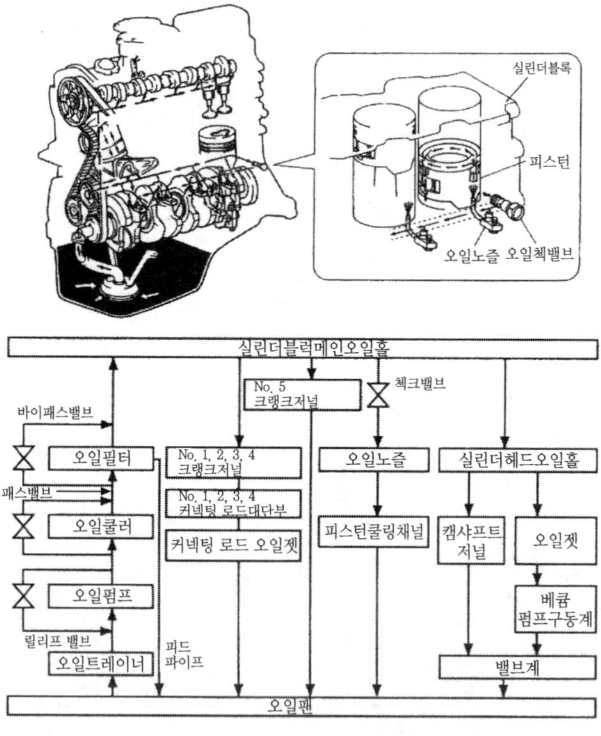

그림 18-3. 디젤엔진 윤활계의 예

이 추가된다. 이 밖에 고압 연료펌프나 기어 등의 접동부품이 추가되면 그만큼 윤활을 더 한다.

2.3 특 징

엔진의 윤활계에는 엄격한 사용 조건에 대한 특징이 있다.

① 광범위한 오일온도
② 다종다양한 부품의 윤활
③ 구조상 설계제한이 많다.
④ 1종류의 오일, 하나의 펌프에 의한 오일 공급

3. 엔진오일 공급 / 회수 시스템

현재 엔진의 일반적인 시스템의 구성으로서는 오일팬, 스트레이너, 오일흡입통로(석션), 오일펌프, 릴리프 밸브, 오일필터, 오일쿨러, 오일분배통로, 오일리턴통로, 버플 플레이트가 있다.

이러한 부품에 의하여 엔진오일의 흡입~토출(유압제어)~여과~냉각~분배~회수를 한다.

다음에 이러한 주요부품의 기능과 특징에 대하여 순서대로 기술한다.

3.1 오일팬과 스트레이너, 석션

엔진오일은 오일팬에 몰아져서 스트레이너, 석션을 통해서 오일펌프로 흡입된다. 스트레이너의 흡입구에는 가느다란 메쉬필터가 설치되어 있고, 큰 이물을 포착함으로써 오일펌프를 보호하고 있다.

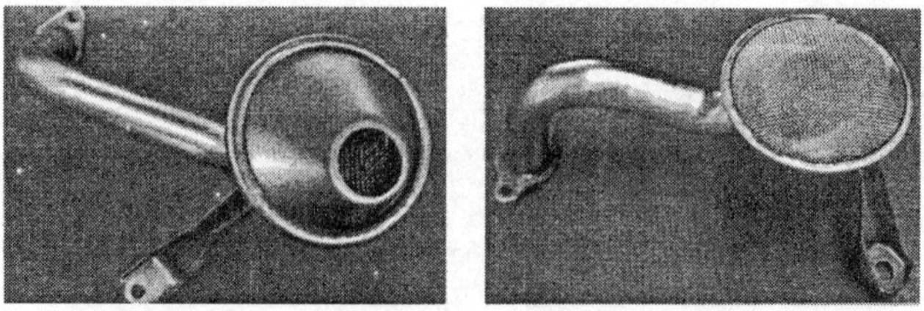

그림 18-4. 스트레이너 흡입구의 형상 예

3.1.1 오일팬 유량

오일팬의 유량은 엔진 오일의 열화에 영향을 미친다. 그림 18-5는 유량과 배기량의 관계를 나타내고 있으나, 엔진체격에 걸맞은 유량을 저장하고 있음을 알 수 있다. 특히 디젤엔진은 카본스트의 혼입 등이 있기 때문에 일반적으로 유량이 넉넉하게 담겨져 있다.

그리고 오일은 조금씩 소비되기 때문에 유면설정에는 F레벨과 L레벨이 있다. F레벨은 주로 마찰손실이 되는 것을 크랭크 샤프트와의 간섭을 피하는 위치를 취하고 L레벨은 스트레이너와 위치관계에서 설계된다.

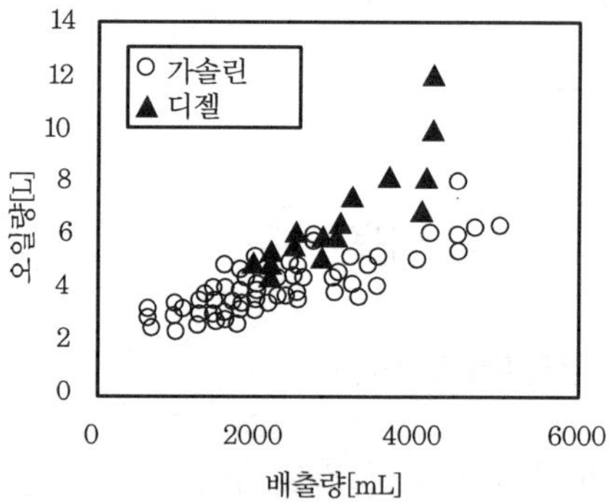

그림 18-5. 오일팬 유량

3.1.2 엔진오일의 흡입특성

엔진오일의 안정적인 공급에는 오일팬과 스트레이너가 어떤 환경에 있어서도 엔진오일을 안정되게 흡입할 필요가 있다. 흡입특성이 악화되기 쉬운 환경으로서 대표적인 것이 장시간 정지에 의한 오일의 떨어짐, 극저온시의 시동, 차량의 선회와 가속, 정지, 경사에 동반하여 발생하는 유면변동이다.

이와 같은 환경에서 엔진오일을 장시간 흡입하지 않거나 다량의 에어를 흡입하는 등으로 오일이 공급되지 않으면 엔진부품의 손상으로 이어진다. 또한 스트레이너의 체결부 등에 틈새가 있으면 에어를 흡입, 주의를 할 필요가 있다.

1) 장시간 정지에 의한 오일의 떨어짐

오일펌프 주변의 오일이 완전히 빠지면 시동시에 규정된 유압까지 오름이 상당히 중요시된다. 이 때문에 오일펌프 주변의 유로설계, 오일필터의 부착각도 등이 중요하다. 체크 볼에 의해 오일의 떨어짐을 방지하는 방법도 있다.

2) 극저온시의 시동 때의 특징

그림 18-6에 엔진오일의 저온온도-점도의 관계 나타낸다. 엔진오일은 극저온에서는 왁스성분이 석출되어, 대단히 점도가 높은 상태로 된다.

이와 같은 환경에서는 엔진오일의 유동성이 나빠지기 때문에 흡입저항이 극히 커지고 이와 함께 에어의 흡입이 생기기 쉽다. 그리고 디젤엔진의 경우 카본스트우가 혼입되기 때문에 보다 어렵게 되는 경우가 있다.

석션의 통로저항(지름, 길이)이나 흡입구의 위치 등의 설계에 의해 이들 현상을 피할 필요가 있다.

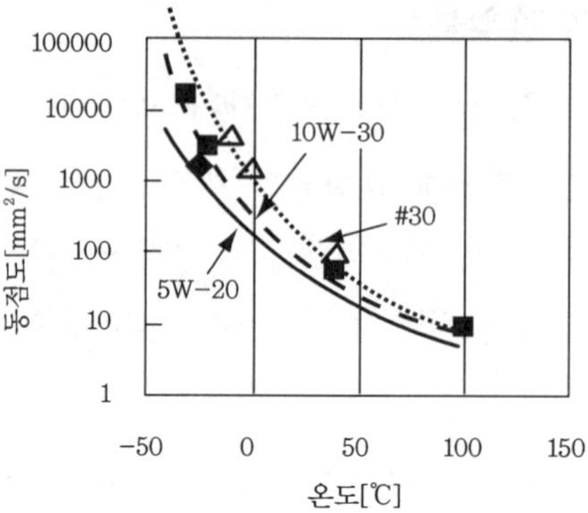

그림 18-6. 엔진오일의 저온점도 특성

3) 차량탑재시의 유면변동

오일팬 내의 유면은 차량이 선회하거나 급정차하는 경우 크게 변동한다. 이때, 변동하는 유면과 스트레이너의 흡입구의 위치가 일치하게 되면 다량의 공기를 흡입하게 된다. 통상 변동하는 유면을 고려하여 스트레이너의 흡구위치나 엔진오일면을 설정하게 되나, 차량탑재상 여러 가지 형상적인 제약이 발생, 오일팬 내에 그림 18-7과 같은 버플 플레이트라 불리우는 칸막이 판이나 흡입부의 캡(그림 18-4)면과 같은 것을 부착하는 방법이 있다.

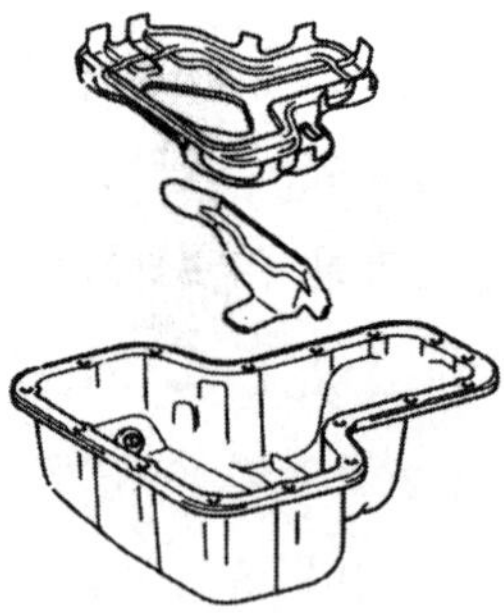

그림 18-7. 버플 플레이트

이밖에 레이스용의 엔진 등에서 채용되고 있는 드라이 샘프라 불리는 구조가 있다. 크랭크 케이스내의 엔진오일을 전용 펌프로 외부탱크에 빼내기 위해서는 차량주행에 동반되는 경우는 유면변동의 영향이 피해진다.

3.2 오일펌프와 릴리프 밸브

3.2.1 오일펌프

오일펌프에는 주로 그림 18-8에 나타내는 것과 같은 종류가 사용되고 있다. 그림 18-9에 트로코이드 타입의 펌프 내부를 소개한다. 이너로터와 아우터 로터의 이가 물리고 그 사이의 체적이 회전과 함께 증가~감소를 반복한다. 이 사이에 칸막이를 설정, 흡입 포트와 토출 포트를 독립시키는 데 따라 엔진오일을 흡입, 토출하는 사이클이 성립된다. 일반적인 탑재위치를 그림 18-10에 나타낸다.

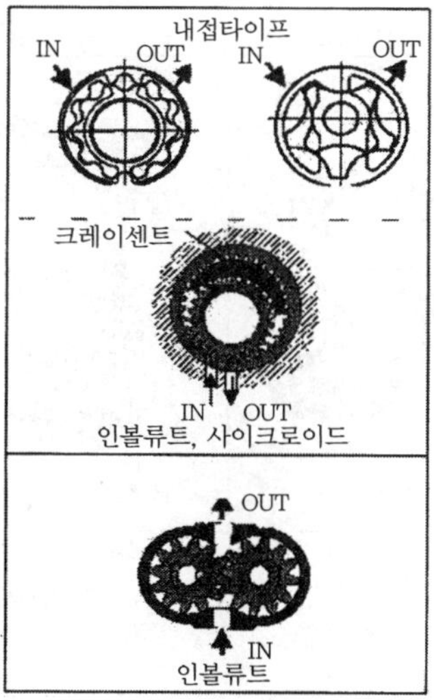

그림 18-8. 오일펌프의 종류

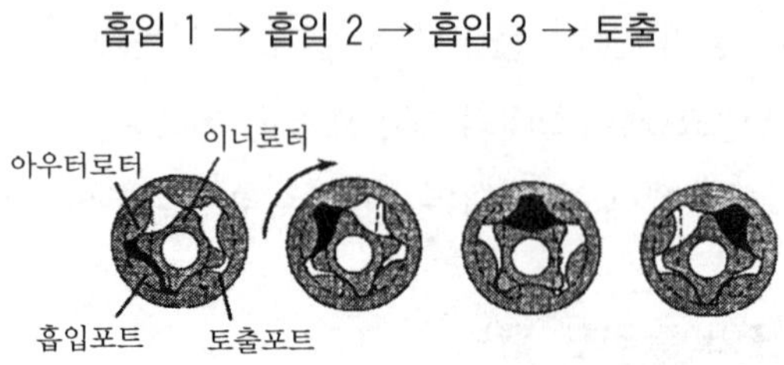

그림 18-9. 트로코이드 펌프의 겉모양

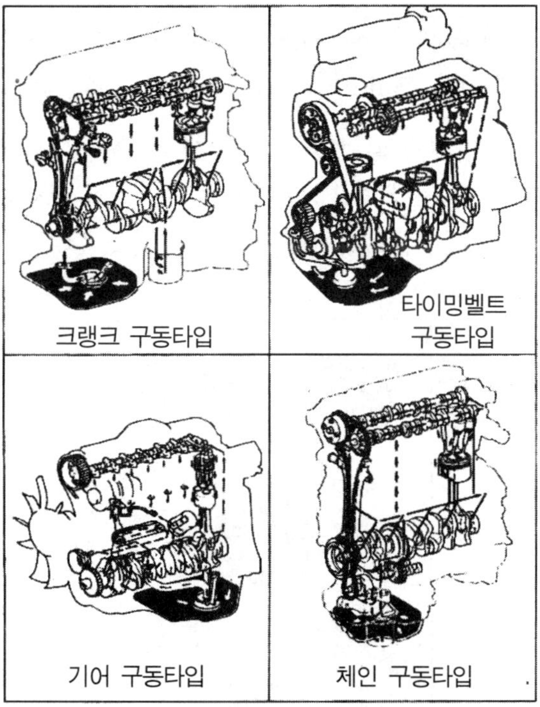

그림 18-10. 오일펌프의 구동방식의 예

크랭크 샤프트 선단에 끼워지는 형은 부품점수가 적고 가격적인 면에서 유리하다. 그러나, 크랭크축 센터의 운동이 있기 때문에 각부의 클리어런스를 크게 할 필요가 있으므로 펌프효율이 약간 나빠진다. 또 흡입공정이 길어지기 때문에 오일의 끊어지거나 흡입특성에 대한 배려도 필요하고 엔진전체 길이에 영향이 있기 때문에 스페이스적으로 제약도 크다. 오일팬내에 설정하는 타입은 코스트상 불리하나 효율이 좋고 오일의 끊어짐이나 흡입특성에 염려가 없고 오일펌프의 탑재위치로서는 이상적인 장소이다.

3.2.2 릴리프 밸브

오일펌프는 엔진회전에 연동되기 때문에 저회전의 필요유량/유압을 확보하면, 고회전에서의 유량/유압이 대폭적으로 증가되어 버린다. 릴리프 밸브는 유압이 과도하게 높아지지 않도록 하기 위하여 사용된다. 이것에 의하여 펌프의 구동력을 억제할 수도 있다.

이밖에도 극저온시동시에 과대한 유압의 발생을 억제하는 역할도 있다. 엔진에 따라서는 에머전시용과 유압제어용을 별개로 갖추고 있는 경우도 있다.

릴리프 밸브의 구조는 그림 18-11에 나타낸다. 스프링의 설정하중을 변화시키는 것으로서 밸브의 열림압(제어유압)을 조정한다. 릴리프 밸브의 탑재위치는 일반으로 오일펌프 토출부에 있고 펌프와 일체화되고 있다. 또 릴리프 밸브로부터 배출된 오일은 오일펌프의 흡입 포트로 되돌아가는 타입과 그대로 외부에 쏟는 형이 있다.

외부에 릴리프하는 경우는 공기의 감아들이기를 피하기 위하여 유면에 직접 닿지 않도록 배려가 필요하다. 또 일부 엔진에서는 릴리프 밸브를 필터하류의 메인오일홀에 설정하고 필터의 압력손실의 영향을 받지 않는 제어방법이 취해지고 있는 것도 있다.

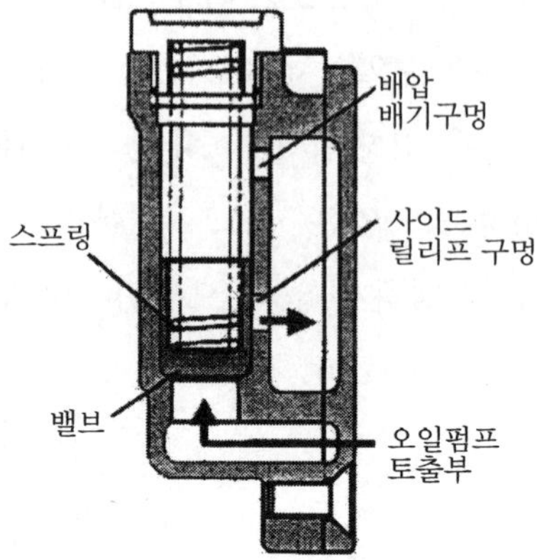

그림 18-11. 릴리프 밸브의 구조

3.2.3 유압의 제어

그림 18-12는 대표적인 유압-엔진 회전속도의 관계를 나타낸 그래프이다. 저회전역에서는 유압이 급속히 높아져서 그 후 어느 압력으로부터는 거의 정압에 가까운 형태로 제어된다.

이것은 오일펌프 토출량과 릴리프 밸브에 의하여 컨트롤되고 있어 오일펌프의 토출량을 변화시키면 그림 중의 A의 경향으로 변화되어 릴리프 밸브의 밸브열림압을 바꾸면 그림 중 B의 높이가 변한다.

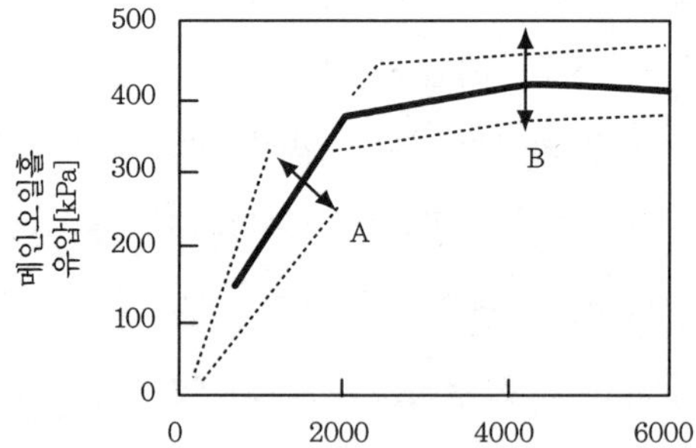

그림 18-12. 유압제어의 예

그리고, 유온이 높아질수록 그림 중 A의 기울기가 작아진다. 오일펌프의 토출량이나 릴리프 밸브의 밸브압은 엔진오일의 공급선의 요구에 상응하여 설계된다.

그러나 각 부품의 클리어런스나 누출 등 정확히 예측되지 않는 부분이 많기 때문에 최종적인 튜닝은 엔진평가에 의하여 이루어지는 경우가 많다.

3.2.4 유압센서

무엇인가의 원인으로 유압이 이상하게 저하된 경우에는 유압센서에 의하여 경고하는 것으로 되어 있다. 센서는 통상 ON-OFF 타입이고 설정압력은 아이들링시에 반응되지 않도록 30kPa 전후로 되어 있다.

3.3 오일필터

오일필터는 미크론오더의 미세한 이물을 포촉하여 엔진내의 접동부분을 보호하고 있다.

오일필터에는 전량 여과식(그림 18-13)과 바이패스 식이 많다. 현재의 자동차용 엔진에는 대부분 전량여과식이 쓰여지고 있다. 디젤엔진의 경우, 오일중의 더스트를 다시 포촉하기 위하여 전량 여과식과 바이패스식을 병용하여 사용하고 있는 케이스도 있다(그림 18-14).

구조는 먼지, 불용분 등의 이물을 포촉하기 위한 엘리먼트, 엘리먼트의 눈막힘 등에 의한 폐색을 방지하기 위한 릴리프 밸브, 엔진정지시의 오일뽑기를 방지하기 위한 첵밸브 등으로 구성되어 있다(그림 18-14).

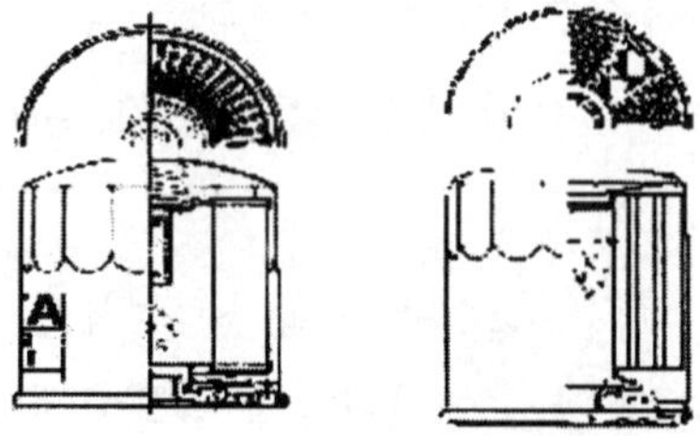

그림 18-13. 오일필터(전량 여과식)

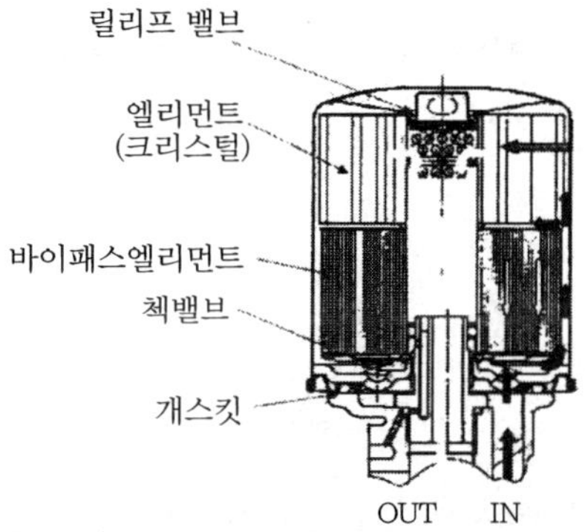

그림 18-14. 오일필터의 구조(병용형)

3.4 오일쿨러

오일쿨러는 오일을 냉각시키는 부품이다. 냉각액을 이용하여 열교환을 한다(그림 18-15). 오일필터의 아랫부분 등에 부착되어 필요시 떼어내기가 가능한 타입과 실린더 블록에 직접 부착하는 타입이 있다.

실주행에서는 오일팬이나 실린더 블록·헤드커버에서 공냉되는 부분이 많고 오일쿨러가 없는 엔진도 많다.

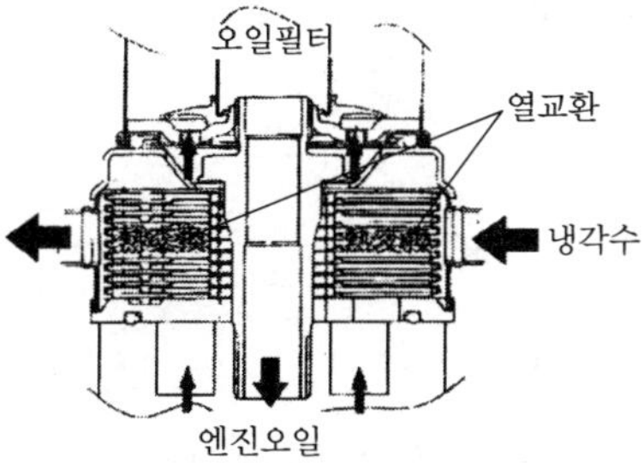

그림 18-15. 오일쿨러의 구조(예)

3.5 엔진오일의 분배유로

엔진오일은 메인 오일홀이라 불리는 실린더 블록 내의 관통구멍으로부터 각 부품으로 분배된다.

그림 18-16은 승용차용 엔진의 유량을 측정한 예이다. 약 80%가 크랭크샤프트의 베어링에 급유되고 나머지가 밸브작동계에 급유되고 있다. 엔진의 타입에 따라서는 가변 밸브 작동계 터보, 피스턴 냉각제트 밸런서 샤프트 등이 추가되기 때문에 더욱 복잡한 분배로 된다. 과잉의 유량 분배는 전체의 유압저하로 이어지므로 주의가 필요하다.

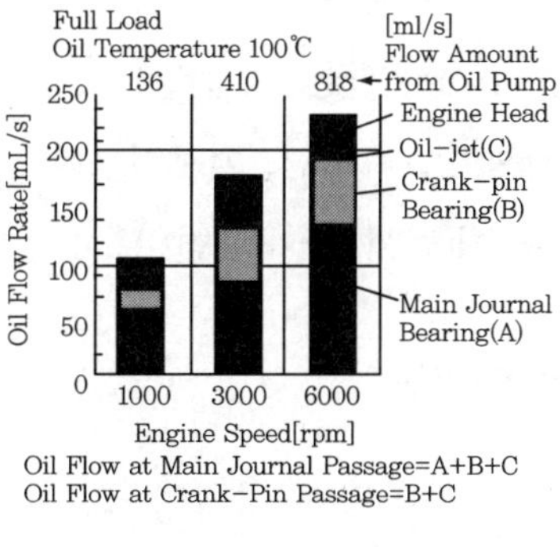

그림 18-16. 유량분배의 예

현재는 시중판매의 CAE 소프트도 있으므로 이것을 이용하는 것도 유용하다.

3.6 엔진오일의 리턴 경로

밸브작동계, 터보 등 사용된 엔진오일은 오일팬으로 되돌아올 때 오일이 크랭크 샤프트 등의 운동 부품에 간섭하게 되면 에어의 뒤감김이나 마찰손실로 이어진다.

이 때문에 되돌림 통로를 유면까지 이어지는 설계인 엔진도 있다. 또한 오일과의 간섭을 피하기 위하여 크랭크 샤프트 주위에 버플 플레이트를 사용하는 경우도 있다.

4. 부품에의 급유

엔진 부품의 접동부위는 유막을 거쳐서, 유체윤활에서 금속접촉이 발생되는 경계윤활(또는 혼합윤활)의 속에서 사용된다. 그러나 유체윤활이건 접동부위에서의 급유가 부족하면, 금속접촉이 생기게 되므로, 엔진부품에 상응하는 급유방법이 취해지고 있다.

엔진오일의 공급선과 급유방법을 표 18-1에 나타낸다. 이 가운데에서 대표적인 부품으로서 베어링, 피스턴, 밸브작동계에 대하여 소개한다. 각 부품의 설계적인 특징에 대해서 소개하면 표 18-1과 같다.

4.1 크랭크샤프트의 베어링

크랭크샤프트에는 메인 베어링과 커넥팅 로드 베어링이 있고 이들은 미끄럼 베어링이고 유체윤활이 사용되고 있다.

4.1.1 베어링의 윤활

베어링부에는 그림 18-17과 같이 강제급유로 이루어진다. 커넥팅 로드 베어링의 급유는 위쪽의 메인 베어링에 끊어진 주방향의 홈 구멍을 통하여 크랭크샤프트의 오일구멍을 통하여 급유한다.

표 18-1. 엔진오일의 공급선

분 류	기계요소	운동상태	윤활방식 및 상태
밸브작동계	흡배기밸브 밸브시트	왕복운동	자기윤활성만(무급유)
	밸브스템 밸브가이드 스템실	왕복운동	비말윤활, 고온 (혼합～경계윤활)
	로커샤프트베어링	요동운동	조건은 컨로드 소단부와 동일
	캠 캠플로우	회전운동 (구름운동)	국소적인 하중변동이 큼 (탄성액체윤활～경계)
	캠 샤프트 캠 축 베어링	회전운동	조건은 크랭크 메인베어링과 같다.
피스턴계	피스턴 피스턴링 실린더	왕복운동	비말윤활 고온, 고부하(유체～혼합윤활)
컨로드계	컨로드 소단부 피스턴 핀	요동운동	비말윤활로 유량은 풍부하다. (유체～혼합윤활)
크랭크계	크랭크샤프트 크랭크 메인베어링 크랭크 핀	회전운동	강제윤활로 유량은 풍부하다. (유체～탄성유체윤활)

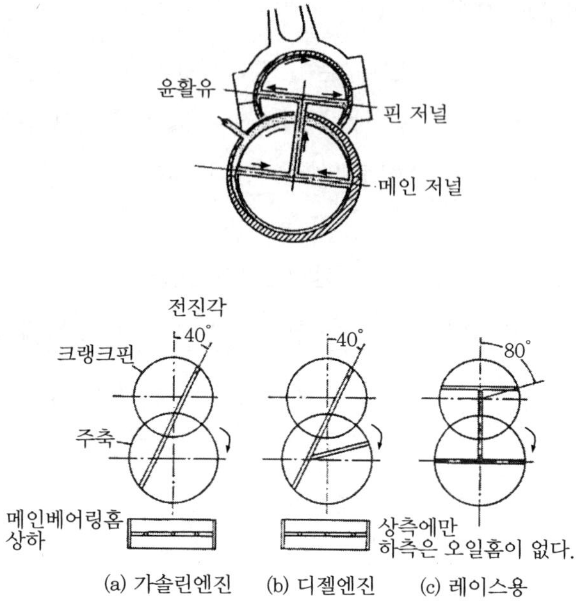

그림 18-17. 크랭크샤프트 베어링의 급유

4.1.2 커넥팅 로드 베어링의 급유한계

커넥팅 로드 베어링은 앞에서 기술한 것과 같이 회전하는 크랭크샤프트 내를 통하여 급유되기 때문에 유로내의 오일에는 원심력이 발생한다. 이 때문에 유압이 내려가면 급유량이 급격히 감소하는 한계압력이 존재한다(그림 18-18). 또 급유 특성과 크랭크 유로 형상과의 관계를 검토한 예도 있다.

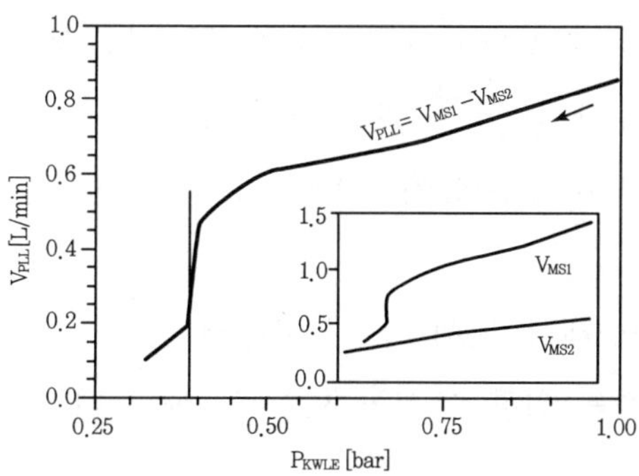

그림 18-18. 커넥팅 로드 베어링에 대한 급유특성

4.2 피스턴, 피스턴링, 실린더보어, 피스턴 핀

피스턴 스커트, 피스턴링은 실린더보어에 대하여 왕복운동을 하고 있기 때문에 상하사점 부근에서 경계윤활에, 중앙 부근에서는 유체윤활이 된다. 피스턴 핀은 간헐적으로 회전하고 있고 유체윤활과 경계윤활의 혼합으로 생각할 수 있다.

4.2.1 피스턴의 급유방법

피스턴의 급유방법과 급유량의 예를 다음에 표시한다(그림 18-19).

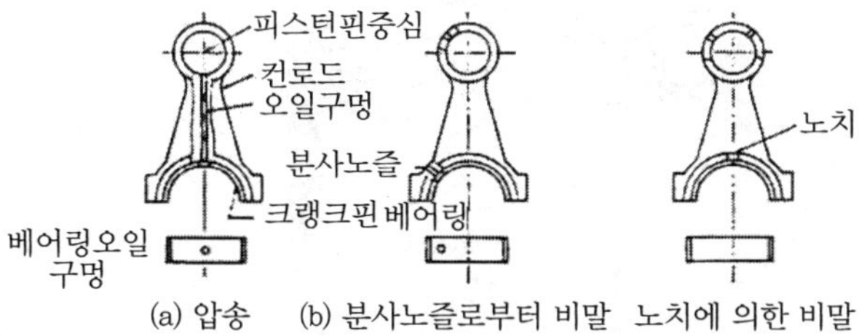

그림 18-19. 피스톤에 대한 급유방식

① 커넥팅 로드 대단부에 마련된 작은 구멍으로부터 간헐적으로 오일젯트에 의하여 실린더 보어로의 급유 : 40~60mL/min

② 베어링으로부터의 비산에 의한 실린더 보어로의 급유 : 10mL/min 전후

③ 커넥팅 로드 내를 통해 소단부로부터 급유

④ 피스턴 냉각을 위한 고정식 오일젯트에 의한 급유 : 1~3L/min

가솔린엔진의 경우는 ①, ②가 주류이나 ②만인 경우도 있다. 또 ④는 스포츠계 가솔린엔진이나 디젤엔진의 피스턴 냉각에 사용되고 있다.

4.2.2 피스톤 윤활의 특징

피스톤은 앞서 기술한 것과 같이 주로 비산식의 급유를 하기 때문에 급유된 오일을 컨트롤하여 사용하는 특징을 가지고 있다.

그림 18-20에서와 같이 피스톤에는 컴프레이션 링이 2종류, 오일 컨트롤 링과 3종류의 피스톤링으로 구성되어 있다. 실린더 보어에 공급된 엔진오일은 오일 컨트롤 링에 의하여 최소한으로 컨트롤 된다.

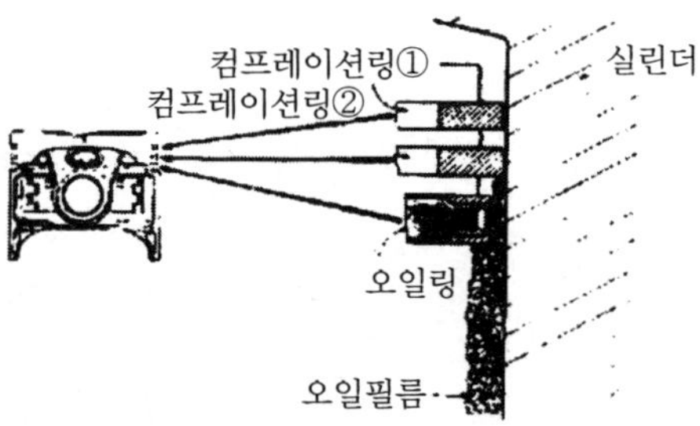

그림 18-20. 피스톤윤활의 특징

그리고 실린더 보어에는 오일의 보호유지를 잘하기 위하여 의도적으로

거칠게 만들어져 있어 급유부족이 발생되어도 융착에 이르지 않도록 연구되고 있다.

피스톤 스커트에 같은 이유로 조흠형성(부품개체에 대한 흠)이 되어 있다. 실제 엔진의 경우는 오일소비에 대한 배려와 피스톤의 거동 등의 작용이 겹쳐서 피스톤의 윤활이 불충분한 상태가 많이 발생되고 있으나 위에서 기술한 것과 같이 여러 가지 연구를 하여 윤활을 하고 있다.

4.3 밸브작동계

대표적인 밸브작동계의 급유부위를 그림 18-21에 나타낸다. 베어링이나 캠, 롤러, 스탬실, 그리고 가변 기구 등 여러 가지 부품에 대하여 급유된다.

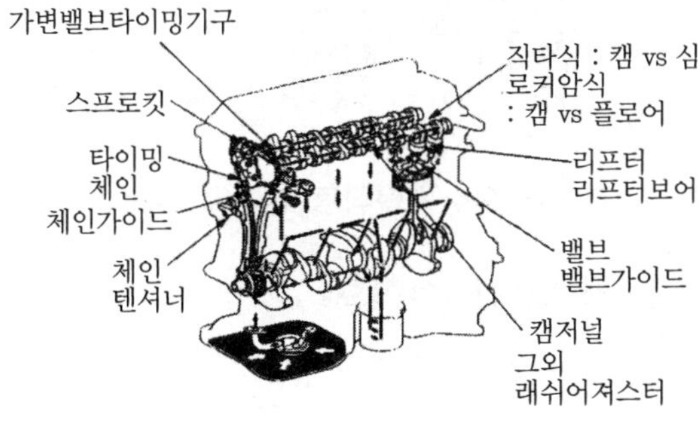

그림 18-21. 밸브작동계의 급유부위

4.3.1 캠저널

캠 저널은 미끄럼 베어링과 같은 작은 구멍에 의한 강제급유를 하고 있다.

4.3.2 캠, 플로어

직타식의 경우 캠 저널로부터 리크 오일을 캠/플로어나 밸브 리프터,

밸브가이드의 윤활에 이용하고 있다. 이밖에 캠에 작은 구멍을 뚫어서 급유하는 방식도 있다. 로커암식의 경우 샤워식이나 캠베이스 원주부에 오일 젯트 구멍으로부터 급유하는 타입 등이 있다(그림 18-22).

4.3.3 리프터, 밸브

리프터, 밸브는 저널이나 캠에 급유된 오일을 이용하고 있다. 또 오일 내리막에 의한 오일소비를 억제하기 위하여 급유량은 스탬실에 의해 컨트롤되고 있다.

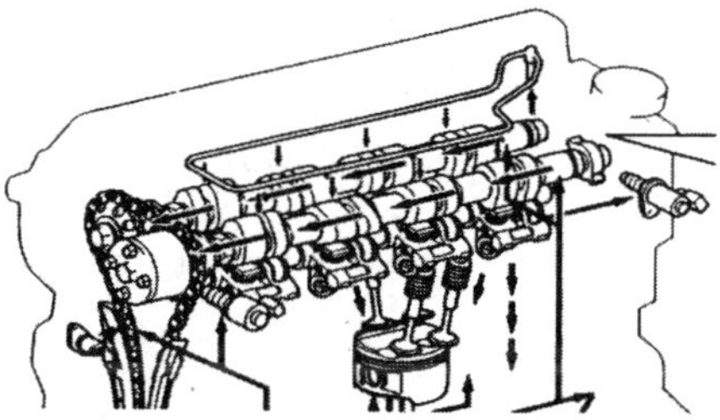

그림 18-22. 밸브작동계 급유의 예

4.3.4 타이밍체인 스프로킷, 가이드

일반적으로 오일젯트 구멍을 써서 급유된다.

4.3.5 유압 작동 부품

밸브작동계에서는 가변기구, 체인텐셔너나 래쉬어저스터 등의 유압작동을 한다.

그림 18-23에 가변 밸브 타이밍 기구의 구성을 나타낸다. 컴퓨터로부터의 지시에 의해 전기적으로 제어밸브를 작동시켜 유압을 액추에이터에 보냄으로써 밸브타이밍을 변화시킨다.

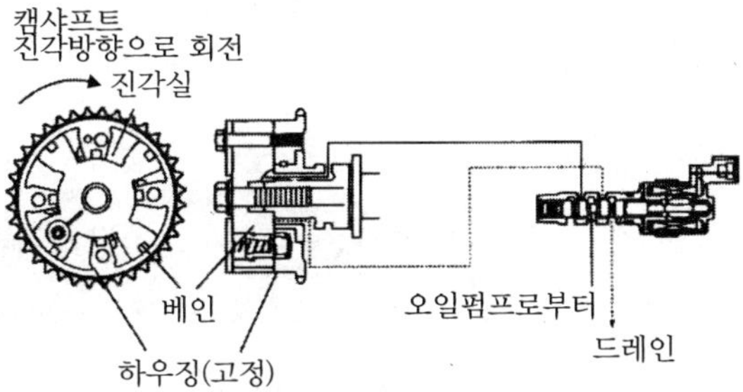

그림 18-23. 가변밸브타이밍 기구의 구성

5. 엔진오일

엔진오일과 윤활계의 관계에 대하여 소개한다.

엔진오일은 엔진내의 '윤활', '냉각', '밀봉', '청정'이라고 하는 중요한 역할을 하고 있다. 한편 일반사용자가 자유로이 선택될 수 있다고 하는 면이 있다. 그 때문에 윤활계를 설계/평가하는 경우 어떤 엔진오일로 보증하는가가 중요한 점이다. 물론 이것은 윤활계에 한정된 것이 아니고 부품설계에 대하여도 같다.

엔진오일의 분류에는 품질로 나누는 'API분류', 'ILSAC규격', 'ACEA 규격'과 점도로 나누는 'SAE분류'가 있다. 여기서는 윤활계와 관계가 큰 점에도 대하여 소개한다.

5.1 SAE 점도 분류

SAE란 엔진오일의 점도 분류(표 18-2)를 설정한 아메리카자동차 기술자협회의 약자로서 그 엔진 오일이 어느 정도의 외기온에서 사용할 수 있는가의 지표가 된다.

저온점도에서 6단계(0W~25W), 고온점도를 5단계(20~60)으로 나누어진다. 1개의 분류로 규정하는 싱글 그레이드 오일과 저온~고온의 2개로 규정하는 멀티 그레이드 오일이 있다.

0 W	5 W	10 W	15 W	20 W	25 W	20	30	40	50	60

표 18-2. SAE 점도분류

5.2 극저온 점도

그림 18-6에 나타내는 것과 같이 엔진오일은 저온이 되면 극단적으로 점도가 커지나 시장에서는 이와 같은 온도에서도 차는 사용되고 있다. 윤활계의 기능을 잃어버리면 안 된다.

한편 엔진오일은 저온역에서의 점도로 그레이드가 있고 차의 사용하는 지역에 상응하는 코멘트를 하고 있다(그림 18-24). 윤활계는 이것들을 고려한 상태에서 설계/평가될 필요가 있다.

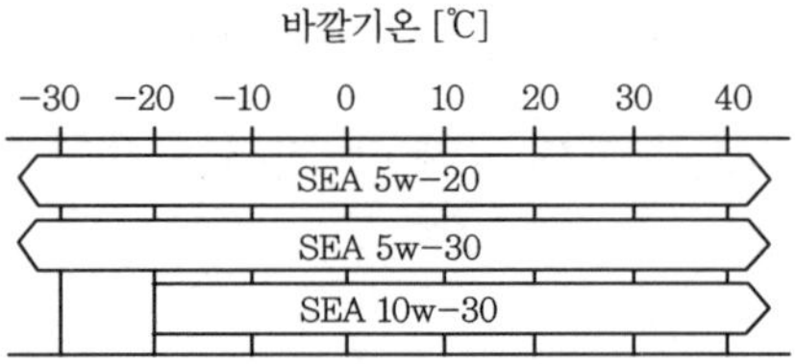

그림 18-24. 엔진오일의 리코멘트 예

5.3 고온 점도

그림 18-25는 고온역에서의 점도를 나타낸 것이다. 근년 연비향상을 위하여 저점도 오일이 보급되어 있다. 이 때문에 고온역에서의 유압저하

에 대한 배려가 필요하다.

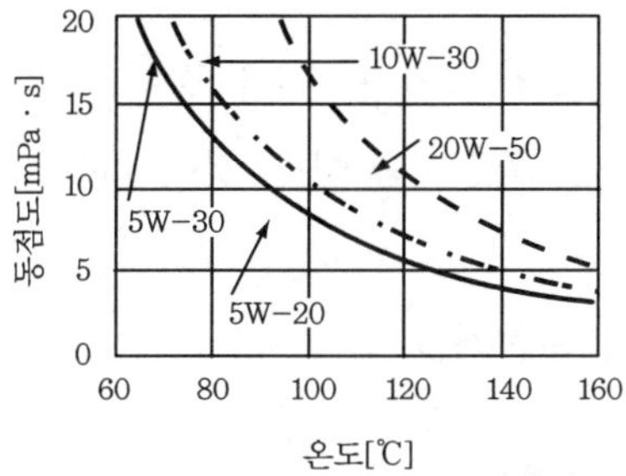

그림 18-25. 엔진오일의 고온 점도

6. 메인터넌스성

엔진오일의 점검은 레벨 게이지를 사용하기 때문에 레벨게이지의 위치와 오일의 보기쉬움을 포인트로 한다. 오일 잔존량을 적극적으로 사용자에 알리기 위하여 오일 레벨센서가 갖추어져 있는 경우도 있다.

오일의 급유는 필러캡, 드레인은 오일 팬에서 하게 되나 스탠드에서는 레벨 게이지 구멍으로부터 한번 찍어보는 케이스가 많고 오일 교환시 잔유오일이 발생되지 않도록 하는 설계도 하여야 한다. 엔진오일과 함께 교환되는 오일필터의 부착위치도 배려가 필요하다. 특히 윤활계의 경로에 영향이 있기 때문에 엔진의 탑재차량 모두에 대하여 고려하고 배려하여 두어야 한다.

7. 윤활계의 과제와 최근의 동향

근년 연비향상, 코스트 저감 등을 배경으로 한 변화가 보인다.

7.1 연비향상에 대한 대응

7.1.1 오일펌프의 효율향상

현재의 오일펌프는 대량인 엔진오일을 릴리프 밸브로부터 버리고 있다. 토출량이 가시화되면 효율을 높이는 것이 가능하기 때문에 가변기구의 시스템도 개발되고 있다. 또한 마찰 손실의 저감을 위하여 인로우를 폐지시키거나 외주의 접동면적을 감소시키는 것도 고려되고 있다.

7.1.2 엔진오일의 저점도화

엔진오일도 연비향상을 배경으로 저점도화, MoDTC 등 마찰 조정제의 첨가가 이루어지고 있다. 최근에는 0W~20이라고 하는 대단한 저점도의 가솔린 엔진오일도 채용되고 있다.

7.1.3 피스톤의 윤활개선

피스톤의 윤활부족을 개선하는 방법으로서 숏 피닝에 의해 스커트에 미세한 둥근 구멍을 형성하는 것도 이루어지고 있다. 또한 적극적으로 급유함으로써 마찰이 저감되는 것도 보고되고 있다.

7.2 유압확보의 어려움

엔진오일의 저점도화, 알루미늄 블록의 열팽창에 의한 크랭크 베어링부의 클리어런스의 확대, 윤활부품의 복잡화 등 최근의 엔진은 유압저하가 발생되기 쉽도록 되어 있다.

7.3 설계, 재료의 동향

윤활계 부품의 최근의 동향으로는, 알루미늄화, 수지화 등의 재료의 변화와 함께 부품을 묶는 모듈화 등이 이루어지고 있다. 또, 환경에의 대응도 진척되고 있다. 오일팬은 알루미늄 다이캐스트가 증가되고 있고, 버플 플레이트 일체화가 가능하며 방음에도 유효하다. 또한 오일펌프나 스트레이너, 밸런스 샤프트 등의 모듈화한 케이스도 보인다.

스트레이너를 수지화한 케이스도 있고 이물 포촉용의 메쉬에도 연구가 진행되고 있다(그림 18-26). 또한 버플 플레이트와 일체화한 것도 있다(그림 18-27). 릴리프 밸브 재료에도 변화가 보인다. 일부에는 수지제의 것도 보인다.

오일필터도 환경에 대응하는 것으로 확산되고 있으며 먼지를 분별하기 쉽도록 하고 금속 폐기물을 삭감한 일체 성형형이나 폐기물 저감을 위하여 엘리먼트만을 교환하는 엘리먼트 교환형 필터의 채용이 증가되고 있다.

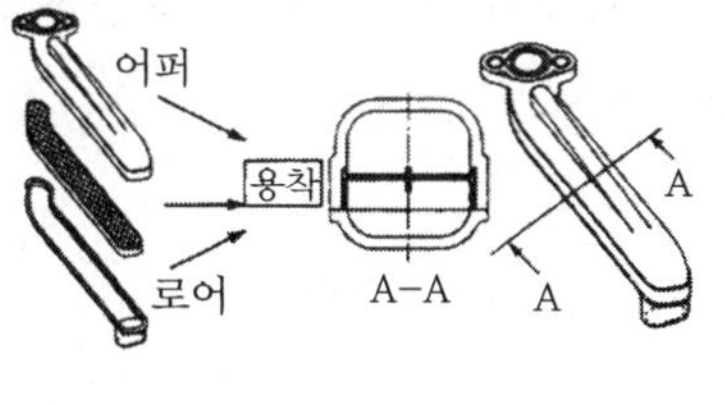

그림 18-26. 스트레이너 수지화의 예

그림 18-27. 스트레이너와 버플 플레이트의 일체 수지화의 예

Chapter 19 엔진 냉각시스템

1. 머리말

엔진이나 차체에 대한 해석이나 논문은 수많이 보고되고 있다. 그러나 복수의 부품으로 구성되는 냉각계 부품전체에 대한 해설은 그 수가 적다.

엔진 냉각 손실에 의한 라디에이터로부터의 방열량을 높게 유지하는 팬의 풍량에 대한 해석을 중심으로 냉각계 각 부품의 해설을 기제하고 이어서 현재 신기술로서 주목을 모으고 있는 공기계의 풍속분포의 해설에 CFD를 사용한 사례와 신 엔진과 냉각계와의 관계에 대하여 기재한다.

2. 냉각시스템의 개요

2.1 냉각계 부품의 발달

엔진 냉각시스템계의 관련부품에 대한 개발의 역사를 표 19-1에 나타낸다. 공랭식의 엔진에 냉각용 액조를 마련한 사이판식(그림 19-1)에 의한 냉각기가 1886년 다이믈러에 의해 개발되었다. 그 후 1901년 허니컴식 라디에이터를 메르세데스 벤츠가 탑재하였고, 1918년 리본셀러식 라디에이터가 이어서 하리손에 의해 개발되었다.

플레이트 핀 식 라디에이터(그림 19-2)의 개발로 소형경량화가 도모되었다. 1959년 미국 크라이슬러사가 콜게이트 핀 라디에이터를 개발, 현재에 이르는 개발의 기초를 세웠다.

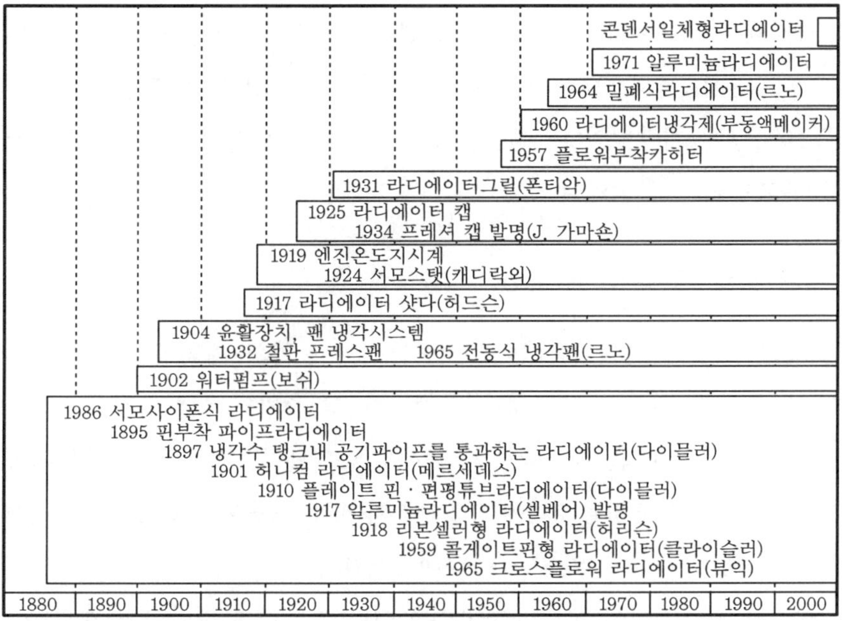

표 19-1. 엔진 냉각계부품의 발달

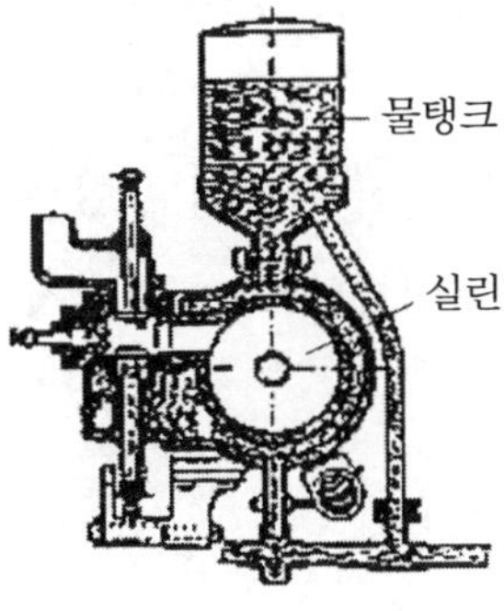

그림 19-1. 서모사이폰식 라디에이터

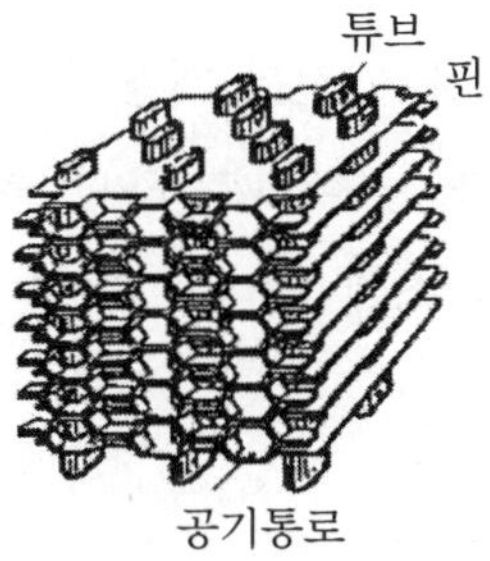

그림 19-2. 플레이트 핀 라디에이터

재질면에서는 1917년 알루미늄 라디에이터의 발명이 셀르배에 의해 이루어지고 1971년부터 실차에 탑재가 된 이후 내식성의 향상, 재료의 두께를 얇게 하는 것, 강도향상의 개발이 계속되고 있다.

라디에이터 이외에서는 냉각수 순환용 펌프는 1902년에, 팬냉각시스템은 1906년에, 서모스탯은 1924년에, 라디에이터 캡은 1925년, 프레져 캡은 1934년에 개발되었다. 엔진냉각수 온도를 난방용으로 쓰여지는 히터도 1957년에 장착되었다.

2.2 차와 냉각시스템 성능

1980년부터 근년에 이르는 20여년간에 자동차의 쾌적성의 향상, 연비의 개선 등의 개량이 도모됨과 함께 출력의 증가가 이루어졌다.

그림 19-3은 매년 엔진출력의 증가를 나타낸다. 배기량이 큰 L클래스는 20년 동안에 출력을 2배에서 2.5배 가까이 증가시키고 있으며, M클래스도 2.0배 증가하고 있음을 나타내고 있다.

엔진의 냉각손실에 상당하는 라디에이터 방열량의 해마다의 경위를 그림 19-4에 나타낸다. 종축은 라디에이터 방열량(기수온도차 1° 방열량)을 나타낸다. 이것에 의하면, 엔진출력의 증가에도 불구하고 라디에이터 방열량은 감소되어 왔다.

이것은 엔진의 개량이 이루어져서 냉각손실이 감소되고 있음을 나타내고 있다. 냉각계부품의 소형화, 경량화(알루미늄화)도 이루어지고 냉각손실의 감소에 기여하고 있다.

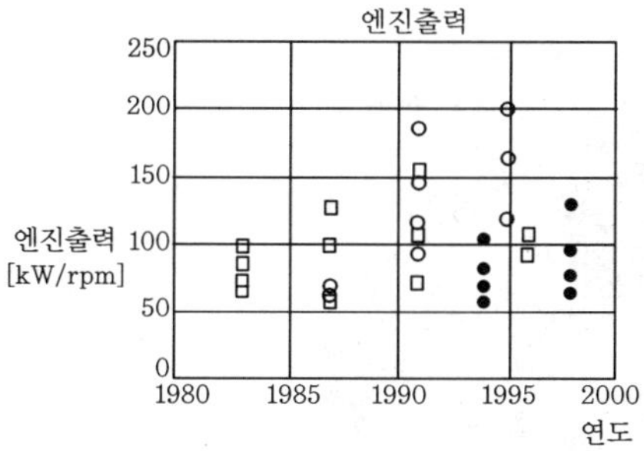

그림 19-3. 자동차의 엔진출력

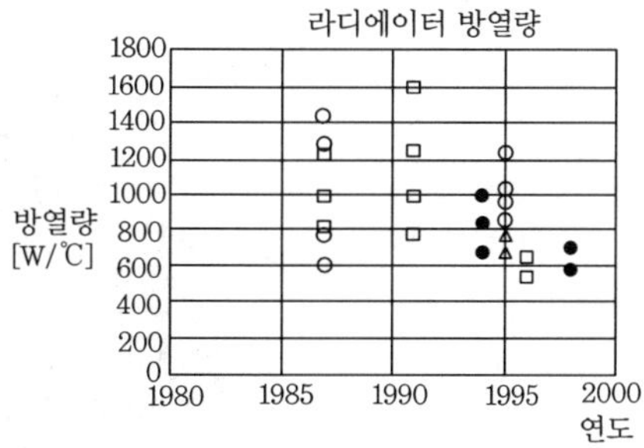

그림 19-4. 냉각시스템의 성능

2.3 엔진 냉각시스템의 구성

엔진 냉각시스템의 부품구성을 그림 19-5에 나타낸다. 엔진내의 부품과 외부의 부품과의 순환경로를 그림 19-6에 나타낸다. 엔진실린더 벽면에 냉각액의 통과유로를 설치하고 냉각수가 실린더 벽면을 냉각시킴과 함께 실린더 벽면온도를 일정온도로 유지한다.

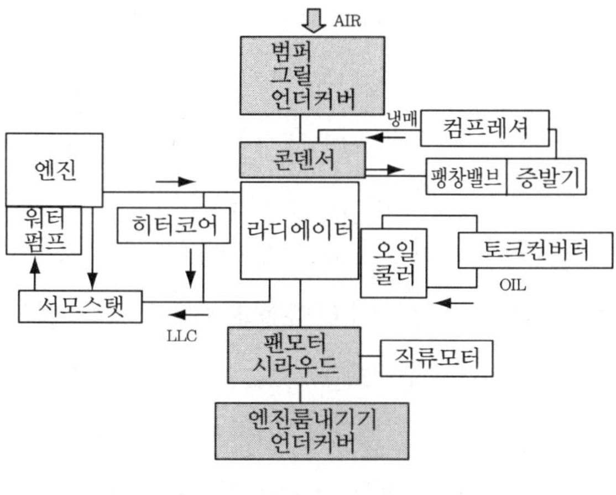

그림 19-5. 엔진 냉각계의 부품구성

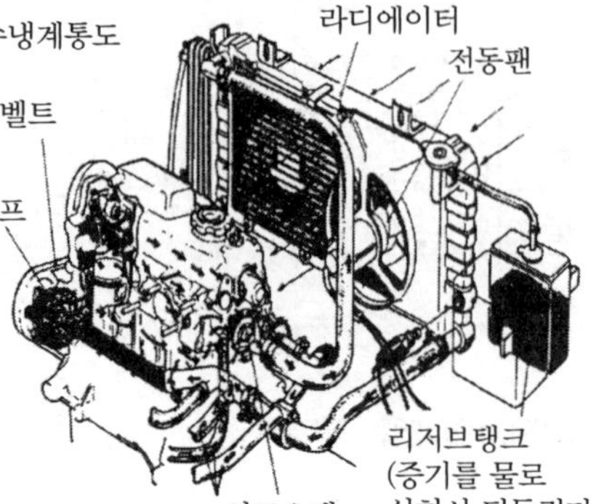

그림 19-6. 엔진 냉각계의 설치도

냉각수는 엔진본체에 부착된 워터펌프로 구동된다. 유로내의 냉각수의 온도가 낮으면 유로출구로부터 서모스탯을 경유하여 워터펌프로 되돌아간다. 실린더로부터 열을 받아 계속적으로 수온이 80℃ 이상이 되면 서모스탯이 열리고 라디에이터에 도달하면, 그곳에서 공기에 방열되어 냉각수온도가 떨어지면 서모스탯을 거쳐서 펌프 흡입쪽으로 되돌아온다. 공기조화용 열원에 엔진냉각수를 사용하는 경우는 실린더벽면으로부터 히터코어로의 파이프를 통하여 고온의 냉각수가 흘러서 서모스탯 입구 유로로 되돌아간다. 그리고 라디에이터 경로와 히터경로는 패러렐(Parallel ; 같은 방향으로 평행한) 배치로 되어 있다.

다음은 공기경로에 대하여 기술한다. 라디에이터의 냉각풍은 정차하고 있는 경우에는 팬에 의해, 주행하고 있는 경우는 주행풍과 팬에 의하여 구동된다.

그 강도는 경로의 물체의 저항 크기에 역비례한다. 저항이 되는 물체는 그릴, 범퍼, 콘덴서, 시라우드, 라디에이터 스테이 등과 엔진룸의 각종 부품이다. 이 가운데에서 공조용 콘덴서는 공기에 방열되므로, 라디에이터 입구온도를 높이고 다시 통기 저항이 되어 통과 풍속을 저하시킴으로써 라디에이터 방열성능에 대한 영향은 크다. 공기류가 차밖으로 빠지는 언더커버에는 개구부가 마련되어 있고 엔진룸내로 유입되는 기류의 배출구로 되어 있다. 그림 19-6에는 라디에이터의 튜브는 횡류배치로 되어 있다. 많은 경우 이 튜브는 길이 방향의 흐름이다.

2.3.1 워터펌프

그림 19-7에 워터펌프의 단면현상을 나타낸다. 회전부는 임펠러와 샤프트에 고정된 워터펌프 풀리로 되어 있고 이 회전부를 지지하는 베어링과 보디로 된다. 그리고 회전부와 물의 경로를 차단하는 실유닛(seal unit)이 샤프트에 장착되어 있다.

엔진 냉각수를 수송하기 위한 임펠러는 그림 19-8과 같이 방사상으로 설치되어 회전에 의한 원심력으로 물에 운동량을 준다. 냉각수는 와권모양의 케이싱 내벽면에 따라 흐르며 펌프출구에서 유출된다.

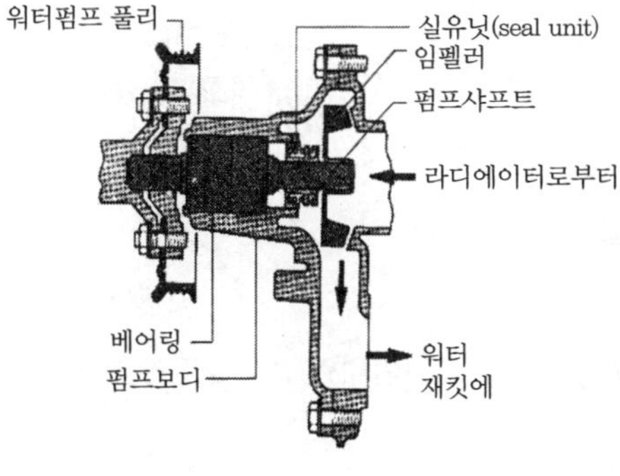

그림 19-7. 워터펌프

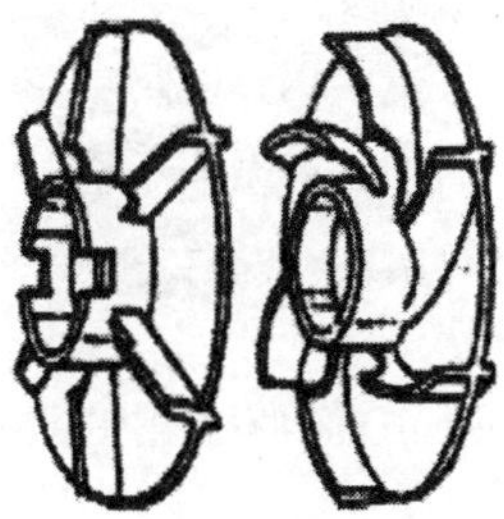

그림 19-8. 임펠러

자동차용 펌프에 있어서의 특징은 엔진냉각수의 온도가 100℃ 이상에서 사용하는 경우도 있으므로, 캐비테이션이 생겨서 유량의 저하와 임펠러의 손상이 발생될 가능성이 있다. 이것을 방지하기 위하여 라디에이터의 캡에 계통압을 높여서 비등온도를 높이고 있다. 임펠러의 재질은 주철, 주물, 수지제가 있다.

2.3.2 서모스탯

왁스형 서모스탯은 펠릿, 스프링, 케이스 등으로 구성되어 있다. 개요는 그림 19-9에 벨로즈형을 그림 19-10에 나타낸다.

냉각수의 온도가 낮을 경우에는 왁스가 수축하여 스프링의 힘으로 닫히도록 되어 있다. 온도가 어느 온도(70~80℃) 이상이 되면 펠릿내의 왁스가 팽창하여 밸브를 열게 된다.

케이스에는 공기뽑기용의 밸브가 장착되어 있고 이것은 공기뽑기구멍으로부터 냉각수가 누출되는 것을 방지하기 위하여 마련되어 있다.

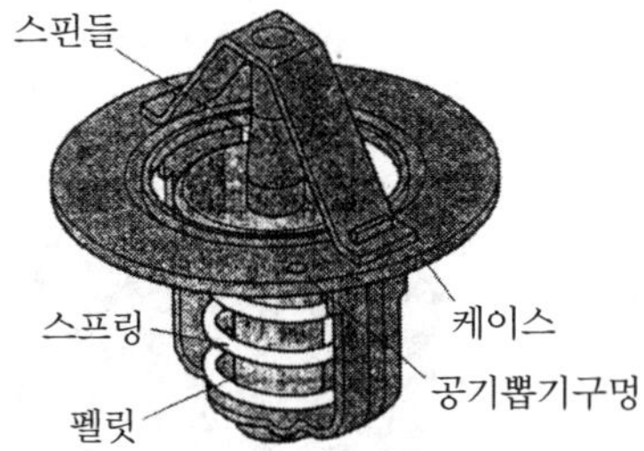

그림 19-9. 왁스펠릿형 서모스탯

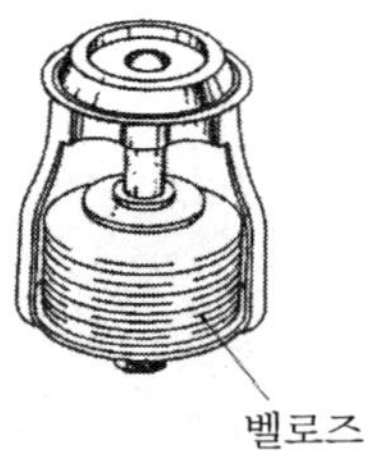

그림 19-10. 밸로즈형 서모스탯

2.3.3 라디에이터와 프레져캡 및 리저브 탱크

현재, 차에 장착되어 있는 라디에이터의 부품구성을 그림 19-11에 나타낸다. 수지로 일체성형된 입구 파이프와 입구탱크, 출구파이프와 출구탱크, 알루미늄제의 상하좌판, 튜브, 핀으로 구성되어 있다. 수지탱크와 코어부는 실팩(seal pack)을 거쳐서 리베팅 공법으로 결합되어 있다. 튜브는 평판을 롤 성형법으로 구부려 휘어서 관상으로 성형한다. 그리고 콜게이트 핀은 평판을 콜게이트 핀 성형기에서 파형 형상과 루버(Louver)성형(냉각용 공기흡입기)을 동시에 한다.

튜브재료와 핀 재료는 알루미늄재의 양측에 클래드재를 코팅한 판재를 사용, 핀과 튜브를 다수 겹치고 사이트 서포트로 싸서 넣은 다음, 튜브를 좌판의 튜브 함합부에 끼워넣은 상태에서 전기로내에 넣고 납땜한다. 그림 19-12는 라디에이터에서의 외관을 나타낸 것이다.

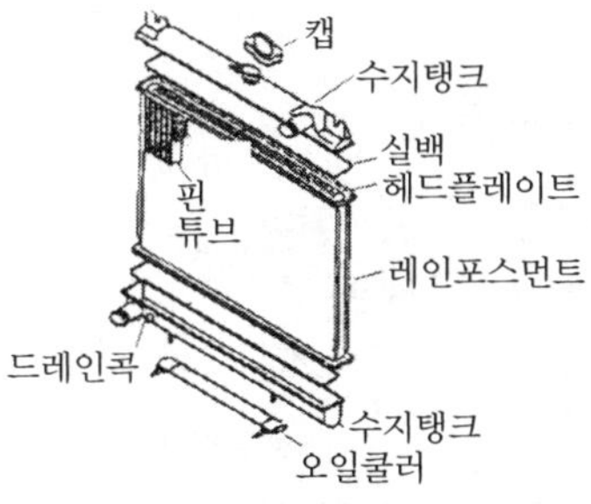

그림 19-11. 라디에이터 개요

그림 19-12. 라디에이터

현재는 일부의 차량에 공조기의 구성부품인 콘덴서와 라디에이터를 일체로 성형한 열교환기 UCR(Unification Condenser and Radiation)가 탑재되어 있다(그림 19-13).

그림 19-13. WCR

이 일체화된 열교환기의 목적하는 바는 양 열교환기간의 거리를 단축, 차량조립성을 향상시키는 것으로서 서서히 용도가 넓어져 가고 있다.

프레져 캡은 냉각수계통의 내압을 0.5~0.9kg/cm^{2}까지 가압시켜 비등점을 높여서, 대기와 냉각수와의 온도차를 크게 하여 냉각효율을 향상시킨다.

단면 형상을 그림 19-14에 나타낸다. 밸브스프링으로 가압압력을 설정, 라디에이터내압이 높아지면, 가압밸브가 열리고 냉각수가 리저브(Reserve) 탱크로 리턴되어 들어간다. 엔진이 정지, 라디에이터가 냉각되면 내압이 낮아져서 부압밸브가 열리면서 리저브 탱크로부터 냉각수를 방출시킬 수 있다. 이 기능으로 냉

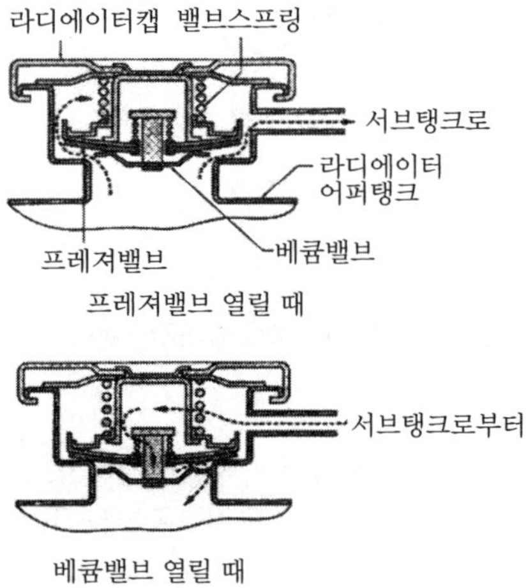

[그림 19-14] 프레져 캡

각계통에 항상 일정한 냉각수가 보존된다. 리저브탱크(그림 19-6)는 라디에이터와 파이프로 결합되어 있다. 라디에이터는 고온고압시에 넘치는 냉각수를 일시 보관하기 위한 탱크이다.

2.3.4 팬

팬의 구동력에는 엔진의 회전력을 사용하는 경우와 직류모터로 구동하는 방식이 있다.

엔진의 회전을 구동력으로 하는 경우는 팬 클러치를 거쳐서 구동된다. 팬 클러치의 구조를 그림 19-15에 나타낸다. 점성식 팬 클러치는 라디에이터 통과 공기온도를 감지하여, 팬 회전을 자동적으로 ON, OFF하는 것으로 서모스탯, 커플링 로터 등으로 구성되어 있다. 라디에이터 통과 풍온이 일정한 온도 이상으로 되면, 서모스탯이 슬라이드 밸브를 회전시켜 유입구가 열린다. 커플링내의 오일이 구동실에 들어가서 원심력으로 라비린스(labyrinth)를 채운다. 그 점성에 의하여 커플링 샤프트의 회전이 베어링 케이스에 전달, 팬이 회전한다. 다음, 라디에이터 통과 풍온이 낮아지면, 서모스탯이 슬

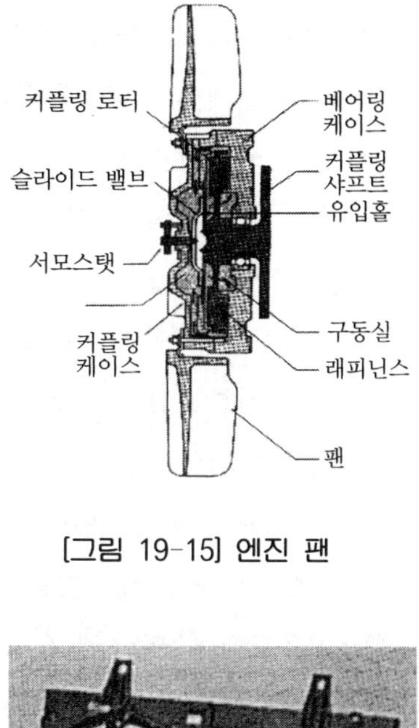

[그림 19-15] 엔진 팬

[그림 19-16] 모터팬 시라우드

라이드 밸브를 회전시켜서 유입구를 닫는다. 구동실과 라비린스내의 오일은 원심력에 의하여 커플링내의 저장실로 되돌아간다. 라비린스내의 오일이 없어지면 회전이 전달되지 못하고 팬의 회전은 저하된다.

다음은 그 특징을 나타낸다. 엔진 회전을 사용하는 경우는 다음과 같다.

1) 풀리의 지름으로 회전속도를 저하하거나, 커플링을 사용하여 팬의 회전을 일정이하로 한다. 팬의 구동력은 회전속도에 상응하여 증가되므로 낮은 회전에서 사용, 동력손실을 경감한다.

2) 엔진 구동팬은 팬의 위치가 고정되어, 라디에이터와의 최적위치가 달라지는 경우가 많고 팬풍량을 유효하게 사용하지 못하여 냉각효율이 저하되는 경우도 있다.

3) 아이들링시 엔진 회전속도가 낮기 때문에 팬풍량이 저하된다. 이것에 대하여 직류모터로 구동하는 모터팬은

① 냉각수온도를 감지하여 서모스 위치에서 팬을 ON, OFF하여 냉각에 필요한 만큼 팬을 회전시킬 수 있어, 연비의 절감, 엔진의 난기향상, 출력향상을 얻을 수 있다.

② 전동모터에 의한 팬은 라디에이터 시라우드를 거쳐서 최적위치에 부착한다.

③ 일정한 풍량이 항상 얻어지기 때문에 냉각성능이 향상되어, 팬의 지름도 작게 할 수 있다.

현재 자동차에 탑재되어 있는 모터 팬의 한 예를 그림 19-17에 나타낸다. 한 쌍의 모터 팬이 장착되어 있다. 팬의 재질은 수지제이고 팬 소음 저감을 위하여 날개의 간격은 부등피치, 전진시켜 양 팬의 공진을 방지하기 위하여 날개 매수를 7개, 5개로서 서로 소수 배분되어 있다.

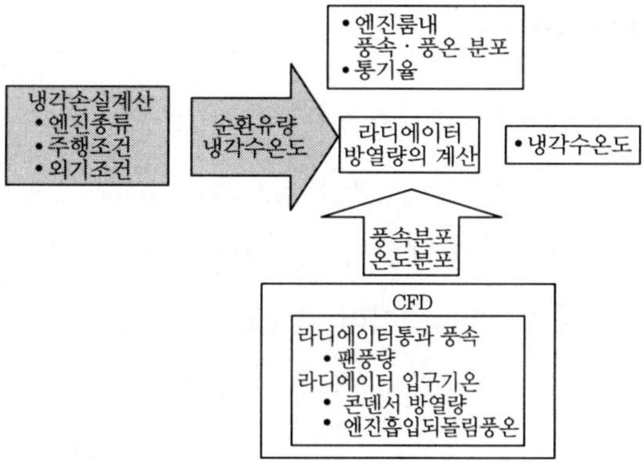

그림 19-17. 냉각시스템의 성능계산

2.3.5 냉각액 부동, 방청

차량의 수명은 10년 이상을 요구되는 중에, 엔진 냉각수에는 부동액이 쓰여지고 그의 방청 특성도 개량되어 왔다. 차량검사기간의 연장에 따른 보정기간의 연장, 북유럽 · 북미지역 및 국내의 아민(석면)규제, 국내의 비아민(석면)화 등에 의하여 법규제에 대응하는 방청제도 바뀌고 있다.

자동차용의 부동액은 방청제, 소포제, 안료를 포함, 에틸렌그리콜을 원액으로 하여 30~50%물에 희석하여 사용되고 있다. 첨가되는 방청제는 실린더블록을 포함하여 냉각계 구성재료(철, 알루미늄, 동, 땜납, 황동, 주철, 알루미늄주물)의 방식을 목표로 하고 복수의 무기, 유기화합물을 조합하여 쓰여진다. 그리고 희석된 수질(pH, 금속이온, 염화물, 수산화물, 경도)에 의해 영향을 받기 때문에 사용되는 지역에 따라, 화합물의 종류나 함유량이 다르다.

전열특성치도 변화한다. LLC 농도 50%, 온도 83℃의 경우, 순수한 물에 대하여 비중량은 1.07, 비열은 0.84, 열전도율은 0.67, 프랜들 수는 3.5배, 동점성계수는 200배 이상으로 다르므로, 냉각수의 온도의 예측, 통로저항의 예측에는 정확한 물성치를 사용할 필요가 있다.

3. 냉각시스템의 성능

엔진 냉각시스템의 성능계산은 엔진의 벽의 온도 유지를 위하여 라디에이터 냉각수온도를 예측하는 것이 필요하다. 그림 19-17에 나타낸 바와 같이 엔진의 냉각손실의 계산과 라디에이터 통과 풍속과 기온을 계산하고, 이들을 사용하여, 라디에이터 출구온도의 계산이 이루어진다. 다음에 여러 가지 발생되는 경우에 사용되는 계산수법의 개략적인 것을 소개한다.

3.1 엔진의 냉각손실열량

그림 19-18은 주행중의 엔진 냉각수온의 변화를 나타낸다. 난기운전 중에 적정온도까지 상승되나, 저속주행, 등판, 강판에서는 거의 일정온도로 유지되고 고속주행, 아이들링, 정체시에는 고온역에 달한다.

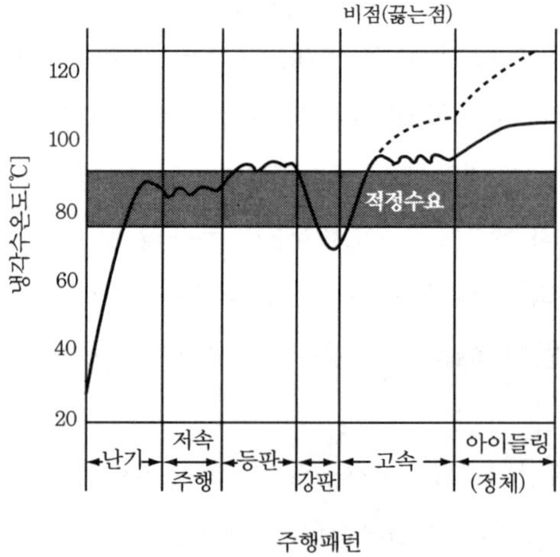

그림 19-18. 주행시의 냉각수 온도

이와 같이 엔진으로부터 냉각수로의 열이동량은 엔진의 배기량, 주행조건 등에 따라 변화되므로 냉각수의 온도도 변화한다. 이 온도변화를 일정한 온도범위로 유지시켜 보지하는 것이 냉각시스템의 주요한 역할이고 목적이다. 엔진으로부터 냉각손실열량의 예측은 수많이 제안되고 있다. 사람에 따라 엔진 발열량에 상당하는 PT 발열모델과 실린더 벽의 열저항에 상당하는 PT 열류모델과 라디에이터 방열모델로 구분되는 모델을 제안하고 있다. 그리고 또 다른 것은 냉각손실열량을 엔진 부하와 냉각손실열량의 관계식을 제안하고 있다. 냉각손실이 산출가능한 식 NINOYU의 식을 아래에 나타낸다.

NINOYU는 이 냉각수에의 열의 이동량을 냉각손실열량으로 정의한 식 19-1로 나타내면 다음과 같다.

$$Q_C/Q_P = A \cdot P_e B \quad \cdots\cdots\cdots\cdots\cdots\cdots\cdots\cdots\cdots\cdots\cdots \; 19\text{-}1$$

Q_C : 엔진의 축출력
Q_P : 냉각손실열량
P_e : 제동평균유효압력
A, B : 각 엔진의 의해 결정되는 정수

이것에 의하여 차량의 주행조건을 규정하면 냉각손실열량을 예측할 수 있다.

3.2 엔진으로부터의 냉각액의 출구온도

난기시는 서모스탯이 닫혀져 있기 때문에, 냉각수는 엔진내를 순환하면서 실린더 벽으로부터 열을 받아서 온도가 상승된다. 온도의 상승은 워터펌프의 토출량과 수열량으로 설정된다.

3.3 라디에이터의 방열량

라디에이터의 방열량은 아래의 식에 의하여 구해진다.

$$Q_r = K \cdot A \cdot \triangle T \quad \cdots\cdots \quad 19\text{-}2$$

Q_r : 라디에이터 방열량
K : 열통과률(W/km²)
A : 전방열면적(m²)
ΔT : 기수온도차(K)

$$K = 1/(1/(\eta_a \cdot a_a) + t(\lambda_t \cdot A_w/A) + 1/(a_w \cdot A_w/A) \quad \cdots \quad 19\text{-}3$$

η_a : 핀 효율
a_a : 공기측의 열전도율(W/km²)
t : 튜브 판두께(m)
A_w : 튜브측 전열면적(m²)
α_w : 튜브내 벽면의 열전도율(W/km²)

$$a_a = j \cdot \rho \cdot C_p \cdot U \cdot P_r^{-2/3} \quad \cdots\cdots \quad 19\text{-}4$$

j : 콜먼 팩터
ρ : 공기밀도 kg/m³
C_p : 공기비열 KJ/(kgf)
U : 유속(m/s)
P_r : 프랜들 수

$$j = 2.948(R_e)^{-0.591}(f_p/I_p)^{0.0206}$$

$$0.0206(H/I_p)^{-0.285}(I_h/I_p)^{0.0671}$$

$$(L/I_p)^{-0.243} \quad \cdots\cdots \quad 19\text{-}5$$

f_p : 핀 피치(m)
H : 핀 높이(m)
L : 핀 폭(m)
I_h : 루버높이(m)
I_p : 루버피치(m)

3.4 라디에이터 통과 풍속

3.4.1 정지시의 통과풍속

냉각팬은 엔진냉각계 공기쪽의 시스템 저항하에서의 필요풍량을 만족하는 송풍기로서 규정된다.

시스템 저항은 라디에이터 그릴~콘덴서~라디에이터~냉각팬(시라우드등 포함)~엔진룸~차체바닥 아래의 대체로 직렬저항(실제는 간격, 범퍼부에 불어내기, 숏서키트의 병렬저항도 존재)에서 풍속(또는 풍량)의 거의 2승에 비례한다(그림 19-19).

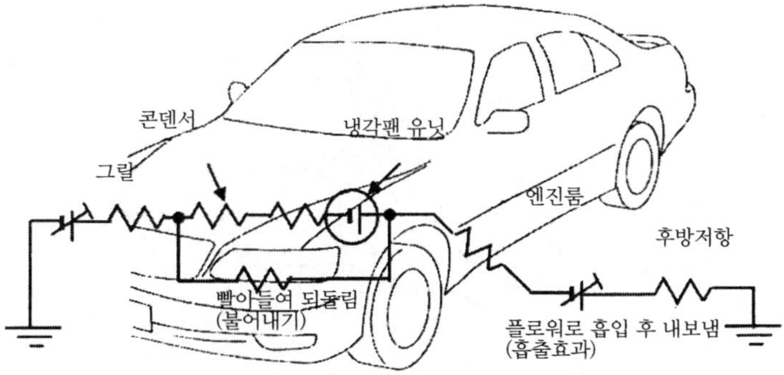

그림 19-19. 엔진 냉각풍 유로의 등가회로

냉각팬이 모터팬의 경우는 팬단체특성에 시스템 저항을 가미한 조합특성을 차속풍 0에서의 작동점 필요유량으로서 구하는 것이 보통이나, 팬 후류가 직접 충돌하는 엔진 블록 등은 팬 특성을 잘못하게 하는 경우가 있으므로 충돌물을 치환부하로 하여 일체로 특성곡선으로 하는 경우도 있다.

3.4.2 주행시의 통과풍속

차량이 주행, 혹은 외기풍이 있는 경우의 통과풍량은 흔히 이야기하는 램압을 받고 또한 주행시에는 차체바닥 아래에서 증속하는 흡출효과를 받아 어느 경우나 시스템저항에 의한 부하압력이 저감된다(그림 19-20).

필요 풍량은 엔진 방열량으로부터 산정되나 이들은 여러 가지 요인에 의하여 구성되어 있고, 구성요소를 블록화하여 특성데이터를 연결하여 컴퓨터 상에서 작동점을 구하여 해석하는 것이 보통이고 전용 코드도 시판되고 있다.

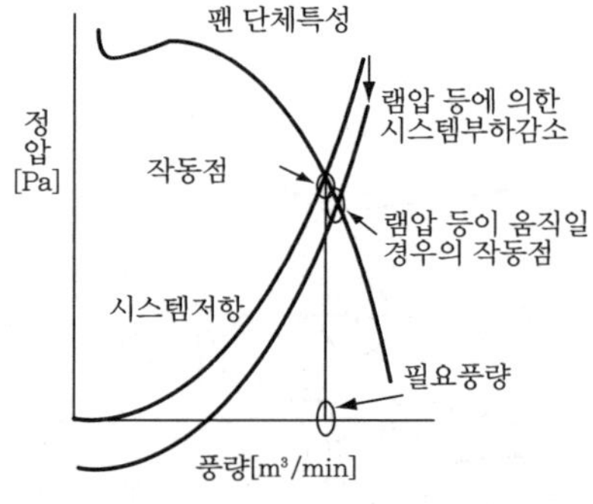

그림 19-20. 냉각팬의 작동점의 해석

3.4.3 냉각팬의 형상설계

냉각팬의 설계는 표준화 된 기초 데이터로부터 상이한 팬의 필요 치수를 구하는 것이 가장 간단한 방법이나 차량탑재는 콤팩트성이 강하게 요구되므로 차량에 맞추어서 팬을 설계하는 것이 보통이다.

팬의 형상은 작동점에서의 필요유량을 만족하게 하는 시험운행을 반복하여 날개단면을 팬의 각 반경위치에 부여하고, 그 반경위치에서 성능 스팩을 만족할 때까지 시험주행을 반복하여 협상을 구한다. 이것을 허브에서 튜브까지 실시하는데, 따라 팬의 기본적인 형상을 결정한다(그림 19-21).

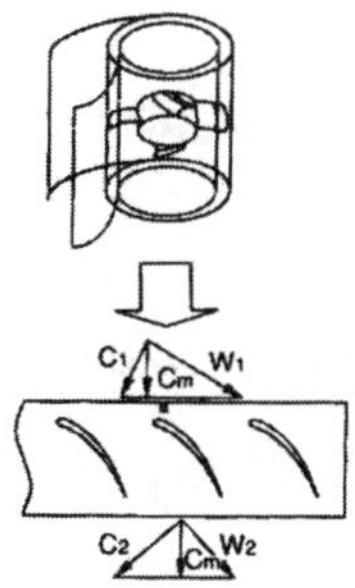

그림 19-21. 각 반지름 위치에서의 속도삼각형

날개 단면 성능은 작동점에 있어서 받아들이는 각으로 양항비 C_L/C_D (C_L : 양력계수, C_D : 저항계수) 최대로 구조적으로 적정한 날개를 날개성능 데이터가 계통적으로 축적공개된 NACA(the National Advisory Commitee for Aeronautics〈NASA : National Aeronautics and Space Administration〉의 전신)으로부터 선택하여 사용한다(그림 19-22).

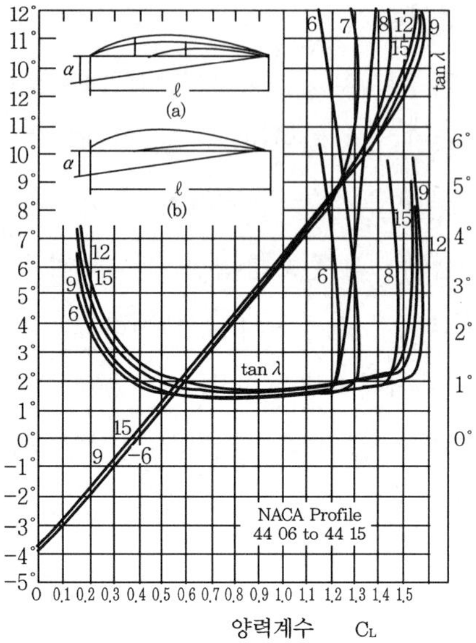

그림 19-22. NACA44 계열 양항특성

그림 19-23은 단독날개인 성능 $C_{L,e}$ 및 $C_{D,e}$의 이미 알고 있는 날개 형태에 대하여 날개성능추정법과 날개설계법의 플로차트에 대한 한 가지 예이나, 각사에 의해 약간 다르다. 3차원성이 약한 흐름에 대하여는 이들 1차원 계산으로 ±5% 정도의 예측이 가능하나(그림 19-24), 3차원성의 강한 흐름에 대하여는 예측수정이 필요하다.

종래는, 1차원 성능계산 형상을 근거하여 준3차원적 흐름해석을 하여 3차원 날개형상을 결정하고 있었으나, 근년에는 시판되고 있는 CFD 코드나 이것을 전용화한 코드에 의해 최종형상의 요구사양에 대한 결과의 타당성 확인을 하도록 되어 있다.

장래적으로는 흐름의 3차원 스펙에서 완전역해법에 의해, 최적팬 형상을 자동적으로 구하고 해석하는 시대가 올 것으로 생각된다. 현상으로는 날개 주요 형상 입력 → 3차원 팬 형상작성 → 해석메쉬 작성의 수법상

번잡하고, 유체 해석 자체의 해석시간에 대한 해석정확도 부족으로, 시작(광조형에 의한 간이성형) 실험을 포함, 현상툴을 사용하면서 시행착오의 시대가 이어질 것으로 생각된다.

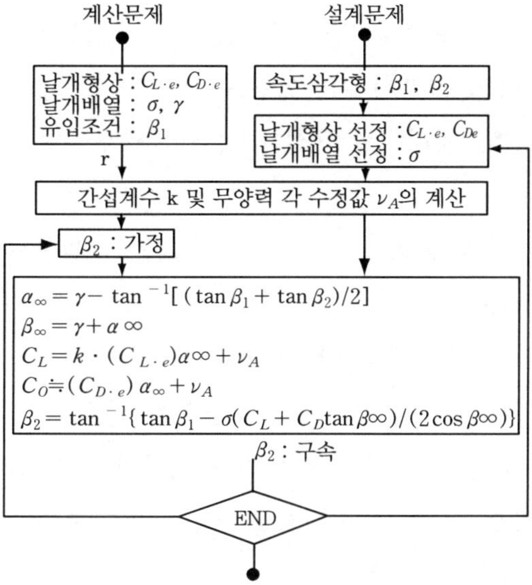

그림 19-23. 날개배열간섭법에 의한 날개배열설계의 흐름

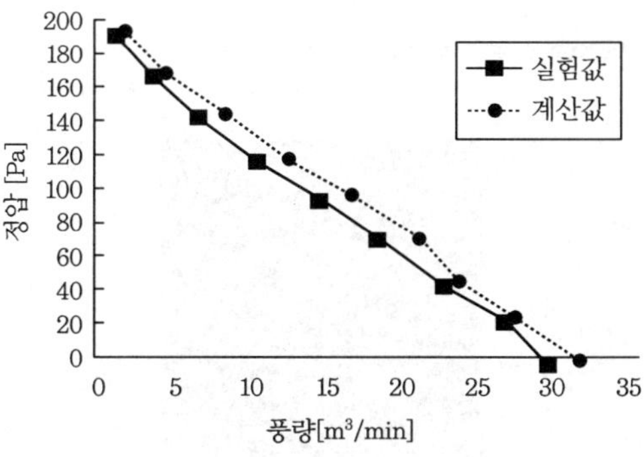

그림 19-24. 1차원계산결과와 시작실험결과

3.4.4 냉각팬 저소음화

앞에서 기술한 바와 같이 성능계산에 대하여는 컴퓨터원용설계의 단계에 달하고 있으나, 남겨진 큰 과제는 저소음화이다.

일련의 정밀한 실험에 의해 음발생 메커니즘에 대한 해석이 이루어져서 나름대로 저소음 효과를 얻을 수 있다. 유체소음에 관한 이론전개부터 CFD에의 조립도 활발히 이루어진다. 신호처리기술의 진보는 경험과 소리에 대한 느낌의 세계에서 확실한 기술의 세계로 소음저감프로세스를 변혁시키고 있다.

그림 19-25는 음향 홀로그래피법이라 불리는 음원탐사기술에 의해, 냉각팬 유닛의 음원분포를 구하는 것으로, 소음저감은 시라우드 하부의 주요소음 발생부위의 제어에 의해 달성이 가능할 수 있다.

이와 같이 음원탐사기술의 진보를 포함하는 많은 노력, 개발에도 불구하고 실제의 냉각팬으로부터의 소음원을 명확하게 식별하고 그 발생 원인을 물리량으로서 표측, 논리적으로 제어하기까지에는 이르지 못하고 있다.

현상으로는 성능계산 등으로 작성한 3차원 날개의 데이터를 시작형상에 성형하는 작업을 하여 시작 확인에 의해 저소음팬을 선정하고 있는 것이 유일한 실무수단으로 되어 있다.

[그림 19-25] 음향홀로그래피 음원탐사 예

병행하여 음원이 되는 유체 그 자체를 제어하는 시도를 하고, 발생한 음을 액티브하게 지우는 방법도 모색하고 있다. 그러나 기초연구단계에 멈추고 있다. 실험해석기술, 유체계산기술의 비약적 발전에 기대하는 것이 크다.

3.4.5 팬 이외의 주행풍

라디에이터를 통과하는 풍량은 팬에 의한 것과 주행풍에 의한 램 압으로 밀어내는 풍량이 있다. 앞에서 설명한 바와 같이 그릴에서 언더커버에 이르는 저항망을 해석하는 데 따라서는 가능하나 실질적이 아니라, 현재는 차량의 엔진전방의 범퍼, 그릴, 콘덴서, 라이트, 엔진룸내에 3차원 형상을 주어 팬풍속을 더하여, 라디에이터 각점의 풍속 분포를 수치유체 계산으로 구하는 것이 제안되고 있다.

수치유체 해석(소프트명 : VOXER FLOW)에서 자동차의 프론트에서 엔진룸내 끝까지의 구성부품을 모두 3차원 형상으로 입력하고 유체와 고체벽면을 식별, 주행조건, 팬조건, 라디에이터 조건을 이용하여 계산한다. 그 결과를 자동차의 프론트부와 라디에이터의 전면부에서 유선을 이용하여 공기흐름을 가시화하였다.

그림 19-26에 프론트부, 그림 19-27에 라디에이터 전면부의 결과를 나타낸다. 자동차의 프론트 전방에서 유선을 부여하면 그릴 둘레의 기류의 움직임이 명확히 되고, 그릴 개구부의 영향을 평가할 수 있다. 그리고 라디에이터 전방에서 유선을 나타내면, 라디에이터 코어부에 유입되는 유선이 명확해지고, 유속과 그 방향까지도 나타내어진다.

이 결과로부터 종래 균일한 것으로만 가정되지 않았던 코어전면 풍속분포를 예측하는 것이 가능하고 또 라디에이터 전면의 부품배치, 후면의 부품은 위치의 영향이 명확해진다.

수치유체해석을 실시한 결과,

① 라디에이터의 통과풍량의 예측이 가능해진다.

② 풍속분포가 명확하게 되고, 대응책이 스피드화 되었다.

③ 엔진룸을 통과한 바람의 불어내기 현상이 파악되었다.

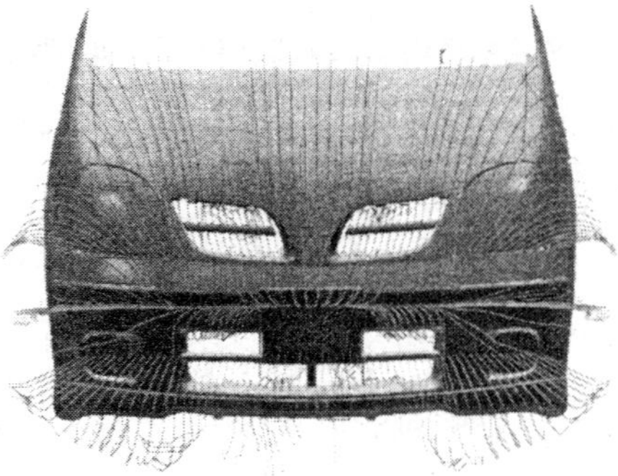

그림 19-26. 차량전면에 있어서의 유선도(계산소프트 : VOXER FLOW)

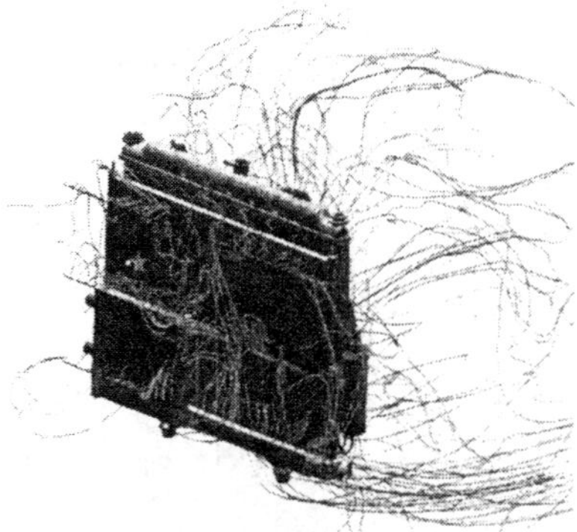

그림 19-27. 라디에이터 전면의 유선도(계산소프트 : VOXER FLOW)

4. 새로운 엔진에의 대응

자원절약, 지구온난화 방지를 위한 CO_2 배출억제 대책으로서, 엔진의 효율화와 동시에 연료전지 자동차(FCEV)가 뒤를 이어서 개발되고 있다. 엔진의 개량에 따라 냉각계의 개량도 이루어지고 있고 그 동향이 주목된다. 다음은 한 예를 나타낸다.

4.1 연료전지자동차(FCEV)에 있어서 엔진 냉각시스템

연료인 수소를 탱크에 액체나 고압가스로 저장하는 방식과 가솔린이나 메탄올 등의 탄화수소 화합물에서 개질기로 수소를 취출하는 방식이 있다. 현단계에서는 전자의 방식이 많다. 닛산 자동차개발의 X-TRAIL FCV 차의 엔진 냉각계의 과제에 대하여 소개한다.

1) FCEV용 발전셀은 순수에서의 가습과 발전을 유지하기 위한 반응생성수를 배제할 필요가 있다. 또 셀내의 생성수의 동결의 방지, 생성수의 해동을 할 필요가 있다. 이 때문에 생성수 제어시스템이 추가로 된다.

2) FCEV용 발전셀에 쓰여지고 있는 전해질막의 내구온도한계가 종래의 내연기관의 한계온도보다 낮고 치밀한 제어가 필요하다.

3) FCEV용 발전셀에 사용되고 있는 전해질막의 작동온도는 85℃ 정도이고, 이 때문에 라디에이터에 요구되고 있는 방열량은 기온과의 온도차가 작아지므로 종래의 2배 이상 필요, 이하 그림 19-28에 다이렉트 수소 연료전지 시스템도를 나타낸다.

FCEV용 발전셀의 작동온도유지를 위한 냉각장치(라디에이터, 팬모터, 워터펌프)가 1세트, 축전이나 2차전지, Traction Motor의 온도유지용 냉각장치 1세트, 모두 2세트 필요하게 된다. 이 때문에 냉각계 부품의 소형, 고성능화와 신제어시스템이 필요하게 된다.

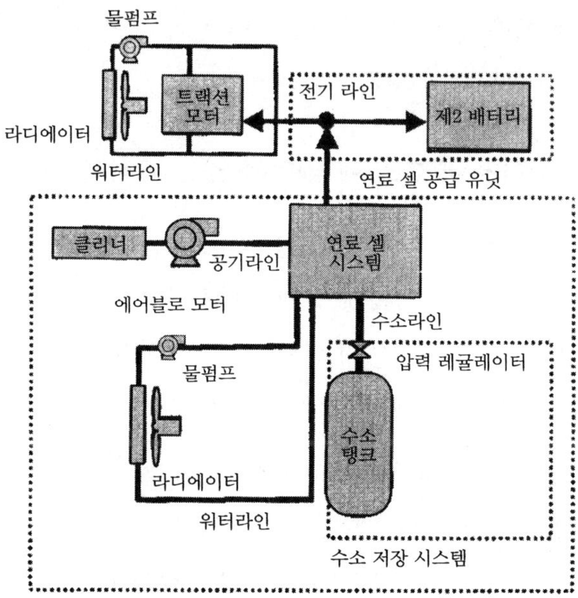

그림 19-28. X-TRAIL FCV의 다이렉트 수소연료 전지 시스템

최신 내연기관공학(I)

2010년 7월 5일 초판 인쇄
2010년 7월 10일 초판 발행

편저자 조 진 호
발행인 한 점 덕
발행처 學 研 社

등 록 1976년 12월 23일 제12-6호
주 소 서울시 영등포구 문래1가 39번지 센터플러스 814호
TEL : 2164-3311~3 / FAX : 2164-3314
E-mail : hypub@chol.com
ISBN 978-89-8060-472-2 93550

값 22,000원